国防科学技术大学学术著作出版资助专项经费资助

液体火箭发动机燃烧过程建模与数值仿真

Modeling and Numerical Simulations of Internal Combustion Process of Liquid Rocket Engines

王振国　编著

国防工業出版社
·北京·

内 容 简 介

本书系统地建立和介绍了液体火箭发动机喷雾燃烧过程的理论、模型和数值计算方法，包括液体推进剂喷雾理论与喷嘴雾化模型，液滴在常压、高压和振荡环境下的蒸发理论及多组分液滴蒸发模型，湍流流动模型，湍流燃烧模型，传热模型，燃烧不稳定理论与模型等，上述理论或模型反映了当前的最新研究成果。本书最后给出了完整的液体火箭发动机喷雾燃烧计算模型，介绍了数值算法和网格生成方法，并给出了应用算例。

本书可作为航天、航空、内燃机以及一切从事和涉及液体燃料燃烧领域和专业的师生和科技人员的教材或参考书。

图书在版编目（CIP）数据

液体火箭发动机燃烧过程建模与数值仿真/王振国编著.
—北京：国防工业出版社，2012.10
ISBN 978－7－118－08525－9

Ⅰ. ①液… Ⅱ. ①王… Ⅲ. ①液体推进剂火箭发动机－燃烧过程－建立模型②液体推进剂火箭发动机－燃烧过程－数值方法 Ⅳ. ①V434

中国版本图书馆 CIP 数据核字（2012）第 279370 号

※

国防工業出版社

（北京市海淀区紫竹院南路 23 号　邮政编码 100048）
北京嘉恒彩色印刷有限责任公司
新华书店经售

*

开本 710×1000　1/16　**印张** $18^1/_4$　**字数** 353 千字
2012 年 10 月第 1 版第 1 次印刷　**印数** 1—2500 册　**定价** 75.00 元

国防书店：（010）88540777　　发行邮购：（010）88540776
发行传真：（010）88540755　　发行业务：（010）88540717

前　言

液体火箭发动机具有比冲高、能反复启动、工作时间长短可任意设定、多次使用、推力可调节等优点，其必将在未来人类空间技术的发展上长期占据主要地位。液体火箭应用领域的日益扩展，客观上要求人们更深入地研究液体火箭发动机的基本理论和设计方法，液体火箭发动机燃烧过程数值仿真是这类研究中的一个重要方向。液体火箭发动机燃烧过程数值仿真是进入20世纪70年代以后随着计算燃烧学的兴起而出现的新兴交叉学科，包含了计算流体力学、计算传热学、计算燃烧学、计算机软件设计和流场数值显示与可视化等多学科的综合应用，是国内外液体火箭发动机领域最活跃的研究方向之一。

本书是对作者长期从事液体火箭发动机燃烧过程数值研究工作的总结，并反映了国内外当今研究发展的状况。在这一研究领域，作者指导的研究生黄玉辉、李清廉、谭建国、李海涛、李大鹏、孙明波、刘娟、汪洪波等先后做出过重要贡献，本书引用了这些研究生博士论文的部分内容。

全书共分为8章：第1章介绍了液体火箭发动机的基本结构与工作过程，概述液体火箭发动机燃烧过程数值仿真的特点及其发展历程；第2章～第7章为液体火箭发动机燃烧过程数学模型的理论研究，包括喷雾理论和喷嘴雾化模型、液滴蒸发燃烧模型、湍流流动模型、湍流燃烧模型、传热模型、燃烧不稳定模型；第8章为液体火箭发动机燃烧过程数值仿真应用研究，列出了完整的液体火箭发动机喷雾燃烧计算模型，介绍了方程及模型的数值求解方法以及网格生成方法，具体应用实例包括液体火箭发动机推力室燃烧、流动、传热以及燃烧不稳定数值分析。

本书第 1 章、第 3 章、第 4 章、第 6 章为王振国所写，第 2 章为王振国与刘娟合写，第 5 章为王振国与孙明波合写，第 7 章和第 8 章为王振国和黄玉辉合写。全书由王振国统稿和审校。

由于液体火箭发动机燃烧过程是一个非常复杂的研究领域，许多过程机理仍不明晰，模型和数值计算方法仍处于不断的发展变化当中，本书必然还存在许多疏漏之处，恳请读者批评指正。

编著者

2012 年 8 月

目　录

第1章　引　言

液体火箭发动机技术已经具有70多年的发展历史。从德国V-2导弹的A-4发动机到美国登月火箭“土星”5号的F-1发动机，到实现天地往返重复使用的航天飞机主发动机，在人类不长的空间技术发展史上，每一个里程碑事件都与液体火箭发动机技术的进步相关联。由于液体火箭发动机具有比冲高、能反复启动、工作时间长短可任意设定、多次使用、推力可调节等优点，其必将在未来长期占据主要地位。

液体火箭发动机是液体推进剂火箭发动机的简称，是使用液态化学物质（液体推进剂）作为能源与工质的化学火箭发动机。液体火箭发动机的工作原理是：液体化学推进剂在燃烧室中发生燃烧反应，形成的高温高压燃气在喷管中高速喷射出去，从而把冲量施加给飞行器系统。液体火箭发动机采用液体推进剂，这个基本特点决定了液体火箭发动机无论在系统方案、结构设置以及点火、热防护等方面都与使用的推进剂种类和特性有紧密的关系。

液体火箭应用领域的日益扩展，客观上要求人们更深入地研究液体火箭发动机的基本理论和设计方法，液体火箭发动机燃烧过程数值仿真是这类研究中的一个重要方向。本章将首先介绍液体火箭发动机的基本结构和物理工作过程，然后探讨液体火箭发动机燃烧过程数值仿真的主要内容和研究方法。

1.1　液体火箭发动机的基本结构

液体火箭发动机由推力室（由喷注器、燃烧室和喷管构成）、推进剂供应系统、推进剂贮箱和各种自动调节器等部分组成。本节主要介绍与燃烧过程紧密关联的推进剂供应系统与推力室。

1.1.1　推进剂供应系统

将推进剂从贮箱输送到推力室的系统称为推进剂供应系统，按其工作方式可分为挤压式供应系统和泵压式供应系统两大类。

1. 挤压式供应系统

挤压式供应系统借助于被输送到贮箱内挤压气体的作用将推进剂输送到推力室或者燃气发生器中。挤压气体可以预先以蓄能气体的形式储存在气瓶中，也可以在液体火箭发动机工作时由液体燃气发生器或固体燃气发生器生成。对挤压气体提出的主要要求：储存时高的气体密度、挤压时低的相对分子质量，与被挤压的推进剂有最小的溶解性，与推进剂组元间有最低的化学活性，没有固体和液体杂质等。

采用惰性气体作为挤压气体的挤压式供应系统分为恒压式系统和落压式系统两类。前者使用减压器保持推进剂贮箱压力，同时也把推力保持在恒定值；后者挤压气体充在推进剂贮箱内，在气体绝热膨胀过程中，贮箱压力和燃烧室压力不断减小。常见的典型挤压式供应系统包括带有高压气瓶的挤压式系统以及带有燃气发生器的挤压式系统。在带有高压气瓶的挤压式系统中，可以使用空气、氮气、氦气和其他的一些气体作为挤压气体。空气的主要缺点是空气中存在氧和有相对较高的沸点，因此它不能用于挤压低温推进剂。利用氦气可以挤压出所有目前存在的液体推进剂。带有高压气瓶的挤压式供应系统虽然具有相对高的尺寸和质量，但系统结构简单、可靠性高，同时它能够保证相对简单地实现发动机的多次启动。在带有燃气发生器的挤压式系统中，对于单组元液体燃气发生器，使用单组元推进剂作为挤压气体的来源，根据推进剂的类型不同，推进剂的分解可以通过催化或加热的途径来实现。在双组元液体燃气发生器中，挤压气体是靠两种推进剂组元在富氧或富燃的情况下燃烧而得到的，气体的温度由进入到液体燃气发生器中的推进剂组元的混合比决定。

挤压式供应系统结构简单、工作可靠，但由于推进剂贮箱必须承受高的内压，因而本身比较笨重，常用在航天器的姿态控制发动机中。有时为了确保载人飞行的可靠性，虽然发动机推力较大，但也采用挤压式供应系统，如阿波罗飞船的服务舱发动机、下降级及上升级发动机等。

2. 泵压式供应系统

泵压式供应系统靠泵来输送推进剂，而泵又靠涡轮驱动。在泵压式供应系统中，涡轮泵组件必不可少。对液体火箭发动机涡轮泵的基本要求如下：

（1）在给定的推进剂流量下，应保证发动机系统要求的出口压力值；

（2）具有最小的尺寸和结构质量；

（3）具有尽可能高的效率；

（4）确保发动机在所有工况下稳定工作，压力脉动与机械振动都很小；

（5）具有与腐蚀性液体或低温液体工作的相容性，不允许氧化剂泵零件间有摩擦（这会导致局部高温，甚至爆炸）；

（6）具有抽吸含少量气体或蒸气的推进剂的能力。

泵压式推进剂供应系统最常见的三种循环方案为燃气发生器循环、膨胀循环和分级燃烧循环。燃气发生器循环和分级燃烧循环可使用大多数常用的液体推进剂。膨胀循环常用于以液氢作为推力室冷却剂的发动机中，这是因为氢是一种很好的吸热介质，且它不会分解。

在燃气发生器循环中，涡轮进口气体来自一独立的燃气发生器，涡轮排气通过小面积比的涡轮喷管排出发动机，或者通过喷管扩张段的开口注入发动机的主气流中。燃气发生器用的推进剂可以是单组元的，也可以是双组元的，均来自于主推进剂供应系统。图 1.1 所示的是使用双组元燃气发生器循环的涡轮泵供应系统，泵后部分氧化剂和燃料进入双组元燃气发生器中并燃烧，产生驱动涡轮的工质。为了使燃气发生器中的燃烧产物的温度适合涡轮的要求，可通过控制燃气发生器中推进剂的混合比来保证燃气温度在 700℃～900℃的范围内。由于双组元燃气发生器系统不需另带辅助推进剂和贮箱，使结构得到一定的简化，因此被广泛使用。

燃气发生器循环相对比较简单，液路管道和泵的压力相对比较低，是使用的最多的一种泵压式循环。对采用燃气发生器循环的发动机，推力室本身的比冲总是略高于发动机比冲，而推力室本身的推力总是略低于发动机推力。

膨胀循环通常用在以液氢作为燃料的发动机中，如图 1.2 所示。液氢经冷却套吸热后变成过热氢气，氢气在进入主推力室之前，先对涡轮做功，然后所有气氢再喷入发动机燃烧室中，在燃烧室内与氧化剂混合并燃烧，燃烧产生的气体通过发动机排气喷管高效膨胀后排出。膨胀循环的主要优点是比冲高、发动机简单、发动机质量相对较小，但由于冷却套对液氢的加热量有限，使涡轮的做功能力受到限制，从而限制了燃烧室压力的提高，一般燃烧室压力为 7MPa～8MPa。当燃烧室压力更高时，就不宜采用这种循环方式。

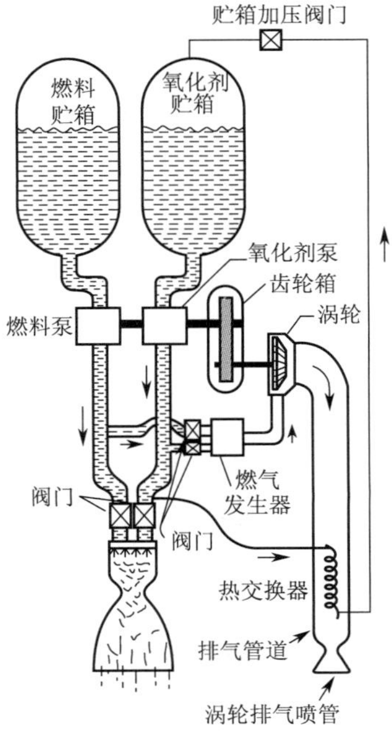

图 1.1 双组元燃气发生器循环的涡轮泵供应系统

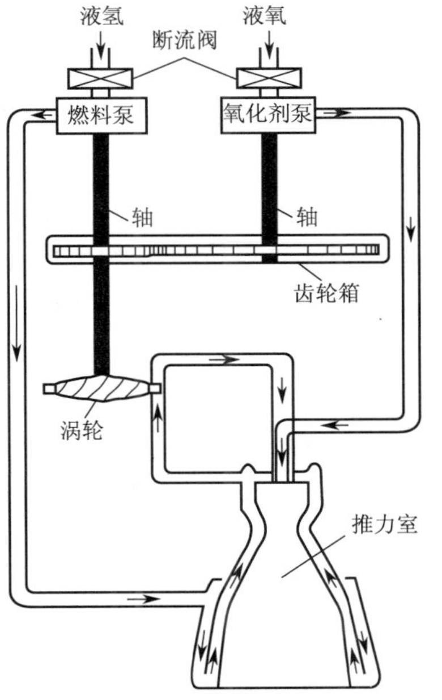

图 1.2 膨胀循环的涡轮泵供应系统

图 1.3 示出了具有分级燃烧循环的涡轮泵供应系统（也称为补燃循环）。它的特点是冷却剂—燃料通过推力室冷却套后进入高压预燃室，与部分氧化剂进行燃烧，为涡轮提供高能燃气，然后涡轮排气全部注入主燃烧室，与其余的氧化剂进行补充燃烧，再经喷管膨胀、喷出。

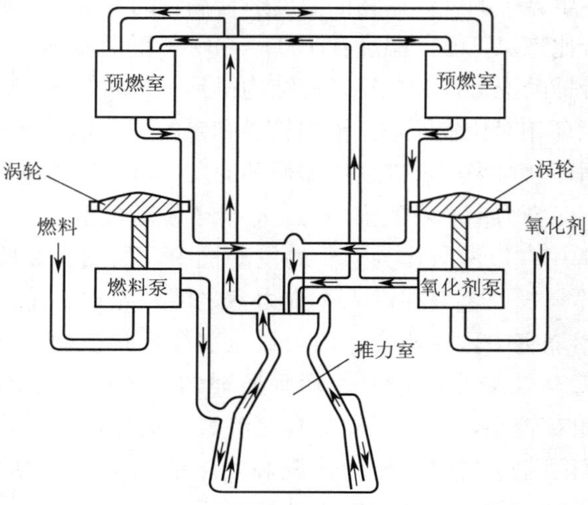

图 1.3　分级燃烧循环的涡轮泵供应系统

在分级燃烧循环中，高压预燃室可以是双组元燃气发生器，也可以是单组元燃气发生器；可以采用富氧预燃室，如俄罗斯 RD120 发动机（使用液氧/煤油推进剂）和俄罗斯的 RD253 发动机（使用四氧化二氮/偏二甲肼推进剂），也可以采用富燃预燃室，如航天飞机主发动机（使用液氢/液氧推进剂）。由于推进剂的组元之一全部进入预燃室，涡轮工质的流量相当大，使涡轮输出功率大大提高，因而容许选取很高的燃烧室压力以获得高性能并减小推力室尺寸。采用分级燃烧的发动机比冲最高，但发动机最复杂、最重。

在泵压式推进剂输送系统中，涡轮排气具有一定的能量，合理地利用这些能量可以提高液体火箭发动机的比冲。如果涡轮排气进入到液体火箭发动机的燃烧室中，并在那里与其他的推进剂一起燃烧，则这种泵压式循环称为闭式循环。如果涡轮排气直接进入周围环境中或者通过发动机喷管扩张段的开口进入到主气流中，则这种泵压式循环称为开式循环。可见燃气发生器循环属于开式循环，而膨胀循环和分级燃烧循环则属于闭式循环。相比之下采用开式循环的发动机比较简单，压力较低，研制成本也低，而闭式循环可以使发动机获得更高的比冲。

1.1.2　推力室

推力室是将推进剂的化学能转变为机械能的装置。通常，把将化学能转变为热能的部分称为燃烧室，把将热能转变为动能的部分称为喷管。除了燃烧室和喷管之外，液体火箭发动机的推力室还有一个特有的部件——喷注器，它位于燃烧室的头部。推进剂组元从燃烧室头部的喷注器喷入，在燃烧室内进行雾化、蒸发、混合、燃烧，将推进剂的化学能转化为热能，产生高温、高压的燃气，再经喷管加速膨胀后以高速喷出，从而产生反作用力。

由于推力室是在高温、高压和高速气流冲刷的恶劣条件下工作，故其结构必须满足高的效率（燃烧效率和喷管效率）、稳定的工作条件（可靠的点火启动、稳定燃烧）、可靠冷却措施及良好的经济性（结构简单、质量轻、工艺性好及成本低）等要求。

1. 推力室的构成

1）喷注器

喷注器通常位于燃烧室的前端，其功能是将推进剂以一定的流量引入燃烧室，将其雾化并以一定的比例相混合，形成均匀的燃料和氧化剂的混合物，以便于气化和燃烧。喷注器能够提供内冷却保护膜，保护推力室内壁不过热。此外，喷注器还要承受和传递推力。

常用的喷注器包括直流式喷注器、离心式喷注器和同轴管式喷注器，图1.4给出了喷注器的分类。

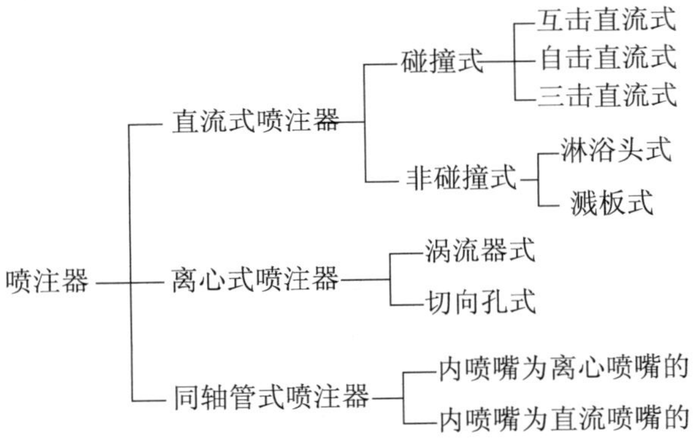

图1.4　喷注器分类

如图1.5所示，对于互击式喷注器构型，推进剂从许多独立的小孔中喷出，喷射时使燃料和氧化剂射流彼此相撞。撞击后形成很薄的液扇，这有助于将液体雾化成液滴，并有助于均匀分布。对于自击式构型，氧化剂和氧化剂射流撞击，燃料和燃料射流撞击。对于三击式喷注器构型，它采用一种组元的一股射流和另一种组元的两股射流进行撞击，当氧化剂和燃料容积流量不相同时，采用三击式喷注器更有效。

淋浴头式喷注器通常使用垂直于喷注器表面喷出的不撞击的推进剂射流，它靠紊流和扩散来达到混合。V-2导弹采用的火箭发动机中使用的就是这种喷注器。溅板式喷注器有助于推进剂的液相混合，它应用了推进剂射流与固体表面撞

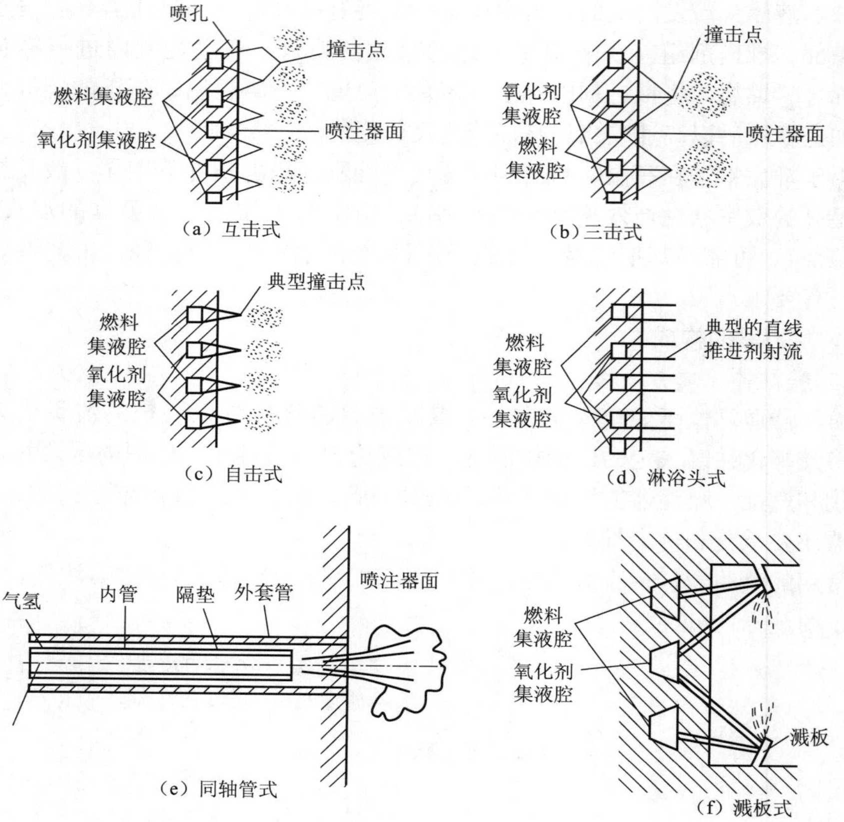

图 1.5　几种喷注器示意图

击的原理。某些可储存的推进剂组合已经在变推力发动机上成功地使用了这种喷射方法。离心式喷注器由许多作为基本单元的喷嘴组成，在喷嘴内装有涡流器或在喷嘴壁上钻有切向小孔，可以使推进剂在喷嘴中形成旋涡流动，这样，喷入燃烧室后可造成较大角度的锥形喷雾，能够改善雾化和混合效应。这种喷注器结构复杂，尺寸较大，但雾化效果好，也被广泛采用。同轴管式喷注器广泛用于以液氧/液氢为推进剂的发动机中。在液氢从冷却通道中吸热并汽化的情况下，这种喷注器的效果很好。气氢沿环形通道流入，而液氧沿圆柱形的内喷嘴进入。汽化了的氢的流速很高，而液氧的流速要小得多，速度差产生了剪切力作用，帮助液氧流束破碎成小液滴。

喷注器都由若干个喷嘴组成。喷嘴主要有两种基本类型：直流式喷嘴和离心式喷嘴。喷注器的性能取决于喷嘴的结构与性能。它对推进剂在燃烧室中的完全燃烧和稳定燃烧有较大影响。

2）燃烧室

燃烧室是推进剂雾化、混合和燃烧的容腔。燃烧室承受高温燃气压力，在其头部装有喷注器组件，其出口与喷管连为一体。燃烧室形状及容积大小对推进剂的燃烧效率有重要影响。燃烧室通常的结构形式为球形、环形或圆筒形。球形燃烧室是20世纪50年代以前早期的液体火箭发动机多采用的，虽然这种形状的燃烧室具有较好的承压能力和燃烧稳定性，以及在相同的容积下结构质量轻、受热面积小等优点，但由于其筒体结构复杂，头部喷嘴布置和加工都比较困难，后来很少采用。环形燃烧室的横截面积为环形，它是为适应塞式喷管、膨胀偏流喷管的需要而发展的一种形状，实际应用很少。目前广泛采用的是圆筒形燃烧室。这是因为该种燃烧室结构简单、容易制造、经济性好。

3）喷管

高温燃气在喷管中膨胀、加速，将热能转变为动能，产生高速射流。火箭发动机的喷管通常由收敛段、喉部和扩张段三部分组成。在扩张段各种喷管构型的横截面均为圆形。喷管按其纵向截面的不同分为锥形喷管、钟形喷管、塞式喷管和膨胀偏流喷管。喷管应保证气流流动损失最小，出口气流尽量与发动机轴线平行。

2. 推力室的冷却

推力室冷却的目的是防止燃烧室和喷管壁面过热，以致不能继续承受所施加的载荷和应力，造成燃烧室和喷管被破坏现象的发生。目前，常用的冷却方式基本上有稳态冷却和非稳态冷却两种。稳态冷却是指推力室内的传热速率和温度都达到了热平衡，再生冷却和辐射冷却属于稳态冷却。非稳态冷却是指推力室内未达到热平衡，推力室内的温度会随工作时间持续上升。热沉冷却、烧蚀冷却属于非稳态冷却。此外膜冷却和专门的绝热层是与稳态冷却和非稳态冷却配合使用的补充方法，用于增强局部冷却能力。下面叙述这些冷却方法。

1）再生冷却

再生冷却是指一种推进剂组元在喷入燃烧室燃烧之前，首先使之流过燃烧室周围的冷却通道，通过强迫对流进行换热。再生是指热量而言的。燃气将热量传给室壁，再由室壁传给冷却液（推进剂的一种组元），冷却液带着这部分自由热量又返回燃烧室，实现了热量的再利用。再生冷却主要用于大、中型双组元液体火箭发动机推力室。这种冷却方法的优点是对于高室压和高传热速率的场合很有效，且能量损失小，对外界环境的热影响小，其缺点是推力室冷却通道的结构复杂，增加了一部分水力损失。

对于采用再生冷却的推力室来说，整个推力室的结构强度、冷却可靠性以及结构质量等都与冷却通道的结构有关。再生冷却推力室冷却通道的结构形式主要有以下几种：

（1）内外壁间形成的光滑缝隙式冷却通道。内外壁间形成的光滑缝隙式冷却通道结构最简单（图1.6），但在冷却液流量很小的情况下，为保证所需的流速，通道的缝隙尺寸必须很小（0.4mm～0.5mm），这在工艺上难以实现。此外，当

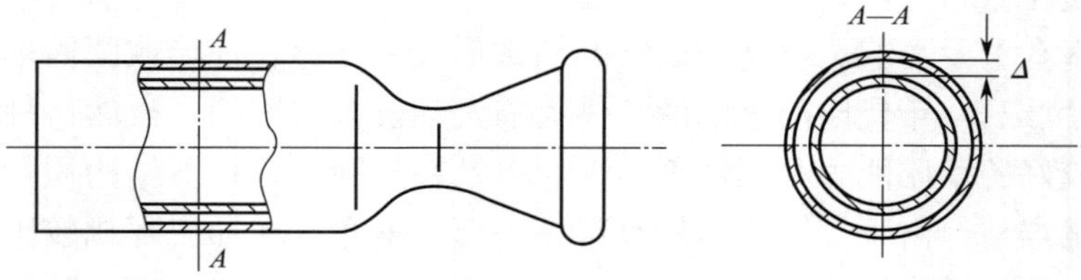

图 1.6　光滑缝隙式冷却通道示意图

冷却通道内的压力较大时，薄的内壁很容易由于刚性不够而变形。

（2）内外壁互相连接的冷却通道。内外壁互相连接的冷却通道主要有三种形式：一种是在专门的冲压坑处将内外壁焊接起来的冷却通道，如图 1.7 所示，压坑处在外壁上，其形状可以是圆形的，也可以是椭圆形的；另一种形式是通过在内壁上铣出的肋条与外壁进行钎焊，如图 1.8（a）所示；还有一种结构形式是通过装入专用的波纹板，沿波纹板内外壁进行钎焊，如图 1.8（b）所示。

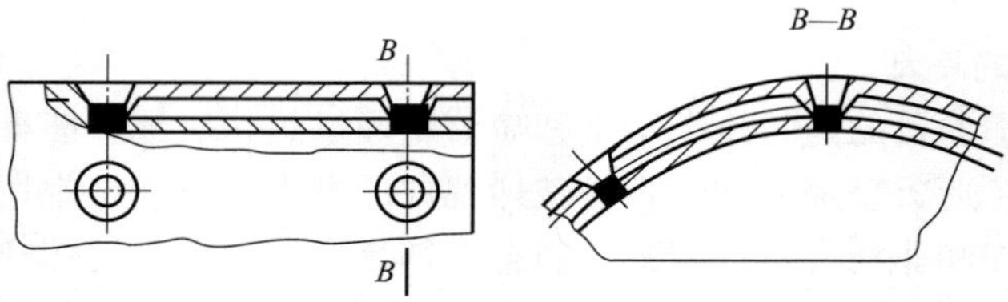

图 1.7　在压坑处连接的冷却通道示意图

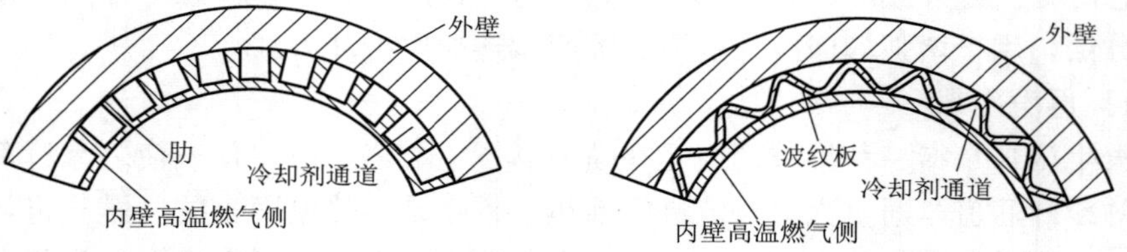

（a）沿肋条外缘进行钎焊　　（b）沿波纹板内、外侧进行钎焊

图 1.8　内外壁用钎焊连接的冷却通道示意图

（3）管束式冷却通道。在美国制造的发动机中，广泛采用管束式推力室结构，如图 1.9 所示。这种推力室身部是用特制的具有一定型面的薄壁（0.3mm～0.4mm）细管组合而成。细管由传热性能好的材料制造，通常采用镍基合金，细管之间进行钎焊连接。为了保证管束式推力室的强度，在外面装有特制的加强件，例如，可以分段安装加强箍，也可用整段承力外套的形式来加强。

2）辐射冷却

使用辐射冷却时，推力室壁是由在高温下难熔的合金，诸如钼、钽、钨及铜合金制成的单层室壁，热量是从推力室外表面直接辐射出去的。辐射冷却的冷却

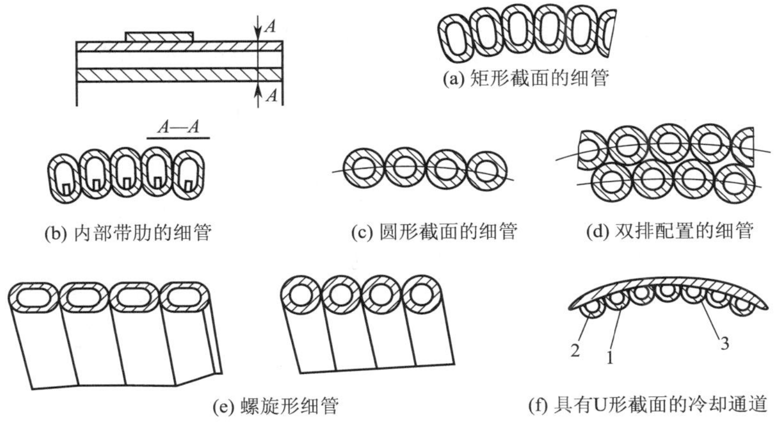

图 1.9 管束式冷却通道

能力主要取决于推力室的温度及其表面情况，辐射能量 E 是热力学温度 T 的四次方的函数，即

$$E = f\varepsilon\sigma AT^4 \tag{1.1}$$

式中：f 为几何因子，它由附近物体的相对位置和形状来决定；ε 为黑度，它是由表面状况和材料性质决定的无量纲系数；σ 为斯忒藩—波耳兹曼常数（1.38×10^{-23}J/K）；A 为表面积。

辐射冷却是一种简便、结构质量轻的冷却方法，它被广泛地用于燃气温度较低的发动机中。例如，飞行器机动和姿态控制用的单组元肼发动机，其燃烧室的最高温度大约只有 850K。这种冷却方法还广泛用于燃气发生器的燃烧室和喷管出口延长段或裙部。为了达到必需的热流，要求有高的金属壁温。

3）热沉冷却

使用热沉冷却时，推力室为非冷却型的金属重型结构，壁很厚。工作期间，在壁温上升到破坏程度以前，热量被足够重的室壁所吸收。可见，推力室壁材料的吸热能力决定了推力室最长的工作时间。这种方法主要用于低室压和低传热速率的情况，如较重的实验发动机中。

此外冷却方式还包括有烧蚀冷却、膜冷却以及绝热涂覆法等。采用烧蚀冷却时，推力室壁由烧蚀材料（通常是树脂性物质）制成，在 650K～800K 时，烧蚀材料吸热分解变成多孔碳素物和热解气体，这些气体就在碳表面上形成了一个富燃的保护边界层。膜冷却是利用各种措施（如头部专门的冷却喷注孔、室壁上用来形成膜的孔或缝、多孔材料制成的室壁等）喷入液态推进剂组元或冷气，在室壁的内表面形成一层液体及其蒸气膜，用以隔离燃气，降低室壁温度。绝热涂覆法用高熔点金属和难熔材料作为涂层，来提高室壁允许的温度上限，减少传给室壁的热流。

1.2 液体火箭发动机的内部燃烧过程

液体火箭发动机的工作特性包括性能、稳定性和相容性。性能用实际比冲表征；稳定性是指在发动机工作过程中不产生任何燃烧不稳定现象，它用动态稳定性指标来衡量；相容性是指推力室（燃烧室和喷管）壁抗高温高压燃气的作用，它用推力室壁与推进剂工质相容工作的能力来表示。性能、稳定性和相容性，这三个特性一直是液体火箭发动机研制中要解决的中心问题。这三个问题是相互联系的，而且应以改进燃烧过程为总的出发点，来寻求综合解决满足上述三方面要求的可能性。本节首先简要介绍液体火箭发动机的工作过程，然后对燃烧过程进行介绍。

1.2.1 启动和关机过程

从发出启动指令到进入主级工况的过程称为启动。在启动时将经历一系列程序和与之有关的过程来保证发动机从启动准备状态过渡到主级工况状态。启动时，在燃烧室和发动机装置中将存在不稳定过程，这一过程的流动条件将决定液体火箭发动机的可靠性和使用性能。例如，启动时发生的水击能够破坏液体火箭发动机的额定工作状况，甚至导致发动机损坏。因此保证可靠启动是发动机重要的技术指标，液体火箭发动机大部分故障都是发生在启动段。

通常液体火箭发动机在启动时完成以下程序：将推进剂贮箱增压到指定的压力；对于使用低温推进剂组元的液体火箭发动机，需冷却推进剂管路；使推进剂供给系统进入到指定工作状态（涡轮泵）；对于使用非自燃推进剂的液体火箭发动机，在推力室和燃气发生器内产生初始的点火火焰，以保证进入推力室和燃气发生器中的启动推进剂点燃；打开推进剂阀门，保证推进剂组元进入燃烧室和燃气发生器等。

上述所列的操作是典型的，但不是对于任何类型的液体火箭发动机都是必需的，可以根据具体给定的要求对上述操作进行增加或减少。泵压式发动机中，启动涡轮的方案按所需能源的提供方式不同，可分为自身启动、外能源启动等。自身启动方案不需要附加的启动装置。外能源启动方案有火药启动器启动（利用火药的燃气驱动涡轮）和气瓶启动（利用瓶装的压缩气体驱动涡轮）两种。

液体火箭发动机的关机是指从发出关机指令到推力下降到零期间的过渡过程。发动机关机是必不可少的，例如，当火箭达到所需的速度后、航天器完成必需的机动飞行后、在试车台上完成试验或出现故障时等，都需要关机。关机的方法和各种操作取决于对液体火箭发动机提出的要求，而这些要求与飞行器的使用条件和功能有关。

根据对火箭系统提出的要求不同，可分为以下几种关机方式：推进剂消耗完后关机、保证最小后效冲量的关机、故障关机和多次关机。飞行器主动飞行段上使用的一次工作的液体火箭发动机通常采用第一种关机方式，如弹道导弹上液体火箭发动机的关机。

保证最小后效冲量的关机方法与第一种关机方法不同之处在于，前者在给定的情况下，提出了保证后效冲量最小的附加要求。后效冲量是指从发出关机指令开始，到推力下降至零这段时间内产生的推力冲量。图 1.10 给出了关机时典型的推力衰减特性。首先，从发出关机指令到主阀关闭，已进入燃烧室内的推进剂要延迟一段时间才能转变为燃气，即存在燃烧时滞 Δt_1，所以全部过程沿时间轴向右移，推力维持不变。其次，发出关机指令后，由于控制电路的惯性，阀门要经历 Δt_2 时间才开始动作，在这段时间内推进剂流量和推力也是不变的。经过 Δt_2，阀门开始关闭，这时阀门流通截面积发生变化，流量及推力也随之改变。由于阀门的惯性，还需经历 Δt_{2v}时间才完全关闭。阀门完全关闭后，燃烧室中的燃气在压差作用下很快“倒空”，燃烧室压力急剧下降，此过程经历的时间为 Δt_3。图中的 Δt_4 对应残余推进剂的蒸发、补燃过程，是由主阀至喷注器头腔剩余推进剂流入燃烧室的不稳定过程形成的。当燃烧室压力降到低于推进剂组元的饱和蒸气压时，头腔中的推进剂在饱和蒸气压作用下进入燃烧室。由于两种组元的饱和蒸气压不同，先进入的先蒸发并排出，产生一部分推力；当两种组元都进入时，则发生燃烧。在此阶段燃烧室中的混合比是变化的，常偏离最佳值，且燃烧很不稳定，易发生关机故障。由于该过程处于非控制状态，故直接影响后效冲量的偏差。减小后效冲量可采用分级关机减小关机时的发动机推力，也可以采取减短管路、减少阀门动作时间、减少剩余推进剂体积、剩余推进剂强迫排空予以缓解。

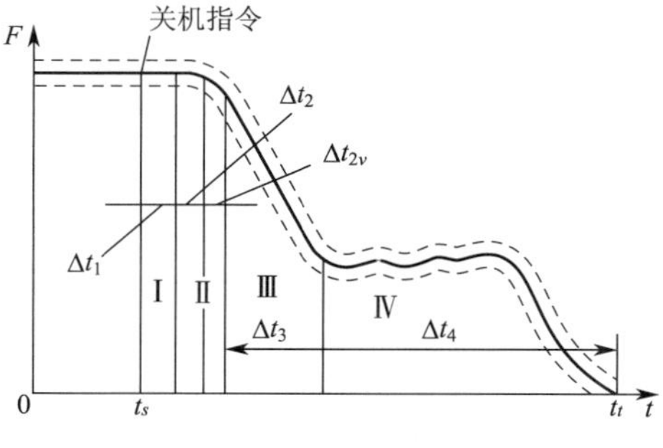

图 1.10 关机时典型的推力衰减特性

液体火箭发动机的多次关机和多次启动使用在轨道飞行器上和飞行时需要周期性地启动发动机的飞行器上。为实现多次关机，液体火箭发动机必须能够自动地过渡到启动准备完毕状态，因此在大多数多次关机的液体火箭发动机中使用同一设备完成启动和关机。

1.2.2 燃烧过程

液体推进剂的燃烧过程是指从向燃烧室内喷入推进剂组元时开始，到完全转化为最终燃烧产物时为止的复杂转化过程。液体火箭发动机内部燃烧过程也许是所有燃烧与流动现象中最复杂的过程，这主要有以下几个方面的情况：①液体火箭发动机内的燃烧过程实际包含了许多不同类型、不同特性、不同时间尺度和空间尺度的各种物理/化学子过程，并且这些子过程能否用确定性的模型来描述的程度差异很大。②往往有很多子过程是在同一空间和同一时刻发生，而且相互之间存在着强烈的耦合关系，很难把它们分解成单一过程。③燃烧室的推进剂流量可达几百千克每秒甚至几千千克每秒，而推进剂在燃烧室内的允许停留时间又很短，只有几毫秒，燃烧效率的要求又很苛刻，高达 0.98～0.99。④燃烧室中，特别是喷注器附近的推进剂浓度梯度、温度梯度和压力梯度都很陡，所以流场很复杂，而且燃烧室中的压力、速度和温度也比其他发动机（航空发动机）要大得多，这给组织燃烧带来很大困难。⑤液体火箭发动机燃烧室中非常容易激发各种不同频率的不稳定燃烧，这会导致燃烧性能降低和设备破坏。

图 1.11 示意地表示了液体火箭发动机中喷雾燃烧的各个分过程，这些分过程都是在燃烧室空间的两相流场内进行的。

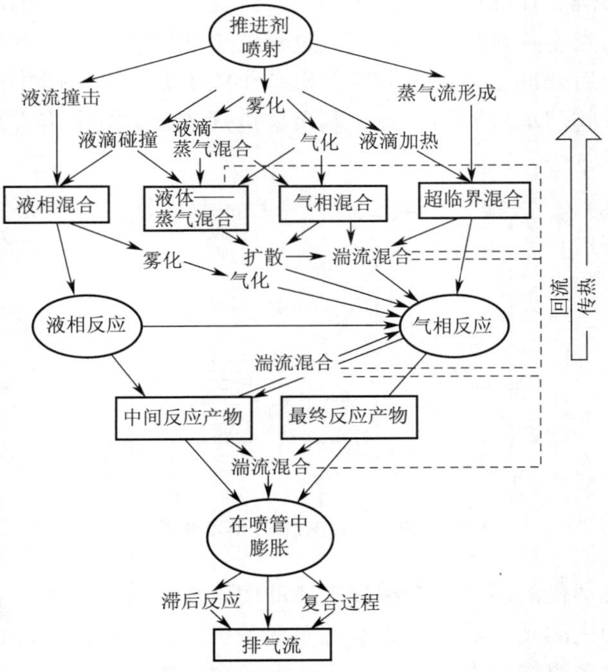

图 1.11　液体火箭发动机内部燃烧过程示意说明

根据已有的试验结果，可以将流场定性的分成以下几个特征区域（图1.12）：

1. 喷射雾化区

在该区域中，主要是推进剂射流雾化成液滴流。由于推进剂的燃料和氧化剂是分别通过喷注器分散，并按一定分布和定向的孔喷入燃烧室的，所以在这个区内，推进剂的质量流强、混合比、雾化细度以及气体的性质，在各个方向上有很大差异，这就必然会同时发生混合过程。在喷射雾化区中的气体大部分是从喷注器喷入时即为气态的组元或来自下游区的燃气回流。燃气回流主要是由推进剂射流和周围气体之间的剪切力造成的，这种剪切力还使射流表面扭曲和破碎，有助于雾化。这些气液喷注器就是按照剪切破碎的雾化模式进行设计的，但对大多数液一液喷注器，雾化通常是利用液体射流的撞击或用离心式喷嘴来实现的，雾化的完成需要一定的长度，一般为1cm～5cm，液滴的生成与散布是同时进行的，液滴生成后，就处在气体的包围中。一般气体的温度比液滴的温度高，所以液滴受到气体的加热。由于液滴的初始温度远低于室压下的推进剂饱和温度，所以在该区中的推进剂蒸发一般可忽略不计，但当液滴温度和周围气体温度不断升高时，蒸发速率就会明显增加，同时燃料蒸气和氧化剂蒸气开始化学反应，就会转入下一区。

2. 快速燃烧区

这个区的特点是，推进剂射流已经完全变成液雾，并以很高速率蒸发、混合并反应生成燃气。虽然在喷射雾化区内的喷雾散布和气体回流已经使这个区中的流场参数横向梯度减少，但对多数液体火箭发动机来讲，还远远不能忽略不计，于是，径向和周向的质量、热量和动量均进行交换，使混合过程和蒸发过程加速，其结果是燃烧产物迅速形成，导致在轴向占优势的气体加速运动，同时也造成燃气从高燃烧速率区向低燃烧速率区的横向流动和向喷射雾化区的回流运动。所以在该区中，流场具有明显的三维性质，但是，随着过程的进行，燃气在轴向

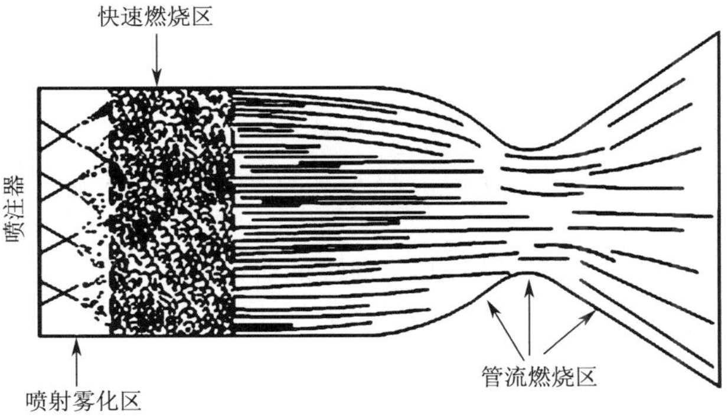

图1.12 液体火箭发动机内部燃烧过程流场分区示意图

不断加速，横向流动速度与之相比，就变得越来越可以忽略不计，这时认为燃烧已经进入下一区，即流管燃烧区。

3. 流管燃烧区

在该区中，喷雾和燃烧气体的横向流动几乎消失，而在平行于发动机轴线的流管内蒸发和燃烧，流管之间的混合主要靠湍流脉动，但由于燃气速度很高，推进剂工质在燃烧室内的停留时间为 3ms～5ms，而湍流脉动频率为 1000 次/s～2000 次/s，燃烧室内湍流脉动的次数不会超过 10 次，故湍流交换不明显，高速摄影表明：该区中的流动近似为层流，随着离开喷注面的距离增大，由于局部停留时间减小和液滴与燃气之间的相对速度降低以及液滴蒸发和气相化学反应，流管燃烧区在喷管的声速面上截止。

4. 喷管超声速膨胀区

随着燃气在喷管内继续膨胀，由于状态参数压力和温度的进一步降低以及停留时间缩短，可以认为，这时的蒸发和燃烧实际上已经停止。在喷管超声速段内的能量损失，主要应考虑二维喷管流动、边界层损失和离解燃气的化学驰豫。

1.2.3 工作过程的性能参数

下面给出确定整个火箭发动机系统的总比冲、总推进剂流量和总混合比随整个火箭发动机系统中相应的部件性能参数变化的关系式。它适用于由一个或多个推力室、辅助系统、涡轮和汽化推进剂增压系统而组成的发动机系统，即

$$(I_s)_{oa} = \sum F / \sum \dot{\omega} = \sum F / (g_0 \sum \dot{m}) \tag{1.2}$$

$$\dot{\omega}_{oa} = \sum \dot{\omega} \quad 或 \quad \dot{m}_{oa} = \sum \dot{m} \tag{1.3}$$

$$\gamma_{oa} = \sum \dot{\omega}_0 / \sum \dot{\omega}_f = \sum \dot{m}_0 / \sum \dot{m}_f \tag{1.4}$$

式中：下角标 oa、o 和 f 分别代表整个发动机系统、氧化剂和燃料。当一个飞行器推进系统包括一个以上的火箭发动机时，可同样用这些方程确定总参数。

火箭发动机的总冲可以定义为整个燃烧时间 t 内推力 P（可能随时间变化）的积分，即

$$I_t = \int_0^t P \mathrm{d}t \tag{1.5}$$

总冲是火箭发动机的重要性能参数，它包括发动机推力和推力所持续的时间，反映了综合工作能力的大小。

发动机的比冲是指发动机燃烧 1kg 推进剂所产生的冲量，则平均比冲

$$I_s = \frac{I_t}{m_p} \tag{1.6}$$

式中：m_p 为推进剂的总有效质量。

对液体火箭发动机而言，比冲的含义是指每秒钟消耗 1kg 质量的推进剂所产生的推力大小，即

$$I_s = \frac{I_t}{\dot{m}} \quad 或 \quad I_s = \frac{P}{\dot{m}} \tag{1.7}$$

比冲是火箭发动机的一个重要性能参数，它对运载火箭、航天器性能有较大的影响。

密度比冲定义为单位体积推进剂流量所产生的推力，即

$$I_{s,p} = \frac{P}{\dot{V}} = \frac{P}{\dot{m}/\rho_T} = I_s\rho_T \tag{1.8}$$

式中：ρ_T 为推进剂的密度。

推进剂的混合比定义为氧化剂流量与燃烧剂流量之比，即

$$\mathrm{MR} = \frac{\dot{m}_0}{\dot{m}_f} \tag{1.9}$$

应当指出，MR 对发动机的比冲有很大的影响，同时由于它影响推进剂的密度 ρ_T，从而也就影响到运载火箭及航天器的结构质量和尺寸，进而影响运载器的性能。

1.3 液体火箭发动机燃烧过程数值仿真的特点及发展历程

1.3.1 液体火箭发动机燃烧过程数值仿真的作用

1. 缩短研制周期、降低研制成本

液体火箭发动机工作过程的复杂性，使得以传统计算方法得到的发动机设计参数和性能参数与实际结果差别明显。因此长期以来，发动机的研制和定型还是以试验为主，需要经过多次单项和全尺寸发动机试验，研制耗资巨大，周期很长。利用液体火箭发动机燃烧过程数值仿真可以在计算机上模拟真实的发动机燃烧过程，根据模拟结果可以淘汰某些不必要或不合理的试验方案。这不仅能够减少试验次数，也能使试验的成功率提高，从而缩短研制周期，降低研制成本。另外液体火箭发动机工作过程数值仿真有助于研究者进行快捷的优化设计和复杂计算，可以为方案论证提供全面的、接近实际的设计数据，从而大大加快方案筛选和设计的进度，提高发动机设计水平。

2. 发现存在问题、预示发动机性能

在液体火箭发动机工作过程中，燃烧和高温高压燃气的流动对现有的绝大多数流场测试手段而言都是十分恶劣，从一次试验中所能测量的试验数据是极为有限的，不足以用来分析试验现象。而数值仿真可以提供大量的燃烧过程信息，通过对这些信息进行分析，有助于找到试验现象的起因，并为寻求解决办法提供指导。随着数值仿真研究的不断深入，还可以做到准确预示复杂发动机的工作过程和性能，不仅使研制者在试车前心中有数，也有助于试车后的结果分析和发动机

性能评价。数值仿真结果是完全可重复的，便于研制者随时观察工作过程的各个阶段，并可进行定量研究。从这个意义上讲，液体火箭发动机燃烧过程数值仿真系统实质上是用数值的方法在计算机上完成了液体火箭发动机热试车。

1.3.2 液体火箭发动机工作过程数值仿真的主要内容

如前所述，液体火箭发动机的燃烧过程主要是具有复杂边界条件的燃气流动过程，它们既相互联系又相互影响，是结合在一起的。流动燃烧通过喷管流动决定发动机的主要性能参数。发动机燃烧过程中出现的燃烧不稳定形成的破坏，也与燃气流动直接相关。因此可以说，燃气流动燃烧过程的数值仿真是燃烧过程数值仿真研究的核心问题。

1. 建立燃烧过程数值模型

液体火箭发动机的内流场用三维非定常可压缩 Navier-Stokes（N-S）方程组来描述，同时考虑两相流动、化学反应、对流换热、辐射换热和质量添加的作用。燃烧室内的燃气流动一般都具有三维特征，而且，这种三维流动效应也必然影响到喷管的燃气流动中。

液体火箭发动机燃烧过程的数值模型包括喷雾模型、液滴蒸发模型、流动模型、燃烧模型和传热模型。由于流动燃烧和传热的相互作用与耦合，这些模型相互包容。推进剂的喷雾燃烧是一个包括传热、流动、质量和浓度扩散以及有关化学动力学等过程，很难建立完整的理论模型。

在液体火箭发动机中，燃气的流动大都呈湍流流动状态。在湍流的工程计算中通常是数值求解雷诺时均方程组并用湍流模型对方程组进行封闭。在众多的湍流模型中，能够完全适用于各种条件下的湍流模型目前还不存在。数值模拟发动机的内部流场时必须对喷雾形成的液滴分布、液滴速度以及进一步形成的两相混合物的热力学特性、颗粒动力学与能量特性、颗粒相的物理特性及尺寸分布等进行适当的处理。液滴的蒸发涉及高压、多组分以及压力振荡环境等多种因素，需要建立合适的模型。液体火箭发动机内的热交换过程中同时存在着导热、对流和辐射三种基本的热传递方式。通常液体火箭发动机的传热过程主要是对流和辐射，且对流占据主要地位。辐射换热的能量守恒方程是积分一微分方程，求解十分复杂，特别是复杂的空间角系数计算。确定液体火箭发动机辐射换热中的物性参数也不是一件容易的事，当考虑它们随温度和压强的变化时就更是如此。不稳定燃烧是发生在液体火箭发动机燃烧过程中的非稳态现象，最常见的形式是周期性的振荡燃烧。振荡可以自发产生，并且常常发生在燃烧过程中的某一特征时刻，这一特征时刻不仅取决于燃烧室的结构，也与燃气流动变化有关。当这些变化使系统超出稳定极限时，气流的扰动由于燃烧与平均流动之间的相互作用而被强烈放大，有可能会造成强烈的破坏。不稳定燃烧的建模十分困难，但目前也已经取得了一些进展。

2. 数值模型的求解

液体火箭发动机燃烧过程数值模拟主要是基于复杂边界条件下包含燃烧、传热等模型的流体力学方程组，因此用计算流体动力学的方法数值求解仿真模型就成为工作过程数值仿真研究的关键（当然在这一过程中也离不开计算传热学和计算燃烧学）。计算流体力学是伴随着计算机技术出现的新学科，当前计算流体力学的数值离散方法主要是有限差分法、有限元法和介于二者之间的有限体积法。从数值格式上看，可以简单地划分为显格式、隐格式和显隐格式三大类，而每一类格式中又都包含一阶、二阶等不同精度的格式以及近年来发展的高分辨率格式。在流场数值模拟中，对离散方法、数值格式的选择取决于模型方程组的性质与求解规模、对数值解的要求、计算效率与精度以及所拥有计算机的计算能力。

计算流体力学的求解过程基本上可以分为三个步骤。

（1）前处理，包括建立模型、划定求解域、网格生成等；

（2）数值求解，包括格式选择、方程离散、初场布置、编程与调试以及正式计算等；

（3）后处理，采用数值显示方法对流场参数进行图像显示，进行必要的流场分析等。

3. 数值仿真结果分析

数值模拟完成后，可以用各种方法对发动机的工作过程进行多方面的分析和研究，借助于图像动态显示技术，能够详细再现发动机的内流场结构、流动过程、燃烧过程及其相互作用，并预测发动机的性能。

1.3.3 液体火箭发动机燃烧过程的数值仿真发展历程

在液体火箭发动机的设计中，为了既保证发动机的可靠性，又减少其试验次数，往往是在已有发动机的实践基础上，依靠直观经验进行多次改进设计，然后再进行大量的试验验证。但是发动机的试车是很耗资和费时的，一次试车往往要耗资数万元、数十万元、甚至数百万元以上，而且由于燃烧室内的高温高压环境以及过程的迅速变化，使得测量的难度增加，很难在每次试验中都能获得足够可靠的测量数据和准确的性能改变以及失败的原因。所以，燃烧室特别是喷注器的研制，往往是研制液体火箭发动机中周期最长的一个部件。

为了改变液体火箭发动机燃烧过程设计中的这种纯经验状态，美国于 1965 年就正式成立了化学火箭推进合作局性能标准化工作组，以从事这方面的工作，并于 1968 年正式推出了液体火箭发动机性能评估指南。这个指南给出了除能量释放（燃烧过程）损失以外的所有性能损失，当时认为燃烧过程如此复杂以致无法用分析方法予以描述，而只好假定推进剂已完全燃烧，只是在热平衡计算中采用降低推进剂总焓的办法来予以考虑。这充分说明燃烧过程计算的难度。20 世纪 70 年代以来，随着计算燃烧学的兴起，计算机技术已经应用于液体火箭发动机设计领域。20 世纪 80 年代以来还出现了许多专为新发展型号用的各种燃烧计算模型，如应用于自燃推进剂火箭发动机的 F-20 和 F-5 火箭发动机和燃烧室计算模型，应用于航天飞机和先进火箭喷注器/燃烧室的 ARICC 模型、应用于阿里安娜火箭发动机的 PHEDRE 模型，应用于液氧/烃发动机的 REFLAN3D-SPRAY 模型、应用于液氢/液氧发动机的 CAFILRE 程序等。20 世纪 80 年代—90 年代，国内外大部分出版的液体火箭发动机专著中，所能见到的仍然都只是有关液体火箭发动机热力计算、气动计算和传热计算的方法介绍。国内庄逢辰教授于 1995 年出版了专著《液体火箭发动机喷雾燃烧的理论、模型及应用》[1]，该专著系统全面总结了喷雾燃烧各子过程的建模、理论分析以及应用，是作者几十年来从事液体火箭发动机燃烧科研工作的部分成果总结。

液体火箭发动机燃烧过程数值仿真的另外一个重要方面就是结合完全的 Navier-Stokes 方程求解湍流两相流动和燃烧问题。当需要进一步提高模型的计算精度和充分了解从启动到关机的燃烧过程全流场的细节（如流谱、温度分布、浓度分布、速度分布、压力分布等）和对局部地区的影响时，就必须要考虑能够涵盖整个燃烧各子过程的复杂模型。这些模型和程序在不同方面完善和发展了液体火箭发动机喷雾燃烧模型的应用。本书作者在数值仿真应用于液体火箭发动机研制过程中先后做了大量工作[2-7]，本书也是对多年来工作的一项总结。

液体火箭发动机燃烧过程数值仿真是进入 20 世纪 70 年代以后出现的新兴交叉学科，它包含了计算流体力学、计算传热学、计算燃烧学、计算机软件设计和流场数值显示与可视化等多学科的综合应用，是国内外液体火箭发动机领域最活跃的研究方向之一。液体火箭发动机工作过程数值仿真涉及液体火箭发动机研究的各个方面，它既是理论研究新的有效手段，也对发动机设计和试验研究起着重要的辅助作用和指导作用。可以预见，该学科持续不断地发展将对提高火箭发动机设计水平和对基本物理现象的理解起到有力的推动作用。

1.4 化学流体力学基本控制方程组

燃烧是包含化学反应的流动过程。无论燃烧过程多么复杂，也无论其具体表现形式如何变化，它们都遵循自然界的一些基本定律，即质量、组分、动量和能量的守恒定律。体现这些规律的数学表达式就是化学反应流体力学，即燃烧过程的基本控制方程。这些方程是对流动和燃烧过程进行计算机模拟的基础和出发点。本书在此不加推导的直接列出这些方程，并简要的说明其物理意义。在涉及多维空间变量的数学表达时，主要采用张量表示法：用下标 i，j，k 等表示坐标方向，如未加特别说明，则凡有一个下标的量为矢量，如速度 $\boldsymbol{u}_i$；有两个下标的量为二阶张量，如黏性应力 $\boldsymbol{\tau}_{ij}$；同一项中如有同一下标出现两次，即表示对该指标从 1～3 求和（爱因斯坦求和法则）。

在直角坐标系中各基本方程可以表示为以下 4 个方程：

（1）连续方程，即

$$\frac{\partial \rho}{\partial t}+\frac{\partial \rho \boldsymbol{u}_i}{\partial \boldsymbol{x}_i}=0 \tag{1.10}$$

（2）动量方程，即

$$\frac{\partial \rho \boldsymbol{u}_i}{\partial t}+\frac{\partial \rho \boldsymbol{u}_i \boldsymbol{u}_j}{\partial \boldsymbol{x}_j}=-\frac{\partial \rho}{\partial \boldsymbol{x}_i}+\frac{\partial \boldsymbol{\tau}_{ij}}{\partial \boldsymbol{x}_j}+\boldsymbol{g}_i-\boldsymbol{f}_i \tag{1.11}$$

式中：ρ 是流体混合物密度；p 为压力；$\boldsymbol{u}_i$ 为 i 方向的速度；$\boldsymbol{g}_i$ 和 $\boldsymbol{f}_i$ 分别为重力和其他阻力在 i 方向的分量；τ_{ij} 为黏性应力张量，它与流体的应变率张量 $\boldsymbol{S}_{ij}$ 通过广义牛顿定律相联系，即

$$\boldsymbol{\tau}_{ij}=2\mu \boldsymbol{S}_{ij}-\frac{2}{3}\mu \boldsymbol{S}_{kk}\boldsymbol{\delta}_{ij} \tag{1.12}$$

$$\boldsymbol{S}_{ij}=\frac{1}{2}\left(\frac{\partial \boldsymbol{u}_j}{\partial \boldsymbol{x}_j}+\frac{\partial \boldsymbol{u}_j}{\partial \boldsymbol{x}_j}\right) \tag{1.13}$$

式中：$\boldsymbol{S}_{kk}$ 为流体散度 $\boldsymbol{u}$，它表征流体的体积膨胀和压缩性；μ 为流体的动力黏性系数；$\boldsymbol{\delta}_{ij}$ 为二阶单位张量，当 $i=j$ 时，$\boldsymbol{\delta}_{ij}=1$；当 $i\neq j$ 时，$\boldsymbol{\delta}_{ij}=0$。

（3）能量方程，即

$$\frac{\partial \rho h_0}{\partial t}+\frac{\partial \rho u h_0}{\partial \boldsymbol{x}_j}=\frac{\partial}{\partial x_j}(\boldsymbol{u}_i\boldsymbol{\tau}_{ij})+\frac{\partial}{\partial \boldsymbol{x}_j}\left(\lambda\frac{\partial T}{\partial \boldsymbol{x}_j}\right)+\rho q_R+$$

$$\frac{\partial}{\partial \boldsymbol{x}_j}\left[\sum_l(\Gamma_l-\Gamma_h)\frac{\partial m_l}{\partial \boldsymbol{x}_j}\right] \tag{1.14}$$

式中：h_0 为滞止焓即总焓，$h_0=j+\boldsymbol{u}_i\boldsymbol{u}_i/2$，$h=\sum_l m_l h_l$，$m_l$ 和 h_l 分别为组分 l 在混合物中的质量分数和比焓；Γ_l 和 Γ_h 分别为组分 l 和焓的输运系数或交换系数；q_R 为辐射热。

如果利用总焓的定义，把式（1.14）右端扩散项中的 T 换为 h_0，则得到能量方程的另一种形式，即

$$\frac{\partial \rho h_0}{\partial t}+\frac{\partial \rho u_j h_0}{\partial x_j}=\frac{\partial}{\partial x_j}\left(\Gamma_h\frac{\partial h_0}{\partial x_j}\right)+S_k \tag{1.15}$$

式中的源项为

$$S_k=\frac{\partial p}{\partial t}+\frac{\partial}{\partial \boldsymbol{x}_j}(\boldsymbol{u}_i\boldsymbol{\tau}_{ij})+\rho q_R+\frac{\partial}{\partial \boldsymbol{x}_j}\left[\left(\lambda-\sum_l m_l c_{pl}\Gamma_k\right)\frac{\partial T}{\partial \boldsymbol{x}_j}+\right.$$

$$\left.\sum_l(\Gamma_l-\Gamma_h)h_l\frac{\partial m_l}{\partial \boldsymbol{x}_j}-\Gamma_h\frac{\partial}{\partial \boldsymbol{x}_j}\left(\frac{\boldsymbol{u}_i\boldsymbol{u}_i}{2}\right)\right] \tag{1.16}$$

（4）组分方程，即

$$\frac{\partial \rho m_l}{\partial t}+\frac{\partial \rho \boldsymbol{u}_j m_l}{\partial \boldsymbol{x}_j}=\frac{\partial}{\partial \boldsymbol{x}_j}\left(\Gamma_l\frac{\partial m_l}{\partial \boldsymbol{x}_j}\right)+R_l \tag{1.17}$$

式中：R_l 是由于化学反应引起的组分 l 的生成率。

上述方程组构成化学流体力学的基本控制方程组。不难看出，这一组方程在形式上是完全相同的，它们均包含四种基本类型的项，即代表时间变化率的非定常项，流体宏观运动引起的对流项，流体分子运动引起的扩散项以及不属于以上三项的其他源项，如果用 φ 代表通用的因变量（$\boldsymbol{u}_i$，h_0，m_1），则基本方程可用统一的形式表示为

$$\frac{\partial \rho\varphi}{\partial t}+\frac{\partial \rho \boldsymbol{u}_j\varphi}{\partial \boldsymbol{x}_j}=\frac{\partial}{\partial \boldsymbol{x}_j}\left(\Gamma_\varphi \frac{\partial \varphi}{\partial \boldsymbol{x}_j}\right)+S_\varphi \tag{1.18}$$

式中：Γ_φ 和 S_φ 分别为因变量 φ 相应的交换系数和源项。

由于方程实际上是描述各种物理量在流体中对流域扩散过程及输运过程，所以也可将其称为输运方程，凡是能用输运方程来描述的量称为可输运量，输运方程可表示为统一的形式，这一事实不仅反映了各种物理量的输运过程都具有相同的物理和数学特征，而且为其数值计算提供了极大的方便，可以针对这一统一形式来选择计算方法和编制程序，重复使用该程序就可以求解所有的方程，只需要针对不同的方程代入相应的 Γ_φ 和 S_φ 。

上述方程组再加上气体混合物的状态方程就构成一个封闭的方程组，理论上说，只要其中源项能够根据有关学科领域的知识计算出来，再加上适当的定解条件，就可以得出描述发动机或其他系统整个燃烧过程的数值解，然而事实上并非如此简单，因为自然界和工程实际中的流动与燃烧过程几乎都是湍流过程，还需要建立湍流流动及湍流燃烧的相关模型。

1.5 本书的主要内容

本书主要围绕液体火箭发动机内部燃烧过程的建模及数值应用进行介绍，首先是针对燃烧各个子过程，包括喷雾、液滴蒸发、湍流混合、湍流燃烧、传热以及燃烧不稳定等，介绍模型建立以及分析方法；其次针对数值方法以及数值仿真的应用进行介绍。

全书共分为 8 章，各章主要内容如下：

第 1 章引言，首先介绍了液体火箭发动机的基本结构、工作过程，然后针对液体火箭发动机燃烧过程数值仿真的特点及其发展历程进行概述，最后给出了化学流体力学基本方程组。

第 2 章介绍喷雾的理论与研究方法，以及不同类型喷嘴的雾化模型。

第 3 章介绍液滴蒸发燃烧模型，主要介绍了常压条件下的液滴蒸发模型和高压下的液滴蒸发模型，简要介绍了压力振荡环境下的液滴蒸发响应、多组分液滴蒸发以及液滴群蒸发。

第 4 章对湍流流动过程进行建模，介绍了应用于 RANS 的湍流模型以及应用于大涡模拟的亚格子模型。

第 5 章对湍流燃烧的相互作用进行建模，介绍了应用于 RANS 的湍流燃烧模型以及应用于大涡模拟的亚格子模型。

第 6 章介绍了热传导、对流传热以及辐射换热的模型。

第 7 章介绍了燃烧不稳定的特点以及相关理论模型，并给出了不稳定燃烧的控制措施和评价。

第 8 章给出了完整的液体火箭发动机喷雾燃烧计算模型，介绍了方程及模型的数值求解方法以及网格生成方法，并给出了应用实例。

参考文献

[1] 庄逢辰．液体火箭发动机喷雾燃烧的理论、模型和应用 [M]．长沙：国防科技大学出版社，1995.

[2] 王振国．液体火箭发动机燃烧室内部工作过程数值模拟 [D]．博士论文．长沙：国防科技大学，1993.

[3] 王振国，吴晋湘，庄逢辰．计算流体动力学在液体火箭发动机中的应用 [J]．国防科技大学学报，1994，16 (4).

[4] 王振国，周进，鄢小清，等．预燃室内气氢气氧射流燃烧过程数值分析 [J]．国防科技大学学报，1996，18 (3).

[5] 王振国，周进，鄢小清．气氢液氧同轴式单喷嘴燃烧室热态流场计算 [J]．推进技术，1996，17 (4).

[6] 刘卫东，王振国，周进．液氢液氧火箭发动机喷雾燃烧过程三维数值模拟 [J]．推进技术，1999，20 (1)：19-28.

[7] 黄玉辉，王振国，周进．液体火箭发动机燃烧稳定性数值仿真 [J]．中国科学（B 缉），2002，32 (4)：377-384.

第2章 液体推进剂雾化机理和雾化模型

在液体火箭发动机燃烧过程中，液体推进剂需要经过雾化过程破碎成小液滴才能实现良好的蒸发、混合以及燃烧，雾化是燃烧过程的初始阶段，对发动机的燃烧效率和燃烧稳定性有重大影响，研究推进剂雾化机理和喷注单元的雾化特性对发动机设计具有重要意义。

尽管在液体火箭发动机中采用的喷注器形式多种多样（如互击式、同轴式、层板式等，但雾化机理在本质上是基本相同的，都必须把液体推进剂扩展成很薄的液膜或很细的射流[1]。当射流速度较低没有发展到湍流状态时，在液体表面张力和环境气体的空气动力作用下，液膜或射流的表面扰动波会迅速增长，使液膜或射流失稳而破碎生成液滴。这种初始扰动的产生主要是由于流速波动、喷嘴振动及喷嘴加工毛刺等。当射流发展成湍流时，由于射流自身的动量较高能够直接断裂破碎，另外，湍流脉动产生的横向速度也是导致射流破碎雾化的一个重要原因。

影响喷嘴雾化性能的主要因素：①喷嘴结构参数和工作参数决定的喷嘴内流特性；②环境气体参数；③流体本身物性参数。因此，建立理论分析模型时应当考虑这些因素。尽管对液体雾化过程，包括射流和液膜失稳破碎机理、喷雾特性进行了大量的研究，由于雾化过程的复杂性及喷嘴结构的多样性，用一个统一的模型来预测喷嘴雾化性能存在较大的难度。

本章介绍了液体推进剂雾化机理、雾化性能评价指标，以及液体火箭发动机中常用喷嘴的雾化模型，最后介绍了近年来发展的界面追踪方法在喷雾数值模拟中的应用。

2.1 液体火箭发动机喷注器类型和作用

在液体火箭发动机中，推进剂的雾化是在一定的喷注压力下，通过喷注面板上的喷嘴来实现的。液体燃料雾化有两个好处：①有利于蒸发的进行，蒸发是个表面过程，对于一定量的液体来说，表面积越大，就越容易蒸发完。当质量相同时，液滴总表面积与其直径成反比，也就是直径越小，总表面积越大，越有利于蒸发。例如，对于1kg的水，当其为一个球形液滴时，表面积有0.0483m^2，当其雾化成直径为50μm的液滴时，总的表面积增大到60m^2。在液体火箭发动机中，推进剂雾化后的液滴直径为25μm～500μm，体积大约为1cm^3的液滴雾化后表面积增加了几万倍，大大加快了蒸发的进行。②有利于混合和燃烧的进行，如直径为 1mm 的煤油液滴，在空气中约需要 1s 才能烧完，当直径减小到 50μm 时，0.025s 就能烧完。

在火箭发动机中，喷注器通常是由喷嘴以一定的方式组合起来构成的，常用的喷注单元有撞击式喷嘴、同轴直流式喷嘴以及同轴离心式喷嘴等。撞击式又可分为互击式和自击式两种，二股直流互击式常用于可储存推进剂火箭发动机上，如小推力反作用控制发动机、远地点发动机和阿波罗登月舱的上升发动机中；二股直流自击式应用于自燃推进剂的发动机中；同轴式喷嘴通常用于液氢一液氧低温推进剂发动机上。美国在低温推进剂发动机较多地采用同轴直流式喷嘴，如航天飞机主发动机和“半人马座”使用的 RL-10 系列发动机上[2-3]。相对于气液同轴剪切式喷嘴而言，气液同轴离心式喷嘴可以装的个数较少，对燃烧不稳定比较不敏感。RL-10 系列发动机在研制过程中，为了提高性能尝试着使用了气液同轴离心式喷嘴，并成功研制 RL-10A-3 发动机；美国的 Space Transfortation Main Engine（STME）发动机也采用气液同轴离心式喷嘴，该发动机采用高压（16MPa）燃气发生器循环，试验结果显示发动机工作稳定。在我国低温推进剂火箭发动机研制过程中，也使用了气液同轴离心式喷嘴，有代表性的是 YF-75 发动机，已经研制成功的 50t 液氧/液氢火箭发动机作为 CZ5 运载火箭的芯级，与 120t 液氧/煤油火箭发动机一起担当起运输更大载荷的任务。

2.2　液体推进剂雾化机理

与喷注器构型相对应，火箭发动机中液体燃料通常以圆柱射流、锥形液膜的形式进入到燃烧室，之后与周围的气体掺混实现燃烧。在液体火箭发动机中，对圆柱射流、锥形液膜雾化机理的研究就显得尤为重要。在早期的基础理论研究中，都试图通过建立理论模型计算射流、液膜破碎后形成的液滴尺寸，但是考虑的影响因素较少，得到的结果与试验结果存在一定的差距；随着理论研究的深入，考虑的影响因素越来越多，建立的理论模型也更趋于完善。本节先分析水管滴水过程中形成的液滴尺寸，从液体雾化过程的极限情况分析黏性、表面张力在液滴形成过程中的重要作用，之后介绍了圆柱射流破碎、液膜破碎以及液滴二次雾化模型。

2.2.1　静态液滴的形成

雾化最基本的形式是静态悬浮液滴的破碎。从滴管或关得很小的水龙头中滴下的液滴是典型的例子，当液体的重力超过了吸附在管口上液体的表面张力时，液体的附着状态就会被破坏，液体下落，形成液滴。所形成的液滴质量取决于重力和液滴的表面张力。从一个直径为 d 的圆孔中向下流出的液滴，受到重力和表

面张力作用达到平衡，即

$$m_d g = \pi d\sigma \tag{2.1}$$

式中：d 为管径；m_d 为液滴质量；g 为重力加速度；σ 为液滴表面张力。

则液滴直径为

$$D = \left(\frac{6d\sigma}{\rho_l g}\right)^{1/3} \tag{2.2}$$

式中：D 为生成液滴的直径；ρ_l 为液滴密度。

对于水而言，$\rho_l = 1000\text{kg/m}^3$，$\sigma = 0.07237\text{N/m}$；对于煤油而言，$\rho_l = 800\text{kg/m}^3$，$\sigma = 0.023\text{N/m}$。

当管径 $d = 1\text{mm}$，则产生的水滴直径 $D = 3.6\text{mm}$，煤油液滴直径 $D = 2.6\text{mm}$；

当管径 $d = 10\mu\text{m}$，则产生的水滴直径 $D = 765\mu\text{m}$，煤油液滴直径 $D = 560\mu\text{m}$。

对水和煤油，形成的液滴直径大于管径，即 $D > d$。

对于从湿润的平板上滴下的液滴，液滴直径的理论公式为[4]

$$D = 3.3\left(\frac{\sigma}{\rho_l g}\right)^{1/2} \tag{2.3}$$

这个公式给出了在重力作用下，由液膜逐渐形成的液滴直径，水滴为 9mm，而煤油液滴为 5.6mm。可见由于重力的作用，从缓慢流动的液体中滴下的液滴直径都比较大。虽然静态悬浮液滴的情况在喷雾的实际应用中十分少见，仅仅在喷嘴因磨损而出现滴漏现象时才具有实际意义，但这种静态液滴形成和碎裂机理的探讨却是研究喷射雾化的基础。

2.2.2 圆柱射流破碎

最早研究圆柱射流破碎机理的是 Rayleigh[5]，他在 1878 年导出了无黏射流不稳定的扰动波长与射流直径的关系式，并得出形成的液滴直径表达式。Weber[6]在此基础上于 1931 年建立了更广泛的射流破碎理论，并考虑了流体黏性影响。他得到了射流破碎长度、破碎时间及液滴尺寸的表达式。Tyler[7]在 1933 年也进行了与 Rayleigh 类似的分析，他把液滴脱落频率与扰动波波长联系起来，得到了大致相似的结论。Haenlein[8]在 1932 年完成的试验为理论分析提供了有力的证据，并把射流雾化过程分为四种典型情况。1936 年 Ohnesorge[9]在照相试验基础上进行了无量纲分析，提出一个由喷嘴尺寸和流体黏性决定的无量纲参数欧尼索数（Oh）来区分射流破碎的三种情形，Oh 数表达为雷诺数（Re）和韦伯数（We）的乘积，即

$$Oh = Re^{0.5} We = \mu_l / \sqrt{\rho_l \sigma d} \tag{2.4}$$

Reitz[10]在 1978 年总结了 Haenlein 和 Ohnesorge 等人的研究工作，根据射流速度的不同按 Re 和 Oh 提出四种射流破碎情形，但在物理本质上没有变化。

1. 射流破碎过程的几种情形

（1）液体射流的破碎过程按 Haenlein 的观点可大致分为四类，如图 2.1 所示。

(a) 振荡引起破碎　(b) 振荡、气动力共同作用引起破碎　(c) 气动力引起破碎

图 2.1　Haenlein 提出的圆柱射流破碎模式

①只有液体表面张力作用，气动力作用可忽略；

②液体表面张力和气动力共同作用；

③由于气动力引起的失稳；

④射流在喷嘴出口即完全失稳破碎。

（2）Ohnesorge 采用无量纲分析的结果将射流雾化过程分成三类，并按 Re 和 Oh 的变化给出了分区图，如图 2.2 所示。

①低 Re 时，属于 Rayleigh 破碎，射流破碎成大液滴，尺寸相对均匀；

②中等 Re 时，射流围绕自身轴线振荡，在气动力作用下失稳破碎，形成的液滴尺寸范围广；

③高 Re 时，射流在喷嘴出口开始破碎，压力雾化即属此类。

（3）Reitz[10]通过对柴油射流破碎机理的研究也给出了与 Ohnesorge 大致相似的分类。如图 2.3 所示，并定性估算了每类破碎情形产生的液滴直径与射流直径的关系。

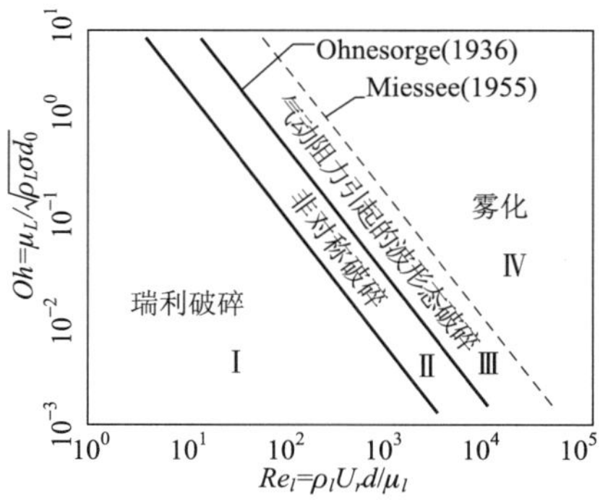

图 2.2　Ohesorge 提出的圆柱射流破碎模式

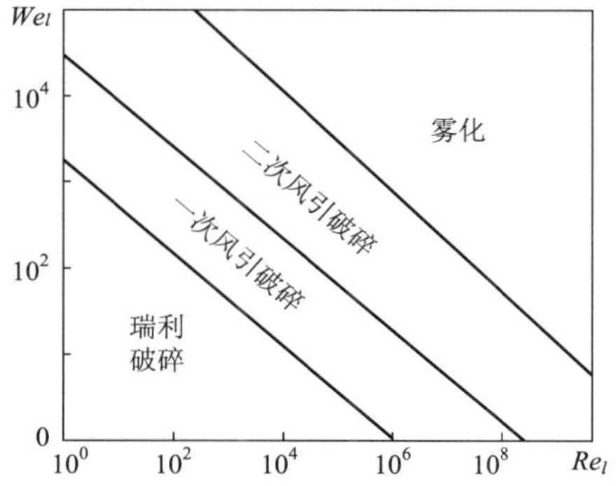

图 2.3　Reitz 提出的圆柱射流破碎模式

刘娟[11]等人利用高速摄影对低 Re 下的液柱破碎过程进行了观察，得到了液柱变形的过程，图 2.4 为直径为 1mm 的圆柱射流，在距离喷孔 0～60mm 范围内的射流形态。当 $Re=5630$ 时，射流扰动呈现反对称模式，在喷嘴出口处是小波长的短波占优，越往下游，表面波振幅不断增长，长波占优。在线性稳定性分析

中对应一阶模式。当 $Re=9760$ 时，射流表面的不稳定波长变小，表面出现舌状液冠，并且有液滴剥离。当 $Re=12580$ 时，除了舌状液冠和剥落液滴的存在外，在射流内部还出现了光强较强的区域，认为是射流的空心孔洞。当 Re 增加到 17800 时，气液之间的作用力增强，射流表面有大量液丝存在。这些液丝在气动力的作用下，逆着射流运动的方向伸展。随着喷注压降的增加，在喷嘴出口处射流直径不断变大，这主要是由于射流在喷嘴内部摩擦力以及气动力的作用下，表面受到剧烈扰动，引起界面变形，甚至有液丝、液滴脱落引起的。

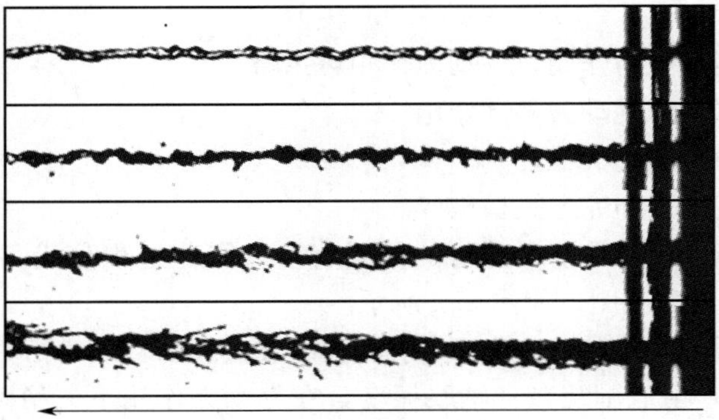

图 2.4　Re 对圆柱射流破碎、变形过程影响

2. 低 Re 射流破碎

Rayleigh[5]采用小扰动法对射流流动过程进行了分析。基本思路是在无黏不可压流动的欧拉方程基础上推导出扰动方程，把方程线性化，并求解扰动波的增长速率。他认为增长速率最快的扰动波最终控制破碎过程，并决定液滴尺寸。他的分析基于以下假设：液体是无黏的、射流速度低气动力可忽略、扰动是轴对称的。

Rayleigh 得出的最快增长的扰动波速率 $q_{\max}$ 和扰动波波长 λ_{opt} 分别为

$$q_{\max} = 0.97\left(\frac{\sigma}{\rho_l d^3}\right)^{0.5} \tag{2.5}$$

$$\lambda_{\text{opt}} = 4.51d \tag{2.6}$$

一个波长的扰动波射流脱落收缩形成液滴，于是，有

$$4.51d\,\frac{\pi}{4}d^2 = \left(\frac{\pi}{6}\right)D^3 \tag{2.7}$$

得

$$D = 1.89d \tag{2.8}$$

Taylor[12]把液滴脱落频率与扰动波波长联系起来，得到了与 Rayleigh 相似的分析结果，只是增长最快的扰动波波长、形成的液滴直径略有变化，其表达式如下：

$$\lambda_{opt} = 4.69d \tag{2.9}$$

$$D = 1.92d \tag{2.10}$$

在 Rayleigh 研究的基础上，Weber[6]考虑了液体黏性和空气动力作用，他认为任何扰动都会引起射流对称性的振荡，并进一步假设存在一个最小扰动波长 λ_{min}，如果初始扰动波长小于波长 λ_{min}，则扰动波会被射流表面张力阻尼衰减；如果初始扰动波长大于 λ_{min}，射流表面张力就会放大扰动，并最后导致射流破碎。在所有波长大于 λ_{min} 的初始扰动中，振幅增长最快的扰动波导致射流破碎并决定形成的液滴直径，Weber 得到的最小扰动波长为

$$\lambda_{min} = \pi d \tag{2.11}$$

即最小扰动波波长等于射流周长。无黏和黏性流的增长最快的扰动波波长分别如下。

（1）无黏流体。导致失稳的最小扰动波波长：

$$\lambda_{min} = \pi d \tag{2.12}$$

增长最快的扰动波波长：

$$\lambda_{opt} = \sqrt{2}\pi d = 4.44d \tag{2.13}$$

（2）黏性流体。导致失稳的最小扰动波波长：

$$\lambda_{min} = \pi d \tag{2.14}$$

增长最快的扰动波波长：

$$\lambda_{opt} = \sqrt{2}\pi d\left(1 + \frac{3\mu_l}{\sqrt{\rho_l \sigma d}}\right)^{1/2} = \sqrt{2}\pi d(1 + 3Oh)^{1/2} \tag{2.15}$$

（3）考虑空气动力作用时，λ_{min}、λ_{opt} 将变小，当气液相对速度 $U_r = 15\text{m/s}$ 时，有

$$\lambda_{min} = 2.2d \tag{2.16}$$

$$\lambda_{opt} = 2.8d \tag{2.17}$$

Weber 的分析还得到射流破碎长度、破碎时间。他的推导中认为轴对称小扰动 δ_0 将按指数增长速率 q_{max} 增长，直到 δ 达到射流半径时失稳破碎。如果 t_b 是射流出口到破碎点所需的时间，则

$$\frac{d}{2} = \delta_0 \exp(q_{max} t_b) \tag{2.18}$$

即

$$t_b = \frac{1}{q_{max}} \ln\left(\frac{d}{2\delta_0}\right) \tag{2.19}$$

把式（2.5）代入式（2.19），定义韦伯数为

$$We = \frac{\rho_l U_r^2 d}{\sigma} \tag{2.20}$$

式中：U_r 为气液相对速度。则

$$t_b = 1.03\left(\frac{\rho_l d^3}{\sigma}\right)^{1/2}\ln\left(\frac{d}{2\delta_0}\right) \tag{2.21}$$

射流破碎长度为

$$L_{bu} = 1.03dWe^{0.5}\ln\left(\frac{d}{2\delta_0}\right) \tag{2.22}$$

对黏性液体，破碎长度为

$$L_{bu} = dWe^{0.5}(1+3Oh)\ln\left(\frac{d}{2\delta_0}\right) \tag{2.23}$$

在 Weber 推导出的破碎长度表达式中，初始扰动项 $d/(2\delta_0)$ 不能理论确定，它依赖于喷嘴结构和流动的试验条件，常用的关系式如下[13]：

$$\ln\left(\frac{d}{2\delta_0}\right) = 7.68 - 2.66Oh \tag{2.24}$$

Weber 的理论计算结果与试验值相差较大，许多研究者怀疑它的正确性。Sterling[14]和 Sleicher[14-15]认为不考虑射流内横向速度分布的变化是导致理论分析误差较大的原因，他们提出了层流射流破碎长度更一般的表达式，即

$$L_{bu} = dWe^{0.5}(1+3Oh)\ln\left(\frac{d}{2\delta_0}\right)/f_{(Oh,We)} \tag{2.25}$$

式中：函数 $f(Oh, We)$ 取决于射流速度及流体物性。

3. 中等 *Re* 射流破碎

中等 Re 射流破碎是一种更复杂但也是更有意义的情况。在这种情况下射流与环境气体存在较高的相对速度，即低速射流进入高速气流中或高速射流进入低速环境气体中，这时必须考虑射流表面的气动力。但需要注意的是后一种情形当射流已达到完全湍流状态时，其破碎机理就是高 Re 时的情形。

前面已经提到在 Weber 的分析中考虑了气动力的影响，并已指出当相对速度增大时，扰动波最大增长速率 q_{max} 也增大，而扰动波波长变短。因此，射流必然破碎得较快，而且得到的液滴尺寸较小。

考虑气动力效应时，由于方程的复杂性，要进行一般理论分析已十分困难，已有研究大多对高黏性、低黏性和长波长、短波长的四种极限情况进行，Lefebvre[13]对已有结果进行总结，得到的基本结论有：

（1）增大液体黏性使得扰动波增长率下降，射流破碎时间、破碎长度增加；

（2）高黏性的射流破碎是由于长波长扰动引起的，产生的液滴尺寸较大；

（3）低黏性的射流破碎是由于短波长扰动引起的，产生的液滴尺寸较小；

（4）当相对速度较高时，正弦形扰动和横向扰动均可引起射流异形破碎，形成的液滴较大；

（5）环境压力越高，射流破碎长度越短。

4. 高 *Re* 湍流射流破碎

在这种情况下射流在喷嘴出口已是充分发展的湍流，射流内部的动量交换剧

烈，使射流具有较大的径向速度，从而导致射流迅速破碎。射流破碎不需要气动力，即使在真空环境中，射流在其内部的湍流影响下也会破碎。对于这种射流破碎机理目前没有任何理论分析结果可以进行液滴尺寸预测。对高 Re 下的破碎雾化机理的解释有几种不同的观点，比较代表性的如下：

（1）空气动力扰动说。Lin 和 Kang[16-17] 运用空间模式研究了高速黏性液体射入高密度气体介质中时小波长扰动波发展情况，认为雾化是由于空气的压力波动在气液界面引起的薄膜波的共振造成的；同时他们还肯定了液体黏性在雾化中所起到的重要作用，气体与高速运动的液体相互作用时，黏性的存在导致在边界层内形成了不稳定的剪切波，对于液体射流的破碎起到了一定作用（小于压力波动的作用）。

（2）湍流扰动说。认为雾化是由于喷嘴内部的液体湍流运动产生的径向速度分量造成的。

（3）空穴扰动说。认为雾化是由于喷嘴内部的空化现象所产生的大振幅压力扰动引起的。（2）、（3）解释了空气动力干扰说所解释不了的在喷嘴出口处有雾化液滴存在的现象。

（4）边界条件突变说。认为射流从喷嘴喷出后，其边界条件发生了很大的变化导致射流破碎雾化。

（5）压力振荡说。燃油供给系统产生的压力振荡对雾化过程有一定的影响。这个观点还处于进一步研究中。

Princeton 大学的 Bracco[18] 等人提出了增广的空气动力干扰机理。他们认为从控制雾化过程的方程求解来看，线性摄动法求出的解中含有一个反映初始振幅的未定参数，如果将该参数与喷嘴几何特性联系起来，就可以对不同喷嘴产生的雾化特性做全面的分析和预测。基于这种理论，他们导出的喷雾锥角、初始液滴直径，破碎长度与试验结果基本吻合。

2.2.3　液膜破碎

液膜运动稳定性研究最早可追溯到 1868 年 Helmholtz 提出的两种不同密度、不可压流体流动稳定性问题。1871 年，Kelvin 对这种流动稳定性进行了分析，并由这一问题出发，分析了在空气静压分布和液体表面张力共同作用下风产生水波的现象。他们两人研究的这种波增长过程就是经典的 Kelvin-Helmholtz 不稳定扰动波问题，后面有关表面波增长引起液膜破碎的概念都源于此。

Fraser[19]、Dombrowski[16]、Eisenklam[20] 等人在 1953 年—1963 年对平面液膜破碎机理进行大量理论和试验研究。通过高速摄影展示了液膜破碎过程的细节，指出液膜破碎过程主要以轮毂破碎（Rim）、穿孔破碎（Perforation）和波动破碎（Wave）三种基本方式进行。York[21] 在 1953 年也对平面液膜破碎过程进行了理论分析。他认为气液界面处波的形成与增长是导致液膜破碎的重要原因，

得出了一定韦伯数 We 下不同波长的扰动波增长速率的表达式，并提出了以 We 为液膜破碎的准则，他还把分析推广到离心喷嘴产生的锥形液膜破碎情况。Squire[22] 在 1953 年研究了具有恒定厚度的平面液膜在气流中的稳定性，由无黏势流理论建立了具有最大扰动波波长的数学表达式。Hagerty 和 Shea[23] 在 1955 年研究了平面液膜的稳定性，并得到了 York 公式中的扰动波增长因子 β 的表达式和试验值，给出了导致液膜破碎的不稳定扰动波的最小频率和最小波长。

本节对平面液膜，扇形液膜和锥形液膜破碎机理进行分析。

1. 平面液膜破碎

Fraser[19]、Dombrowski[16] 等人在 1953 年—1963 年应用高速摄影技术，展示了液膜破碎过程的细节，把液膜破碎过程划分成四种典型情况：

（1）轮毂破碎（Rim Disintegration）。由于液体表面张力的作用使液膜在边缘处收缩成一个较厚的轮毂。随后轮毂在气动力、表面张力的作用下开始破碎。当液体的黏性和表面张力都很高时，出现这种液膜破碎方式。这种方式通常生成较大的液滴。

（2）波浪式破碎（Wave Disintegration）。液膜上扰动波不断增长，直至半个波长或一个波长的液膜被撕裂下来，形成液丝或液片，液丝和液片在表面张力的作用下收缩成液滴。这种破碎方式生成的液滴尺寸很不均匀。

（3）液膜穿孔式破碎（Perforation）。在离开喷嘴一定距离处，液膜出现孔洞，这种孔洞的尺寸不断变大，相邻孔洞间形成液带或液丝，接着液带和液丝相互分离，最后分离的液带和液丝再破碎成不同尺寸的液滴。一般情况下，液膜穿孔的距离比较有规律，由此形成的不规则液带和液丝的尺寸也比较均匀，因而最后雾化的液滴尺寸也比较均匀。

（4）湍流模式（Turbulence）。当液体的喷射速度较大时，在喷嘴出口处即破碎成小液滴，该过程很复杂，目前没有一个理论来描述这种现象。

上面介绍的几种液膜破碎方式中，目前已有的理论分析模型主要是针对波动破碎（Wave）这种比较简单的方式，如图 2.5 所示，其他三种方式很复杂，难以进行有效的理论分析。

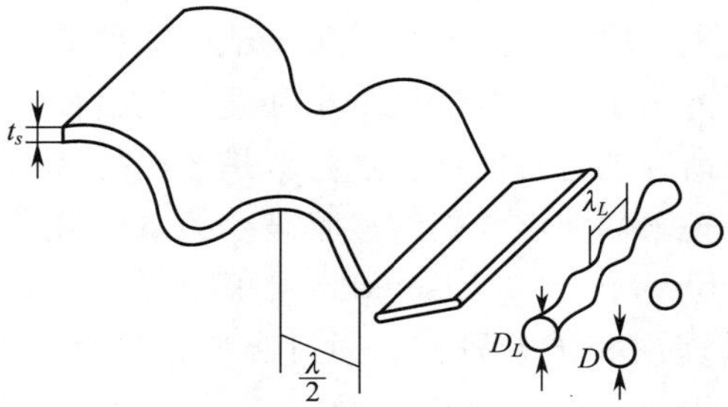

图 2.5　平面液膜破碎过程

下面分别阐述 York[21]、Squire[22] 以及 Hagerty 和 Shea[23] 对波动破碎（Wave）模式进行的理论分析结果。

1）York[21]分析结果

基本假设：①液体无黏、无旋。②液膜破碎主要是由液膜表面波的形成与增长引起的。③初始扰动波随时间按指数增长，其具体形式为

$$\delta = \delta_0 \exp(\beta t) \tag{2.26}$$

式中：δ_0 为初始扰动波振幅；β 为扰动波增长速率；t 为时间。

York 得到的液膜破碎时间为

$$t = \beta^{-1} \ln\left(\frac{h_0}{2\delta_0}\right) \tag{2.27}$$

式中：h_0 为初始液膜厚度。

从式（2.27）中可以看出，液膜厚度大，破碎时间长，但二者是对数关系。York 还给出了不同 We 下，不同波长的初始扰动的最大增长速率关系，如图 2.6 所示。

2）Squire[22]分析结果

Squire 在 York 的分析基础上认为在所有初始扰动波中，只有波长大于一定值的扰动波才会被表面张力放大增长，而小于这一特征波长的扰动波都会被衰减掉。他分析得到的可能引起液膜破碎的扰动波最小波长为

$$\lambda_{\min} = \frac{2\pi h_0 \rho_l}{\rho_A (We - 1)} \tag{2.28}$$

在通常情况下，有 $We \gg 1$，式（2.28）即为

$$\lambda_{\min} = \frac{2\pi\sigma}{\rho_A u_r^2} \tag{2.29}$$

增长最快的扰动波波长和增长速率分别为

$$\lambda_{\max} = \frac{4\pi\sigma}{\rho_A U_r^2} = 2\lambda_{\min} \tag{2.30}$$

$$\beta_{\max} = \frac{\rho_A U_r^2}{\sigma(\rho_l h_0)^{1/2}} \tag{2.31}$$

由式（2.31）知道，增长速率最大的扰动波波长与液体表面张力成正比，也就是说，液体表面张力越大，最小扰动波波长越大。如果液膜以扰动波半波长或一个波长破碎脱落，液体表面张力越大，形成的液滴尺寸也越大。而气体密度、气液相对速度却正好与表面张力有相反的影响规律。

3）Hagerty 和 Shea[23]分析结果

通过试验分析得到的正弦扰动波的增长速率试验值，并与如下的理论表达式进行了比较，即不同频率与扰动波增长速率的关系，如图 2.7 所示。

$$\beta = \left[\frac{n^2 U_r^2 (\rho_A/\rho_l) - n^3 \sigma/\rho_l}{\tanh(n h_0/2)}\right] \tag{2.32}$$

式中：$n=\bar{\omega}/u$ 为扰动波波数；U_r 为气液相对速度；tanh 为双曲正切函数。

要使液膜破碎失稳的扰动波最小频率为

$$f_{\min} = \frac{\rho_A U_r^3}{2\pi\sigma} = \frac{U_r We}{2\pi h_0} \tag{2.33}$$

则

$$\lambda_{\min} = \frac{2\pi\sigma}{\rho_A U_r^2} \tag{2.34}$$

Hagarty-Shea 得到扰动波最小波长 $\lambda_{\min}$ 与 Squire 分析结果相同如图 2.7 所示。

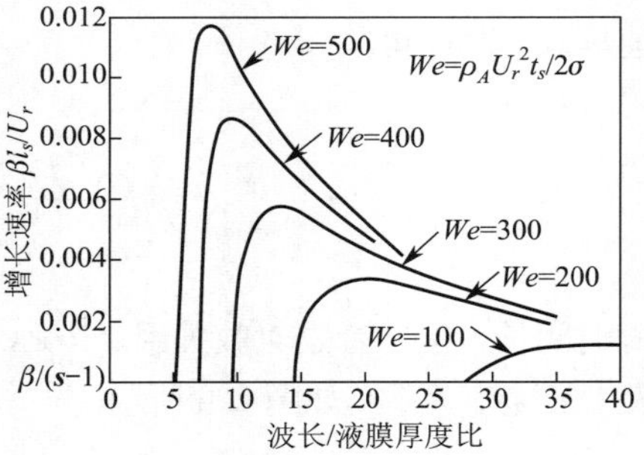

图 2.6 平面液膜不同波长的扰动波增长速率（York）

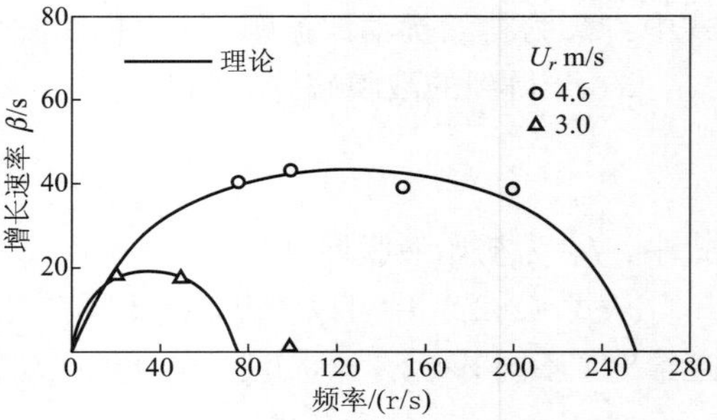

图 2.7 平面液膜不同频率的扰动波增长速率（Hagerty—Shea）

2. 扇形液膜破碎

Fraser[19] 把前面介绍的 Hagerty-Shea 和 Squire 的理论分析推广到低黏性、扇形液膜的破碎机理研究。他认为增长最快的扰动波最终导致液膜破碎，液膜破碎时半波长的液膜脱落形成液丝，液丝随即破碎成液滴，液滴尺寸可按射流破碎计算液滴直径的方法计算。

液膜厚度 h_0 根据喷嘴结构尺寸、液体表面张力和气液相对速度等可以计算，即

$$h_0 = \left(\frac{1}{2H^2}\right)^{1/3}\left(\frac{k\rho_A u_r^2}{\rho_l \sigma}\right)^{1/3} \tag{2.35}$$

其中

$$H = \ln(\delta^* / \delta_0) \tag{2.36}$$

式中：δ^* 为破碎处的扰动波振幅，δ_0 为扰动波初始振幅。

$$D_l = \left(\frac{2}{\pi}\lambda_{\max} h_0\right)^{1/2} \tag{2.37}$$

式中：$\lambda_{\max}$ 为增长最快的扰动波波长。

应用导出的射流破碎后形成的液滴直径计算式（2.37），得到液滴直径表达式为

$$d = 1.89 D_l = 1.89 \times \left(\sqrt{\frac{2}{\pi}\lambda_{\max} h_0}\right)^{\frac{1}{2}} \tag{2.38}$$

把式（2.34）、式（2.35）代入式（2.37）中，则有

$$d \propto \left(\frac{\rho_l}{\rho_A}\right)^{1/6}\left(\frac{k\sigma}{\rho_l u_r^2}\right)^{1/6} \tag{2.39}$$

从式（2.39）可以看出，扇形液膜破碎后形成的液滴直径与气液密度比、气液相对速度有关，并且与液体表面张力、喷嘴结构参数有关。虽然不是准确定量关系式，但在工程上仍有指导意义。

3. 锥形液膜破碎

关于锥形液膜破碎的理论分析较少，因为它比平面液膜破碎更加复杂。图 2.8 给出了离心式喷嘴在压力不断增加的过程中液体形状的变化过程，可以分为四个阶段：

（1）阶段 1 液体以液滴或者扭曲的细液柱形式从喷嘴口喷出；

（2）阶段 2 喷嘴出口有锥形液膜出现，但由于表面张力的收缩作用成了一个闭合的液膜包；

（3）阶段 3 闭合液膜包展开，形成中空的郁金香形状，在液膜的不规则末端不断有大液滴破碎生成；

（4）阶段 4 液膜表面展开成一个锥状。随着液膜的扩张，厚度变薄，并很快失稳，破碎成液丝、液滴，成为一个完整的中空锥形液膜。

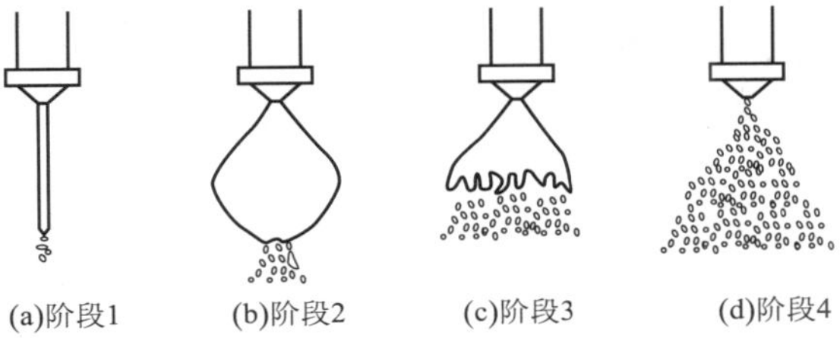

图 2.8　锥形液膜发展的几个阶段

图 2.9 是韩国首尔大学火箭推进研究室[24]拍摄的不同喷射压降、不同反压下的液膜破碎图像，反压从 0.1MPa 增加到 4.0MPa，喷射压力从 0.1 MPa 增加到 0.6MPa。在喷射压力恒定情况下，提高反压，液膜破碎位置提前；在反压恒

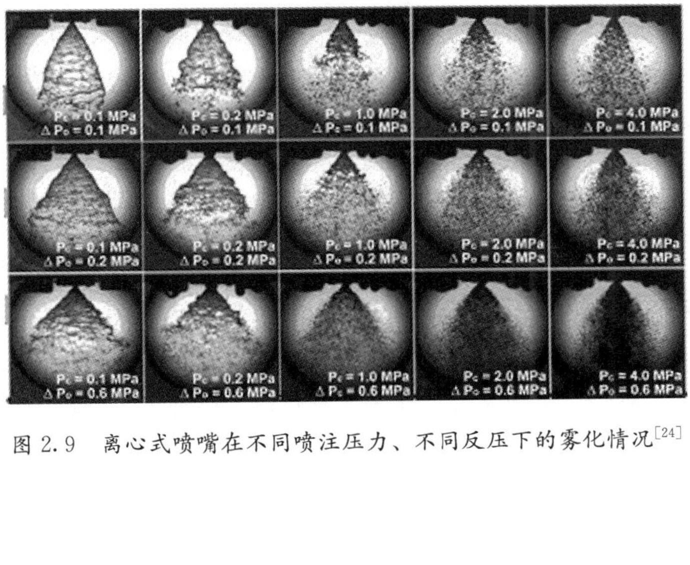

图 2.9　离心式喷嘴在不同喷注压力、不同反压下的雾化情况[24]

定情况下，喷射压力提高，液膜破碎位置也提前。

对于火箭发动机而言，离心式喷嘴的设计压降通常为燃烧室压力的 20%～30%，若燃烧室压力在 2.0MPa～5.0MPa 变化，则离心式喷嘴的喷注压降在 0.4MPa～1.5MPa 变化。刘娟[25]等人利用高速阴影系统，研究了环境大气下，喷注压降在 0.4MPa～1.0MPa 的锥形液膜破碎机理，如图 2.10 所示，将液膜破碎机理分为：①液膜撕裂（图（a））；②液膜波峰破碎（图（b））；③液膜波谷破碎（图（c））；④毛刺破碎（图（d））。其中，图 2.10（a）是喷注压降较小时发生的现象；图 2.10（b）、图 2.10（c）在液膜破碎过程中较常见，属于“常规断裂”现象；图 2.10（d）是带有缩进的喷嘴在喷注压降 $\Delta p>0.5$MPa 时发生的现象。一般而言，液膜离开喷嘴以后不会马上断裂，一则是因为该处表面波的振幅较小，二则是因为该处的液膜较厚；只有当波动在空间上经过一定距离，振幅达到一定程度时候才会发生断裂。

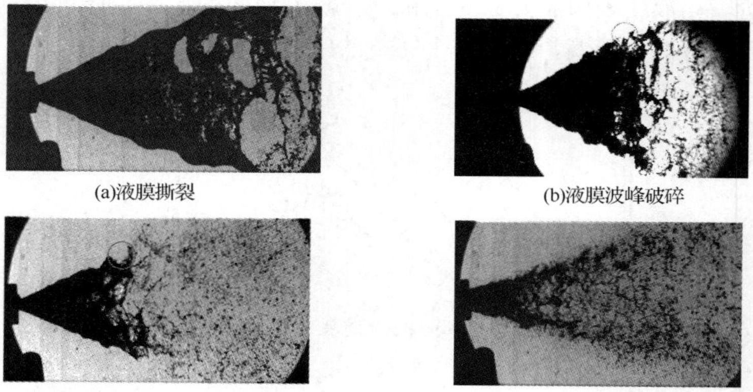

(a)液膜撕裂　(b)液膜波峰破碎　(c)液膜波谷破碎　(d)液膜毛刺

图 2.10　离心式喷嘴设计工况附近锥形液膜破碎雾化机理

通过试验观察，将锥形液膜的破碎过程分为几个区域[26]，如图 2.11 所示，即完整液膜区、液块区、液丝和稠密喷雾区以及稀疏喷雾区。其中，在完整液膜区液体还没有发生断裂，表面扰动波不断地增长；在液块区和稠密喷雾区液膜发生断裂形成液丝，发生了一次雾化；在稀疏喷雾区，液丝继续断裂，发生了二次雾化。

本节分析了几种液膜破碎形式，给出了理论分析结果，但总地来说，液膜失稳破碎过程的理论研究只能作定性指导，离工程应用还有较大距离。

2.2.4 液滴二次破碎

射流或液膜破碎后形成的液滴，如果进入相对速度较高的气流中，就会受到强烈的气动压力影响，当这个气动压力大到足以克服液滴表面张力的恢复力，液滴就会分裂成更小的液滴。这个过程称为液滴二次破碎。

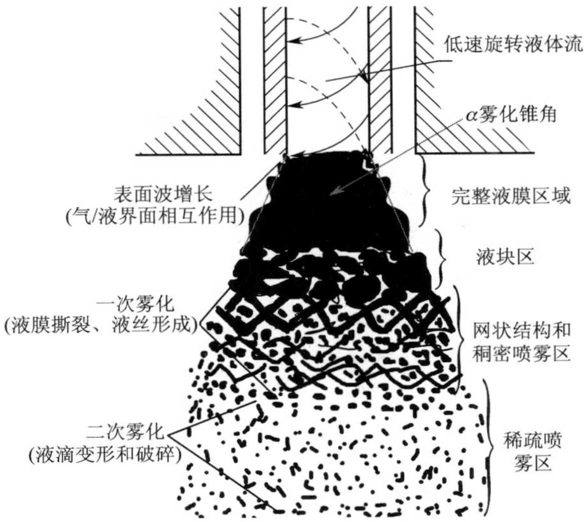

图 2.11　锥形液膜破碎雾化过程

Lenard[27]在 1904 年研究了大液滴在静止空气中的下落过程和小液滴在气流中的破碎过程。从那时起，研究者对液滴二次破碎问题进行了非常广泛的理论分析和试验研究，但一些重要的研究结果都是在 20 世纪五六十年代取得的。Lane 在 1951 年应用高速摄影展示了液滴二次破碎过程的细节，并分析了液滴破碎的两种机理。Hinze[28]在 1955 年则把液滴破碎过程归纳成三种典型情形，并从理论上进行了解释。

液滴破碎过程很复杂，要对这一过程进行严格的数学分析求解，就必须知道液滴表面的气动力分布情况。但是液滴从生成开始，其形状就一直在不断变化，气动力难以准确计算，至少通过理论求解气动力分布很困难。

在下面的讨论中主要介绍液滴二次破碎的机理和一些简单理论分析结果。

1. 液滴在层流气流中的二次破碎

1）Lane 分析结果

1951 年 Lane 通过大量试验研究认为，液滴以何种方式破碎，取决于液滴是在气流中稳定加速还是突然进入高速气流中。

如果液滴是在气流中稳定加速，如图 2.12 所示，液滴先被压扁，进而变形成中间凹进、边缘较厚的的碗状形。液滴底部先破碎形成较小的液滴，而占液滴总质量大约 70% 的边缘破碎后形成相对较大的液滴。对这种液滴破碎方式，Lane 得到了在常压空气中液滴发生二次破碎所需的最小气液相对速度经验表达式，即

$$u_r \propto \left(\frac{\sigma}{D}\right)^{1/2} \tag{2.40}$$

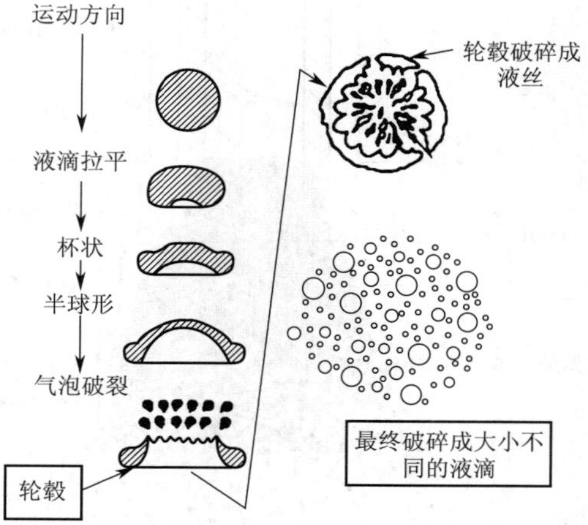

图 2.12　Lane 提出的液滴破碎模式（稳定加速时液滴破碎过程）

对水滴，发生二次破碎所需的最小相对速度为

$$u_r = 784/\sqrt{D} \tag{2.41}$$

如果液滴突然进入高速气流中，这时液滴二次破碎方式与前述情形有很大不同。液滴在气流来向凸出呈透镜状，其边缘被气流切削成薄片，薄片收缩成液丝，液丝进一步断裂破碎形成液滴。对这种情形，Lane 没有给出经验表达式，但是他指出液滴破碎所要求的临界韦伯数要小得多，也就是说，液滴发生二次破碎要容易得多。

2）Hinze 分析结果

1955 年，Hinze[28] 应用高速摄影展示了液滴二次破碎的详细过程，他把液滴破碎分为三种基本方式，如图 2.13 所示。

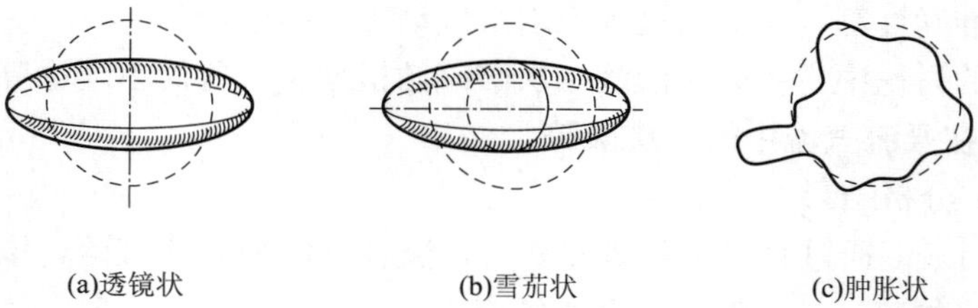

图 2.13　Hinze 提出的液滴破碎模式

（1）液滴被气动力压平成透镜状，透镜状液滴进而变成凹形莲花座状而破碎。

（2）液滴被压成圆柱形的雪茄状，然后按液丝方式破碎。

（3）液滴局部出现不规则变形，肿胀部分脱落形成小液滴。

Hinze 认为液滴变形主要是由三方面的因素决定：气动力、表面张力、黏性力，液滴以何种方式破碎取决于这三种力的共同作用效果。当忽略液体黏性影响时，他认为液滴破碎的临界条件是气动力等于表面张力，即

$$C_D \frac{\pi D^2}{4} 0.5\rho_A u_r^2 = \pi D\sigma \tag{2.42}$$

式（2.42）改写成

$$\frac{\rho_A u_r^2 D}{\sigma} = \frac{8}{C_D} \tag{2.43}$$

即

$$We_{\text{crit}} = \frac{8}{C_D} \tag{2.44}$$

并得到一定的相对速度下，液滴能够稳定的最大直径为

$$D_{\max} = \frac{8\sigma}{C_D \rho_A u_r^2} \tag{2.45}$$

以及液滴能够稳定的最大相对速度为

$$u_{r,\max} = \left(\frac{8\sigma}{C_D \rho_A D}\right)^{1/2} \tag{2.46}$$

3）液体黏性影响

液体黏性将阻碍液滴变形，黏性大的液滴发生二次破碎要难。在 Hinze 的研究中，他应用 Oh 考虑液体黏性对液滴二次破碎过程的影响。按他的分析，液体黏性对液滴破碎的临界韦伯 We 影响可用下式表示：

$$We_{\text{crit}} = We_{\text{crit}}^0 [1 + f(Oh)] \tag{2.47}$$

式中：We_{crit}^0 为黏度为零时的临界韦伯数，此时对应的 Oh 也为零。

对于大黏度的液滴，Oh 也较大，因此其临界韦伯数将会大大增加。

Hanson[29] 等人则给出了具体表达式，即

$$We_{\text{crit}} = We_{\text{crit}}^0 + 14Oh \tag{2.48}$$

Hanson 指出该式的误差在 20% 范围，当 Oh 较小时，随着 We 的增加，液滴依次出现无变形、无振荡变形、振荡变形、袋形破碎、混合破碎和剪切破碎等几种不同的模式（如图 2.14 所示）。

4）环境气体黏性影响

当考虑气体黏性时，气动压力的影响变得不再重要，因为液滴周围存在速度较低的边界层。这时控制液滴破碎的主要因素是黏性剪切力和液滴表面张力。当黏性剪切力大于表面张力时，液滴就会发生二次破碎，在黏性力作用下，液滴被拉成扁长的椭球体；液滴破碎的 We_{crit} 取决于周围气流及液滴自身的参数。

临界韦伯数的表达式[30]为

$$We_{\text{crit}} = \frac{1 + (\mu_l/\mu_g)}{1 + 1.189(\mu_l/\mu_g)} \tag{2.49}$$

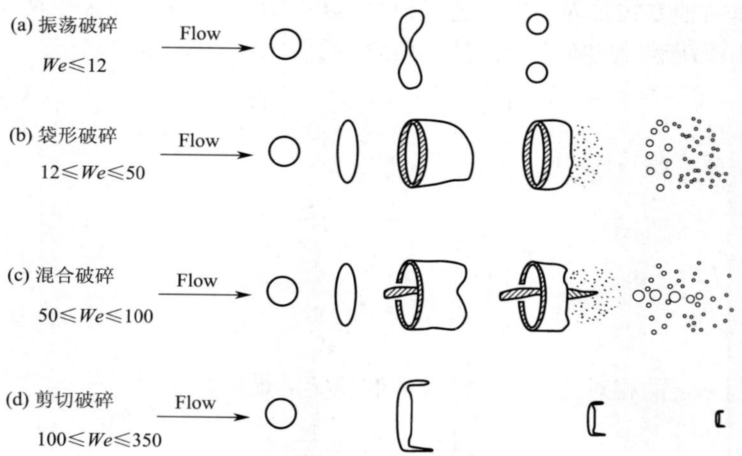

图 2.14 低 Oh 数下液滴破碎模式

2. 液滴在湍流气流中的二次破碎

在实际发动机中，真实的气体处于湍流状态，气相湍流涡团的无规则运动必然使液滴在其运动过程中不断受到一种随机的干扰力。液滴越小，这种随机干扰运动越明显。Kolmogorov[31]和 Hinze[28]研究了液滴在湍流区中的破碎。他们认为：处于湍流区中液滴的破碎与湍流的动能有关，湍流的空气动力作用决定了雾化的最大液滴尺寸。湍流动能对雾化的影响则随喷射液束的表面波波长的增长而增大，随着液体与气体相对速度的增大而增大。当表面波的波长大于 2 倍的液滴直径时，液体与气体的速度差能够产生较高的空气动力作用，这种湍流的动能将造成液滴的破碎。对于等熵流，临界韦伯数可以用下式表达：

$$We_{\text{crit}} = \frac{\rho_g \bar{u}^2 D_{\max}}{\sigma} \tag{2.50}$$

式中：$\bar{u}$ 是液滴表面空气湍流速度的平均值，它与单位时间单位质量的气流动能 E 有关，其表达式为

$$\bar{u}^2 = 2(ED_{\max})^{2/3} \tag{2.51}$$

对于 $Oh \leqslant 1$ 的低黏度液体，临界韦伯数为

$$We_{\text{crit}} = \frac{2\rho_g E^{2/3} D_{\max}^{5/3}}{\sigma} \tag{2.52}$$

稳定液滴的最大直径为

$$D_{\max} = C\left(\frac{\sigma}{\rho_g}\right)^{3/5} E^{-2/5} \tag{2.53}$$

式中：C 是由试验确定的常数，通常取为 0.725。

上述分析显示，稳定液滴的最大直径仅与液体表面张力 σ、周围气体介质密度 ρ_g 和单位质量的动能 E 有关。

3. 液滴在高速来流条件下的破碎

Lee 和 Reitz[32]使用高清晰度的图片分析了液滴在高速气流中的破碎，改变气流速度和密度，得到了袋状破碎（图 2.15）、拉伸破碎（图 2.16、图 2.17）以及灾形破碎（图 2.18）三种不同的破碎形态，发现液滴的破碎形态完全取决于液滴的韦伯数，而不是雷诺数。

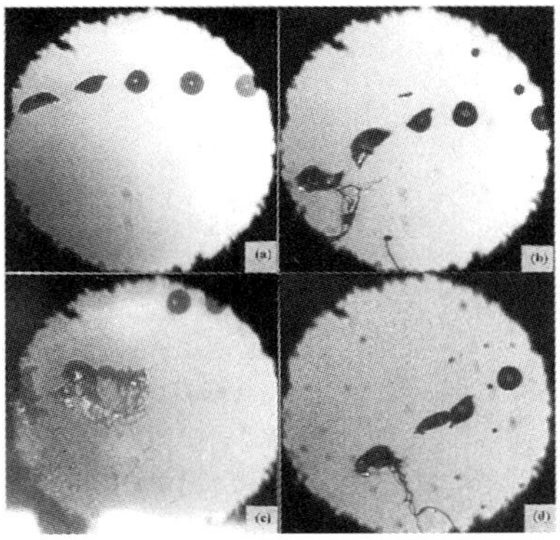

图 2.15　袋状破碎（$We=72$，气流密度和速度分别为（a）$1.2\mathrm{kg/m^3}$，$82\mathrm{m/s}$；（b）$4.3\mathrm{kg/m^3}$，$42\mathrm{m/s}$；（c）$7.5\mathrm{kg/m^3}$，$32\ \mathrm{m/s}$；（d）$10.6\mathrm{kg/m^3}$，$27\mathrm{m/s}$）

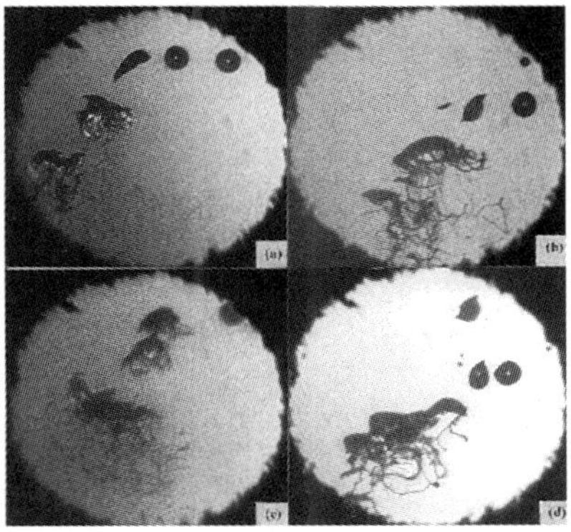

图 2.16　拉伸破碎（$We=148$，气流密度和速度分别为（a）$1.2\mathrm{kg/m^3}$，$118\mathrm{m/s}$；（b）$4.3\mathrm{kg/m^3}$，$61\mathrm{m/s}$；（c）$7.5\mathrm{kg/m^3}$，$46\ \mathrm{m/s}$；（d）$10.6\mathrm{kg/m^3}$，$39\mathrm{m/s}$）

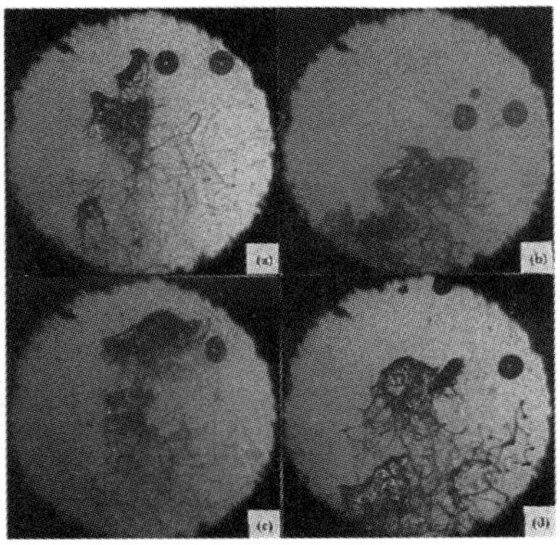

图 2.17　拉伸破碎（$We=270$，气流密度和速度分别为（a）$1.2\mathrm{kg/m^3}$，$159\mathrm{m/s}$；（b）$4.3\mathrm{kg/m^3}$，$82\mathrm{m/s}$；（c）$7.5\mathrm{kg/m^3}$，$62\ \mathrm{m/s}$；（d）$10.6\mathrm{kg/m^3}$，$52\mathrm{m/s}$）

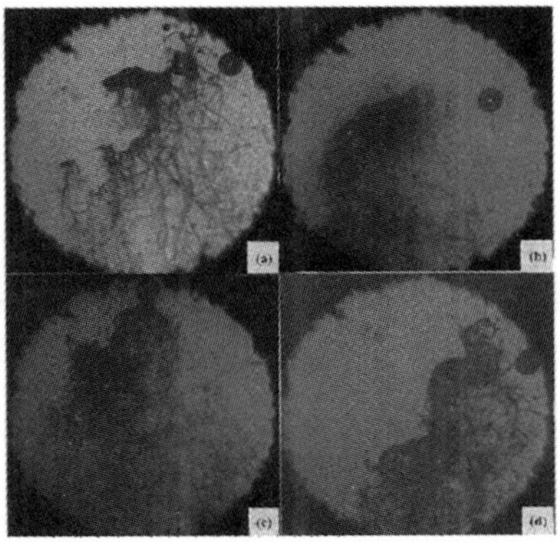

图 2.18　灾形破碎（$We=532$，气流密度和速度分别为（a）$1.2\mathrm{kg/m^3}$，$223\mathrm{m/s}$；（b）$4.3\mathrm{kg/m^3}$，$115\mathrm{m/s}$；（c）$7.5\mathrm{kg/m^3}$，$87\ \mathrm{m/s}$；（d）$10.6\mathrm{kg/m^3}$，$73\mathrm{m/s}$）

Dinh[33]研究了液体燃料爆轰发动机中的液滴破碎过程，如图 2.19 所示。在超声速条件下，液滴破碎得更早；在亚声速条件下，液滴表面更光滑。

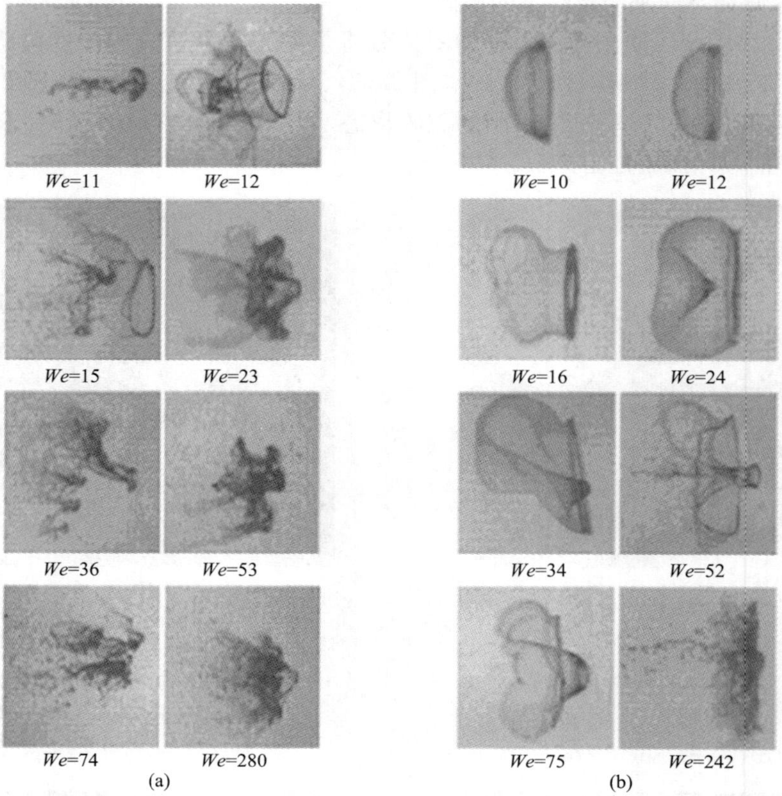

图 2.19 超声速/亚声速条件下液滴破碎对比

(a) $Ma=3$；(b) $Ma<0.1$。

房田文[34]利用界面追踪方法研究了单个液滴变形破碎过程。图 2.20 给出了单个液滴在来流速度 432m/s，$Ma=2.0$ 情况下的变形破碎过程：在超声速气流的作用下，液滴变形起始于迎风一侧，液滴边缘逐渐增厚，变成较厚的盘状，在 $t=170\mu s$ 时，液滴边缘出现了小液滴，随后边缘处剥落的液滴数量显著增加，主液滴进一步变小。

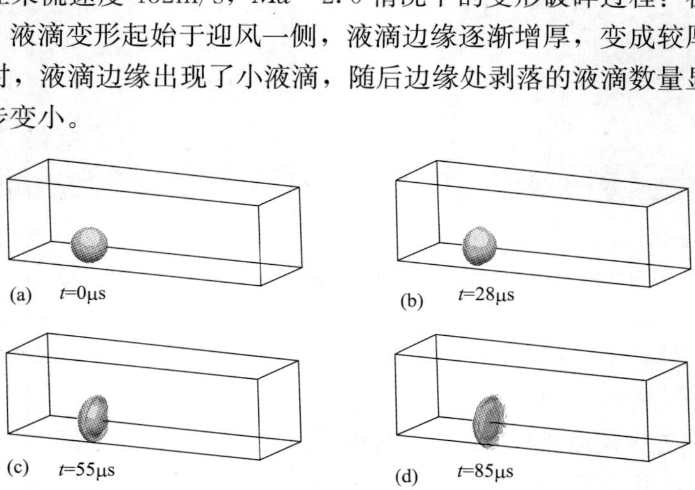

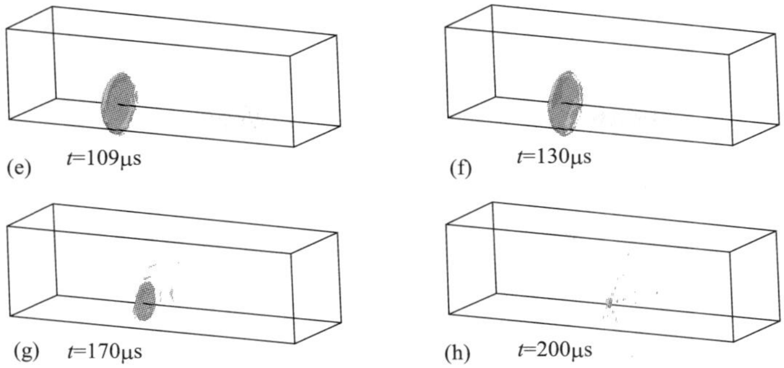

图 2.20　来流速度 432m/s 液滴的变形破碎

2.3　液体火箭发动机中雾化性能评价指标

在液体火箭发动机中，喷嘴所形成的液滴尺寸不是均匀的，为了评价喷嘴雾化的整体质量，通常采用液滴尺寸分布函数、液滴平均直径等来描述喷雾质量的好坏。

2.3.1　喷雾尺寸分布函数

喷雾尺寸分布函数描述不同直径的液滴在喷雾中的数目，或者在喷雾中所占的体积、质量等。常用的尺寸分布函数如下：

（1）随机（正态）分布函数：

$$\frac{\mathrm{d}N}{\mathrm{d}D}=\frac{1}{\sqrt{2\pi}\,s_n}\exp\left[-\frac{1}{2{s_n}^2}(D-\overline{D})^2\right] \tag{2.54}$$

式中：N 为液滴直径小于 D 的液滴的数目；s_n 为正态分布中的标准差；$\overline{D}$ 为液滴直径的平均值。

（2）对数—正态分布函数：

$$\frac{\mathrm{d}N}{\mathrm{d}D}=\frac{1}{\sqrt{2\pi}\,s_g}\exp\left[-\frac{1}{2{s_g}^2}(\ln D-\ln\overline{D}_{ng})^2\right] \tag{2.55}$$

式中：$\overline{D}_{ng}$ 为几何数目平均直径；s_g 为几何标准差。

（3）Nwkiyama-Tanasawa 分布函数：

$$\frac{\mathrm{d}N}{\mathrm{d}D}=aD^p\exp(-bD)^q \tag{2.56}$$

式中：a、b、p 为分布常数。该公式适用于直流式喷嘴。

（4）Rosin-Rammler 分布函数：

$$Q=1-\exp\left[-\left(\frac{D}{c}\right)^N\right] \tag{2.57}$$

式中：c 为常数；N 为分布常数；Q 表示直径小于 D 的液滴体积在喷雾总体积中

的百分比。该公式适用于离心式喷嘴。

Rizk-Lefebvre[35]研究了旋转喷嘴的喷雾，发现 Rosin-Rammler 分布函数适用于大多数的喷雾情况，但是在大颗粒范围内出入较大，对其进行了改进：

$$Q = 1 - \exp\left[-\left(\frac{\ln D}{\ln c}\right)^N\right] \tag{2.58}$$

(5) 上限分布函数

该公式是由 Mugele 和 Evans[36]在分析各种理论和经验分布函数并与试验数据进行充分比较之后提出的，其表达式为

$$\frac{\mathrm{d}Q}{\mathrm{d}D} = k\exp\left(-\frac{k^2 y^2}{\sqrt{\pi}}\right) \tag{2.59}$$

式中：$y=\ln\dfrac{aD}{D_{\max}-D}$，其中，$D_{\max}$为最大直径；$k$、$a$ 为分布常数。

2.3.2 平均直径与特征直径

喷雾场液滴尺寸分布范围较广，为方便起见，许多关于喷雾的研究都仅采用液滴的平均直径。喷雾液滴平均直径的概念是由 Mugele 和 Evans[36]提出的，其定义是：设想一个液滴尺寸完全均匀一致的喷雾场以代替实际不均匀的喷雾场，这个假想的均匀喷雾场的液滴直径称为平均直径。

喷雾液滴平均直径的表示方法很多，不同的平均方法得到的喷雾平均直径不一样。若液滴直径分布范围为［D_0，D_m］，对该分布范围内的液滴直径进行积分，得直径如下：

长度平均直径为

$$D_{10} = \frac{\int_{D_0}^{D_m} D\left(\frac{\mathrm{d}N}{\mathrm{d}D}\right)\mathrm{d}D}{\int_{D_0}^{D_m}\left(\frac{\mathrm{d}N}{\mathrm{d}D}\right)\mathrm{d}D} \tag{2.60}$$

表面积平均直径为

$$D_{20} = \frac{\int_{D_0}^{D_m} D^2\left(\frac{\mathrm{d}N}{\mathrm{d}D}\right)\mathrm{d}D}{\int_{D_0}^{D_m}\left(\frac{\mathrm{d}N}{\mathrm{d}D}\right)\mathrm{d}D} \tag{2.61}$$

体积平均直径为

$$D_{30} = \frac{\int_{D_0}^{D_m} D^3\left(\frac{\mathrm{d}N}{\mathrm{d}D}\right)\mathrm{d}D}{\int_{D_0}^{D_m}\left(\frac{\mathrm{d}N}{\mathrm{d}D}\right)\mathrm{d}D} \tag{2.62}$$

体积/面积比直径为

$$D_{32} = \frac{\int_{D_0}^{D_m} D^3\left(\frac{\mathrm{d}N}{\mathrm{d}D}\right)\mathrm{d}D}{\int_{D_0}^{D_m} D^2\left(\frac{\mathrm{d}N}{\mathrm{d}D}\right)\mathrm{d}D} \tag{2.63}$$

式中：D_{32} 为索泰尔直径，或者 SMD。

显然 D_{32} 越小，相同体积的液体雾化后的液滴表面积越大。其推导过程如下：设雾化后液滴直径为 D_i 的液滴数为 N_i，则实际喷雾的总质量为

$$G = \sum N_i \frac{\pi}{6} \rho D_i^3 \tag{2.64}$$

如果假设液滴尺寸均为 SMD，并且液滴数目为 N_s，则喷雾总质量也可表示为

$$G = N_s \frac{\pi}{6} \rho_l \mathrm{SMD}^3 \tag{2.65}$$

由式（2.64）和式（2.65）可得

$$\sum N_i D_i^3 = N_s \mathrm{SMD}^3 \tag{2.66}$$

同理可按总表面积相等，则有

$$\sum N_i \pi D_i^2 = N_s \pi \mathrm{SMD}^2 \tag{2.67}$$

比较式（2.65）和式（2.66）得

$$\mathrm{SMD} = \frac{\sum N_i D_i^3}{\sum N_i D_i^2} \tag{2.68}$$

液滴的索泰尔平均直径 SMD 可以用来反映液雾燃烧性能的好坏，是燃烧流场中常用的性能评价指标。

在喷雾液滴尺寸分布更深入的研究中，有时不仅仅列出液滴的平均直径，也不单单给出分布函数，而是在分布曲线中再找出几个特征点进行分析，它们代表某一直径以下的所有液滴的体积占全部液滴总体积的百分比，例如，$D_{0.1}$、$D_{0.5}$ 和 $D_{0.9}$，即小于该尺寸的液滴在喷雾中的体积百分比分别为 10%、50%和 90%。其中 $D_{0.5}$ 又称为质量中间直径 MMD。如果认为喷雾中液滴直径分布符合 R-R 分布，则 SMD 与 MMD 满足下述关系：

$$\mathrm{MMD} = \mathrm{SMD}\Gamma\left(1 - \frac{1}{N}\right)0.693^{1/N} \tag{2.69}$$

式中：Γ 为伽马函数；N 为分布常数。

2.3.3 喷雾尺寸分布的测量

为了获得雾化质量评价的直接数据，需要进行喷雾试验测量。测量方法大致可以分为三类，即机械测量方法、电子测量方法和光学测量方法。机械测量方法包括液滴固化法、熔蜡法、沉降法和压痕法等。电子测量方法有电极法、导线法和热线法。光学测量方法包括闪光摄影法的浸入法和直接摄影法、激光全息摄影法、高速摄影法、激光干涉条纹光谱法、激光散射光强对比法、激光多源散射光法、激光多普勒法和基于激光衍射的马尔文法等。目前，常用的是基于激光衍射的马尔文（Malvepn）法和基于激光散射的 PDA（Phase Doppler Anemometry）方法。

1. Malvern 原理

Malvern 主要由激光发生端、接收端以及光路系统部分组成。它们主要由He-Ne激光器、扩束透镜、空间滤波器、准直透镜、接收透镜、多元环路光电检测器（以下简称光靶）组成。其中 He-Ne 激光器、扩束透镜、空间滤波器、准直透镜集成在激光发生端中，而接收透镜和光靶集成在激光接收端中，由光靶引出的数据线接到计算机中。光路系统如图 2.21 所示。

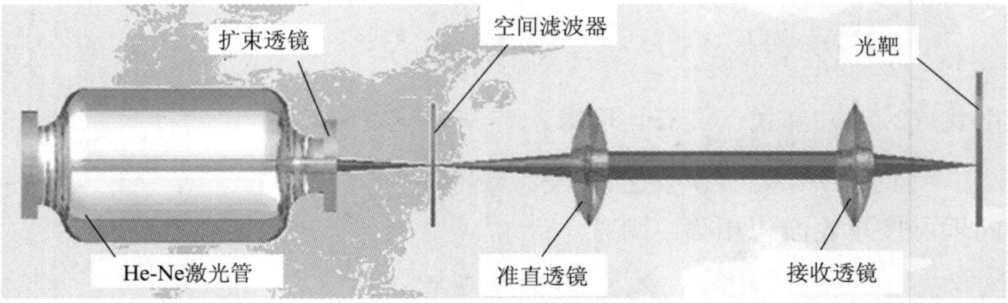

图 2.21　激光散射测粒仪光路系统

由 He-Ne 激光器发出的激光经过扩束、滤波和准直后，成为一束直径为 9mm 左右的平行光，这束平行光穿过被测量粒子群（试验段喷雾场）产生散射光，包含被测微粒尺寸及其分布信息的散射光通过接收透镜聚焦在透镜后的光靶上。

激光散射测粒仪是通过测量粒子群的散射光能分布来求解粒子的尺寸分布特性的，而粒子群的散射光能分布实际上是由若干单个粒子散射光能分布叠加起来的。

对于单个粒子而言，按照 Fraunhofer 衍射理论，如果取入射光的总能量为 100%，则散射光能分布为

$$L(\rho) = 1 - J_0^2(\rho) - J_1^2(\rho) \tag{2.70}$$

式中：J_0、J_1 分别为零阶和一阶贝塞尔函数；L 为相对光能分布；$\rho = \frac{2\pi R}{\lambda} \cdot \theta$；$R$ 为粒子半径；θ 为散射角。

于是，投射到内径为 R_{in}，外径为 R_{out} 圆环上的散射光相对能量为

$$\begin{aligned} L_{in,out} &= L(\rho_{out}) - L(\rho_{in}) \\ &= [J_0^2(\rho_{in}) + J_1^2(\rho_{in})] - [J_0^2(\rho_{out}) + J_1^2(\rho_{out})] \end{aligned} \tag{2.71}$$

其中

$$\rho_{in} = \frac{2\pi R}{\lambda} \cdot \frac{R_{in}}{l}, \rho_{out} = \frac{2\pi R}{\lambda} \cdot \frac{R_{out}}{l} \text{（}l\text{ 为透镜的焦距）} \tag{2.72}$$

把式（2.70）简写为

$$L_{in,out} = (J_0^2 + J_1^2)_{,R} - (J_0^2 + J_1^2)_{out,R} \tag{2.73}$$

下标“in”、“out”、“R”分别表示环的内径 R_{in}、外径 R_{out} 以及所考察的粒子

的半径 R。

将单个粒子散射光能分布特性应用到粒子群，就可以得到 Malvern 散射光能分布方程组。

假设第 i 环面的内外半径分别为 $R_{\text{in},i}$，$R_{\text{out},i}$，该环面记为（$R_{\text{in},i}$，$R_{\text{out},i}$），激光束在单位时间内投射到单位面积上的能量为常量，记为 C；

对于半径为 R 的球形粒子，其投影面积为 πR^2。假设半径为 R 的粒子数目为 N，则入射光投射到 N 个粒子上的总能量 E_0 为

$$E_0 = C\pi R^2 N = C'R^2 N \tag{2.74}$$

考虑到方程（2.72），可以得到 N 个半径为 R 的粒子单位时间散射到环面（$R_{\text{in},i}$，$R_{\text{out},i}$）上的能量为

$$\begin{aligned} E_i &= E_0 \left[(J_0^2+J_1^2)_{\text{in},R} - (J_0^2+J_1^2)_{\text{out}i,R} \right] \\ &= C'R^2 N \left[(J_0^2+J_1^2)_{\text{in},R} - (J_0^2+J_1^2)_{\text{out}i,R} \right] \end{aligned} \tag{2.75}$$

对于含有不同粒子尺寸的粒子群，如果具有尺寸 D_j（$j=1\sim n$）的粒子数目为 N_j 个，则可以使用叠加的方法求得某一环面（$R_{\text{in}i}$，$R_{\text{out}i}$）上的散射能量为

$$E_i = C' \sum_{j=1}^{n} N_j R_j^2 \left[(J_0^2 + J_1^2)_{\text{in},Rj} - (J_0^2 + J_1^2)_{\text{out}i,Rj} \right] \tag{2.76}$$

如果按照光靶环面个数将粒子直径分组，每组取其算术平均直径参与计算，这样方程组就封闭且有唯一解了，粒子的尺寸分布也可以通过计算得到。

鉴于多变量线性方程组求解的复杂性，也可以采用如下的简化求解方法，假设直径分布符合某种规律，如 Rosin-Rammler 分布（$Q=\exp(-(D/\bar{D})^n)$），先假设一组 n、D，代入方程组，计算各环的光能与实际测量值比较，直至迭代收敛。

2. 相位多普勒分析（PDA）方法

相位多普勒粒子分析仪的理论基础建立在 Hulst[37] 利用几何光学对光线通过透明球形颗粒的散射问题分析上。1984 年，Bachalo 和 Houser[38,39] 公布了 PDA 技术，该技术可以测量包含颗粒大小、速度、数量分布、体积流量等信息，高空间分辨率、多方向速度分量测量以及其在测量时对喷雾不产生扰动的特性，使得 PDA 在喷雾测量中具有举足轻重的地位[40]。PDA 原理如图 2.22、图 2.23 所示。从激光器中发出的激光被运动的粒子散射后发出的散射光频率与照射在此粒子上的入射光频率之间存在一个频率差，这一频率差与粒子速度成正比。采用探测器接收散射光，并与入射光进行比较，得到一个频率差，并进行处理，就可以得到运动粒子的速度。如果放置多个探测器，每个探测器可以接收相同的多普勒频差，但每个探测器接收的信号之间存在相位差，这个相位差正比于粒子直径。对相位差进行处理，就可以得到粒子直径。

粒子速度 U 是根据任意一个探测器接收到的多普勒频率 f_D 计算的，公式如下：

$$U = \frac{\lambda}{2\sin\left(\frac{\theta}{2}\right)} f_D \tag{2.77}$$

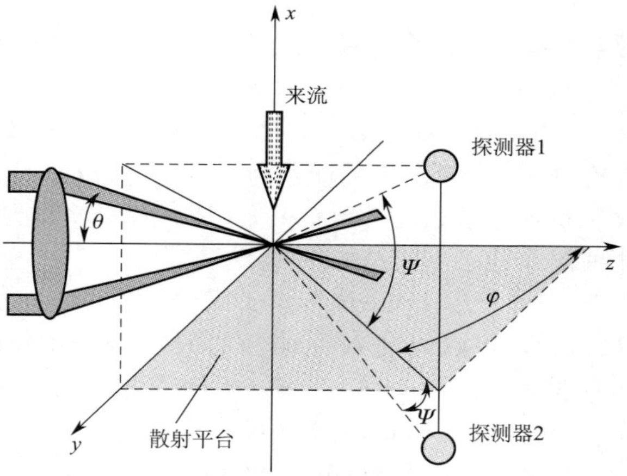

图 2.22 相位多普勒测量光学原理示意图

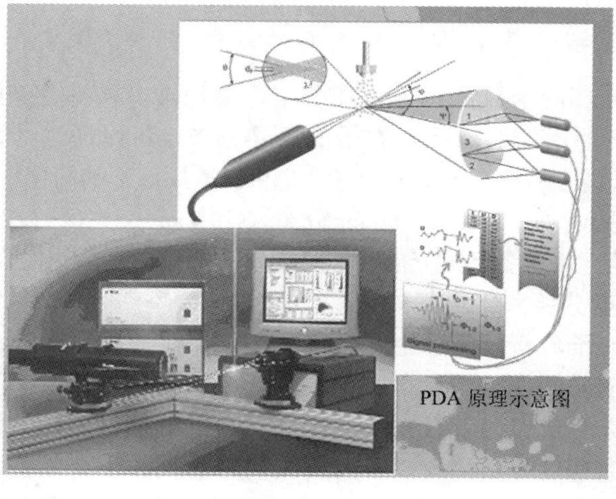

图 2.23 PDA 原理图

式中：θ 为两束发射光之间的夹角。

粒子直径 D 是根据两个探测器间信号的相位差 ϕ 计算的：

如果反射光占光散射的支配地位，计算公式为

$$\phi = \frac{2\pi D}{\lambda} \times \frac{\sin\frac{\theta}{2} \cdot \sin\psi}{\sqrt{2\left(1 - \cos\frac{\theta}{2} \times \cos\psi\cos\varphi\right)}} \tag{2.78}$$

如果折射光占光散射的支配地位，计算公式为

$$\phi = \frac{-2\pi D}{\lambda} \times \frac{n_{rel}\sin\left(\frac{\theta}{2}\right)\sin\psi}{\sqrt{2\left(1+\cos\frac{\theta}{2}\times\cos\psi\cos\varphi\right)(1+n_{rel}^2-n_{rel})\sqrt{2\left(1+\cos\frac{\theta}{2}\times\cos\psi\cos\varphi\right)}}} \tag{2.79}$$

式中：φ 和 ψ 分别为散射角和方位角；n_{rel} 为液滴折射率。

为了使得颗粒直径和相位差呈线性关系，必须使得接收系统接收一种模式的散射光（散射光包括反射、折射、二次折射三种），散射模式与散射角和偏振方向密切相关。一般来说，折射模式的散射角为 30°～70°，反射模式的散射角为 80°～110°，二次折射模式的散射角为 135°～150°。

2.4　液体火箭发动机喷嘴雾化模型

液体火箭发动机喷嘴形式主要有撞击式和同轴式，利用推进剂自身的流动实现高效雾化以保证发动机内部充分蒸发、混合并燃烧，提高发动机的工作性能。由于喷嘴对液体火箭发动机性能和稳定性裕度的影响极大，因此许多研究者对常用的几种结构的喷嘴进行了广泛的研究，建立了相应的雾化模型。

2.4.1　直流式喷嘴

直流式喷嘴由于结构简单、加工方便，是车辆、锅炉、航空航天发动机喷注器喷嘴的主要结构形式。直流式喷嘴的流量根据伯努利方程计算

$$p_1 + \frac{1}{2}\rho u_1^2 = p_2 + \frac{1}{2}\rho u_2^2 \tag{2.80}$$

式中：p_1 和 p_2 分别为入口和出口的压力；u_1 和 u_2 分别为入口和出口的速度。

一般地认为 $u_1 \ll u_2$，则喷嘴出口的速度为

$$u_2 = \sqrt{2\Delta p/\rho} \tag{2.81}$$

喷嘴的理论质量流量为

$$\dot{m}_{\text{theo}} = \rho u_2 A = A\sqrt{2\rho\Delta p} \tag{2.82}$$

则实际喷嘴的流量系数为

$$C_d = \frac{\dot{m}}{A\sqrt{2\rho\Delta p}} \tag{2.83}$$

式中：$\dot{m}$ 为喷嘴的实际质量流量。

2.4.2　离心式喷嘴

离心式喷嘴是一种简单的机械压力雾化喷嘴，其结构如图 2.24 所示。根据各部分在喷嘴出口液膜形成中的不同作用将喷嘴分为四个部分，分别是旋流室、

收缩段、等直段和扩张段。离心式喷嘴结构简单，雾化能耗小，运行可靠，主要运用在燃气轮机、航空发动机以及火箭发动机等动力设备上。

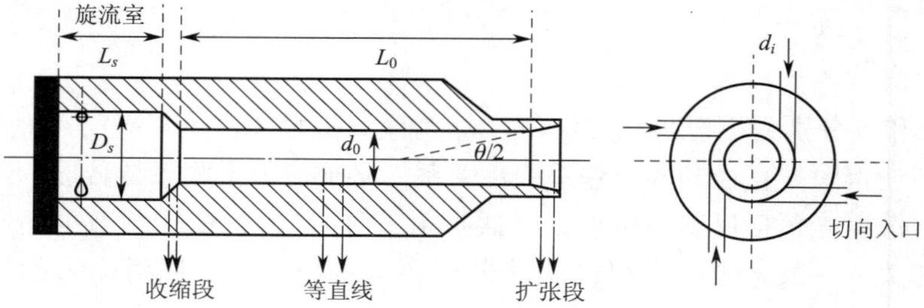

图 2.24 离心式喷嘴结构示意图

离心式喷嘴内部流动过程的理论计算方法可以分为两种：一种是基于最大流量原理的阿伯拉莫维奇理论；另一种是基于动量方程的方法。阿伯拉莫维奇理论比较简单，使用方便，应用广泛；基于动量方程的方法计算结果与试验数据接近，但方法较繁锁。下面分别对离心式喷嘴的流量系数、雾化锥角和雾化粒径模型公式进行总结。

1. 流量系数

目前常用的流量系数公式是基于最大流量原理的阿伯拉莫维奇理论，其推导过程如下：

设切向孔半径为 r_n，共有 N 个，其总流通面积为

$$A_p = N \cdot \pi r_n^2 \tag{2.84}$$

旋流室半径为 R_s，出口半径为 r_o，面积 $A_o = \pi r_o^2$，则根据动量守恒原理有

$$V_a r_o = V_n \cdot R_s \tag{2.85}$$

式中：V_n 为入口液体速度，根据流量关系有

$$V_n = \frac{\dot{m}}{\rho_l A_p} \Rightarrow V_a = \frac{\dot{m} R_s}{\rho_l A_p r_o} \tag{2.86}$$

假设流动过程没有损失，由伯努利方程：

$$P = p + \frac{1}{2}\rho_l (u_a^2 + V_a^2) \tag{2.87}$$

进一步假设 u 在整个过程保持不变，环境压力等于轴向任意位置的静压 P，则

$$\Delta P = \frac{1}{2}\rho_l (u_a^2 + V_a^2) \tag{2.88}$$

在喷嘴出口处的流量计算为

$$\dot{m}=\rho_l(A_o-A_a)u_a \tag{2.89}$$

其中

$$A_o=\pi r_o^2, A_a=\pi r_a^2$$

即

$$u_a=\frac{\dot{m}}{\rho_l(A_o-A_a)} \tag{2.90}$$

把式（2.85）、式（2.89）代入式（2.87），即有

$$\Delta P=\frac{1}{2}\rho_l\left[\left(\frac{\dot{m}R_s}{\rho_l A_p r_o}\right)^2+\left(\frac{\dot{m}}{\rho_l(A_o-A_a)}\right)^2\right] \tag{2.91}$$

假设实际流量表达式为

$$\dot{m}=C_d\cdot A_o\sqrt{2\rho_l\Delta P} \tag{2.92}$$

把式（2.90）中的 ΔP 代入式（2.91），即有

$$\frac{1}{C_d^2}=\frac{1}{u^2X}+\frac{1}{(1-k)^2} \tag{2.93}$$

其中

$$X=\frac{A_a}{A_o}, K=\frac{A_p}{\pi r_o R_s}$$

虽然得到流量系数 C_d 与喷嘴结构参数和工作参数的关系，但是 $X=\frac{A_a}{A_o}$ 是未知数，因为出口处的空气涡半径 r_a 不知道，即 A_a 不知道。对任意的离心式喷嘴，空气涡半径过大过小都不能获得最大流量系数。当空气涡半径很大时，有效截面太小，流量太小；当空气涡半径过小时，燃油的压力能就有较多部分转化为切向动能，也会使轴向分速度减小，因而流量减小。

这时进一步假设，喷嘴总是处在最大流量工作状态，于是有

$$\frac{dC_d}{dX}=0 \tag{2.94}$$

从而有

$$2K^2X^2=(1-X)^3 \tag{2.95}$$

联立式（2.92）、式（2.94），即可求出流量系数为

$$C_d=\sqrt{\frac{(1-X)^3}{1+X}} \tag{2.96}$$

实际上，得到了变量 X（$X=(d_o-2t)^2/d_o^2$），很容易求得喷嘴出口液膜厚度。

因为 X 只是结构参数（几何特性参数 K）的函数，从而使出口液膜直径也只是 K 的函数，这显然与实际情况差别较大，例如，增大喷注压降，流量必然增大，液膜度肯定会增厚。

上述公式推导存在一定假设，将离心式喷嘴的流量系数 C_d 与由喷嘴直径、旋流室直径和切向孔直径组合的几何特性参数联系起来，认为喷嘴流量常数 C_d

只与该参数有关，这实际上是不合理的，因为喷嘴的流量系数与其本身的很多结构参数，包括旋流室长度、等直段长度、收缩段角度等都有关系。

Rizk 和 Lefebvre[41]基于理论推导和试验结果，得到了流量系数的公式，该式子作为粗略计算与试验吻合较好，即

$$C_d = 0.35\left(\frac{A_p}{D_s d_0}\right)^{0.5}\left(\frac{D_s}{d_0}\right)^{0.25} \tag{2.97}$$

Jones[42]对 159 种不同结构的喷嘴进行试验，得到了流量系数与结构参数、液体属性、喷注条件的关系，结果更为精细，即

$$C_d = 0.45\left(\frac{d_0\rho_L U}{\mu_L}\right)^{-0.02}\left(\frac{l_0}{d_0}\right)^{-0.03}\left(\frac{L_s}{D_s}\right)^{0.05}\left(\frac{A_P}{D_s d_0}\right)^{0.52}\left(\frac{D_s}{d_0}\right)^{0.23} \tag{2.98}$$

2. 雾化锥角

雾化锥角反映了喷雾空间分布范围，是离心式喷嘴一个重要的性能参数。Rizk 和 Lefebvre[41]认为液滴在与喷雾相切的平面内沿着切向方向离开喷雾锥，通过数学分析得到了半锥角 α 公式，即

$$\cos^2\alpha = \frac{1-X}{1+X} \tag{2.99}$$

3. 液滴尺寸预测

液滴平均直径是衡量喷雾雾化性能好坏的重要指标，由于喷注器构型复杂，影响因素较多，且雾化粒径测量设备、测量位置多样，使得喷嘴雾化平均直径难以用一个统一的公式来预测。Lefebvre[43]系统地研究了离心式喷嘴雾化直径，得到了 SMD 与液体属性和喷嘴工况之间的关系，即

$$\mathrm{SMD} = A\sigma^{0.25}\mu_L^{0.25}\rho_L^{0.125}d_o^{0.5}\rho_A^{-0.25}\Delta P_L^{-0.375} \tag{2.100}$$

式中：A 为常数，一般取 2.25。

Jones[42]考察了离心式喷嘴具体参数的影响，得到

$$\mathrm{SMD} = 2.25\sigma^{0.25}\mu_L^{0.25}m_L^{0.25}\rho_A^{-0.25}\Delta P_L^{-0.5}\left(\frac{l_0}{d_0}\right)^{0.03}\left(\frac{L_s}{D_s}\right)^{0.07}\left(\frac{A_p}{D_s d_0}\right)^{-0.13}\left(\frac{D_s}{d_0}\right)^{0.21} \tag{2.101}$$

刘娟[44]等人利用马尔文激光衍射仪对燃气发生器上常用的喷嘴进行了测量，得到了包括喷嘴出口角度、旋转直径比以及等直段长度在内的雾化粒径经验公式：

$$\mathrm{SMD} = B\sigma^{0.25}\mu_l^{0.25}\rho_l^{0.125}d_0^{0.5}\rho_g^{-0.25}\Delta P_l^{-0.375}f\left(\frac{D_s}{d_0},\frac{l_0}{d_0},\theta\right) \tag{2.102}$$

式中：

$$f = \left(\frac{D_s}{d_0}\right)^{0.33}\left(\frac{l_0}{d_0}\right)^{0.122}(1+\tan\theta)^{1.38} \tag{2.103}$$

B=0.5536；θ 为喷嘴出口扩张段角度。

2.4.3 撞击式喷嘴

两个或两个以上的同组元或不同组元的直流式喷嘴，其轴线互相交于一点组

成一个自击或互击式的喷注单元，统称为撞击式喷嘴。

自击式喷注单元一般有两股自击式或三股自击式两种形式，射流轴线均在一个平面内，称为射流平面。自击式喷注单元具有以下几个方面的优势：①利用射流自身的动量，把液柱破碎成液滴，加速雾化过程；②射流撞击后形成喷雾扇，分布在较大的横截面上，从而改善了与相邻的另一组喷雾扇的混合，提高了混合效率；③自击式的喷注器燃烧稳定性好，并便于组织低余氧系数的近壁层，防止燃烧室壁的烧蚀；④结构简单，加工方便。鉴于以上种种优点，自击式喷注单元在喷注器上得到广泛应用。对于二股自击式喷注单元，表征雾化性能的参数有液滴质量中径，参考文献［45］给出了估算公式如下：

$$\overline{D}_{60^\circ} = 4.5 \times 10^3 \frac{d_h^{0.57}}{v^{0.85}} \tag{2.104}$$

式中：$\overline{D}_{60^\circ}$为液滴的质量中径（μm）；d_h 为喷嘴孔直径（mm）；v 为射流速度（m/s）。

射流夹角为 θ 时，液滴的质量中径为

$$\overline{D}_\theta = (1.44 - 0.00734\theta)\overline{D}_{60^\circ} \tag{2.105}$$

式中：$\overline{D}_\theta$ 为任意角度下的液滴质量中径（μm）；θ 为两股射流的夹角。

很多研究者对图 2.25 所示两股夹角为 2θ 的等直径射流雾化情况进行了研究，得到了液膜厚度的计算公式，其中以 Hasson[46] 模型应用的最普遍。

Hasson 模型假定平行于两股射流对称平面的任一射流或液膜的断面形状为椭圆，椭圆液膜的焦点即为撞击点。根据射流和液膜间的质量和动量守恒，可以得出

$$\frac{hr}{R^2} = \frac{\sin^3\theta}{(1-\cos\phi\cos\theta)^2} \tag{2.106}$$

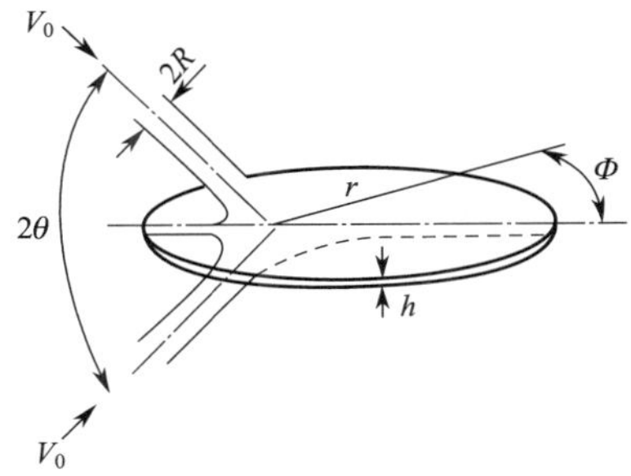

图 2.25　撞击式雾化模式

但石少平[47]认为液膜的形状应为心形线，根据液体射流和液膜间的质量和动量守恒，认为

$$\frac{hr}{R^2} = \frac{\beta e^{\beta(1-\phi/\pi)}}{e^\beta - 1} \tag{2.107}$$

式中，β 可由下式解出，即

$$1 + (\pi/\beta)^2 - \left(1 + \frac{2}{e^\beta - 1}\right)/\cos\theta = 0 \tag{2.108}$$

由液膜形成的液丝直径可根据下式计算：

$$d_l = 2\left(\frac{4}{3f}\right)^{1/3}\left(\frac{K^2\sigma^2}{\rho_g\rho_l u^2}\right)^{1/6}\left[1 + 2.6\mu\sqrt[3]{\frac{K\rho_g{}^4 u^8}{6f\rho_l^2\sigma^5}}\right]^{1/5} \tag{2.109}$$

其中，f 为无量纲波幅，由下式计算：

$$f=\int_0^t \frac{\rho_g u^2}{\sqrt{2h\rho_l\sigma}}\mathrm{d}t \tag{2.110}$$

式中：σ 为液体表面张力；μ 为液体黏性；ρ 为周围介质的密度（假设介质是静止的）；ρ_l 为液体的密度；u 为液膜向外伸展的速度；Z 为假设液膜厚度 h 与时间 t 之间为双曲线函数关系的常数，即

$$ht=Z \tag{2.111}$$

同时再假定液膜厚度与 r 成反比，即

$$h=Z_1/r \tag{2.112}$$

于是可以写出

$$Z=ht=Z_1t/r=Z_1/u \tag{2.113}$$

由式（2.105）、式（2.112），得

$$Z_1=\frac{R^2\sin^3\theta}{(1-\cos\phi\cos\theta)^2} \tag{2.114}$$

或由式（2.106）、式（2.112），得

$$Z_1=\frac{\beta R^2\mathrm{e}^{\beta(1-\phi/\pi)}}{\mathrm{e}^{\beta}-1} \tag{2.115}$$

由式（2.113）、式（2.114）可知，当 R、θ 一定时，Z_1 是方位角 ϕ 的函数。

将方程式（2.112）代入式（2.108），并根据[16]，取 $f=12$，u 可近似用 υ_0 代替，于是可以写出

$$d_l=0.9614\left[\frac{{K_1}^2\sigma^2}{\rho_g\rho_l{\upsilon_0}^4}\right]^{1/6}\left[1+2.6\mu\sqrt[3]{\frac{K_1{\rho_g}^4{\upsilon_0}^7}{72{\rho_l}^2\sigma^5}}\right]^{1/5} \tag{2.116}$$

若假设波幅值与液丝直径相等时，每个波长的液丝产生一个液滴，则液滴直径为

$$d_d=\left(\frac{3\pi}{\sqrt{2}}\right)^{1/3}d_l\left[1+\frac{3\mu}{(\rho_l\sigma d_l)^{1/2}}\right]^{1/6} \tag{2.117}$$

随着近代流场显示技术的发展，撞击式雾化的情况可以通过光学手段观察到，进一步揭示了撞击式雾化过程。Yoon 和 Jeung[24]研究了直径均为 0.7mm 的自击式喷注单元的雾化情况，根据液体喷射速度的不同分为层流流动和湍流流动，图 2.26 给出了液膜随着液体喷射速度和环境压力变化的雾化情况，当 $We_g=\frac{\rho_g {u_j}^2 d_o}{\sigma}<1$ 时，层流液膜破碎前长度随着质量流量的增加而增加，气动力不影响液膜破碎；当 $We_g>1$，层流液膜由于气动力的作用而破碎。

对于液体初始处于湍流的情况，也通过阴影法得到了雾化情况（图 2.27），与层流情况相比较，同样的喷射速度和环境压力下，闭合的液膜包变小，气动雾化区提前。根据韦伯数将液膜雾化分为了三种情况：当 $We_g<2$ 时，液膜扩张受流量的影响，气动力不起作用，周期性破碎现象没有出现；当 $2<We_g<50$ 液膜破碎受到表面波的控制，出现了周期性破碎现象；当 $We_g>50$ 时，很难测得破

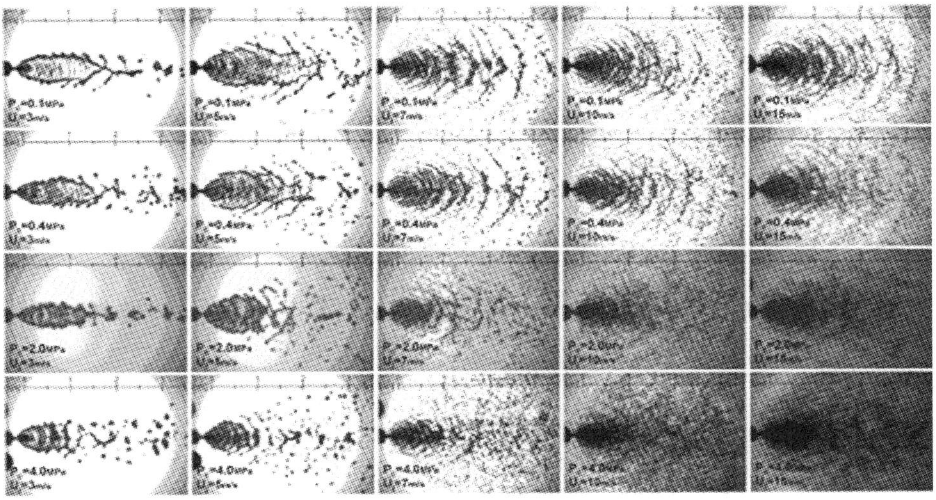

图 2.26　层流下撞击式雾化过程[24]

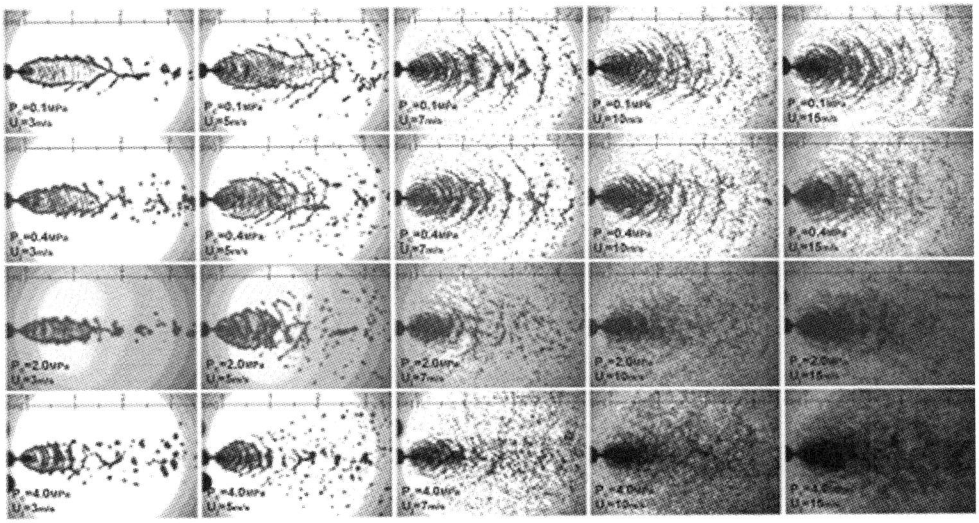

图 2.27　湍流下撞击式雾化过程[24]

碎波长，甚至从喷嘴出去就已经雾化了。

根据大量的试验结果，拟合了液膜破碎位置和液滴直径的经验公式，如图 2.28所示。

其中，液膜破碎位置为

$$x_b/d_o = 9.4\rho^{-2/3}We_j^{-1/3} \tag{2.118}$$

其中

$$We_j = e_L u_j^2 d\phi/\delta$$

液滴直径为

$$\frac{d_l}{d_o}=1.64\rho^{-1/6}We_j^{-1/3} \tag{2.119}$$

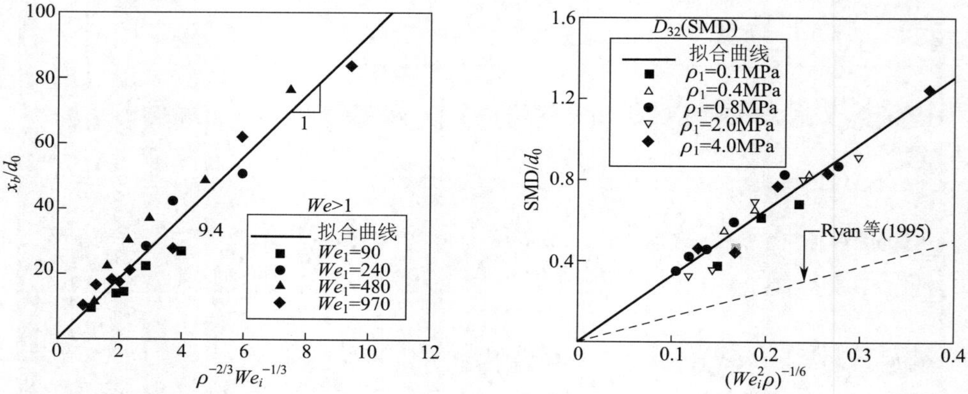

(a) 液膜破碎位置　　(b) 液滴直径

图 2.28　撞击式喷嘴雾化模型[24]

互击式喷注单元的种类较多，一般有两股、三股、四股、五股互击式四种形式，其中，两股互击式采用较多，三股、四股互击式喷注单元通常与两股互击式一起使用，提高燃烧稳定性，而五股互击式很少使用。互击式喷注单元普遍用在小推力的远地点发动机和姿控发动机上，氧化剂射流与燃料射流撞击后，雾化和混合同时进行，缩短了燃烧准备过程，在同样的燃烧室长度下，燃烧效率将会提高。

文献［45］给出了两股互击式喷注单元的液滴质量中径表达式为

$$\overline{D}_o=1.9\times10^6\left(\frac{1}{d_{h_o}^{0.78}}\cdot\frac{1}{v_o^{0.86}}\cdot\frac{1}{v_f^{1.19}}\right) \tag{2.120}$$

$$\overline{D}_f=1.0\times10^4\left(\frac{d_{hf}^{0.27}}{v_f^{0.74}}\cdot\frac{d_{h_o}^{0.023}}{v_o^{0.33}}\right) \tag{2.121}$$

式中：$\overline{D}_o$、$\overline{D}_f$ 分别为氧化剂和燃料喷嘴的液滴质量中径（μm）；d_{ho}、d_{hf} 分别为氧化剂喷嘴孔和燃料喷嘴孔的直径（mm）；v_o、v_f 分别为氧化剂射流和燃料射流的速度（m/s）。

2.4.4　同轴剪切式喷嘴

气液同轴剪切式喷嘴应用很多，尤其是像航天飞机主发动机等采用液氧和液氢作为推进剂的低温发动机，在燃烧室和预燃室都采用这种喷嘴。氢氧发动机采用同轴式喷嘴时，两组元的喷注速度比是一个重要参数，它对燃烧室的比冲和稳定性影响很大，通常要求 $u_f/v_o>10$。

Glogowski[48]对同轴剪切式喷嘴进行了大量的研究，按照与喷注面板的距离将液体燃料的雾化过程分为未受扰液核区、稠密液滴区、稀薄喷雾区。在未受扰液核区，喷雾核心是完整的，但是在液核表面由于气体的剥离作用已经有液滴形成了，液体在两相流混合物中占据的体积较大，因此液体不能弥散开形成液雾，液体以薄片、液丝的形式存在；在稠密液滴区液核逐渐断裂，液滴在两相混合物中占据了可观的体积，以离散态存在于连续的气相场中，此时液滴之间的相互作用包括“碰撞”和“准碰撞”两种，前者指液滴发生直接接触，后者指的是一液滴穿过另一个液滴的尾迹，引起速度的改变；在稀薄区，液滴的数密度很大，远远高于稠密区，但是液滴所占的两相流的体积仍然很小，可以忽略液滴之间的相互作用，此时“液滴—气体—液滴”作用模式占据主导（图 2.29）。

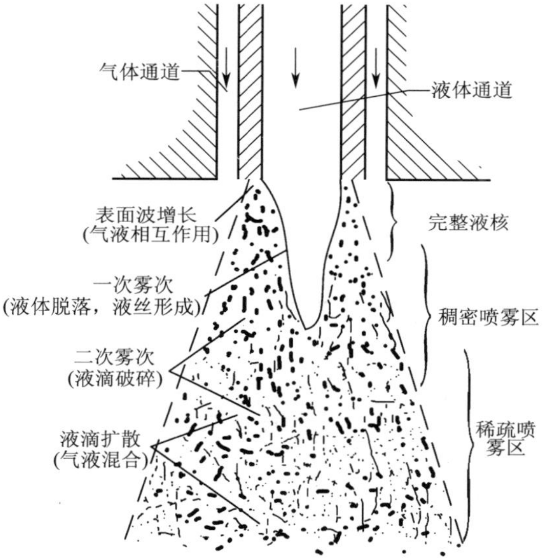

图 2.29　同轴剪切式喷嘴射流破碎雾化过程

Marmottant 和 Villermaux[49] 对直径为 8mm、速度为 0.6m/s 的圆柱射流在不同气体速度下的破碎形态进行了观察（图 2.30），气体速度从左向右分别为 20m/s、30m/s、40m/s、50m/s、60m/s，随着气体速度的增加，液体表面更加不稳定，破碎的位置更靠前。

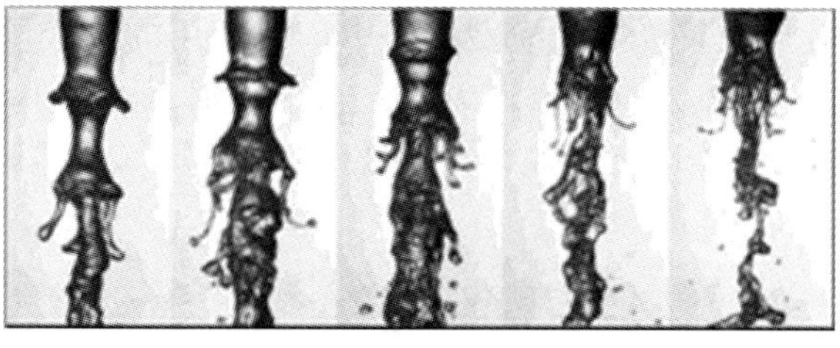

图 2.30　直径为 8mm、速度为 0.6m/s 的圆柱射流在不同气体速度下的破碎形态

2.4.5 同轴离心式喷嘴

气液同轴离心式喷嘴结合了离心式喷嘴和气动喷嘴的优点。广泛应用在液氢一液氧低温推进剂发动机上，相对于气液同轴直流式喷嘴而言，气液同轴离心式喷嘴的流量系数较小，在大流量下其雾化效果仍然好，对燃烧不稳定不是很敏感。

Hulka[50]等人通过对单喷嘴火箭发动机开窗燃烧室的观察，描述了气液同轴离心式喷嘴的喷雾燃烧过程（图 2.31），将其分为一次雾化、二次雾化、蒸发、混合、燃烧以及膨胀区。

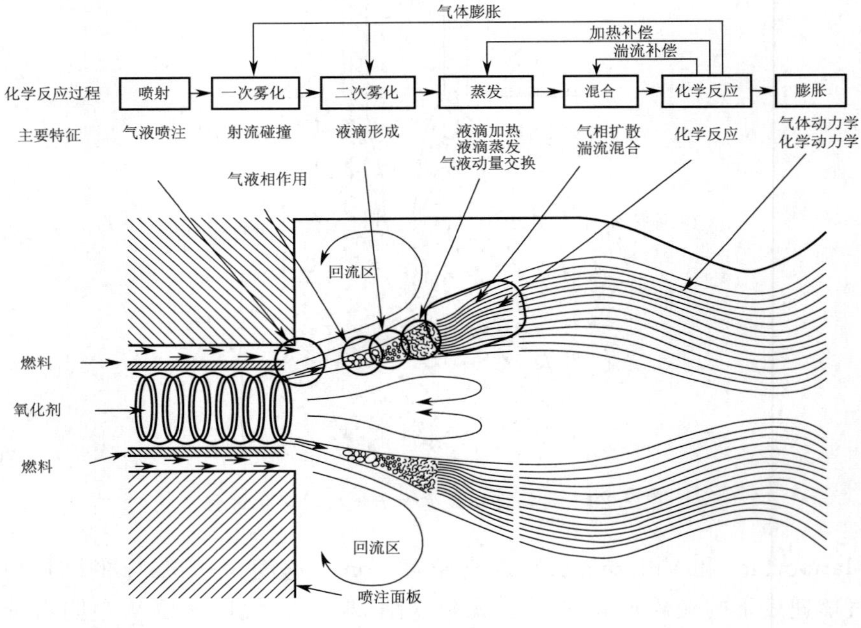

图 2.31 喷雾燃烧过程和特性

美国 Howell[51]等人在 20 世纪 90 年代分别在 Pratt&Whitney 研究中心和 Aerojet 研究中心针对液氧气氢火箭发动机中广泛使用的气液同轴离心式喷嘴进行了大量的试验，并提出了一些改进方法。宾夕法尼亚大学 Kalitan[52]的研究结果表明对于气液同轴离心式喷嘴比较重要的两个参数是气液动量通量比 J 和 We，即

$$J=\frac{\rho_g {v_g}^2}{\rho_l {v_l}^2}\ ,\ We=\frac{\rho_g (v_g-v_l)^2 d_g}{\sigma} \tag{2.122}$$

式中：ρ_g、v_g 分别为气体的密度和速度；ρ_l、v_l 分别为液体的密度和速度；d_g 为气体环缝的直径。

Inamura[53]对喷嘴内部的流动和外部流动进行了理论分析，用接触探针测量了喷嘴出口处的液膜厚度。结合试验结果，得出考虑了气液质量流量比的破碎长度和液膜锥角的经验公式，指出有气体作用时，气体流量越大，液滴直径越小。

液膜破碎长度的经验公式：

$$L_{bu} = C\left\{\frac{\rho_l \sigma \ln(\zeta/\zeta_0)\delta_0 \cos\alpha_R}{\rho_g^2 U_0^2}\right\}^{0.3} \tag{2.123}$$

式中：ζ 为液膜破碎处的波振幅，ln（ζ/ζ_0）＝12；C 为经验常数为 0.2175；δ_0 为旋流室出口液膜厚度；U_l 为液体出口速度；α_R 为锥形液膜在出口处的角度。

雾化锥角的经验公式：

$$2\alpha = 2\alpha_R \frac{a}{\sqrt{\dfrac{L}{\delta_0 \cos\alpha}}}\exp\left(-\frac{b}{Re}\right) \tag{2.124}$$

$$\alpha_R = \arctan\left\{\frac{k}{\sqrt{1-k^2}}\right\} \tag{2.125}$$

式中：α 为修正后的雾化锥角；a、b 为由试验和经验公式比较得出的常数，文献［53］取为 18.9、670；L 为从喷嘴液体入口到喷嘴出口的距离；k 为与喷嘴结构相关的常数。

液滴平均直径的经验公式：

$$D_{32} = W\left(\frac{\sigma}{\rho_g U_r^2}\right)^{\frac{2}{3}} h^{\frac{1}{3}}\left[1+\frac{0.01}{\mathrm{GLR}^2}\right] \tag{2.126}$$

式中：W 为从试验和计算比较得出的修正系数，文献［53］取为 25；GLR 为气液质量比。

国防科技大学的庄逢辰[1]建立了气液同轴离心式喷嘴在喷嘴出口后的液膜破碎准则，认为当液膜厚度小于最小液膜厚度 $t_{\min}$ 时即开始破碎，$t_{\min}$ 为扰动波波长 λ_{opt} 的函数，即

$$\lambda_{\mathrm{opt}} = \frac{k_1 \sigma v_r^{k_2}}{P_g u_r} \tag{2.127}$$

式中：k_1、k_2 均为常数，在该雾化理论中取 $k_1=1$，$k_2=0.21$，$v_r = v_g/v_l$，$u_r = v_g - v_l$ 为气液相对速度；σ 是液体表面张力系数。

液膜破碎后的液滴直径为

$$d_l = k_3\sqrt{t_{\min}\lambda_{\mathrm{opt}}} \tag{2.128}$$

式中：k_3 为常数。

用气液相对速度来判别一次雾化后的液滴是否发生气动剥离，可以得到发生气动剥离的最小气液相对速度的表达式为

$$u_{\min} = \left(\frac{256 C_1^2 \sigma^2}{81 G''(0)\rho_g \mu_g d_l}\right) \tag{2.129}$$

式中：C_1 为近似等于 1 的常数；G''（0）为无量纲附面层方程的二阶导数在 $\eta=0$ 时的值。

吴晋湘[54]考虑了气液比、气体初始压力、反压、喷嘴出口直径以及气体环缝面积对于气液同轴离心式喷嘴雾化粒径的影响。最后得出拟合公式

$$\frac{\mathrm{SMD}}{\delta}=C_1\left(1+\frac{1}{\mathrm{GLR}}\right)^{C_2}\left(\frac{P_{g1}-P_0}{P_0}\right)^{C_3}\left(\frac{X}{d_0}\right)^{C_4} \tag{2.130}$$

式中：C_1、C_2、C_3、C_4 为常数；d_0 为喷嘴直径。

2.5 液体推进剂喷雾数值模拟

在液体火箭发动机中，液体燃料通过喷注器进入燃烧室中，雾化过程经历了一次液膜破碎、二次液滴破碎过程，雾化过程受喷嘴尺寸、加工精度、液体燃料属性以及气液之间相互作用等因素的影响较大，难以用一个统一的公式来预测液滴直径及其分布。为了深入了解液体燃料雾化过程，揭示雾化过程机理，可以借助数值仿真的方法来模拟喷雾过程。

2.5.1 液体推进剂雾化过程数学模型

1. 一次雾化模型

在喷雾器中，一次雾化指的是连续的液体流破碎为液丝或者大液滴的过程，现在用的较多的一次雾化模型是 Kelvin-Helmbolt（K-H）模型以及 Rayleigh-Taylor（R-T）模型[55]。

1）K-H 模型

K-H 不稳定指的是液体表面由于气动力的剪切作用而失稳的现象。半径为 a 的圆柱形射流，当射入到环境气体中时，该圆柱射流受到一阶线性振动的影响。

轴对称扰动的位移为

$$\eta=\eta_0 \mathrm{e}^{ikx+\omega t} \tag{2.131}$$

气液界面上的压力为

$$P_g=-\rho_g\left(W-\mathrm{i}\frac{\omega}{k}\right)^2 k\eta\frac{\mathrm{K}_0(ka)}{\mathrm{K}_1(ka)} \tag{2.132}$$

式中：ω 为表面波增长率；k 为表面波数；η 为表面扰动波的位移；η_0 为表面波的振幅；W 为气液相对速度的幅值；K_0 和 K_1 分别为零阶和一阶修正的第二类贝塞尔函数。

由于 $\eta\ll a$，则界面处动能、切应力和正应力分别表示为

$$v_l=\frac{\partial\eta}{\partial t},\ \frac{\partial u_l}{\partial r}=-\frac{\partial v_l}{\partial x} \tag{2.133}$$

$$-p_l+2v_l\rho_l\frac{\partial v_l}{\partial r}-\frac{\sigma}{a^2}\left(\eta+a^2\frac{\partial^2\eta}{\partial x^2}\right)+p_g=0 \tag{2.134}$$

式中：r 为圆柱射流的径向坐标；v_l 和 u_l 分别为液体界面处的径向和轴向速度；其他参数都是液体的属性。得到如下的色散方程：

$$\omega^2+2v_l k^2\omega\left[\frac{I'_1(ka)}{I_0(ka)}-\frac{2k\zeta}{k^2+\zeta^2}\frac{I_1(ka)}{I_0(ka)}\frac{I'_1(\zeta a)}{I_1(\zeta a)}\right]=$$

$$\frac{\sigma k}{\rho_l a^2}(1-k^2a^2)\left(\frac{\zeta^2-k^2}{\zeta^2+k^2}\right)\frac{I_1(ka)}{I_0(ka)}+$$

$$\frac{\rho_g}{\rho_l}(W-\mathrm{i}\omega/k)^2k^2\left(\frac{\zeta^2-k^2}{\zeta^2+k^2}\right)\frac{I_1(ka)}{I_0(ka)}\frac{K_1(ka)}{K_0(ka)} \tag{2.135}$$

式中：$\zeta=\sqrt{k^2+\omega/v_l}$；$I_n$、$K_n$ 为第一类 n 阶修正贝塞尔方程解的线性函数项。

Reitz[10]利用数值方法求解了方程（2.135），结果表明存在一个最大的波增长率，最大增长率 Ω 对应的波长为

$$\frac{\Lambda}{a}=9.02\frac{(1+0.45Z^{0.5})(1+0.4T^{0.7})}{(1+0.87We_g^{1.67})^{0.6}} \tag{2.136}$$

$$\Omega\left[\frac{\rho_l a^3}{\sigma}\right]^{0.5}=\frac{(0.34+0.38We_g^{1.5})}{(1+Z)(1+1.4T^{0.6})} \tag{2.137}$$

式中：$Z=We_l^{0.5}/Re_l$，其中 $Re_l=\dfrac{Wa}{v_l}$，$We_l=\rho_l W^2a/\sigma$；$We_g=\rho_g W^2a/\sigma$；T 是泰勒数，$T=ZWe_g^{0.5}$。

Reitz 同样推导了单个液滴破碎模型，他假设与喷嘴直径相当的球形液滴射入到环境气体中。液滴又受到不稳定的表面波扰动发生破碎，母液滴大小的变化受到波运动的特征长度尺度和时间尺度的控制，该模型又称为 Blob 模型。其控制方程为

$$\frac{\mathrm{d}a}{\mathrm{d}t}=-\frac{a-r_w}{\tau} \tag{2.138}$$

式中：r_w 为子液滴的半径，且有

$$r_w=\begin{cases}B_0\Lambda & (B_0\Lambda\leqslant a)\\ \min[(3\pi a^2W/2\Omega)^{0.33},(3a^2\Lambda/4)^{0.33}] & (B_0\Lambda>a)\end{cases} \tag{2.139}$$

$$\tau=3.726B_1 a/\Lambda\Omega \tag{2.140}$$

其中

$$B_0=0.61,B_1=10$$

方程（2.138）又可以写为

$$\frac{\mathrm{d}a}{\mathrm{d}t}=-\left[\frac{a}{\tau}-C_a\frac{L_w}{\tau_w}\right]\quad(B_0\Lambda\ll a) \tag{2.141}$$

式中：$L_w=\Lambda$，$\tau_w=a/\Lambda\Omega$ 可以看作与不稳定表面波相关的特征长度和时间尺度，系数 $C_a=\dfrac{B_0}{3.726B_1}$。

描述一次破碎的 Blob 模型完全由表面波控制，黏性、表面张力和气动力起到了主要作用。

2）R-T 模型

R-T 模型是通过最不稳定波的增长来确定液膜什么时候以及怎样破碎，增长最快的 R-T 波的波长为

$$\Lambda_{\text{R-T}} = 2\pi C_1 \sqrt{\frac{3\sigma}{a_p(\rho_l - \rho_g)}} \tag{2.142}$$

式中：a_p 为液膜加速度；C_1 为依赖于喷嘴几何形状的参数。

对应的破碎时间可以通过增长最快的 R-T 波的频率来计算：

$$\tau_{\text{R-T}} = C_2 \sqrt{\frac{\sigma^{0.5}(\rho_l + \rho_g)}{2}\left(\frac{3}{a_p(\rho_l - \rho_g)}\right)^{1.5}} \tag{2.143}$$

由 R-T 破碎产生的子液滴的半径为

$$r_w = 0.5\Lambda_{\text{R-T}} \tag{2.144}$$

在计算过程中，跟踪父液滴质量的减少，当累计脱落质量达到初始液滴质量的 3%时，就允许产生新的子液滴。

2. 二次雾化模型

在喷雾器中，二次雾化指的是大液滴破碎成为小液滴的过程，该过程决定了燃烧进行的初始条件，目前描述二次雾化的模型主要有 Taylor Analogy Breakup (TAB)[56]模型，它是将液滴的运动过程比拟成弹簧振子的运动。

如图 2.32 所示，Harmonic 振动系统的线性微分方程可以写为

$$m\ddot{x} = F + F_t - kx - d\dot{x} \tag{2.145}$$

式中：m 为液滴的质量；x 为液滴中心截面偏离平衡位置的量；F 为气液相互作用力；kx 为表面张力引起的变形力；$d\dot{x}$ 为黏性引起的阻力。

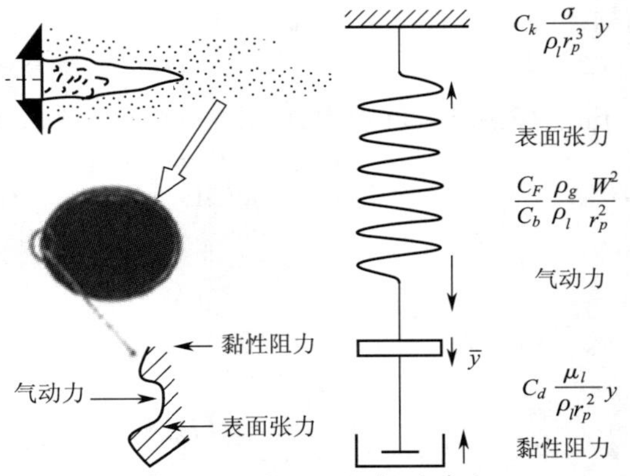

图 2.32 Hamonic 振动系统

方程中的系数分别为

$$\frac{F}{m} = C_F \frac{\rho_g W^2}{\rho_l r_p}, \quad \frac{k}{m} = C_k \frac{\sigma}{\rho_l r_p^3}, \quad \frac{d}{m} = C_d \frac{\mu_l}{\rho_l r_p^2} \tag{2.146}$$

式中：r_p 为液滴的半径；$C_F = 1/3$，$C_k = 8$，$C_d = 5$；W 为气液相对速度的幅值。

将位移 x 无量纲化以后，$y=x/C_b r_p$，C_b 为常数。

方程（2.145）可以变为

$$\ddot{y}=\frac{C_F}{C_b}\frac{\rho_g}{\rho_l}\frac{W^2}{r_p^2}-C_k\frac{\sigma}{\rho_l r_p^3}y-C_d\frac{\mu_l}{\rho_l r_p^2}\dot{y} \tag{2.147}$$

方程（2.147）可以得到精确解

$$y(t)=\frac{C_F}{C_kC_b}We+\mathrm{e}^{-t/td}\Big[\Big(y_0-\frac{C_F}{C_kC_b}We\Big)\cos\omega t+\frac{1}{\omega}\Big(\dot{y}_0+\frac{y_0-\frac{C_F}{C_kC_b}We}{t_d}\Big)\sin\omega t\Big] \tag{2.148}$$

式中：$We=\rho_g W^2 r_p/\sigma$；$\frac{1}{t_d}=\frac{C_d}{2}\frac{\mu_l}{\rho_l r_p^2}$；$\omega^2=C_k\frac{\sigma}{\rho_l r_p^3}-\frac{1}{t_d^2}$；$\dot{y}_0$ 为 0 时刻的一阶导数。

液滴的大小是根据液滴破碎前后能量平衡建立关系式求得的，破碎前的能量包括表面能和振动、变形能，即

$$E_{surf}=4\pi r_p^2\sigma \tag{2.149}$$

$$E_{osc}=K\frac{4\pi}{5}\rho_l r_p^3(\dot{x}^2+\omega^2x^2)=K\frac{\pi}{5}\rho_l r_p^5(\dot{y}^2+\omega^2y^2) \tag{2.150}$$

式中：K 为比例常数，其值为 10/3。则破碎前液滴的总能量为

$$E_{par}=E_{surf}+E_{osc}=4\pi r_p^2\sigma+K\frac{\pi}{5}\rho_l r_p^5(\dot{y}^2+\omega^2y^2) \tag{2.151}$$

假设破碎后的液滴没有扭曲和变形，只包含最小表面能和动能（速度方向和母液滴方向垂直），因此，破碎后液滴的总能量为

$$E_{pro}=4\pi r_p^2\sigma\frac{r_p}{r_{32}}+\frac{\pi}{6}r_p^5\rho_l\dot{y}^2 \tag{2.152}$$

根据式（2.151）和式（2.152）相等，得到

$$r_{32}=\frac{4\pi r_p^3\sigma}{E_{par}-\frac{\pi}{6}r_p^5\rho_l\dot{y}^2} \tag{2.153}$$

2.5.2　拟流体模型

拟流体模型包括单流体模型（无滑移模型）、小滑移模型、双流体模型等。该方法将气相和液滴相都视为统计连续相，是一种欧拉－欧拉的方法，其优点是气相和液滴相可以用统一的数值方法处理，可以充分考虑液滴相的不同湍流输运过程，获得液滴相详细信息并与试验相比较。但对处理随时间有复杂变化的液滴相，如液滴的蒸发、挥发及异相燃烧等，该方法还有待进一步研究。同时当液滴相按液滴特性分组数目较多时，所需计算存储量过大，导致计算困难。另外，用欧拉法处理液滴相会产生伪扩散，使计算误差增大。

1. 单流体模型

20 世纪 70 年代早期，在单相湍流模拟的基础上发展了气粒两相与多相流动的单流体模型即无滑移模型，其基本假设如下：

（1）每一尺寸组的颗粒时均速度等于当地气体时均速度（动量平衡，无滑移）；

（2）颗粒温度或保持常数（能量冻结），或等于当地气体温度（能量平衡）；

（3）颗粒相看成一种气相组分，和其他气相组分一样以相同的速度扩散（扩散平衡）；

（4）颗粒群可以按初始尺寸分布分组，也可以按当地尺寸分布分组。颗粒相方程组由于有无滑移的假设，则无须用颗粒动量和能量方程，只需要有颗粒连续方程或扩散方程。

当按照颗粒初始尺寸分组时，此方程为

$$\frac{\partial \rho_p}{\partial t} + \frac{\partial}{\partial x_j}(\rho_p v_j) = \frac{\partial}{\partial x_j}\left(\frac{v_e}{\sigma_p} m_p \frac{\partial n_p}{\partial x_j}\right) + n_p \dot{m}_p \tag{2.154}$$

$$\frac{\partial n_p}{\partial t} + \frac{\partial}{\partial x_j}(n_p v_j) = \frac{\partial}{\partial x_j}\left(\frac{v_e}{\sigma_p} \times \frac{\partial n_p}{\partial x_j}\right) \tag{2.155}$$

气粒两相流的单流体模型的求解方法，与单相流体的求解方法几乎相同，只是增加了几个颗粒相连续方程（类似于气相组分扩散方程），并在气相方程中增加了颗粒源项。因此，求解单相湍流流动的计算程序加上一些微小的修改后，仍可使用。

2. 双流体模型

双流体模型除了把气相流体作为连续介质外，把喷雾液相亦当作拟连续介质或拟流体。假设两相在空间中有连续的速度和温度分布及等价的输运性质，得到相似的两相控制方程，该模型虽然能较好地模拟液雾的湍流扩散，但为了减少数值扩散误差要求很细的计算网格，特别是喷孔附近，网格尺度将细化到几十微米的量级。另外，对不同尺寸的液滴，需要当作不同的相来处理，这样在实际应用中对计算机的机时和内存要求将极为庞大。

2.5.3 颗粒轨道模型

颗粒轨道模型包括确定轨道模型和随机轨道模型。该方法可以直接给定液滴的物理特性，以便跟踪模拟液滴特征随时间的变化，并可以同时获得不同种类、直径、温度的液滴运动轨迹。由于液滴相用拉格朗日方法处理可免去伪扩散，并可利用碰撞概率函数对液滴间的碰撞、合并等过程进行求解。离散相液滴方程通常是常微分方程，形式较拟流体模型的控制方程简单，便于数值计算，缺点是不能完全模拟液滴相的脉动。

1）确定轨道模型

在轨道模型发展过程的早期，即 20 世纪 70 年代初，Crowe[57] 等人忽略颗粒的湍流脉动，提出了确定轨道模型（Deterministic Trajectory Model）。到 80 年代中期 Gosman 等人首先提出了随机轨道模型（Stochastic Trajectory Model）。对确定轨道模型而言，除了气相方程组在形式上和双流体模型的相同外，颗粒相基本守恒方程组在形式上和层流方程组或瞬态相同[1]，即 k 种颗粒相连续方程为

$$\frac{\partial \rho_k}{\partial t}+\frac{\partial}{\partial x_j}(\rho_k v_{ki})=S_k \tag{2.156}$$

k 种颗粒相动量方程为

$$\frac{\partial}{\partial t}(\rho_k v_{ki})+\frac{\partial}{\partial x_j}(\rho_k v_{kj} v_{ki})=\rho_k g_i+\frac{\rho_k}{\tau_{rk}}(v_i-v_{ki})+v_i S_k \tag{2.157}$$

k 种颗粒相能量方程为

$$\frac{\partial}{\partial t}(\rho_k c_k T_k)+\frac{\partial}{\partial x_j}(\rho_k v_{kj} c_k T_k)=n_k(Q_h-Q_k-Q_{rk})+c_p T S_k \tag{2.158}$$

式中：S_k 为 k 组颗粒（液滴）蒸发、挥发或异相反应造成的物质源项，其总和和气相连续方程的源项 S 大小相等、符号相反，即

$$S=-\sum_k S_k=-\sum_k n_k \dot{m}_k,\dot{m}_k=\frac{\mathrm{d}m_k}{\mathrm{d}t} \tag{2.159}$$

颗粒相的连续、动量和能量方程组也可以写成拉普拉斯坐标形式：

$$\int_A n_k v_{kn}\mathrm{d}A=N_k=\mathrm{const} \tag{2.160}$$

$$\frac{\mathrm{d}v_{ki}}{\mathrm{d}t_k}=\left(\frac{1}{\tau_{rk}}+\frac{\dot{m}_k}{m_k}\right)(v_i-v_{ki})+g_i \tag{2.161}$$

$$\frac{\mathrm{d}T_k}{\mathrm{d}t_k}=\frac{Q_h-Q_k-Q_{rk}+\dot{m}_k(c_p T-c_k T_k)}{m_k c_k} \tag{2.162}$$

原来的颗粒确定性轨道模型中假设颗粒数总通量沿轨道保持不变，没有颗粒湍流扩散。实际上，在许多情况下颗粒湍流扩散是不可忽略的。为了考虑颗粒湍流扩散的影响，Smoot[58]等人引入了“颗粒漂移速度”概念，颗粒速度由两部分组成，即

$$v_{kj}=v_{kc,j}+v_{kd,j} \tag{2.163}$$

式中：$v_{kc,j}$ 为颗粒对流速度，由颗粒动量方程确定；$v_{kd,j}$ 为颗粒扩散漂移速度，由 Fick 定律形式的扩散定律决定，即

$$-\rho_k v_{kd,j}=-n_\mathrm{k} m_k v_{kd,j}=D_\mathrm{k} m_k\frac{\partial n_k}{\partial x_j} \tag{2.164}$$

或

$$v_{kd,j}=-\frac{D_k}{n_k}\times\frac{\partial n_k}{\partial x_j} \tag{2.165}$$

不难看出，实际上这一修正是引入了双流体模型的概念。如果考察时均颗粒连续方程：

$$\frac{\partial n_k}{\partial t}+\frac{\partial}{\partial x_j}(n_k v_{kj})=-\frac{\partial}{\partial x_j}(\overline{n'_k v'_{kj}}) \tag{2.166}$$

如果对扩散质量流取梯度模拟，则有

$$-\overline{n'_k v'_{kj}}=-n_k v_{kd,j}=D_k\frac{\partial n_k}{\partial x_j} \tag{2.167}$$

颗粒时均连续方程成为

$$\frac{\partial n_k}{\partial t}+\frac{\partial}{\partial x_j}(n_k v_{kj})=\frac{\partial}{\partial x_j}\left(D_k\frac{\partial n_k}{\partial x_j}\right) \tag{2.168}$$

如果取颗粒总速度为

$$v_{kj,0}=v_{kj}+v_{kd,j} \tag{2.169}$$

则

$$\frac{\partial n_k}{\partial t}+\frac{\partial}{\partial x_j}(n_k v_{kj,0})=0 \tag{2.170}$$

这意味着，漂移速度的概念正是基于双流体模型欧拉坐标系中颗粒连续方程的扩散项得到的，但是这一概念并未引入颗粒动量方程中。为了求颗粒扩散漂移速度，需要知道颗粒扩散系数 D_k 和颗粒数密度梯度 $\partial_{nk}/\partial_{xj}$，这两个量是轨道模型本身无法给出的，于是又不得不求助于双流体模型。对前者按 Hinze-Tchen 公式选取：

$$\frac{v_p}{v_T}=\frac{D_p}{D_T}=\left(\frac{k_p}{k}\right)^2=\left(1+\frac{\tau_{r1}}{\tau_T}\right)^{-1} \tag{2.171}$$

对后者，用单流体或无滑移概念，设颗粒速度等于气体速度来求解如下的数密度方程：

$$\frac{\partial n_k}{\partial t}+\frac{\partial}{\partial x_j}(n_k v_j)=\frac{\partial}{\partial x_j}\left(\frac{v_T}{\sigma_{kp}}\times\frac{\partial n_k}{\partial x_j}\right) \tag{2.172}$$

由此求出颗粒数密度梯度。其中，$\sigma_{kp}=0.35$。

2. 随机轨道模型

随机轨道模型最早是在 20 世纪 80 年代由 Gosman[59] 等人提出的，考虑了颗粒的脉动所引起的湍流扩散或湍流弥散，它实质上是一种半直接模拟，即对流体仍然采用一般的统观湍流模型方法，而对颗粒采用直接模拟方法。随机轨道模型是建立在颗粒瞬态动量方程的基础上，直接由轨道形式的液滴瞬态方程组出发，考虑流体湍动能对液滴的作用，计算液滴的轨道：

$$\frac{\mathrm{d}u_p}{\mathrm{d}t}=\frac{\bar{u}+u'-u_p}{\tau_r} \tag{2.173}$$

$$\frac{\mathrm{d}v_p}{\mathrm{d}t}=\frac{\bar{v}+v'-v_p}{\tau_r}+\frac{w_p^2}{r_p}+g \tag{2.174}$$

$$\frac{\mathrm{d}w_p}{\mathrm{d}t}=\frac{\bar{w}+w'-w_p}{\tau_r}+\frac{v_p w_p}{r_p} \tag{2.175}$$

式中：u_p、v_p、w_p 分别为颗粒瞬时速度；$\bar{u}$、$\bar{v}$、$\bar{w}$ 表示气体的平均速度；u'、v'、w'表示气体的脉动速度。

假设流体脉动速度符合当地高斯分布，对 u'做随机取样，有

$$u'_i = \zeta(\overline{u'^2_i})^{\frac{1}{2}} \tag{2.176}$$

式中：ζ 为概率密度分布函数随机数。

将式（2.176）代入式（2.173）～式（2.175），并对方程积分，就可得到液滴的随机轨道方程，其中积分时间为

$$t_{int} = \min(t_e, t_r) \tag{2.177}$$

式中：t_r 为颗粒的弛豫时间，其物理含义为惯性力和阻力之比，即

$$t_r = d_p^2 \overline{\rho_p}/18\mu \tag{2.178}$$

$$t_p = k/\varepsilon \tag{2.179}$$

随机轨道通常用 Monte-Carlo 方法求解，通常需要计算几千至上万条轨道，计算量巨大。

颗粒轨道模型常假设液滴为稀疏相，在建模过程中忽略液滴间的碰撞、合并及相邻液滴间的作用力对液滴输运的影响，在计算液滴的阻力和对流作用时，将液滴作为具有无穷大间距的孤立液滴来考虑。因此对于液体射流这种两相流动问题，采用颗粒轨道模型计算得到的液滴直径分布和运动轨迹往往与试验差别非常大，只能定性地说明问题，而导致偏差较大的根本原因就在于稀疏相假设，因此如果要进行准确的模拟，必须寻求另外的方法——也就是下一节将要讲到的界面追踪方法。

2.5.4　界面追踪法在雾化数值模拟中的应用

射流破碎的数值模拟中存在的一个关键问题是相界面的追踪问题，现有的方法可以分为两类，即界面追踪法和界面捕捉法，界面追踪法有移动网格法、MAC 法、波高函数法和粒子法；界面捕捉方法主要有连续输运法、体积追踪法（VOF）、水平集法（Level Set）和相位场法等。移动网格法运用变化的网格追踪自由表面的运动，这种方法实质上是一种基于拉格朗日观点的网格适应法。MAC 法在界面附近设置一些标志点，通过求解出标志点的运动得出自由表面的演化过程。VOF 法通过定义体积份额函数来描述界面，方法相对简单，具有处理任意形状界面的能力，在实际处理自由界面中得到了广泛的应用[58]。

Menard[59]等人结合水平集法和 Ghost-Fluid 方法对二次风引机理下柴油喷嘴的雾化进行了研究（图 2.33）。他们在喷嘴出口设定了湍流的波动，在单相区域采用 DNS 直接模拟，细致捕捉了液体一次雾化和二次雾化过程。

Dejardins[60]等人用传统的水平集法与 Ghost-Fluid 法相结合，得到了柴油喷嘴雾化的数值计算结果。图 2.34 展示了射流中部的一个区间，计算得到了各种不同尺寸和不同形状的液滴。Kim[61]等人对低密度比的共轴流体射流进行了近似

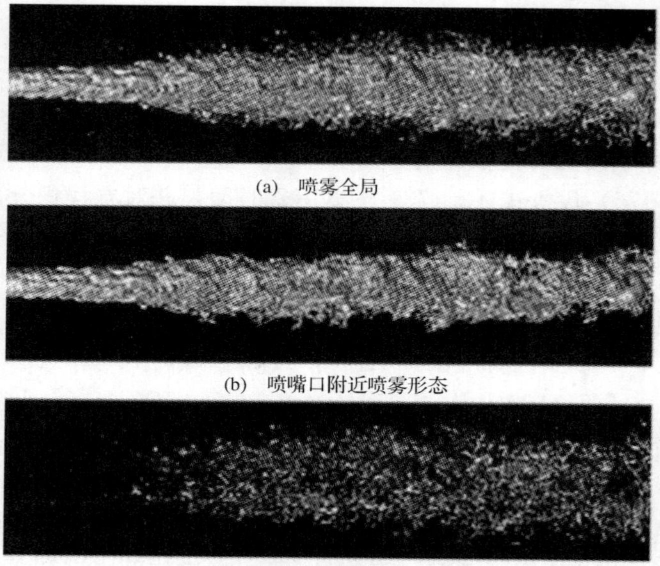

(a) 喷雾全局

(b) 喷嘴口附近喷雾形态

(c) 断裂后的喷雾

图 2.33 圆柱射流破碎 DNS 数值模拟

DNS 分析，如图 2.35 所示。液体射流的破碎结果分为以下几个部分，初始是 K－H不稳定，随后射流被周围快速运动的气流拉伸，形成凹陷以及毛细管状的隔断，最终分离成不同尺寸的液滴。

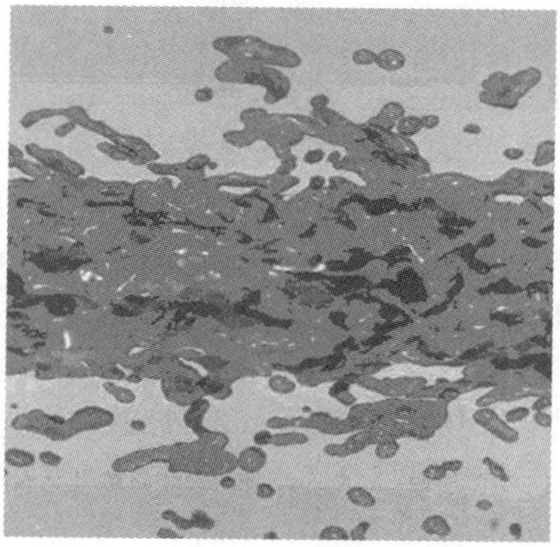

图 2.34 射流中部一个区间的结构

界面追踪方法是描述液体燃料破碎过程的一种重要方法，揭示了液体断裂、破碎的机理，随着计算机能力的提高，必将成为雾化研究不可或缺的手段，为液体燃料雾化机理的研究提供更多的支撑。

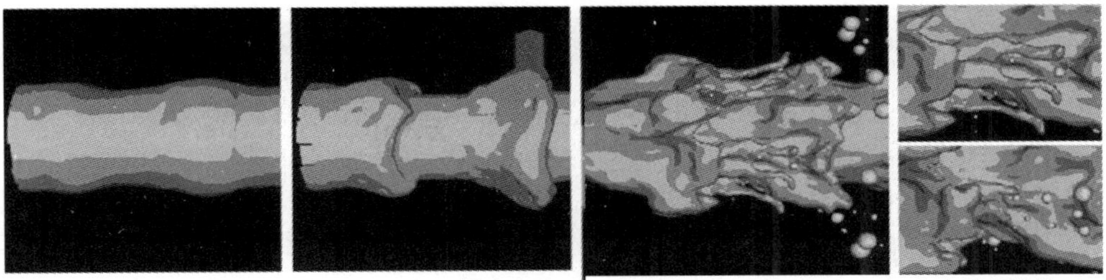
（a）K-H不稳定 （b）R-T不稳定 （c）液线拉伸 （d）液丝脱离，液滴形成

图 2.35 同轴雾化机理

参考文献

[1] 庄逢辰. 液体火箭发动机喷雾燃烧的理论、模型及应用 [M]. 长沙：国防科技大学出版社，1995.

[2] http：//en. wikipedia. org/wiki/RL-10-（rocket-engine).

[3] 杜玉洁. RL10 液体火箭发动机的研制过程 [J]. 火箭推进，2000，2：49-58.

[4] 曹建明. 喷雾学 [M]. 北京：机械工业出版社，2005.

[5] Rayleigh. L. On the instability of jets [J]. Proc. London Math. Soc.，1978.

[6] Weber C. Disintegration of liquid jets [J]. Zeitschrift Fur Angewandte Mathematik und Mechanik，1931，11 (2)：136-159.

[7] Tyler F. Instability of liquid jets [J]. Philos. Magazine，1933，16：504-518.

[8] Haenlein A. Disintegration of a liquid jet [R]. NACA TN 659，1932.

[9] Ohnesorge W. Formation of drops by nozzles and the breakup of liquid jets [J]. Zeitschrift Fur Angewandte Mathematik und Mechanik，1936，16：355-358.

[10] Reitz R D. Atomization and other breakup regimes of a liquid jet [D]. Princeton，US：Princeton Universtity，1978.

[11] Liu Juan，Li Qinglian，Wang Zhenguo. Observational investigation on the breakup of round liquid jet [C]. 13th Annual Conference International on Liquid Atomization and Spray System-Asia，2009.

[12] Taylor J J. Water jet photography-techniques and methods [J]. Experimental Fluids，1983，1：113-120.

[13] Lefebvre H. Atomization and Sprays [M]. NY：Hemisphere Publishing Corporation，1989.

[14] Sterling. The instability of capillary jets [D]. Washington，D. C：University of Washington，1969.

[15] Sleicher. S. The instability of capillary jets [J]. Journal of Fluid Mechanics，1975，68：477-495.

[16] Dombrowski N，Hopper P. The aerodynamics instability and disintegration of viscous liquid sheets [J]. Chemical Engineering Science，1963，18.

[17] Lin S P，Kang D J. Atomization of a liquid jet [J]. Phys. Fluids，2006，30 (7).

[18] Bracco F V，Reitz R D. Mechanism of atomization of a liquid jet. Physics Fluids (A)，1982，25 (10).

[19] Fraser R P. Liquid fuel atomization [C]. Sixth Symposium on Combustion，1957.

[20] Eisenklam P. Recent research and development work on liquid atomization in Europe and the U. S. A [C]. 5th Conference on liquid atomization，1976.

[21] York J L，Stubbs H F，Tek M R. The mechanism of disintegration of liquid sheets [J]. Transac-

tions of ASME，1953，75：1279-1286.

[22] Squire H B. Investigation of the instability of a moving liquid film [J]. Br. J. Appl. Phys，1953，4：167-169.

[23] Hagerty W W，Shea J F. A study of the stability of plane fluid sheets [J]. Journal of Applied Mechanics，1955，22 (4)：509-514.

[24] Youngbin Yoon，In-Seuk Jeung. Effects of Ambient Gas Pressure on the Breakup of Sprays in Like-Doublet and Swirl Coaxial Injectors [C]. International Symposium on Energy Conversion Fundamentals，2004.

[25] Liu Juan，Li Qinglian，Liu Weidong. Influence of the swirl injector diameter on the process of conical sheet breakup [C]. 14th Annual Conference International on Liquid Atomization and Spray System-Asia，2010.

[26] 刘娟，李清廉，刘卫东. 离心式喷嘴液膜破碎过程试验研究 [J]. 推进技术，2011，32 (4)：539-543.

[27] Lenard P. Mechanism of droplet breakup [M]. Meteorologische Zeitschrift，1904.

[28] Hinze J. O. Fundamentals of the hydrodynamic mechanism of splitting in despersion processes [J]. Journal of AICHE，1955，1 (3)：289-295.

[29] Hanson a R，Domich E G，Adams H S. Shock tube investigation of the breakup of drops by air blasts [J]. Phys Fluids，1963，6：1070-1080.

[30] Rumscheidt F D，Mason S G. Particle motion in sheared suspensions-deformation and burst of fluid drops in shear and hyperbolic flows [J]. Journal of Colloid Science，1967，16：238-261.

[31] Kolmogorov a N. On the disintegration of drops in a turbulent flow [J]. Dokl. Akad. Nauk SSSR，1949，66：825-828.

[32] Lee C H，Reitz R D. An experimental study of the effect of gas density on the distortion and breakup mechanism of drops in high speed gas stream [J]. International Journal of Multiphase Flow，2000，26：229-244.

[33] Dinh T N，Li G J，Theofanous T G. An investigation of droplet breakup in a high Mach，low Weber number regime [J]. 41st Aerospace Sciences Meeting and Exhibit.，2003.

[34] 房田文. 超声速气流中液滴二次破碎与液体射流的雾化机理研究 [D]. 长沙：国防科技大学研究生院，2010.

[35] Rizk N K，Lefebvre a H. Drop size distribution characteristics of spill-reture atomizers [J]. Journal of Propulsion and Power，1985，1 (3)：16-22.

[36] Mugele R，Evans H D. Droplet size distribution in sprays [J]. Journal of Industrial and Engineering Chemistry，1951，43 (6)：1317-1324.

[37] Van De Hulst. Light scattering by small particles [M]. New York：Dover Publications，1981.

[38] Bachalo W D. Method for measuring the size and velocity of spheres by dual-beam light-scatter interferometry [J]. Applied Optics，1980，19 (3).

[39] Bachalo W D，Houser M J. Phase/Doppler spray analyzer for simultaneous measurements of drop size and velocity distributions [J]. Optical engineering 1983，23 (5)：583-590.

[40] Dodge L G，Rhodes D J，Reitz R D. Drop-size measurement techniques for sprays：comparison of Malvern laser-diffraction and Aerometrics phase/Doppler [J]. Applied Optics，1987，11 (26)：2144-2154.

[41] Rizk N K，Lefebvre A H. Internal flow characteristics of simplex swirl atomizers [J]. Journal of Propulsion and Power，1985，1 (3)：193-199.

[42] Jones A R. Design optimization of a large pressure-jet atomizer for power plant [C]. Proceedings of the 2nd International Conference on Liquid Atomization and Spray, 1982.

[43] Lefebvre A H. Gas turbine combustion [M]. Washington, D. C.: Hemisphere, 1983.

[44] Liu Juan, Zhang Xin-Qiao, Li Qing-Lian. Effect of geometrical parameters on spray cone angle in pressure swirl injector [J]. Proceedings of the Institution of Mechanical Engineers, Part G: Journal of Aerospace Engineering, 2012.

[45] 朱宁昌，等. 液体火箭发动机设计（上）[M]. 北京：宇航出版社，1994.

[46] Hasson D, Peck R E. Thickness distribution in a sheet formed by impinging jets [J]. Journal of AICHE, 1964: 752-754.

[47] 石少平，庄逢辰. 低 Weber 数射流撞击雾化的数学模型 [J]. 航空动力学报，1994，3：285-288.

[48] Glogowski M, Micci M M. Shear coaxial injector spray characterization near the LOX post tip [C]. AIAA, 1995.

[49] Marmottant P, Villermaux E. On spray formation [J]. Journal of Fluid Mechanics, 2004: 498.

[50] Hulka J, Makel D. Liquid oxygen hydrogen testing of a single swirl coaxial injector element in a windowed combustion chamber [C]. 29th Joint Propulsion Conference, 1993.

[51] Doug Howell, Eric Petersen, Jim Clark. Performance characteristics of LOX-H2, tangential-entry, swirl-coaxial, rocket injectors [C]. AIAA Journal, 1993: 93-228.

[52] Kalitan D M, Salgues D, Mouis a G. Experimental liquid rocket swirl coaxial injector study using non-intrusive optical techniques [C]. 41st Joint Propulsion Conference & Exhibit, 2005.

[53] Takao Inamura, Kei Miyata, Hiroshi Tamura. Spray characteristics of swirl coaxial injector and its modeling [C]. 2001-3570, 2001.

[54] 吴晋湘. 不同反压下大流量气液同轴式喷嘴雾化特性及喷雾两相流场的试验和理论研究 [D]. 长沙：国防科技大学研究生院，1993.

[55] Elgowainy A, Ashgriz N. The Rayleigh-Taylor instability of viscous fluid layers [J]. Physics of Fluids, 1997, 9.

[56] O'rourke P J, Amsden A A. The TAB Method for Numerical Calculation of Spray Droplet Breakup [J]. SAE Technical Paper, 1987.

[57] Growe CT, Sharma M P, stock D E. The particle-source-in-celt method for gas-droplet flows. J FluidEng, 1997, 99 (2): 325-332.

[58] Smoot L D, Smith P J. Coal Combustion and Gasification [M]. Plenum Press, 1985.

[59] Gosman A D, Ioannides E. Aspects of Gompuler Simulation of Liquid-Fueled Combustors Vol. 7 (6), 1983: 482-490 Journal of Energy

[60] Xue J, Jog M A, Jeng S M. Effect of geometric parameters on simplex atomizer performance [J]. AIAA Journal 2004, 42 (12): 2408-2415.

[61] Menard T, Beau P A, Tanguy S. Primary breakup modeling, part A: DNS, a tool to explore primary break up [C]. Proceedings of 10th International Conference of Liquid Atomization and Spray, 2006.

[62] Desjardins O, Moureau V, Knudsen E. Conservative level set/ghost fluid method for simulating primary atomization [C]. Proceedings of 20th International Conference of Liquid Atomization and Spray, America, 2006.

[63] Kim D, Desjardins O, Herrmann M. The primary breakup of a round liquid jet by a coaxial flow of gas [C]. Proceedings of 20th International Conference of Liquid Atomization and Spray, America, 2007.

第 3 章　液滴蒸发燃烧模型

液滴蒸发燃烧是液体火箭发动机燃烧室内液体推进剂经历雾化后燃烧的基本模式，对于发动机的性能有着重要的影响。实际上在火箭发动机燃烧过程中，推进剂燃烧是以液雾或液滴群的形式进行的，但是要对整个液雾的燃烧过程进行理论和试验研究都是很困难的，而单液滴的燃烧过程是液雾燃烧的基础，并且也可以从单液滴燃烧过程对液雾的燃烧做出一些近似的预估。液滴燃烧经历燃料从液滴表面蒸发、向周围介质扩散、与介质中的氧化性气体发生化学反应等阶段。

本章主要阐述液滴在常压下静止气体以及对流环境中蒸发、液滴高压蒸发和液滴在振荡环境中的蒸发，以及多组分燃料液滴蒸发模型等。

3.1　液滴在常压下的准定常蒸发燃烧理论

经典的液滴蒸发研究，通常考虑常压（标准大气压）静止气体中孤立球形液滴的蒸发问题。实际的液滴蒸发过程是非定常过程，但在建立理论模型时，为使模型能进行解析求解，常常把该过程视为定常的，并且假设液滴只包含一种化学组分。此外，在大多数情况下，液滴燃烧时往往与环境气体存在速度差，因此要考虑对流传热传质对液滴蒸发速率的影响。本节首先介绍静止环境中液滴的蒸发燃烧过程，然后再分析对流情况下的液滴蒸发燃烧过程。

3.1.1　液滴在静止气体中无燃烧时的准定常蒸发理论

考虑如图 3.1 所示的孤立液滴在静止气体中无燃烧时的蒸发问题。液滴初始温度为 T_0，环境温度为 T_∞。

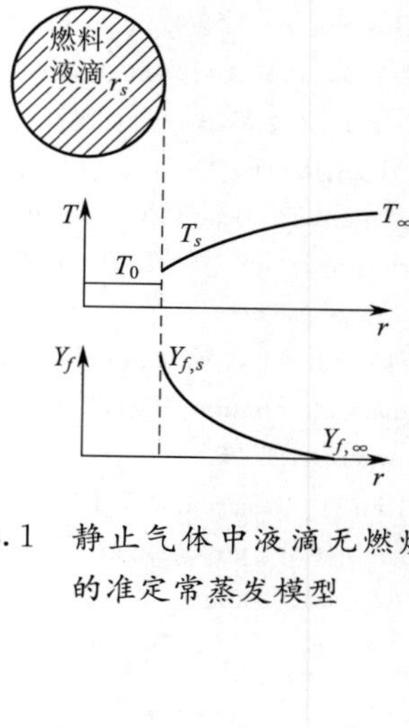

图 3.1　静止气体中液滴无燃烧时的准定常蒸发模型

为简化分析，引入如下假设：

（1）液滴周围只有由 Stefan 流引起的球对称一维流动，球对称中心为球形液滴中心；

（2）气体流场准定常，流场中压力恒定；

（3）气体不溶于液滴；

（4）液滴仅含一种组分，其内部温度均匀且等于初始温度，表面处两相平衡；

（5）气相刘易斯数 $Le=1$；

（6）流场中物性参数如热导率 λ、气体比定压热容 c_p、ρD 等为常数，其中 D 为气体质量扩散系数。

1. 气相守恒方程

基于上述假设，可推导出球坐标下液滴蒸发过程的质量、能量和组分守恒方程[1]，即

$$\dot{m} = 4\pi r^2 \rho v = 4\pi r^2 \rho_s v_s \tag{3.1}$$

$$r^2 \rho v c_p \frac{\mathrm{d}T}{\mathrm{d}r} = \frac{\mathrm{d}}{\mathrm{d}r}\left(r^2 \lambda \frac{\mathrm{d}T}{\mathrm{d}r}\right) \tag{3.2}$$

$$r^2 \rho v \frac{\mathrm{d}Y_F}{\mathrm{d}r} = \frac{\mathrm{d}}{\mathrm{d}r}\left(r^2 \rho D \frac{\mathrm{d}Y_F}{\mathrm{d}r}\right) \tag{3.3}$$

式中：$\dot{m}$ 为液滴蒸发速率；r 为球坐标半径；ρ、v 为 r 处环境气体与液滴蒸气混合气体的密度和速度；T 为混合气体温度；c_p 为混合气定压比热；Y_F 为液滴蒸气在混合气中的质量分数；D 为混合气扩散系数；下标 s 表示液滴表面。

2. 方程求解

1）液滴蒸气浓度分布

令 $b=\dfrac{Y_F}{Y_{Fs}-1}$，则式（3.3）可改写成

$$r^2 \rho v \frac{\mathrm{d}b}{\mathrm{d}r} = \frac{\mathrm{d}}{\mathrm{d}r}\left(r^2 \rho D \frac{\mathrm{d}b}{\mathrm{d}r}\right) \tag{3.4}$$

边界条件如下：

在 $r=r_s$ 处，有

$$\left(\frac{\mathrm{d}b}{\mathrm{d}r}\right)_s = \frac{v_s}{D_s} \tag{3.5}$$

在 $r\to\infty$处，有

$$b = b_\infty = \frac{Y_{F\infty}}{Y_{Fs}-1} \tag{3.6}$$

式（3.4）在 $[r_s,\ r]$ 上积分，得

$$r_s^2 \rho_s v_s (b - b_s) = r^2 \rho D \frac{\mathrm{d}b}{\mathrm{d}r} - r_s^2 \rho_s D_s \left(\frac{\mathrm{d}b}{\mathrm{d}r}\right)_s \tag{3.7}$$

把式（3.5）代入式（3.7），得

$$r_s^2 \rho_s v_s (b - b_s + 1) = r^2 \rho D \frac{\mathrm{d}b}{\mathrm{d}r} \tag{3.8}$$

由假设（6），式（3.8）可写成

$$-\frac{r_s^2 v_s}{D_s}\mathrm{d}\left(\frac{1}{r}\right) = \frac{\mathrm{d}b}{(b - b_s + 1)} \tag{3.9}$$

将式（3.9）在 $[r,\ r_\infty]$ 上积分，得

$$\frac{r_s^2 v_s}{r D_s} = \ln\left(\frac{b_\infty - b_s + 1}{b - b_s + 1}\right) \tag{3.10}$$

当液滴表面参数已知时，式（3.10）建立了液滴蒸气浓度 Y_F 与半径 r 的关系，蒸气浓度随半径增加呈指数下降。

在 $r=r_s$ 处，有

$$\frac{r_s v_s}{D_s} = \ln(b_\infty - b_s + 1) = \ln(1 + B_m) \tag{3.11}$$

式中：$B_m = b_\infty - b_s = \frac{Y_{Fs} - Y_{F\infty}}{1 - Y_{Fs}}$ 称为 Spalding 传递函数。

由式（3.11），得

$$v_s = \frac{D_s \ln(1 + B_m)}{r_s} \tag{3.12}$$

上式建立了液滴表面混合气运动速度与液滴表面蒸气浓度 Y_{Fs} 的关系。

液滴质量消耗率为

$$\dot{m} = -4\pi r_s^2 \rho_l \frac{\mathrm{d}r_s}{\mathrm{d}t} = -\frac{\pi}{4} d_s \rho_l \frac{\mathrm{d}(d_s^2)}{\mathrm{d}t} \tag{3.13}$$

式中：ρ_l 为液滴物质密度。

根据液滴蒸发率等于液滴的消耗率，得

$$\frac{\mathrm{d}(d_s^2)}{\mathrm{d}t} = -\frac{8\rho_s D_s}{\rho_l} \ln(1 + B_m) = -K \tag{3.14}$$

式中：K 为蒸发常数，与输运系数 ρD 成正比。

对式（3.14）积分，得

$$d_s^2 = d_0^2 - Kt \tag{3.15}$$

式中：d_0 为液滴初始直径。

式（3.15）表明液滴直径的平方为蒸发时间的线性递减函数，即经典的 d^2 定律。

液滴蒸发所需时间为

$$t_v = \frac{d_0^2}{K} \tag{3.16}$$

由此可见，液滴越大，液滴物质密度越大，蒸发时间越长。

2）液滴蒸气温度分布

对于液滴周围混合气的能量守恒方程（3.2），其边界条件如下：

在 $r=r_s$ 处，$T=T_s$

$$\lambda \left(\frac{\mathrm{d}T}{\mathrm{d}r} \right)_s = \rho_s v_s [L_v + c_l (T_s - T_0)] \tag{3.17}$$

在 $r \to \infty$ 处，$T = T_\infty$。

式中：λ 为混合气热传导系数；L_v 为温度 T_s 时单位质量液滴的气化热（蒸发潜热）；c_l 为液滴比热；T_0 为液滴初始温度；T_∞ 为环境温度。

在 $[r_s, r]$ 上积分能量方程（3.2），得

$$r^2\rho v c_p(T-T_s)=r^2\lambda\frac{\mathrm{d}T}{\mathrm{d}r}-r_s^2\lambda\left(\frac{\mathrm{d}T}{\mathrm{d}r}\right)_s \tag{3.18}$$

把边界条件式（3.17）和式（3.1）代入式（3.18），整理得

$$-\frac{r_s^2\rho_s v_s c_p}{\lambda}\mathrm{d}\left(\frac{1}{r}\right)=\frac{\mathrm{d}T}{T-T_s+\frac{L_v}{c_p}+\frac{c_l}{c_p}(T_s-T_0)} \tag{3.19}$$

式（3.19）在［r，r_∞］上积分，得

$$\frac{r_s^2 v_s c_p}{r\alpha_s}=\ln\frac{c_p(T_\infty-T_s)+L_v+c_l(T_s-T_0)}{c_p(T-T_s)+L_v+c_l(T_s-T_0)} \tag{3.20}$$

式中：$\alpha_s=\frac{\lambda}{\rho_s c_p}$为热扩散系数。

式（3.20）表明混合气温度随半径增加呈指数减小。

在液滴表面上，蒸气速度为

$$v_s=\alpha_s\frac{\ln(1+B_T)}{r_s} \tag{3.21}$$

其中

$$B_T=\frac{c_p(T_\infty-T_s)}{L_v+c_l(T_s-T_0)} \tag{3.22}$$

比较式（3.12）和式（3.21），得

$$Le\ln(1+B_m)=\ln(1+B_T) \tag{3.23}$$

当 $Le=1$ 时，$B_m=B_T$，得

$$\frac{c_p(T_\infty-T_s)}{L_v+c_l(T_s-T_0)}=\frac{Y_{F\infty}-Y_{Fs}}{Y_{Fs}-1} \tag{3.24}$$

式（3.24）建立了液滴表面温度与浓度之间的关系。

3）液滴与蒸气之间的相平衡

恒温恒压下，同一物质的两相间（如液滴表面液体与蒸气之间）处于平衡时，两相的温度、压力和 Gibbs 自由能相等。根据相平衡条件得到的克劳修斯—克拉珀龙（Clausius-Clapeyton）蒸气压方程为

$$\frac{\mathrm{d}\ln p_F}{\mathrm{d}T}=\frac{\Delta H}{R_u T^2} \tag{3.25}$$

式中：p_F 为蒸气分压，定常蒸发时，p_F 为温度 T 时饱和蒸气压；ΔH 为恒温恒压下 1mol 物质从液体变为蒸气时所吸收的热量，即摩尔气化热；R_u 为通用气体常数。

式（3.25）把蒸气分压和温度联系起来。积分式（3.25），得

$$\ln\frac{p_F}{p_{\mathrm{ref}}}=\frac{\Delta H}{R_u}\left(\frac{1}{T_{\mathrm{ref}}}-\frac{1}{T_s}\right) \tag{3.26}$$

式中：下标 ref 表示某种参考值，当 p_{ref}取一个大气压时，T_{ref}为液体沸点。

设 p 为液滴周围混合气的压力，根据 Dalton 分压定律，有

$$\frac{p_F}{p}=Y_{Fs}\frac{\overline{M}}{M_F} \tag{3.27}$$

式中：$\overline{M}$ 为混合气的摩尔质量。

由式（3.27）及 ΔH 与 L_v 之间的关系，可得

$$Y_{Fs}=\frac{M_F}{\overline{M}}\frac{p_{ref}}{p}\exp\left[\frac{L_v}{R}\left(\frac{1}{T_{ref}}-\frac{1}{T_s}\right)\right] \tag{3.28}$$

至此，由式（3.24）和式（3.28）可求得 Y_{Fs} 和 T_s，把求得的结果代入式（3.1）可求得液滴表面蒸发速率，代入式（3.15）可求得液滴直径随时间的变化，代入式（3.10）和式（3.20）可求得蒸气浓度和温度的分布。

3.1.2 液滴在静止气体中有燃烧时的准定常蒸发理论

考虑燃料液滴在静止氧化剂介质中的燃烧问题。假设条件与 3.1.1 节的相同。液滴燃烧属于扩散燃烧，最简单的反应模型为瞬时反应模型，即认为化学反应速率无限快，反应特征时间远小于扩散特征时间，反应在火焰间断面上瞬时完成。因此，燃料液滴在氧化剂介质中燃烧，会出现一火焰锋面，把流场分成 A、B 两个区域，A 区仅含燃料蒸气和燃烧产物，B 区仅含氧化剂和燃烧产物。静止介质中液滴燃烧时的准定常蒸发模型如图 3.2 所示[1]。

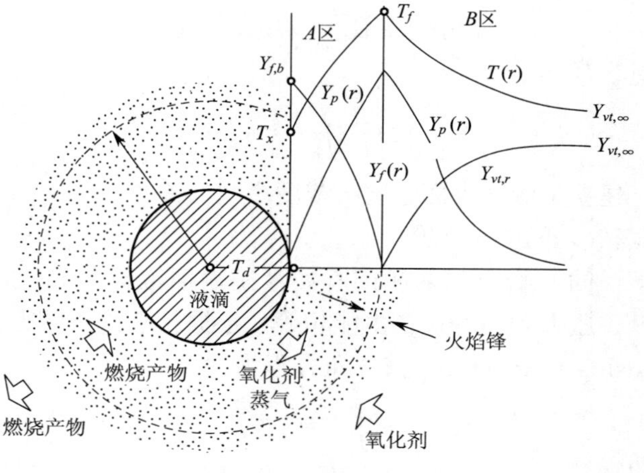

图 3.2 静止介质中液滴燃烧时的准定常蒸发模型

1. 气相守恒方程

根据 A、B 两区能量守恒和组分守恒，以及液滴表面蒸气浓度与表面温度之间的关系，可导出静止介质中液滴有燃烧时的气相控制方程如下：

A 区组分守恒方程

$$r^2\rho v\frac{\mathrm{d}Y_F}{\mathrm{d}r}-\frac{\mathrm{d}}{\mathrm{d}r}\left(r^2\rho D\frac{\mathrm{d}Y_F}{\mathrm{d}r}\right)=0 \quad (r_s\leqslant r\leqslant r_f) \tag{3.29}$$

B 区组分守恒方程

$$r^2\rho v\frac{\mathrm{d}Y_o}{\mathrm{d}r}-\frac{\mathrm{d}}{\mathrm{d}r}\left(r^2\rho D\frac{\mathrm{d}Y_0}{\mathrm{d}r}\right)=0\quad(r_f\leqslant r\leqslant r_\infty)\tag{3.30}$$

能量守恒方程

$$r^2\rho vc_p\frac{\mathrm{d}T}{\mathrm{d}r}-\frac{\mathrm{d}}{\mathrm{d}r}\left(r^2\lambda\frac{\mathrm{d}T}{\mathrm{d}r}\right)=0\tag{3.31}$$

边界条件如下：

在 $r=r_s$ 处

$$Y_F=Y_{Fs},\ T=T_s$$

$$\rho_s v_s=\rho_{Fs}v_{Fs}=-\rho_s D_s\left(\frac{\mathrm{d}Y_F}{\mathrm{d}r}\right)_s+\rho_s v_s Y_{Fs}\quad(\text{Stefan 流})\tag{3.32}$$

$$\lambda\left(\frac{\mathrm{d}T}{\mathrm{d}r}\right)_s=\rho_s v_s[L_v+c_l(T_s-T_0)]\quad(\text{热平衡})\tag{3.33}$$

$$Y_{Fs}=\frac{M_F}{M}\frac{p_{\mathrm{ref}}}{p}\exp\left[\frac{L_v}{R}\left(\frac{1}{T_{\mathrm{ref}}}-\frac{1}{T_s}\right)\right]\quad(\text{相平衡})\tag{3.28}$$

在 $r=r_\infty$ 处

$$Y_o=Y_{o\infty},\ T=T_\infty$$

在 $r=r_f$ 处

$$(Y_F)_f=(Y_o)_f=0$$

$$\left(\rho D\frac{\mathrm{d}Y_F}{\mathrm{d}r}\right)_f=-\beta\left(\rho D\frac{\mathrm{d}Y_o}{\mathrm{d}r}\right)_f=-\frac{\dot{m}}{4\pi r_f^2}\tag{3.34}$$

$$\left(\lambda\frac{\mathrm{d}T}{\mathrm{d}r}\right)_{f,A}-\left(\lambda\frac{\mathrm{d}T}{\mathrm{d}r}\right)_{f,B}=Q_F\left(\rho D\frac{\mathrm{d}Y_F}{\mathrm{d}r}\right)_f\tag{3.35}$$

式中：Q_F 是液滴燃烧释放的热量；下标 o、F 分别表示氧化剂和燃料，f 表示火焰锋面，β 是指与 1kg 氧化剂完全燃烧所需要的燃料质量。

火焰锋面上的条件表示：燃料蒸气和氧化剂气体的浓度在火焰面上为零；在火焰锋面两侧燃料和氧化剂的质量流满足化学当量比关系；在火焰锋面向 A 区和向 B 区传递的热量之和等于燃料的反应热。

2. 方程求解

1）蒸气浓度和温度在 A 区的分布

将 A 区燃料蒸气组分守恒方程和能量方程在 $[r_s,\ r]$ 上积分，得

$$r^2\rho vY_F-r^2\rho D\frac{\mathrm{d}Y_F}{\mathrm{d}r}=r_s{}^2\rho_s v_s Y_{Fs}-r_s{}^2\rho_s D_s\left(\frac{\mathrm{d}Y_F}{\mathrm{d}r}\right)_s\tag{3.36}$$

$$r^2\rho vT-r^2\lambda\frac{\mathrm{d}T}{\mathrm{d}r}=r_s{}^2\rho_s v_s T_s-r_s{}^2\lambda\left(\frac{\mathrm{d}T}{\mathrm{d}r}\right)_s\tag{3.37}$$

将式（3.32）和式（3.33）代入以上两式，可得

$$\dot{m}=\dot{m}Y_F-4\pi r^2\rho D\frac{\mathrm{d}Y_F}{\mathrm{d}r}\tag{3.38}$$

$$4\pi r^2\lambda\frac{\mathrm{d}T}{\mathrm{d}r}=\dot{m}[L+c_l(T_s-T_o)]+\dot{m}c_p(T-T_s) \tag{3.39}$$

式中：蒸发速率 $\dot{m}=4\pi\rho_s v_s r_s^2=\text{const}$。

在 $[r, r_f]$ 上积分式（3.38）和式（3.39），可得

$$\dot{m}=\frac{4\pi\rho D}{\dfrac{1}{r}-\dfrac{1}{r_f}}\ln\left(\frac{1}{1-Y_F}\right)\quad(r_s\leqslant r\leqslant r_f) \tag{3.40}$$

$$-\frac{1}{r}=\frac{4\pi\rho D}{\dot{m}}\ln\left[1+\frac{c_p(T_f-T_s)}{L_v+c_l(T_s-T_o)}\right]-\frac{1}{r_f}\quad(r_s\leqslant r\leqslant r_f) \tag{3.41}$$

式（3.40）和式（3.41）描述了蒸气浓度和温度随半径的分布。当 $r=r_s$ 时，可得到液滴表面蒸气浓度与表面温度及火焰锋面温度之间的关系：

$$Y_{Fs}=\frac{c_p(T_f-T_s)}{c_p(T_f-T_s)+L_v+c_l(T_s-T_o)} \tag{3.42}$$

2）氧化剂浓度和温度在 B 区的分布

在 B 区，对式（3.30）和式（3.31）在 $[r_f, r]$ 上积分，得

$$4\pi r^2\rho D\frac{\mathrm{d}Y_o}{\mathrm{d}r}-\dot{m}Y_o=\frac{\dot{m}}{\beta} \tag{3.43}$$

$$\dot{m}c_p(T-T_f)-4\pi r^2\lambda\frac{\mathrm{d}T}{\mathrm{d}r}=-4\pi r_f{}^2\lambda\left(\frac{\mathrm{d}T}{\mathrm{d}r}\right)_{f,B} \tag{3.44}$$

把式（3.39）应用于火焰锋面 $r=r_f$，并由边界条件（3.35），得

$$\begin{aligned}\left(\lambda\frac{\mathrm{d}T}{\mathrm{d}r}\right)_{f,B}&=-Q_F\left(\rho D\frac{dY_F}{\mathrm{d}r}\right)_f+\left(\lambda\frac{\mathrm{d}T}{\mathrm{d}r}\right)_{f,A}\\&=\frac{\dot{m}}{4\pi r_f^2}[Q_F+c_p(T_F-T_s)+L_v+c_l(T_s-T_0)]\end{aligned} \tag{3.45}$$

把式（3.45）代入式（3.44），得

$$\dot{m}c_p(T-T_f)-4\pi r^2\lambda\frac{\mathrm{d}T}{\mathrm{d}r}=\dot{m}[-c_p(T_f-T_s)-L_v-c_l(T_s-T_0)-Q_F] \tag{3.46}$$

设 B 区 $Le=1$，把式（3.43）和式（3.46）在 $[r, r_\infty]$ 上再一次积分，可得到氧化剂浓度和温度在 B 区随半径的变化关系：

$$\frac{1}{r}=\frac{4\pi\rho D}{\dot{m}}\ln\frac{1+\beta Y_{o\infty}}{1+\beta Y_o} \tag{3.47}$$

$$-\frac{1}{r}=\frac{4\pi\rho D}{\dot{m}}\ln\frac{c_p(T-T_s)+L_v+c_l(T_s-T_0)+Q_F}{c_p(T_\infty-T_s)+L_v+c_l(T_s-T_0)+Q_F}\quad(r_f\leqslant r\leqslant r_\infty) \tag{3.48}$$

3）火焰锋面温度和半径

当 $r=r_f$ 时，由式（3.47）和式（3.48），可得

$$\frac{1}{r_f}=\frac{4\pi\rho D}{\dot{m}}\ln(1+\beta Y_{o\infty}) \tag{3.49}$$

$$-\frac{1}{r_f}=\frac{4\pi\rho D}{\dot{m}}\ln\frac{c_p(T_f-T_s)+L_v+c_l(T_s-T_0)+Q_F}{c_p(T_\infty-T_s)+L_v+c_l(T_s-T_0)+Q_F} \tag{3.50}$$

由式（3.49）和式（3.50），得

$$-Q_F=\frac{c_p(T_f-T_\infty)}{\beta Y_{o\infty}}+c_p(T_f-T_s)+L_v+c_l(T_s-T_0) \tag{3.51}$$

该式说明反应释放的一部分热量使氧化剂从温度 T_∞ 升高到 T_f，一部分热量使液滴蒸发，还有一部分热量使液滴从初温 T 升高到 T_s 和使燃料蒸气从 T_s 升高到 T_f。

由式（3.51）可得火焰温度为

$$T_f=\frac{\beta Y_{o\infty}[-Q_F+c_pT_s-L_v-c_l(T_s-T_0)]+c_pT_\infty}{c_p(1+\beta Y_{o\infty})} \tag{3.52}$$

由式（3.40）和式（3.49），得

$$\dot{m}=4\pi\rho Dr_s\ln(1+B) \tag{3.53}$$

其中，$B=\frac{1+\beta Y_{o\infty}}{1-Y_{Fs}}$。

由式（3.53）和式（3.49），可得到火焰锋面半径为

$$\bar{r}_f=\frac{r_f}{r_s}=\frac{\ln(1+B)}{\ln(1+BY_{o\infty})} \tag{3.54}$$

至此，可以用式（3.28）、式（3.42）和式（3.52）联立求解液滴表面蒸气浓度、温度和火焰温度。把计算结果代入式（3.40）和式（3.41）可求得 A 区蒸气浓度和温度的分布，代入式（3.47）和式（3.48）可求得氧化剂浓度和温度在 B 区的分布。

3.1.3　液滴在对流介质中的无燃烧蒸发理论

对流环境中的液滴蒸发要比在静止环境中的蒸发复杂得多，因为对流环境中的液滴蒸发过程至少应是二维轴对称的，并且边界层厚度是有限的。为了解析求解，工程上通常采用折算薄膜方法。其基本思路是，把真实的二维轴对称流动转化为等效的、在一个球对称薄膜中的分子导热和扩散问题，同时计算出折算薄膜半径 r_∞ 与对流传热传质强度之间的关系。

根据固球对流换热与某一假想分子导热过程等价的原则，可以写出

$$4\pi r_s^2h^o(T_\infty-T_s)=\frac{4\pi\lambda_g(T_\infty-T_s)}{\dfrac{1}{r_s}-\dfrac{1}{r_\infty}} \tag{3.55}$$

由此得折算薄膜半径为

$$r_\infty=r_sN_{uT}^o/(N_{uT}^o-2) \tag{3.56}$$

式中：h^o 为无蒸发时对流换热系数；λ_g 为气体分子导热系数；N_{uT}^o 为无蒸发时的对流传质努塞尔数，即

$$N_{uT}^{o} = 2 + 0.6Re^{0.5}Pr^{0.33} \tag{3.57}$$

式中：Re 为雷诺数，Pr 为普朗特数。

把静止环境中液滴蒸发积分边界条件改为

$$r = r_s,\ b = b_s$$
$$r = r_\infty,\ b = b_\infty$$

可得到对流环境下的液滴蒸发速率公式：

$$\dot{m}_s = \pi d_s \rho_s D_s N_{uT}^{o} \ln(1 + B_m) \tag{3.58}$$

式（3.58）与在静止介质中液滴蒸发速度的差别仅在于多了一个因子 $N_{uT}^{o}/2$。由式（3.58）可知，在无燃烧蒸发情况下，对流强度越大，则蒸发速度越大。

3.1.4 液滴在对流介质中的有燃烧蒸发理论

考虑对流的影响，仍然应用折算薄膜概念，并且由于火焰锋与自由流的边界非常靠近，因此可以近似认为

$$\begin{aligned} r_f &= r_\infty \\ T_s &= T_b \quad (\text{沸点温度}) \end{aligned} \tag{3.59}$$

考虑上述因素，得到

$$\dot{m} = 4\pi r_s \frac{\lambda}{c_p} \frac{N_{uT}^{0}}{2} \ln\left[1 + \frac{c_p(T_f - T_b)}{L_v + c_p(T_b - T_0)}\right] \tag{3.60}$$

$$d_o^2 - d^2 = K_c t \tag{3.61}$$

$$K_c = \frac{4\pi N_{uT}^{0}}{\rho_c} \frac{\lambda}{c_p} \ln\left[1 + \frac{c_p(T_f - T_b)}{L_v + c_p(T_b - T_o)}\right] = \frac{1}{2} N_{uT}^{0} K_c^{o} \tag{3.62}$$

式中：K_c 为有强迫对流时燃烧液滴的蒸发常数。

由式（3.62）可知，当对流强度增加，即 N_{uT}^{o} 增加时，K_c 也增加。但在足够高的对流速度下，液滴前方的包络火焰会被吹灭，出现尾迹燃烧，而在更高的对流速度下，尾迹燃烧也会熄灭，出现纯蒸发的情况。

3.2 高压下液滴蒸发模型

现代液体火箭发动机的燃烧室压力都很高，如苏联 RD-120 发动机燃烧室压力达 16.28MPa，美国航天飞机主发动机的燃烧室压力为 22.05MPa，其预燃室压力可达 35.67MPa，此时应用常压下导出的液滴蒸发理论，就会出现很大误差，这主要是由于以下三方面的原因：

（1）在常压下的蒸发理论是基于准定常理论，气液密度相差较大，液相过程比气相过程慢；但在高压情况下，液体、气体密度趋于同一量级，两相间输送过程相差不大，准定常理论不再适用。

（2）一般常用的推进剂组分临界压力和临界温度并不太高，例如：液氢，

$P_{crit}=12.8\text{atm}$①，$T_c=33.3\text{K}$；液氧，$P_{crit}=49.75\text{atm}$，$T_c=154.58\text{K}$；煤油 RP-1，$P_{crit}=23.73\text{atm}$，$T_c=679.0\text{K}$。当液滴温度趋近 T_c 时，蒸发速率按常压下计算公式计算，即

$$\dot{m}=4\pi r_s \frac{Nu}{2}\frac{\lambda}{C_p}\ln(1+B)$$

$$B=\frac{C_{p\cdot g}(T_\infty-T_c)}{L}$$

此时 $L\to 0$，故 $B\to\infty$，这显然是不合适的。

（3）在高压下，气体介质会部分地溶解于液滴，这一点在模型中通常较难考虑，尤其非理想气体效应将表现得非常突出，再用常压下的状态方程误差很大。

正是由于上述三方面的原因，使得液滴在高压环境下的行为与常压下的蒸发过程有着重大差别，有不少研究者对这一过程进行了大量的理论和试验工作，国外 T. Kadota[2]、R. D. Sutton[3]、R. L. Matlosz[4]、K. C. Hsieh[5] 和杨威迦[6] 等人先后从事过相关方面的研究，国内庄逢辰教授研究了高压下的液滴蒸发过程，从理论和试验研究方面都取得了重要成果[1,7]。本节以庄逢辰教授的研究成果为主线进行介绍，Matlosz、K. C. Hsieh 和杨威迦的工作具有一定相似性，有兴趣的读者可进一步参考相关文献。

3.2.1　ZKS 液滴高压蒸发理论

庄逢辰[7]、T. Kadota[2]、R. D. Sutton[3] 的理论都是从直观的物理概念出发，应用折算薄膜理论，得出显式的液滴高压蒸发速率计算式。这种理论得到广泛的实际应用，称为 ZKS 理论。

1. 模型假设

（1）液滴在强迫对流环境中蒸发，环境气体是惰性气体，应用折算薄膜理论考虑对流换热影响；

（2）过程是球对称进行的；

（3）考虑液滴温度随时间变化，且液滴内部温度均匀分布；

（4）考虑液滴界面内移效应；

（5）考虑非理想气体效应。

2. 气相守恒方程

（1）液滴蒸气的组分守恒方程

根据模型假设可知，液滴蒸发产生的蒸气，一部分被 Stefan 流带走，一部分用于填充液滴界面的退移空间；另一部分则通过扩散作用流走，即

$$\dot{m}=Y_v\dot{m}_{Stefan}-4\pi r_s^2\rho_{v,s}\frac{\mathrm{d}r_s}{\mathrm{d}t}-4\pi r^2\rho D\frac{\mathrm{d}Y_v}{\mathrm{d}r}$$

① 1atm=101325Pa。

Stefan 流等于相界面上法向宏观物质流，包括宏观蒸气流和填充相界面退移空间的环境气流，其中宏观蒸气流为液滴蒸发的蒸气流量减去用于填充界面退移空间的量。取相界面的外法向为正，则

$$\dot{m}_{\text{Stefan}} = \dot{m} + 4\pi r_s^2 \rho_{v\cdot s} \frac{\mathrm{d}r_s}{\mathrm{d}t} + \rho_{e\cdot s} 4\pi r_s^2 \frac{\mathrm{d}r_s}{\mathrm{d}t}$$

以上两式合并可以得到

$$\dot{m} + 4\pi r_s^2 \rho_{v,s} \frac{\mathrm{d}r_s}{\mathrm{d}t} = (\dot{m} + 4\pi r_s^2 \rho_{v\cdot s} \frac{\mathrm{d}r_s}{\mathrm{d}t} + 4\pi r_s^2 \rho_{e\cdot s} \frac{\mathrm{d}r_s}{\mathrm{d}t}) Y_v - 4\pi r^2 \rho D \frac{\mathrm{d}Y_v}{\mathrm{d}r} \tag{3.63}$$

式中：$\rho_{v\cdot s}$、$\rho_{e\cdot s}$分别表示液面处的蒸气密度与环境气体密度；r_s 为 t 时刻的液滴半径。

令

$$A = 1 + \frac{4\pi r_s^2 \rho_{v\cdot s}}{\dot{m}} \cdot \frac{\mathrm{d}r_s}{\mathrm{d}t}, \quad B = 1 + \frac{\rho_{e\cdot s}}{\rho_{v\cdot s}} (1 - \frac{1}{A}) \tag{3.64}$$

并根据边界条件

$$\begin{cases} r = r_s, & Y_v = Y_{v\cdot s} \\ r = r_\infty, & Y_v = Y_{v\cdot\infty} \end{cases} \tag{3.65}$$

其中

$$r_\infty = \frac{r_s Nu_m^0}{Nu_m^0 - 2}$$

为折算薄膜半径。则可求得液滴蒸发速率为

$$\dot{m} = \frac{2\pi\rho D r_s Nu_m^0}{AB} \ln\left[\frac{1 - BY_{v\cdot\infty}}{1 - BY_{v\cdot s}}\right] \tag{3.66}$$

当忽略界面移动时，$A=B=1$，这时，式（3.66）变为

$$\dot{m} = z d \rho D N_{um}^0 \ln\left(\frac{1 - Y_{v\cdot\infty}}{1 - Y_{v\cdot s}}\right)$$

此时式（3.66）就是常压下液滴蒸发速率表达式。

由 $\dot{m} = -\mathrm{d}\left(\frac{4}{3}\pi\rho_l r_s^3\right) \Big/ \mathrm{d}t$，且$\frac{\mathrm{d}\rho_l}{\mathrm{d}t} = \frac{\mathrm{d}\rho_l}{\mathrm{d}T_l} \cdot \frac{\mathrm{d}T_l}{\mathrm{d}t}$，可得液滴半径随时间变化关系式：

$$\frac{\mathrm{d}r_s}{\mathrm{d}t} = -\left[\frac{\dot{m}}{4\pi r_s^2 \rho_l} + \frac{r_s}{3\rho_l} \cdot \frac{\mathrm{d}\rho_l}{\mathrm{d}T_l} \cdot \frac{\mathrm{d}T_l}{\mathrm{d}t}\right] \tag{3.67}$$

2）能量守恒方程

$$q = 4\pi r^2 \lambda \frac{\mathrm{d}T}{\mathrm{d}r} - \dot{m}(T - T_s)\left[AC_{p\cdot v} + (A-1)\frac{\rho_{e\cdot s}}{\rho_{v\cdot s}} C_{p\cdot e}\right] \tag{3.68}$$

式中：q 为传入液滴的热量。

边界条件为

$$\begin{cases} r = r_s, & T = T_s \\ r = r_\infty, & T_\infty = T_\infty \end{cases} \tag{3.69}$$

积分可得

$$q = 2\pi\lambda r_s N_{uT}^0 K \frac{T_\infty - T_s}{e^K - 1} \tag{3.70}$$

其中

$$K = \frac{\dot{m}\left[Ac_{p,v} + (A-1)c_{p,e}\dfrac{\rho_{e,s}}{\rho_{v,s}}\right]}{2\pi\lambda r_s Nu_T^0} \tag{3.71}$$

由液滴热平衡方程可求得

$$\frac{dT_s}{dt} = \frac{1.5\lambda Nu_T^0 K}{\rho_l C_{p\cdot\lambda} r_s^2}\left[\frac{T_\infty - T_s}{e^K - 1} - \frac{\Delta H_v}{AC_{p\cdot v} + C_{p\cdot e}(A-1)\dfrac{\rho_{e\cdot s}}{\rho_{v\cdot s}}}\right] \tag{3.72}$$

式中：ΔH_v 为液滴相变潜热。

3）实际气体状态方程

在高压下气体偏离理想气体行为，已不能再用理想气体状态方程描述。对于烃类、氮、氧等非极性气体，工程上一般采用 R-K 双参数方程来描述[8]：

$$\left[P + \frac{a}{T^{0.5}V(V+a)}\right](V-b) = RT \tag{3.73}$$

式中：a、b 为物性参数，可令恒温线在临界点处的一、二阶导数为零来求得，即

$$a = 0.427R^2 T_c^{2.5}/p_c,\ b = 0.0867RT_c/P_c \tag{3.74}$$

式中：R、P、T_c、V 的单位分别为（$cm^3 \cdot atm$）/（$g \cdot mol \cdot K$）、（atm、K 和 $cm^3/g \cdot mol$）。但式（3.73）的求解不方便，因此更多情况下是采用压缩因子 Z 表示实际气体偏离理想气体的程度，即

$$pV = ZRT \tag{3.75}$$

将 R-K 方程化成压缩因子 Z 的形式，即

$$Z = \frac{1}{1-h} - \frac{A^2}{B}\frac{h}{(1-h)} \tag{3.76}$$

式中：$A^2 = a/(R^2 T^{2.5})$，$B = b/(RT)$，$h = Bp/Z$。

应用于混合气体时，令

$$A = \sum y_i A_i,\ B = \sum Y_i B_i \tag{3.77}$$

由式（3.76）和式（3.77）进行迭代计算，即可求得 Z。

4）液滴表面的蒸气相对质量浓度

在常压情况下，液滴表面的蒸气相对质量浓度可以应用蒸气压方程由液滴表面平衡条件计算。但在高压情况下，液滴表面的热力学平衡条件与常压时不同，既要求两相的温度、压力相等，同时两相中同一组元的逸度（化学势）也必须相等，即

$$p_c = p_v,\ T_l = T_v,\ f_i^{\,l} = f_i^{\,v} \tag{3.78}$$

通常认为液滴只由一种组元组成，对于某 i 组元的液体，在液体压力 p 和温度 T 下的逸度为

$$f_i^l = f(T, p, x_i = 1) = p_i(T)\phi_i^l(T)\exp[V_i^l(p - p_i)/RT] \tag{3.79}$$

式中：p_i 为 i 组元液体的饱和蒸气压；ϕ_i^l 为体系温度压力下饱和蒸汽的逸度系数；V_i^l 为体系温度压力下 i 组元液体的比热容；x_i 为 i 组元液体的相对摩尔浓度。

此外，庄逢辰教授采用了下面的经验公式[1]：

$$\rho_l = \rho_c\left[1 + \sum_{i=1}^{4} K_j(1 - T_r)^{j/3}\right]\left[1 + \frac{9z_cN(p - p_i)}{P_c}\right]^{1/9} \tag{3.80}$$

其中

$K_1 = 17.4425 - 214.578Z_c + 989.625Z_c^2 - 1522.06Z_c^3$

$K_2 = -3.28257 + 13.6377Z_c + 107.4844Z_c^2 - 384.211Z_c^3 \quad (Z_c \leqslant 0.26)$

$K_2 = 60.2091 - 402.063Z_c + 501.0Z_c^2 + 641.0Z_c^3 \quad (Z_c > 0.26)$

$K_3 = 0$

$K_4 = 0.93 - K_2$

$N = (1.0 - 0.89\omega)[\exp(6.9547 - 76.2853T_r + 191.306T_r^2 - 203.5472T_r^3 + 82.7631T_r^4)]$

式中：ω 为偏心因子；Z_c 为临界压缩因子；T_r 为相对于临界温度的无量纲温度。

i 组元的气相逸度为

$$f_i^v = py_i\phi_i^v \tag{3.81}$$

式中：p 为系统压力；y_i 为气相中 i 组元相对摩尔浓度；ϕ_i^v 为气相混合物中 i 组元逸度系数。

根据 R-K 方程，可表示为

$$\ln\phi_i = \ln\frac{v}{v-b} + \frac{b_i}{v-b} - \frac{2\sum_j y_j a_{ij}}{bRT^{1.5}}\ln\frac{v+b}{v} - \ln Z + \frac{ab_i}{b^2RT^{1.5}}\left(\ln\frac{v+b}{v} - \frac{b}{v+B}\right) \tag{3.82}$$

式中：y_j 为气相混合物中 j 组元的相对摩尔浓度。

根据气液两相 i 组元的化学势相等，得出液滴表面上气相混合物中 i 组元的相对摩尔浓度为

$$y_{i\cdot s} = \frac{p_i(T)\exp[V_i^l(p - pi)/RT]}{p} \tag{3.83}$$

根据浓度换算，液滴表面蒸汽相对质量浓度为

$$Y_{v\cdot s} = \frac{y_{i\cdot s}M_v}{y_{i\cdot s}M_v + (1 - y_{i\cdot s})M_e} \tag{3.84}$$

式中：M_v、M_e 分别为液滴蒸汽和周围惰性介质的摩尔质量。

5）偏摩尔相变热 ΔH_v

液体蒸发时的偏摩尔相变热 ΔH_v，是指溶液中 1mol$i$ 组元在压力 p 和温度 T 下转变成气相混合物中 1mol$i$ 组元蒸汽时所需的热量。在常压蒸发理论中，以蒸发潜热 L 来代替 ΔH_v。蒸发潜热 L 是指在标准状态下纯物质从液态转变为气态所吸收的热量。液滴为纯组元，不考虑气体溶解效应。则有

$$\Delta H_v = L + \Delta \overline{H}_i$$

$$\frac{\Delta \overline{H}_i}{RT^2} = -\frac{B_i}{BT}\left(I+\frac{1.5K}{j+1}\right)+\frac{1}{T(Z-BP)}\left(I+\frac{1.5K}{j+1}+BP\right)-$$

$$\frac{1.5A^2}{BT}\left(\frac{2A_i}{A}-\frac{B_i}{B}\right)In\left(1+\frac{BP}{Z}\right)-\frac{A^2P}{ZT}\left(\frac{2A_i}{A}-\frac{B_i}{B}\right)\frac{\left(I+Z+\frac{1.5K}{j+1}\right)}{Z+BP}$$

式中

$$j = Z/BP, K = A^2/B$$

$$I = \frac{j[j(j+1)^3+0.5K(j-1)(j+1)^2-Kj(j+1)(j-1)^2-0.5K^2(j-1)^2]}{(j^2-1)[K(j-1)^2(j+1)+Kj(j-1)^2-j^2(j+1)^2]}$$

体系温度下的液体蒸发潜热可按 Watson 公式计算，即

$$L_2 = L_1\left(\frac{1-T_{r,2}}{1-T_{r,1}}\right)^{0.38}$$

应用上述各种关系式联立求解式（3.66）和式（3.72），即可求得液滴直径和温度随时间变化的历程。文献［7］对正十二烷液滴在不同直径、不同环境温度、不同环境压力和不同的 Nu^0 数条件下进行了计算，对正庚烷液滴进行的计算都表明，理论和实验符合得相当好。

3.2.2　应用液相活度系数计算高压气液平衡的方法

试验发现在高压液滴蒸发时，还需要考虑气体的溶解特性。因为气体的溶解会明显改变混合物的热力学性质，从而改变蒸发特性，而上节的 ZKS 理论没有考虑这一重要特性。本节建立的理论模型中的液滴蒸发速度、液滴温度的变化以及液滴半径的计算公式均与 ZKS 理论相同，只是采用了改进的 R-K 状态方程和考虑了气体的溶解和采用了相应的热力学相平衡关系。

普通的 R-K 方程用于高压计算误差较大，根据文献［9］对其作了如下改进：

$$P = \frac{RT}{V-b} - \frac{a}{T^{0.5}V(V+b)} \tag{3.85}$$

当用于混合物时，混合规则为

$$b = \sum_1^n y_i b_i,\ b_i = \frac{\Omega_{bi}RT_{ci}}{P_{ci}},\ a = \sum_1^n \sum_1^n y_i y_j a_{ij}$$

$$a_{i,j} = \frac{(\Omega_{ai}+\Omega_{aj})R^2T_{cij}^{2.5}}{2P_{cij}},\ P_{cij} = \frac{Z_{cij}RT_{cij}}{V_{cij}}$$

$$V_{cij}^{1/3}=\frac{1}{2}(C_{ci}^{1/3}+V_{ci}^{1/3}),\ T_{cij}=\sqrt{T_{ci}T_{cj}}(1-K_{ij})$$

$$Z_{cij}=0.291-0.08\left(\frac{\omega_i+\omega_j}{2}\right)$$

各种工程上常用物质的 Ω_{ai}、Ω_{bi} 以及二元相互作用常数 K_{ij} 都可在文献［9］中找到。

另一方面，根据热力学相平衡原理，对于某一组分 i，当达到热力学平衡时，汽液两相化学势应相等，即

$$f_i^v=f_i^l$$

气相逸度 f_i^v 可表示为压力和蒸气浓度的函数，即

$$f_i^v=\phi_i p y_i \tag{3.86}$$

式中：ϕ_i 为逸度系数，由热力学关系与状态方程中各参数联系起来，其值仍可按式（3.82）计算。液相逸度 f_i^l 对于亚临界可凝性组分和超临界非凝性组分其定义不同，它与标准态和归一化条件的选择有关。

对于亚临界可凝性组分，有

$$f_1^l=r_1^{(p^r)}f_1^{v(p^r)}x_1\exp\left(\int_{p^r}^{p}\frac{\bar{V}_1^l}{R_uT}\mathrm{d}p\right) \tag{3.87}$$

式中：$r_1^{(p^r)}$ 为参考压力 p^r 下的活度参数；x_1 为组元 1 的摩尔分数；$f_1^{v(p^r)}$ 为纯液体 1 在 p^r 下的标准态逸度。

对于超临界非凝性组分，有

$$f_2^l=\gamma_2^{*(p^r)}H_{2(1)}^{(p^r)}x_2\exp\left(\int_{p^r}^{p}\frac{\bar{V}_2^l}{RT}\mathrm{d}P\right) \tag{3.88}$$

式中：$H_{2(1)}^{(p^r)}$ 为溶质 2 在溶液 1 中的享利常数（在参考压力 p^r 和温度 T 时）。$\gamma_1^{(p^r)}$ 和 $\gamma_2^{*(p^r)}$ 为活度系数，可通过剩余吉布斯能计算[9]，即

$$\ln(\gamma_1^{(p^r)})=\left[\frac{\partial(ng^{E^*}RT}{\partial n_1}\right]_{T,P,n_2} \tag{3.89}$$

$$\ln(\gamma_2^{*(p^r)})=\left[\frac{\partial(ng^{E^*}RT}{\partial n_2}\right]_{T,P,n_1} \tag{3.90}$$

$$g^{E^*}/RT=(x_1q_1+x_2q_2)a_{22(1)}\phi_2^2 \tag{3.91}$$

式中：n 为总摩尔数，等于 n_1+n_2；g^E 为剩余吉布斯能；q_i 为分子 i 的有效尺寸；$a_{22(1)}$ 为分子 2 在分子 1 环境中的自相互作用常数；ϕ 为有效体积分数。q_1、q_2、ϕ_2 和 $a_{22(1)}$ 都可由经验公式或查表求得[10]。

标准态逸度 $f_1^{v(p^r)}$ 和享利常数 $H_{2(1)}^{p^r}$ 可由下式计算：

$$f_1^{v(p^r)}=\phi_1^s p_1^s\exp\left(\int_{p_1^s}^{p^r}\frac{\bar{V}_1^l}{RT}\mathrm{d}P\right) \tag{3.92}$$

$$H_{2(1)}^{p^r}=H_{2(1)}^{p_1^s}\exp\left(\int_{p_1^s}^{p^r}\frac{\bar{V}_2^\infty}{RT}\mathrm{d}P\right) \tag{3.93}$$

式中：p_1^s 为溶剂（可凝性组分）的饱和蒸气压；$\bar{V}_2^{\infty}$ 为无限稀释的溶质（非凝性组分）在溶剂中的偏摩尔体积（在温度 T）；$H_2^{(p_1^s)}$ 为 $\ln(f_2/x_2)$ 随 x_2 变化的曲线外推至 $x_2=0$ 的值。

由以上方程，可以求出给定压力和温度下液滴与介质气体二元系统中各组分的浓度，确定出介质气体在液滴中的溶解度，代入其他相应公式即可计算液滴的蒸发过程。

3.3 振荡环境下推进剂液滴亚临界蒸发响应特性

液体火箭发动机在工作过程中经常出现以压力振荡为特征的不稳定燃烧现象而导致发动机严重毁坏。不稳定燃烧产生的原因一般认为是由于发动机燃烧室内喷雾燃烧过程与燃烧室声学振荡过程的相互耦合，但是具体的耦合机理在目前国内外的研究中仍未得到肯定结论。

当液滴周围气体存在振荡时，其蒸发过程不再是静态的。这是因为不稳定的液相参数引起热释放波动，产生的能量传递给扰动波从而形成反馈回路。当压力波波幅较大时将会造成声不稳定。声不稳定研究主要关注两个方面的问题：①旨在揭示详细的响应机理；②找出波与能量反馈过程的传递函数。对于线性不稳定性，其解析解是关于状态和流动变量的显式的燃烧响应函数[11−15]。在早期的稳定性理论中，液滴燃烧响应采用开环响应函数描述。继简化的球对称液滴燃烧模型[16]之后，提出了非定常液滴蒸发模型[17,18]、对流环境中的振荡蒸发模型[19]以及横波下的蒸发控制燃烧模型[20]。得益于计算速度的提高，振荡环境下液滴蒸发过程可采用数值分析方法进行模拟。文献［21］对接近临界或超临界状态下液滴蒸发以及压力耦合蒸发响应特性进行了综合的数值分析，并且获得了各种状态下的响应曲线。文献［22］采用数值计算方法耦合求解液滴蒸发模型和气相模型，分析得到液滴蒸发过程对环境压力变化的响应特性。文献［23］研究了蒸发液滴对高频压力波的开环响应特性，发现其蒸发响应强烈地依赖于环境压力。本节建立了惰性气体中推进剂液滴非定常蒸发模型，应用数值方法耦合求解液滴、气相模型方程，得到液滴蒸发过程对环境压力变化的响应特性。

3.3.1 物理模型

考虑孤立液滴突然置于静止的惰性气体环境，环境气体存在压力波动，如图 3.3 所示。在静止惰性气体环境中，由于蒸发引起的 Stefan 流速度很小，再者压力扰动以声速传播，液滴附近的流场弛豫时间远小于压力振荡周期，因此基本上可以认为计算区域是等压场。液滴内部温度分布通过导热方程计算，但不考虑内部环流对液滴温度分布的影响。

为了耦合求解气相质量、动量、能量和组分守恒方程，作如下假设：

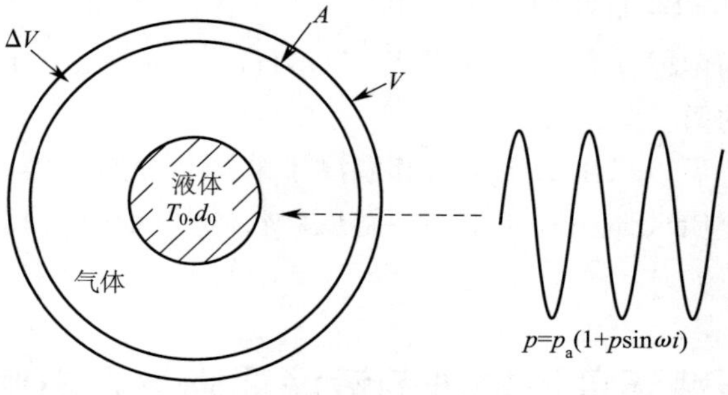

图 3.3 静止介质中蒸发液滴受压力扰动模型

（1）质量传递和热扩散均为球对称的；

（2）不存在强迫对流和体积力、黏性耗散、热辐射等作用；

（3）化学反应可忽略，气液边界上热力平衡；

（4）环境压力为常数，不考虑 Soret 效应和 Duffour 效应。

由于液滴在蒸发过程中直径不断减小，为了考虑移动边界，一维非定常方程进行了坐标变换，令 $\eta = r/r_s$。这样在液滴表面处，无量纲直径始终为 $\eta = 1$。变换后的方程形式为

$$\rho_l c_{p,l} \frac{\partial T_l}{\partial t} = \frac{1}{r_s^2 \eta^2} \frac{\partial}{\partial \eta}\left(\eta^2 \lambda_l \frac{\partial T_l}{\partial \eta}\right) \tag{3.94}$$

$$\frac{\partial \rho_g}{\partial t} + \frac{1}{r_s \eta^2} \frac{\partial}{\partial \eta}(\eta^2 \rho_g u_g) = 0 \tag{3.95}$$

$$\rho_g c_{p,g} \frac{\partial T}{\partial t} + \rho_g u c_{p,g} \frac{1}{r_s} \frac{\partial T}{\partial \eta} = \frac{1}{r_s^2 \eta^2} \frac{\partial}{\partial \eta}\left(\eta^2 \lambda_g \frac{\partial T}{\partial \eta}\right) \tag{3.96}$$

$$\rho_g \frac{\partial Y_f}{\partial t} + \rho_g u \frac{1}{r_s} \frac{\partial Y_f}{\partial \eta} = \frac{1}{r_s^2 \eta^2} \frac{\partial}{\partial \eta}\left(\eta^2 \rho_g D_g \frac{\partial Y_f}{\partial \eta}\right) \tag{3.97}$$

$$p = \bar{p}(1 + \hat{p}\sin\omega t) \tag{3.98}$$

式中：下标 g、l、s 分别表示气相、液相及液滴表面参数；R_0 是通用气体常数；$\bar{p}$ 是环境的时间平均压力；$\hat{p}$ 为扰动压力；ω 为声振频率。

上述方程定解的边界条件为

$$\eta = 0 \ , \ \frac{\partial T_l}{\partial \eta} = 0 \tag{3.99}$$

$$\eta = 1 \ , \ T_l = T_g = T_s , \ Y_f = Y_{f,s} \tag{3.100}$$

$$\eta = r_\infty / r_s , \ Y_f = 0.0 \tag{3.101}$$

模型方程采用全隐中心差分格式离散，具有空间二阶精度。方程求解过程的关键是如何确定液滴表面温度。在给定初始条件下，先求解气相方程，再求液滴导热方程，得到温度、组分浓度分布场及液滴蒸发速度，而液滴表面温度由气液界面平衡计算：

$$4\pi r_s^2 \lambda_g \left.\frac{\partial T_g}{\partial r}\right|_s = 4\pi r_s^2 \lambda_l \left.\frac{\partial T_l}{\partial r}\right|_s + \dot{m}\Delta H_v \tag{3.102}$$

$$\dot{m} = 4\pi r_s^2 \rho_{g,s} D_g \left.\frac{\partial Y_f}{\partial r}\right|_s + \dot{m} Y_{f,s} \tag{3.103}$$

$$\dot{m} = 4\pi r^2 \rho_g u_g \tag{3.104}$$

式中：ΔH_v 为蒸发潜热；$Y_{f,s}$-T_s 关系由表面蒸气压方程计算[24]。

这样在前一时间层的流场基础上，根据外部边界条件和液滴表面温度，求解模型方程得到新温度、浓度场，进而计算新的液滴表面温度。反复迭代该过程直到表面温度的相对误差到达要求，接着进行下一时间层计算。

3.3.2　算例及结果分析

文献［22］应用上述液滴蒸发模型对正庚烷液滴蒸发过程进行了数值模拟计算。计算中取液滴直径分别为 $d_0 = 80\mu m$、$120\mu m$、$160\mu m$，液滴初始温度 $T_0 = 300K$。环境气体温度 $T_\infty = 500K$，压力振荡规律为 $P_\infty(t) = P_0(1+\alpha\sin\omega t)$，式中，$\alpha$、$\omega$ 分别是压力振幅系数和角频率。

图 3.4 是无压力振荡环境下液滴内部温度、环境气体温度沿径向分布规律。由图可知，开始段液滴内部温度分布不均匀，温度梯度较大，说明气相传热主要用于液滴加热。到达平衡温度后，液滴温度虽继续升高，但内部温度分布已均匀。气相温度在液滴表面处梯度大，说明气相导热过程剧烈。

图 3.5 是无压力振荡环境下液滴直径、液滴表面温度随时间变化曲线。由图可知，液滴表面温度在蒸发初期迅速上升到接近平衡温度，此后缓慢上升，但还没到临界温度就已经蒸发完了。液滴直径随时间一直减小，但在初期加热段减小较慢，以后则迅速减小，随时间基本上是线性变化。

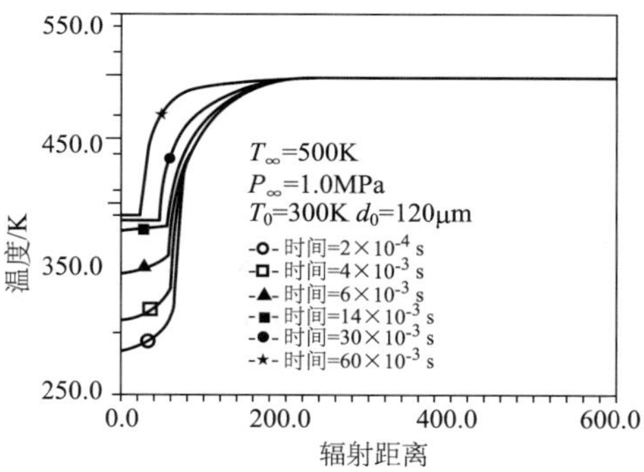

图 3.4　无压力振荡环境下液滴内部温度、环境气体温度沿径向分布

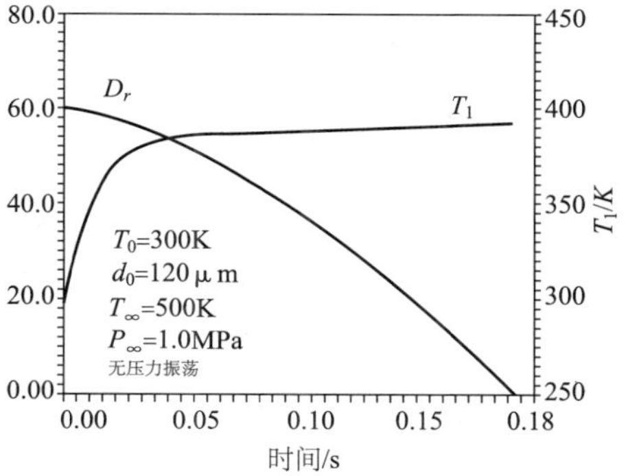

图 3.5　无压力振荡环境下液滴直径、液滴表面温度随时间变化曲线

图 3.6 是在相同液滴直径、压力振幅、不同压力振荡频率下的液滴蒸发速率图。随着频率增高，液滴蒸发速率振荡逐步增大；当压力振荡频率进一步提高时

蒸发速率振幅并不增大。说明存在比较宽的压力频率范围使液滴蒸发过程响应强烈，而不是一个单一的固有频率。此外，在同一压力振荡频率下，当液滴温度刚到达平衡温度时，蒸发过程响应最强烈。

图 3.7 是在相同压力振幅、频率、不同液滴直径的蒸发速率图。由图可知，液滴直径越大，绝对蒸发速率（kg/s）越大，对高频压力振荡响应越强烈，但达到响应最强烈的时间要长一些。

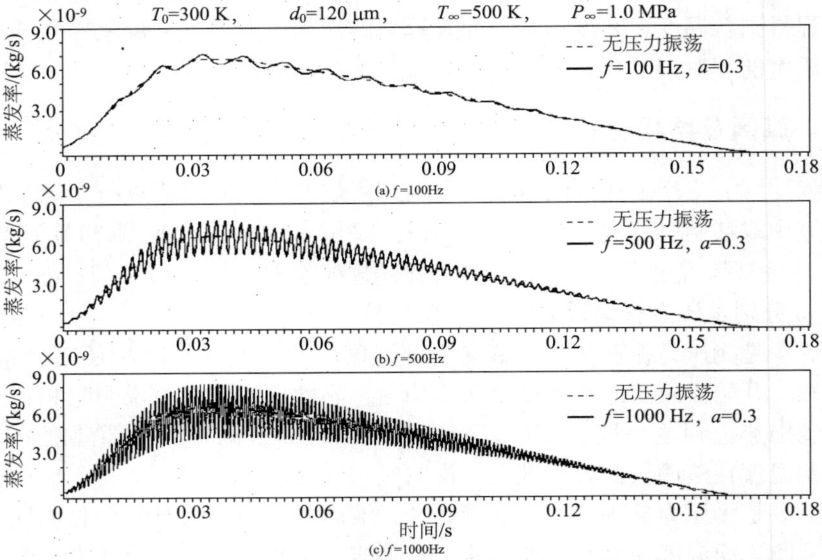

图 3.6　在相同液滴直径、压力振幅、不同压力频率下的液滴蒸发速率图

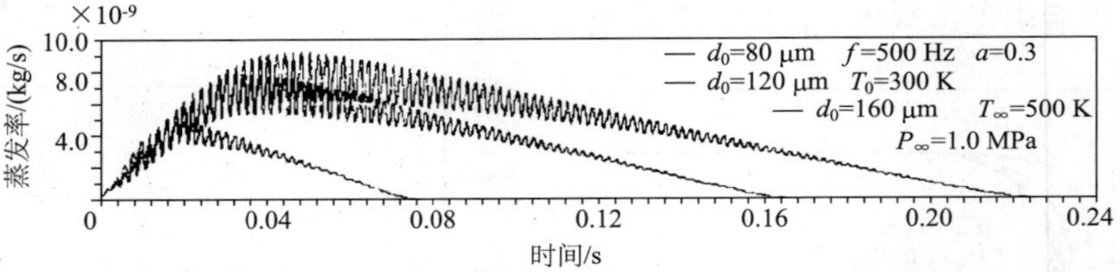

图 3.7　在相同压力振幅、频率、不同液滴直径的蒸发速率图

此外由图 3.7 可知，蒸发速率变化基本上与压力变化同步，二者的频率相同。这主要是由于模型中假设了气液界面始终处于平衡状态，环境压力的变化对传热、扩散过程的影响是直接的，因此蒸发速率响应的频率几乎与压力频率相同。

3.4　多组分燃料液滴蒸发模型

航空航天及工业上常用燃料，如煤油、柴油和汽油等，实际上是由成百上千种组元组成的复杂多组分混合物。多组分液滴蒸发过程十分复杂，涉及液滴表面瞬时传热、多组分相变和液滴内组分扩散过程。不同组分挥发性差异导致液滴组成随时间不断变化，这进一步加大了多组分液滴蒸发和传热研究的难度。由于多组分液滴蒸发过程的复杂性及多组分液滴蒸发速率试验结果的缺乏，加大了多组分液滴蒸发过程的研究难度。

图 3.8 是多组分液滴蒸发时组分、温度分布的示意图。液滴蒸发过程中，由于不同组分的蒸发特性存在差别，易挥发组分的液面浓度低于液滴中平均浓度，难挥发组分的液面浓度高于液滴中平均浓度。

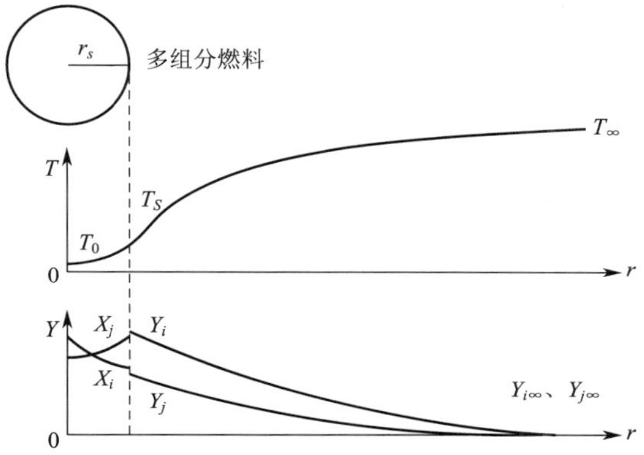

图 3.8　多组分液滴蒸发时组分和温度分布示意图

多组分液滴蒸发模型大多是在单组分液滴蒸发模型的基础上，考虑液滴多组分特性对蒸发过程的影响。液滴蒸发模型可以分为离散模型和连续模型两种。

离散多组分液滴蒸发模型，液滴蒸发计算过程中分别计算液滴内的每种组分变化过程。这种多组分蒸发模型适用于计算液滴中组分种类较少的情况。常用的煤油、柴油和汽油等多组分燃料，通常认为至少有一百多种烃类组成，并且不同厂家、不同批次产品的组成也有差别，即使不考虑产品的差别，如此大的计算量也是现有计算机无法承受的。

为了简化实际多组分燃料蒸发过程的分析，一些学者发展了连续多组分液滴蒸发模型，把液滴的组成定义为摩尔质量等物性参数的连续分布函数，液滴的组成函数随着蒸发的进行逐渐改变，由此可以在节省计算量的同时考虑液滴蒸发的多组分特性。

3.4.1　简单多组分液滴蒸发模型

1. 基本假设[28,29]

（1）液滴为球形，蒸发过程为球对称过程；

（2）液滴静止在环境气体中，除蒸发引起的 Stefan 流外，无其他形式的流动；

(3) 液滴和液滴周围的气相场均采用准定常假设，忽略蒸发引起的液滴表面径向移动；

(4) 液滴内部组分在每一瞬间都是均匀的；

(5) 流场中压力恒定；

(6) 假设气相 $Le=1$；

(7) 气相为理想气体；

(8) 气相流场中的物性取为常数，等于某一平均值，按某一参考温度和参考浓度计算，采用 Sparrow 1/3 规则，$\phi_{ref}=\alpha\phi_s+(1-\alpha)\phi_\infty$ ($\alpha=1/3$)；

(9) 忽略气体在液滴内的溶解；

(10) 忽略表面张力对相平衡的影响；

(11) 忽略液滴和环境之间的辐射换热。

2. 多组分物系的气液平衡

溶液表面气液平衡时，液相中组分 i 的浓度 x_i 与该组分在气相中的浓度 y_i 的比值称为组分 i 在此温度、压力下的平衡常数为[25]

$$K_i=\frac{y_i}{x_i}=\frac{\gamma_i P^\circ{}_i}{P} \tag{3.105}$$

式中：γ_i 为组成 i 的活度系数，溶液为理想溶液时，$\gamma_i=1$；P 为气液平衡时的总压，表达式为

$$P=\sum_{i=1}^{n}\gamma_i P^\circ{}_i x_i+P_O \tag{3.106}$$

式中：P_O 为环境气体的分压；$P^\circ{}_i$ 为组分 i 的饱和蒸气压。

若溶液为二元溶液，则组成 i 的活度系数[26]可由下式计算：

$$\ln\gamma_i=A_{1,2}/(1+A_{1,2}X_1/A_{2,1}X_2)^2 \tag{3.107}$$

式中：$A_{1,2}$、$A_{2,1}$ 为常数；X_1、X_2 为易挥发组分和难挥发组分在溶液中的摩尔浓度。

由 Antonine 蒸气压方程求得组分 i 的饱和蒸气压[27]，即

$$\ln P^\circ{}_i=A-\frac{B}{T_s+C} \tag{3.108}$$

式中：A、B、C 为常数；T_s 为液面温度（K）。

由式（3.106）～式（3.108）得到液滴表面蒸发产生的气相组分浓度 $Y_{f,s}$，即

$$Y_{f,s}=\frac{\sum_{i=1}^{n}\gamma_i P^\circ{}_i x_i M_i}{\sum_{i=1}^{n}\gamma_i P^\circ{}_i x_i M_i+(P-\sum_{i=1}^{n}\gamma_i P^\circ{}_i x_i)M_o} \tag{3.109}$$

式中：M_i 为组分 i 的摩尔质量；P 为环境压力。

气相混合物的物性求解如下：

$$X = \sum_{i=1}^{n} y_i X_i \tag{3.110}$$

式中：X 代表密度 ρ、摩尔质量 M、比热容 C_g、扩散系数 D、传热系数 α_g 等。

3. 液面处组分守恒

假设多组分燃料液滴蒸发形成的燃料气体在扩散到火焰锋的过程中组分的比例保持不变，可以将燃料气体混合物等价为一种当量燃料，则只考虑 Stefan 流时，有

$$\dot{m}'_s Y_{f,R} = \dot{m}'_s Y_{f,s} - \rho_g D_g \left.\frac{\mathrm{d}Y_f}{\mathrm{d}r}\right|_{r_s} \tag{3.111}$$

式中：Y 为质量百分比浓度；下标 f 指液体，s 指液面，g 指气体，i 指第 i 种组分，o 指环境气体，R 指液滴内，并且有 $Y_f + Y_o = 1$，$Y_f = \sum_{i=1}^{n} Y_i$，$Y_{f,R} = 1$。

整理式（3.111），得

$$\dot{m}'_s = \rho_g D_g \left.\frac{\mathrm{d}}{\mathrm{d}r}\left(\frac{Y_f}{Y_{f,s} - Y_{f,R}}\right)\right|_{r_s} \tag{3.112}$$

引入无量纲浓度

$$b_D = \frac{Y_f - Y_{f,\infty}}{Y_{f,s} - Y_{f,R}} \tag{3.113}$$

式中：下标∞指计算远场。

式（3.112）、式（3.113）可得液面处组分边界条件为

$$\dot{m}'_s = \rho_g D_g \left.\frac{\mathrm{d}b_D}{\mathrm{d}r}\right|_s \tag{3.114}$$

4. 液面处能量守恒

根据液滴表面的能量平衡条件：通过分子导入的热量应等于蒸发所需热量，即

$$\dot{m}'_s [L + C_1 (T_s - T_0)] = \lambda_g \left.\frac{\mathrm{d}T}{\mathrm{d}r}\right|_s, \quad (\lambda_g = \rho_g C_g \alpha_g) \tag{3.115}$$

式中

$$L = \sum \frac{Y_i L_i}{Y_f}, \quad C_l = \sum \frac{Y_i C_{l,i}}{Y_f}, \quad C_g = \sum \frac{Y_i C_{g,i}}{Y_f}$$

引入无量纲温度：

$$b_T = \frac{C_g (T - T_\infty)}{L + C_l (T_s - T_0)} \tag{3.116}$$

由式（3.115）可得液面处能量边界条件为

$$\dot{m}'_s = \rho_g a_g \left.\frac{\mathrm{d}b_T}{\mathrm{d}r}\right|_s \tag{3.117}$$

5. 多组分液滴蒸发模型

质量守恒方程：

$$\dot{m} = 4\pi r_s^2 \dot{m}'_s = 4\pi r^2 \dot{m}'' \tag{3.118}$$

式中：$\dot{m}$ 为液滴表面质量流量（kg/s）；r 为以液滴中心为原点的半径（m）；$\dot{m}''$ 为半径 r 处单位面积上质量流量（kg/（m^2·s））。

能量守恒方程：

$$\frac{\mathrm{d}}{\mathrm{d}r}\left(K_g 4\pi r^2 \frac{\mathrm{d}T}{\mathrm{d}r}\right) - \frac{\mathrm{d}}{\mathrm{d}r}([4\pi r^2 \dot{m}'']C_{p,g} T) = 0 \tag{3.119}$$

组分守恒方程：

$$\frac{\mathrm{d}}{\mathrm{d}r}\left(\rho_g D_g 4\pi r^2 \frac{\mathrm{d}Y_{f,i}}{\mathrm{d}r}\right) - \frac{\mathrm{d}}{\mathrm{d}r}([4\pi r^2 \dot{m}'']Y_{f,i}) = 0 \tag{3.120}$$

由式（3.120）得

$$\frac{\mathrm{d}}{\mathrm{d}r}\left(\rho_g D_g 4\pi r^2 \frac{\mathrm{d}Y_f}{\mathrm{d}r}\right) - \frac{\mathrm{d}}{\mathrm{d}r}([4\pi r^2 \dot{m}'']Y_f) = 0 \tag{3.121}$$

将式（3.113）、式（3.116）代入式（3.119）、式（3.121），得

$$\rho_g a_g \frac{\mathrm{d}}{\mathrm{d}r}\left(r^2 \frac{\mathrm{d}b_T}{\mathrm{d}r}\right) - [r_s^2 \dot{m}'_s]\frac{\mathrm{d}b_T}{\mathrm{d}r} = 0 \tag{3.122}$$

$$\rho_g D_g \frac{\mathrm{d}}{\mathrm{d}r}\left(r^2 \frac{\mathrm{d}b_D}{\mathrm{d}r}\right) - [r_s^2 \dot{m}'_s]\frac{\mathrm{d}b_D}{\mathrm{d}r} = 0 \tag{3.123}$$

液滴表面边界条件为

$$\begin{cases} b_T = b_{T,s} = \dfrac{C_g(T_s - T_\infty)}{L + C_l(T_s - T_0)} \\ b_D = b_{D,s} = \dfrac{Y_{f,s} - Y_{f,\infty}}{Y_{f,R} - Y_{f,s}} \end{cases} \quad (r = r_s) \tag{3.124}$$

$$\begin{cases} b_T = b_{T,\infty} = 0 \\ b_D = b_{D,\infty} = 0 \end{cases} \quad (r = r_\infty)$$

当 $Le=1$ 时，式（3.122）、式（3.123）完全相同，略去下标 T、D，用一个方程表示，即

$$\rho_g D_g \frac{\mathrm{d}}{\mathrm{d}r}\left(r^2 \frac{\mathrm{d}b}{\mathrm{d}r}\right) - [r_s^2 \dot{m}'_s]\frac{\mathrm{d}b}{\mathrm{d}r} = 0 \tag{3.125}$$

利用边界条件式（3.124）对式（3.125）进行积分，得

$$\ln\left(\frac{b_\infty - b_s + 1}{b - b_s + 1}\right) = \frac{[\dot{m}'_s R^2]}{\rho_g a_g} \cdot \frac{1}{r} \tag{3.126}$$

边界条件 $r=R$，$b=b_s$ 代入式（3.126），得

$$\dot{m}'_s = \frac{\rho_g a_g}{R} \ln(b_\infty - b_s + 1) \tag{3.127}$$

式中：R 为液滴半径（m）。

用 B 表示自由流和液滴表面之间的 b 值差，即

$$B_T = \frac{C_g(T_\infty - T_s)}{L + C_l(T_s - T_0)} \tag{3.128}$$

式中，下标 0 指初始值。

$$B_D = \frac{Y_{f,s} - Y_{f,\infty}}{Y_{f,w} - Y_{f,s}} \tag{3.129}$$

整理式（3.127），得

$$\dot{m}'_s = \frac{\rho_g a_g}{R} \ln(1+B) \tag{3.130}$$

解式（3.130）的关键是求 B，令 $B_T = B_D$，则

$$\frac{Y_{f,\infty} - Y_{f,s}}{Y_{f,s} - Y_{f,R}} = \frac{C_g(T_\infty - T_s)}{L + C_l(T_s - T_0)} \tag{3.131}$$

由式（3.109）、式（3.130）和式（3.131）可以求得 $P_{f,s}$、$Y_{f,s}$、B 及液滴的蒸发速率。求解过程中，液滴浓度随时间不断变化，但在一个时间步内认为液滴表面浓度不变。

6. 考虑对流影响对蒸发模型的修正

液滴处于对流介质中，液滴与环境间的传热传质得到了加强，参考文献［1］对式（3.130）进行修正，得

$$\dot{m}'_s = \frac{\rho_g a_g}{R} \frac{Nu_T^0}{2} \ln(1+B) \tag{3.132}$$

其中，Nu_T^0 定义为

$$Nu_T^0 = 2 + 0.6 Re^{0.5} Pr^{0.33} \tag{3.133}$$

式中：Re 为液滴雷诺数，Pr 为普朗特数，其表达式分别为

$$Pr = \frac{c_{pg}\mu_g}{k_g} \tag{3.134}$$

$$Re = \frac{\rho_g u_{l,g}(t) d}{\mu_g},\quad u_{l,g}(t) = |u_l - u_g| \tag{3.135}$$

7. 考虑液滴内有限速率的组分扩散对模型的修正

以上推导没有考虑到液滴内有限速率的组分扩散和能量扩散，认为液滴内的组分和温度在计算过程中每一时刻都是均匀的，这种模型称为平衡蒸发模型，也有人称为无限扩散蒸发模型或逐批蒸馏模型，这种模型适用于液滴蒸发速率较慢的情况，如燃烧室中距离喷注面板较近的低温区域。另一种极限模型是冻结蒸发模型，认为液滴内部组分扩散速率足够小，可以忽略，不考虑液滴内部组分的扩散过程，液滴的蒸发过程中，气体组分比例与液滴组分比例相同，这种蒸发模型适用于蒸发速率极大的情况，如液滴存在燃烧或液滴处于高温区。

实际液滴蒸发过程介于两种极限蒸发模型之间，液滴蒸发过程中，由于易挥发组分有着较大的蒸发速率，导致液滴表层的易挥发组分的浓度低于液滴内部的浓度，从而出现易挥发组分由液滴内部向液滴表层的扩散，这种扩散是有限速率的。

考虑到液滴内的有限扩散速率，液滴内部组分不能达到均匀分布，因而要对液滴表面组分守恒方程进行修正。为此用液滴表面浓度代替式（3.106）中液滴平均浓度。则引进液滴表面浓度 x'_i，即

$$x'_i = \xi_i x_i \tag{3.136}$$

易挥发组分的液滴表面浓度小于液滴平均浓度，两者的差值由液滴内组分扩散速率和液滴蒸发速率相对关系确定。当环境温度较高时，液滴蒸发速率快，液滴内部组分扩散对液滴表面浓度影响较小，液滴表面浓度与液滴平均浓度的差值较大，液滴蒸发过程接近于冻结蒸发模型；当环境温度较低时，液滴蒸发速率较慢，液滴内部组分扩散对液滴表面浓度的影响较大，液滴表面浓度与液滴平均浓度差值较小，液滴蒸发过程接近于无限扩散速率蒸发模型。由此，可以将偏差因子 ξ_i 定义为

$$\xi_i = \xi_i(D_i, (y_i - x_i), B) \tag{3.137}$$

8. 算例结果及分析[29]

1）环境温度对多组分液滴蒸发过程的影响

图 3.9～图 3.12 是考虑了环境温度 T 对液滴平均浓度影响时的计算结果，环境温度分别为 400K、1200K 和 2000K，环境压力为 0.1MPa 的静止氧气环境，液滴为直径 60μm、浓度 50%的酒精液滴，x_0 为初始液滴浓度。

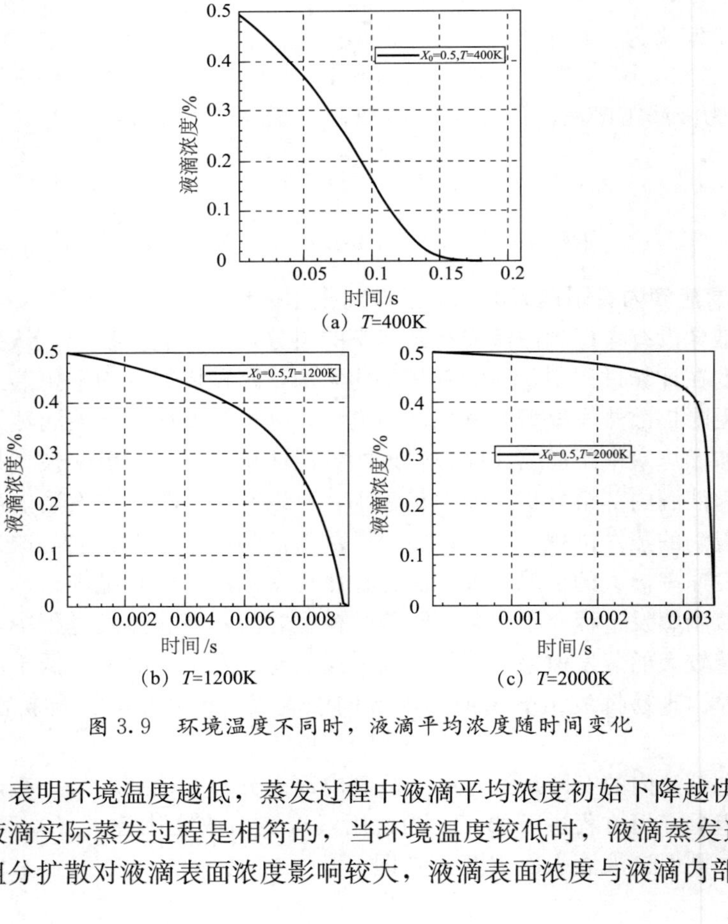

图 3.9　环境温度不同时，液滴平均浓度随时间变化

图 3.9 表明环境温度越低，蒸发过程中液滴平均浓度初始下降越快；反之亦然。这与液滴实际蒸发过程是相符的，当环境温度较低时，液滴蒸发速度较慢，液滴内部组分扩散对液滴表面浓度影响较大，液滴表面浓度与液滴内部浓度相差

不大，液滴接近于平衡蒸发过程；当环境温度较高时，液滴蒸发速度较快，与蒸发速率相比，液滴内组分扩散速度较慢，液滴的蒸发过程趋近于冻结蒸发过程。

图 3.10 表明环境温度 400K 时，液滴的无量纲面积$(d/d_0)^2$与时间不再成线性关系，液滴的无量纲面积下降速度先快后慢，这是由于液滴中易挥发组分浓度在蒸发过程中逐渐降低，液滴蒸发速率下降导致的。环境温度越高，液滴蒸发过程中易挥发组分浓度变化越小，液滴无量纲面积与时间越接近线性关系。

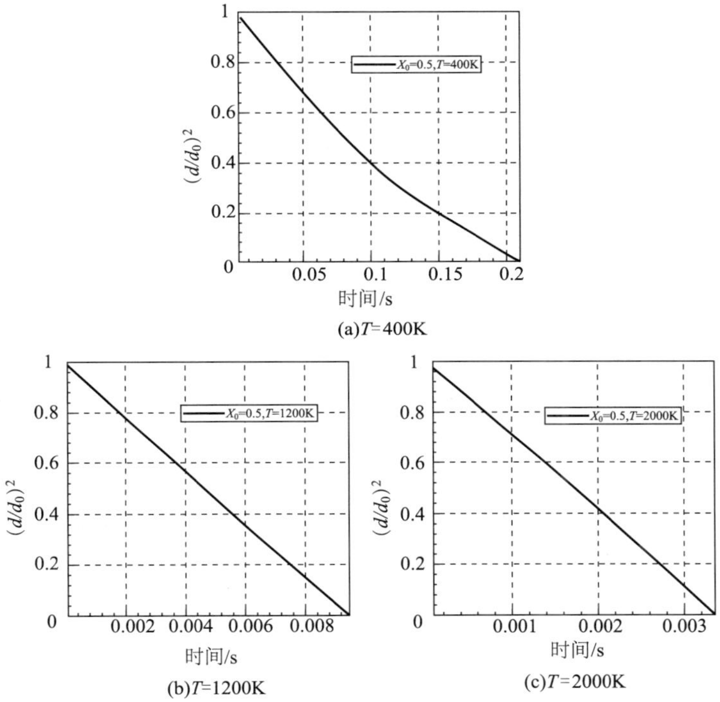

图 3.10　环境温度不同时，液滴无量纲面积随时间变化

图 3.11 表明液滴蒸发过程中，液滴表面温度逐渐升高，并且环境温度越高，液滴表面温度也越高。环境温度为 400K 时，在液滴蒸发结束前液滴表面温度有一个平台阶段。

图 3.12 表明环境温度越高，酒精蒸气初始浓度越小；液滴蒸发结束时，酒精蒸气浓度下降为液滴初始浓度值。

图 3.9～图 3.12 表明 50％酒精液滴的蒸发过程与环境温度密切相关，环境温度越低，液滴蒸发速度越慢，蒸发过程液滴内部组分扩散影响越大，液滴蒸发过程越接近于平衡蒸发过程；环境温度越高，液滴蒸发速度越快，液滴内部组分扩散影响越小，液滴蒸发过程越接近于冻结蒸发过程。

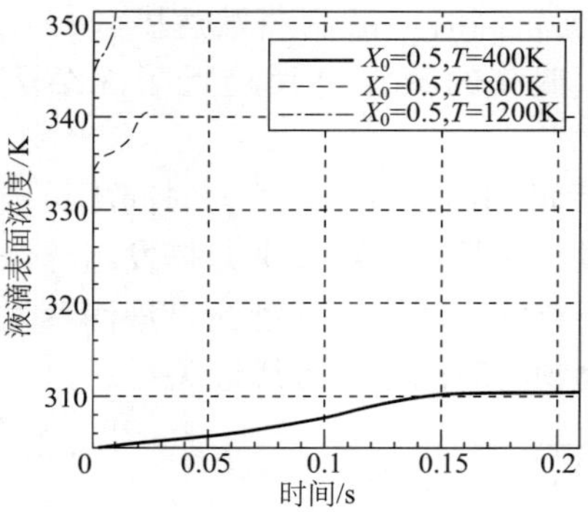

图 3.11　环境温度不同时，液滴表面温度随时间变化

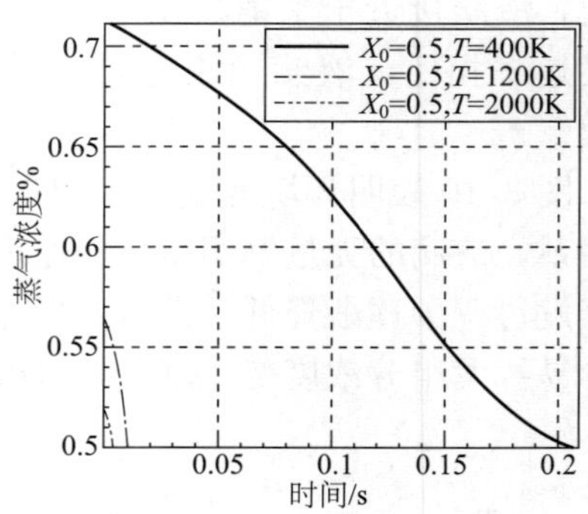

图 3.12　环境温度不同时，液滴表面处酒精蒸气浓度随时间变化

2）环境压力对多组分液滴蒸发过程的影响

真实燃烧室压力一般为几个兆帕或更高，而液滴蒸发试验一般在大气环境下进行的，因此有必要研究压力对液滴蒸发过程的影响。由式（3.132）可知液滴蒸发速率中受压力影响最大的是气体的密度，另外气体的导热系数、气体的比热容等与传热相关的性质也受压力影响。

图 3.13～图 3.16 为直径 60μm、30％浓度的酒精液滴在 400K、不同环境压力下的蒸发过程。图 3.13 表明环境压力越低，液滴表面初始温度也越低，蒸发过程中液滴表面温度升高也越快；图 3.14 表明环境压力越低液滴蒸发总时间越短。图 3.15、图 3.16 表明环境压力越低，酒精蒸气初始浓度越高，蒸发过程中酒精蒸气浓度和液滴浓度降低也越快。

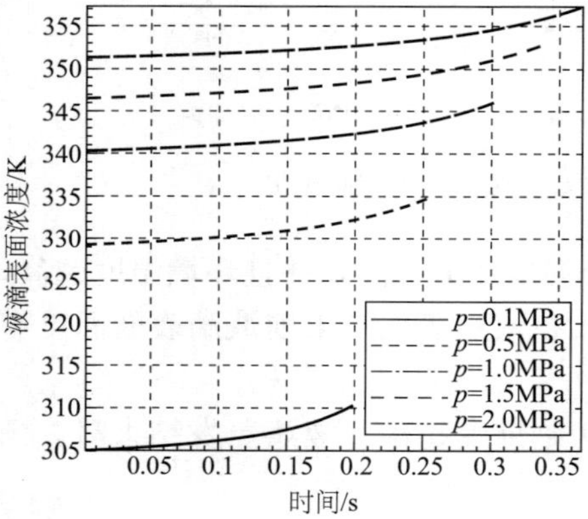

图 3.13　环境压力不同时，液滴表面温度随时间变化

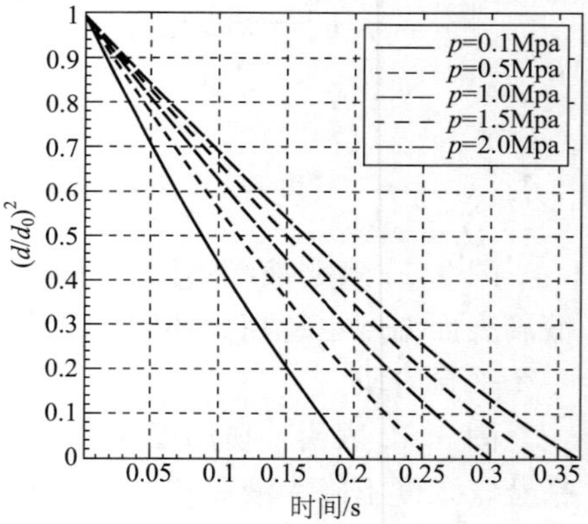

图 3.14　环境压力不同时，液滴的无量纲面积随时间变化

由以上分析可以知道，多组分液滴蒸发过程中，蒸气浓度和液滴浓度是随时间变化的，这是将多组分液滴等价为一种虚拟组分时无法得到的结果。对于低浓

度酒精燃烧，控制雾化蒸发性能有可能使点火区或着火区的酒精蒸气浓度高于平均酒精蒸气浓度，从而利于点火或火焰稳定；另外控制雾化蒸发性能使壁面附近的酒精蒸气浓度接近平均酒精蒸气浓度，避免出现高温区引起壁面烧蚀。

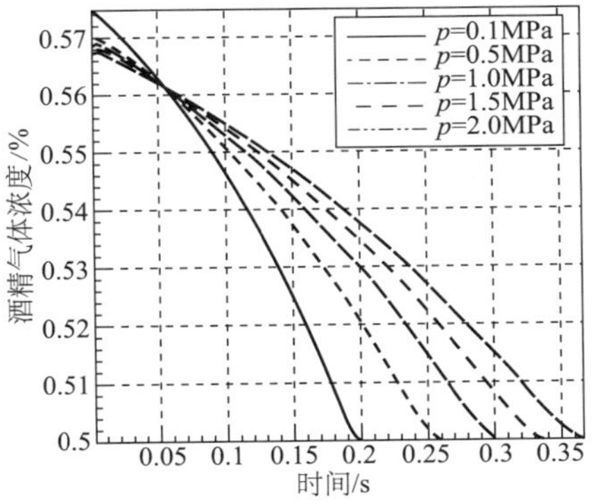

图 3.15　环境压力不同时，液滴表面处酒精气体浓度随时间变化

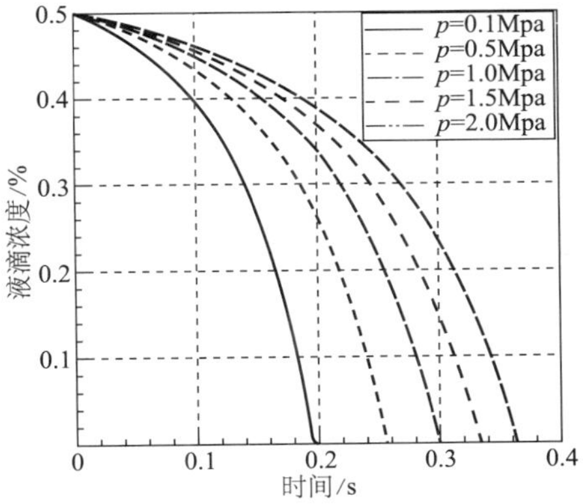

图 3.16　环境压力不同时，液滴浓度随时间变化

3.4.2　复杂多组分混合物液滴蒸发的连续热力学模型

实际燃料可能是由成百上千种组分组成，且各组分挥发性、分子量等存在较大差异，其蒸发特性难以采用一种或几种替代组分准确描述。而考虑尽可能多的组分，采用离散的多组分蒸发模型所需的计算量将非常大。为降低复杂多组分混合物蒸发问题的计算量，人们根据连续热力学理论，将多组分混合物看作其典型热力学属性的连续概率分布函数，提出了多组分混合物液滴蒸发的连续热力学模型。因此，连续热力学模型与离散多组分模型的主要差别在于：连续热力学模型采用混合物的热力学属性（如摩尔质量、沸点和碳原子数目等）的统计分布函数来描述混合物组成，而离散多组分模型是采用组分摩尔分数或质量分数来描述。

采用连续函数而不是离散组分来描述复杂混合物的理念可追溯到大约 60 年前[30,31]。由于较长一段时间内连续热力学技术进展缓慢，使得采用连续热力学在多组分混合物中的应用沉寂了一段时间。针对燃油混合物的连续热力学应用主要出现在 20 世纪 80 年代，多用于工业化学应用中[32−37]。各文献中提出的连续热力学模型的区别主要在于使用的分布函数、分布函数自变量以及气液相间平衡方程的不同。文献[38] 最早将连续热力学理论应用于复杂多组分燃料混合物液滴的蒸发过程。

1. 蒸气相输运方程

物理问题描述：考虑单个液滴突然暴露于温度为 T_∞ 的热环境中并开始受热和蒸发。作如下假设：

（1）不考虑化学反应过程；

（2）液滴为球对称的；

（3）多组分扩散近似服从 Fick 定律。

建立该过程的连续热力学模型的主要任务是正确描述混合物蒸气向周围气体的扩散过程。对于混合物中的某个离散组分 i，其扩散过程可由下式表示：

$$\frac{\partial}{\partial t}(cy_i)+\nabla\cdot(cv^* y_i)=\nabla\cdot(cD_{im}\nabla y_i) \tag{3.138}$$

式中：c 是摩尔密度；y 是摩尔分数；v^* 是摩尔平均速度；D_{im} 为组分 i 的有效扩散率。

连续热力学理论中，组分的摩尔浓度采用概率密度分布函数 $f(I)$ 描述，因此组分 i 的摩尔分数为

$$y_i=f(I)_i\Delta I_i \tag{3.139}$$

式中：ΔI_i 是分布变量 I 的定义域区间宽度。分布变量 I 可以是某种性质，如化合物摩尔质量、沸点或者碳原子数目等，此处 I 表示摩尔质量。

针对复杂的多组分混合物，用得最多的概率密度分布函数是 Γ 分布函数，即

$$f(I)=\frac{(I-\gamma)^{\alpha-1}}{\beta^{\alpha}\Gamma(\alpha)}\exp\left[-\frac{I-\gamma}{\beta}\right] \tag{3.140}$$

式中：γ 是初值；α、β 是形状控制参数；$\Gamma(\alpha)$ 是 Γ 函数，其均值和方差分别为

$$\theta=\alpha\beta+\gamma\ ,\ \sigma^2=\alpha\beta^2 \tag{3.141}$$

概率密度分布函数具有如下性质：

$$\int_0^{\infty}f(I)\mathrm{d}I=1 \tag{3.142}$$

对于单个液滴蒸发这种特殊情况，燃料液滴的摩尔分数为 y_F，其余物质是环境气体 A，因此

$$y_A=1-y_F \tag{3.143}$$

蒸气相中组分 i 的摩尔分数定义为

$$y_i=y_F f(I)_i\Delta I_i \tag{3.144}$$

将上式代入式（3.138），假设 ΔI_i 趋于无穷小，在［0，∞）上积分可得到蒸发物质的输运方程为

$$\begin{aligned}&\frac{\partial}{\partial t}(cy_F)+\nabla\cdot(cv^* y_F)=\\&\quad\nabla\cdot\left\{c\overline{D}\,\nabla y_F+y_F\nabla(c\overline{D})-y_F\int_0^{\infty}f(I)\nabla(cD_m(I))\mathrm{d}I\right\}\end{aligned} \tag{3.145}$$

式中，平均扩散率 $\overline{D}$ 定义为

$$\overline{D}=\int_0^{\infty}D_m(I)f(I)\mathrm{d}I \tag{3.146}$$

式中：$D_m(I)$ 为组分扩散率，是变量 I 的函数。

对式（3.143）加权 I 并在［0，∞）上积分，得到均值 θ 的输运方程

$$\begin{aligned}&\frac{\partial}{\partial t}(cy_F\theta)+\nabla\cdot(cv^* y_F\theta)=\\&\quad\nabla\cdot\left\{c\widetilde{D}\,\nabla(y_F\theta)+y_F\theta\nabla(c\widetilde{D})-y_F\int_0^{\infty}f(I)I\nabla(cD_m(I))\mathrm{d}I\right\}\end{aligned} \tag{3.147}$$

式中：二阶平均扩散率定义为

$$\widetilde{D}\theta=\int_0^{\infty}D_m(I)f(I)I\mathrm{d}I \tag{3.148}$$

最后，对式（3.143）加权 I^2 并在 $[0,\infty)$ 上积分，得到

$$\frac{\partial}{\partial t}(cy_F\Psi)+\nabla\cdot(cv^*y_F\Psi)=$$
$$\nabla\cdot\left\{c\hat{D}\nabla(y_F\Psi)+y_F\Psi\nabla(c\hat{D})-y_F\int_0^{\infty}f(I)I^2\nabla(cD_m(I))\mathrm{d}I\right\} \tag{3.149}$$

另一个平均扩散率定义为

$$\hat{D}\Psi=\int_0^{\infty}D_m(I)f(I)I^2\mathrm{d}I \tag{3.150}$$

式中：变量 Ψ 是分布函数的二阶矩，定义为

$$\Psi=\int_0^{\infty}f(I)I^2\mathrm{d}I=\theta^2+\sigma^2 \tag{3.151}$$

式中：σ^2 为分布方差。

更多的矩方程可以以此类推。但对于两参数分布而言，上述方程已经足够。

式（3.145）、式（3.147）和式（3.149）中燃料摩尔分数 y_F、均值 θ 和二阶矩 Ψ（或方差 σ^2）等参数都允许输运性质随时间和空间变化，因而上述方程能够反映蒸气相组分的时空输运特性。液滴蒸发问题的边界条件为

$$\begin{cases}r=R:y_F=y_{FR},\ \theta=\theta_R,\ \sigma^2=\sigma_R^2 & (r=R)\\ r\rightarrow\infty:y_F=(y_F\theta)=(y_F\Psi)=0 & (r\rightarrow\infty)\end{cases} \tag{3.152}$$

式中：下标 R 表示液滴表面。

输运方程中，密度 c 和扩散系数 D 捆绑于一起，减弱了性质变化的影响，因为理想气体的（cD）与压强无关且随温度的变化不如 D 随温度的变化快。为了简化输运方程，根据方程（3.145）、方程（3.147）和方程（3.149）的后两项的有限差分表达近似相同或相似，并且它们对于方程的贡献极小，可以消去。因此，上述输运方程可简化为

$$\frac{\partial}{\partial t}(cy_F)+\nabla\cdot(cv^*y_F)=\nabla\cdot(c\bar{D}\nabla y_F) \tag{3.153}$$

$$\frac{\partial}{\partial t}(cy_F\theta)+\nabla\cdot(cv^*y_F\theta)=\nabla\cdot(c\widetilde{D}\nabla(y_F\theta)) \tag{3.154}$$

$$\frac{\partial}{\partial t}(cy_F\Psi)+\nabla\cdot(cv^*y_F\Psi)=\nabla\cdot(c\hat{D}\nabla(y_F\Psi)) \tag{3.155}$$

如果假设空间各处扩散率为常数，则可消去（$\nabla(c\bar{D})\cdot\nabla y_F$），进一步简化方程右端的扩散项为（$c\bar{D}\nabla\cdot\nabla y_F$）。计算表明，在液滴表面，$\nabla(c\bar{D})\cdot\nabla y_F$ 差不多是 $c\bar{D}\nabla\cdot\nabla y_F$ 的 20%，忽略该项会对蒸气相的 y_F 和 θ 分布存在一定影响，但对液体性质的影响不显著，并且不能显著减少计算量，因此在方程（3.153）～方程（3.155）中将其保留，认为扩散率可随空间变化。

为了计算液滴热传递，需要将能量方程转化为连续热力学形式。对于含有离散组分的混合物，能量方程为

$$\bar{c}_p \frac{\partial}{\partial t}(cT)+\bar{c}_p \nabla \cdot (cv^* T)= \nabla \cdot \lambda \nabla T-\sum_{i=1}^{n} J_i^* \cdot \nabla \bar{h}_i \tag{3.156}$$

式中：T 为温度；λ 为热导率；$\bar{c}_p$ 为混合物比热容，定义为

$$\bar{c}_p = y_F \int_0^\infty c_p(I) f(I)\mathrm{d}I+(1-y_F)c_{pA} \tag{3.157}$$

式（3.156）的最后一项表示由于组分交叉扩散而产生的能量输运。尽管该项常被省略，但当蒸气比热容与周围气体的比热容相差较多时，该项是较为显著的。对于理想气体，焓的梯度为

$$\nabla \bar{h}_i = c_{pi} \nabla T \tag{3.158}$$

组分扩散通量为

$$J_i^* = -cD_{im} \nabla y_i \tag{3.159}$$

引入分布函数并积分，得到交叉扩散项为

$$-\sum_{i=1}^{n} J_i^* \cdot \nabla \bar{h}_i = \left\{\int_0^\infty c_p(I)cD_m(I)\nabla[y_F f(I)]dI - J_A^* c_{pA}\right\}\cdot \nabla T \tag{3.160}$$

由于连续性，要求

$$\sum_{i=1}^{n} J_i^* = 0 \tag{3.161}$$

周围气体的扩散通量为

$$J_A^* = \int_0^\infty cD_m(I)\nabla(y_F f(I))\mathrm{d}I \tag{3.162}$$

因此，交叉扩散项可简化为

$$-\sum_{i=1}^{n} J_i^* \cdot \nabla \bar{h}_i = \left\{\int_0^\infty [c_p(I)-C_{pA}]cD_m(I)\nabla[y_F f(I)]\mathrm{d}I\right\}\cdot \nabla T \tag{3.163}$$

式中：$c_p(I)$可采用 Chou 和 Prausnitz 的线性经验关系式计算[26]：

$$c_p = a_C + b_C I \tag{3.164}$$

式中：a_C 和 b_C 反映温度对比热的影响。积分式（3.163）右端得到

$$\left\{\left[(a_C-c_{pA})c\bar{D}+b_C\theta c\tilde{D}\right]\nabla y_F + y_F\left[(a_C-c_{pA})\nabla(c\bar{D})+b_C\nabla(c\tilde{D}\theta)\right]- y_F\int\left[a_C+b_C I-c_{pA}\right]f(I)\nabla[cD(I)]\mathrm{d}I\right\}\cdot \nabla T \tag{3.165}$$

与扩散方程相似，方程（3.165）后两项的有限差分近似是相同的，因而可以消去。因此能量方程的最终形式为

$$\bar{c}_p \frac{\partial}{\partial t}(cT)+\bar{c}_p \nabla \cdot (cv^* T)= \nabla \cdot \lambda \nabla T+[(a_C-c_{pA})c\bar{D}+b_C\theta c\tilde{D}]\nabla y_F \cdot \nabla T \tag{3.166}$$

2. 液相平衡方程

假设液相为完全混合的，并且液滴温度近似均匀。在此假设条件下，液滴表面的摩尔流量可表示为

$$N=-\frac{1}{A}\frac{\mathrm{d}}{\mathrm{d}t}(c_L V) \tag{3.167}$$

式中：c_L 为液体摩尔密度；A、V 是液滴表面积和体积。

液滴半径 R 的变化率为

$$\frac{\mathrm{d}R}{\mathrm{d}t}=-\frac{1}{c_L}\left(N+\frac{R}{3}\frac{\mathrm{d}c_L}{\mathrm{d}t}\right) \tag{3.168}$$

摩尔流量 N 应与表面组分流量匹配。对于液相中的某一离散组分 i，其蒸发速率为

$$N_i=-\frac{1}{A}\frac{\mathrm{d}}{\mathrm{d}t}(x_i c_L V)=x_i N-c_l\frac{R}{3}\frac{\mathrm{d}x_i}{\mathrm{d}t} \tag{3.169}$$

式中：x 是液相摩尔分数。而在蒸气相中，该组分摩尔流量为

$$N_i=N y_{iR}-cD_{im}\left.\frac{\partial Y_i}{\partial r}\right|_R \tag{3.170}$$

由式（3.169）和式（3.170），得到

$$N(x_i-y_{iR})=-cD_{im}\left.\frac{\partial Y_i}{\partial r}\right|_R+\frac{c_L R}{3}\frac{\mathrm{d}x_i}{\mathrm{d}t} \tag{3.171}$$

在液相和蒸气相中引入分布函数并将其在［0，∞）上积分，可得到总的摩尔流量 N 的关系式为

$$N(1-y_{FR})=\left[-c\bar{D}\frac{\partial Y_F}{\partial r}-y_F\frac{\partial}{\partial r}(c\bar{D})+y_F\int_0^{\infty}f(I)\frac{\partial}{\partial r}(cD(I))\mathrm{d}I\right]_R \tag{3.172}$$

对式（3.171）分别加权 I 和 I^2 并在［0，∞）上积分，得到液相分布参数变化率为

$$\frac{\mathrm{d}\theta_L}{\mathrm{d}t}=\frac{3}{c_L R}\left[N(\theta_L-y_F\theta)+c\widetilde{D}\frac{\partial}{\partial r}(y_F\theta)+y_F\theta\frac{\partial}{\partial r}(c\widetilde{D})-\right.$$
$$\left.y_F\int_0^{\infty}f(I)I\frac{\partial}{\partial r}(cD(I))\mathrm{d}I\right]_R \tag{3.173}$$

$$\frac{\mathrm{d}\Psi_L}{\mathrm{d}t}=\frac{3}{c_L R}\left[N(\Psi_L-y_F\Psi)+c\hat{D}\frac{\partial}{\partial r}(y_F\Psi)+y_F\psi\frac{\partial}{\partial r}(c\hat{D})-\right.$$
$$\left.y_F\int_0^{\infty}f(I)I^2\frac{\partial}{\partial r}(cD(I))\mathrm{d}I\right]_R \tag{3.174}$$

消去方程后两项，简化后得到

$$N(1-y_{FR})=-c\bar{D}\left.\frac{\partial Y_F}{\partial r}\right|_R \tag{3.175}$$

$$\frac{\mathrm{d}\theta_L}{\mathrm{d}t}=\frac{3}{c_L R}\left[N(\theta_L-y_F\theta)+c\widetilde{D}\frac{\partial}{\partial r}(y_F\theta)\right]_R \tag{3.176}$$

$$\frac{\mathrm{d}\Psi_L}{\mathrm{d}t}=\frac{3}{c_L R}\left[N(\Psi_L-y_F\Psi)+c\hat{D}\frac{\partial}{\partial r}(y_F\Psi)\right]_R \tag{3.177}$$

式中：液相摩尔密度为

$$c_L=\frac{\rho_L}{\theta_L} \tag{3.178}$$

式中：ρ_L 为液体质量密度，假设为常数。

液滴传热方程为

$$\frac{\mathrm{d}T_L}{\mathrm{d}t}=\frac{3}{c_{pL}c_L R}(q-Nh_{fg}) \tag{3.179}$$

式中：q 为向液滴表面传热的热流率，包括热传导和热辐射；c_{pL} 为液体比热容；h_{fg} 为蒸发焓。

3. 相间平衡方程

在连续热力学中，通常采用 Raoult 定律和 Clausius-Clapeyron 方程描述相间平衡关系。对于含有离散组分的混合物，Raoult 定律表示为

$$y_i=x_i\left(\frac{P_{vi}}{P}\right) \tag{3.180}$$

式中：P_{vi} 为组分蒸气压；P 为总压。

采用液相连续分布函数归一化，得到总的蒸气相摩尔分数为

$$y_F=\int_0^\infty f_L(I)\left(\frac{P_v(I)}{P}\right)\mathrm{d}I \tag{3.181}$$

将式（3.181）分别加权 I 和 $(I-\theta)^2$ 并在 $[0,\infty)$ 上积分，可得到蒸气相的均值和方差分别为

$$y_F\theta=\int_0^\infty f_L(I)\left(\frac{P_v(I)}{P}\right)I\,\mathrm{d}I \tag{3.182}$$

$$y_F\sigma^2=\int_0^\infty f_L(I)\left(\frac{P_v(I)}{P}\right)(I-\theta)^2\mathrm{d}I \tag{3.183}$$

组分蒸气压由 Clausius-Clapeyron 方程计算，即

$$P_v(I)=P_{ATM}\exp\left[\left(\frac{s_{fg}}{\bar{R}}\right)\left(1-\frac{T_B(I)}{T}\right)\right] \tag{3.184}$$

式中：s_{fg} 为蒸发熵；$\bar{R}$ 为通用气体常数；T_B 为沸点，可采用摩尔质量的线性关系近似计算：

$$T_B(I)=a_B+b_B I \tag{3.185}$$

采用 Trouton 定律计算 s_{fg}，得到蒸气压关系式，即

$$P_v(I)=P_{ATM}\exp[A(1-BI)] \tag{3.186}$$

其中

$$A=\left(\frac{s_{fg}}{\bar{R}}\right)\left(1-\frac{a_B}{T}\right),\quad B=\frac{b_B}{(T-a_B)} \tag{3.187}$$

将式（3.186）和式（3.142）代入式（3.181）～式（3.183），得到液相与蒸气相分布参数之间的简单关系为

$$\theta-\gamma=\frac{\theta_L-\gamma}{1+AB\dfrac{\sigma_L^2}{(\theta_L-\gamma)}} \tag{3.188}$$

$$\sigma^2=\sigma_L^2\left[\frac{(\theta-\gamma)}{(\theta_L-\gamma)}\right]^2 \tag{3.189}$$

由于初值 γ 对于蒸气相和液相是相等的，因此若某一相服从 Γ 分布，则另一相也服从 Γ 分布。

4. 算例结果及分析

考虑煤油和汽油混合物的液滴蒸发过程[38]。混合物初始组成的分布参数设置如下：

煤油，$\alpha_L=18.5$，$\beta_L=10$，$\gamma=0$，因而有 $\theta_L=185$，$\sigma^2=1850$；

汽油，$\alpha_L=5.7$，$\beta_L=15$，$\gamma=0$，因而有 $\theta_L=85.5$，$\sigma^2=1282.5$；

分布函数如图 3.17 所示。假设液滴直径为 100μm，在 $T_\infty=700$℃环境中受热蒸发。图 3.18 和图 3.19 给出了燃料液滴的液相性质及蒸发特性随时间变化情况。由图可见，煤油燃料首先经历了一个瞬态传热过程，当其温度足够高时才会产生较显著的蒸气量。而汽油的挥发性好，其初始的表面蒸气压比准稳态蒸气压稍高，因而当其开始蒸发后，其蒸气相浓度反而下降。随后，两种燃料组分都进入了准稳态蒸发状态，液相温度和平均摩尔质量近似线性爬升，摩尔质量小的组分被蒸馏出来，蒸气相浓度近似维持常值。由于此时液相温度远低于沸点温度，使得液滴表面的蒸气摩尔分数很低。其原因是，由于混合物液滴的持续瞬态传热，吸收了一部分原本可用于蒸发的能量。在液滴寿命期后期，只有摩尔质量大

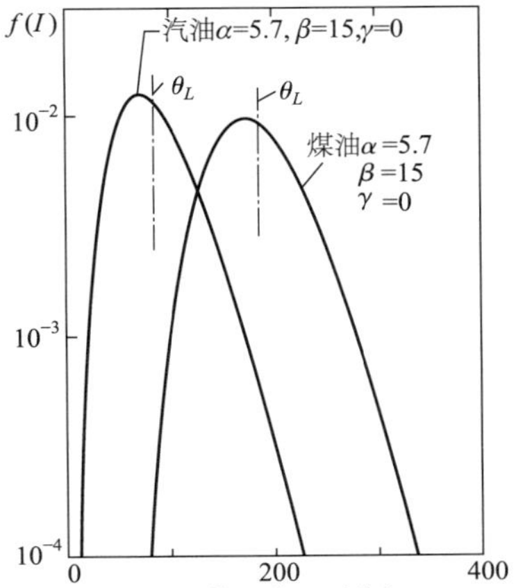

图 3.17　用于模拟煤油燃料和汽油燃料的分布函数示意

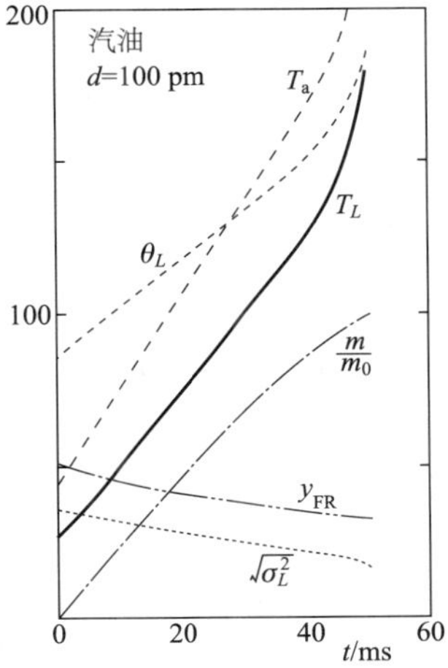

图 3.18　汽油液滴液相性质和液滴表面蒸气相质量分数随时间变化关系

的组分存在于液相中，因而液相平均摩尔质量和液滴温度急速上升。在整个过程中，随着较轻组分的不断蒸馏消耗，分布函数的方差持续减小。

图 3.20 给出了 $t=30\text{ms}$ 时，汽油燃料蒸气相性质随无量纲半径$\left(\frac{r}{R}\right)$的变化。由图可见，蒸气相平均摩尔质量随蒸气相半径的增大而减小，反映了 θ_L 随时间增大。图中方差型线上存在一个小幅度的驼峰，其物理意义是，由于蒸气从液滴表面向外扩散，引起分布偏差增大，验证了蒸气组成在空间的不均匀分布特性。

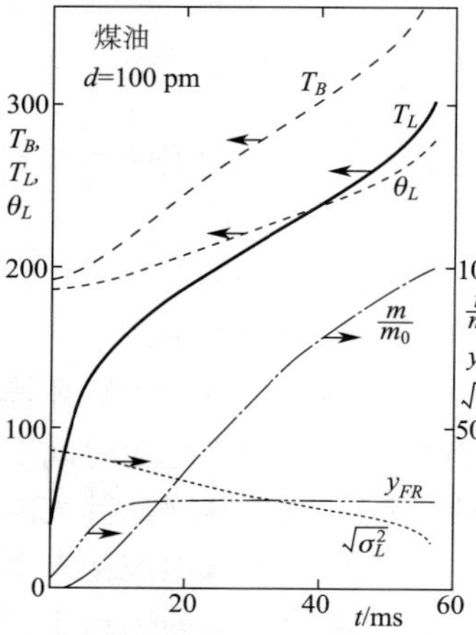

图 3.19　煤油液滴液相性质和液滴表面处蒸气相质量分数随时间变化关系

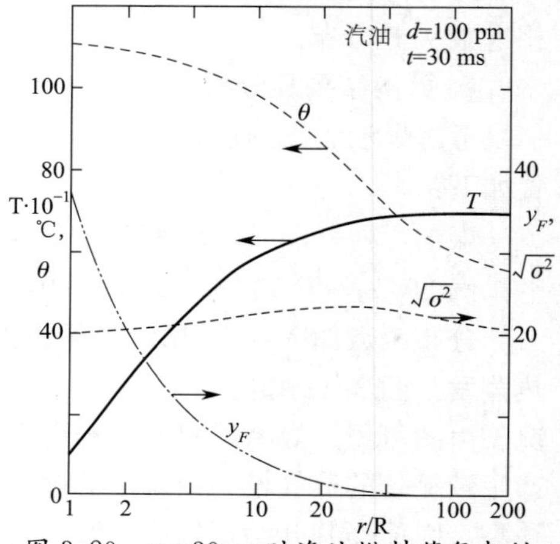

图 3.20　$t=30\text{ms}$ 时汽油燃料蒸气相性质随$\left(\frac{r}{R}\right)$变化关系

3.5　液滴群蒸发

前面分析和计算了单个液滴的蒸发燃烧过程，在液体火箭发动机的喷雾燃烧中，存在大量的液滴，对每一个液滴的蒸发过程分别进行计算是不现实的。而大量液滴组成了液滴群，因此有必要研究液滴群的蒸发燃烧过程。

在现有的液体火箭发动机喷雾燃烧模型中，都假设液雾蒸发燃烧速率等于各单个液滴的蒸发燃烧速率之和。这样，研究液雾蒸发燃烧的总体特性即可简化为研究单个液滴的蒸发燃烧特性。但事实上这种假定只有对于稀薄喷雾才是合理的。在液体火箭发动机的喷雾流场中，液雾相当稠密，液滴之间可能因为碰撞而发生聚合或破碎，液滴的蒸发和燃烧能导致气相参数的迅速变化，反过来又影响液滴的蒸发和燃烧。这些液滴与液滴之间，液滴与气相之间强烈的相互作用使得喷雾中液滴群的燃烧与单个孤立液滴的燃烧存在重要差。

3.5.1　群燃烧数定义

Chiu 及其同事最早提出了“液滴群燃烧”（Group Combustion）的概念[39]，

并引进一个群燃烧数 G 来衡量液滴群燃烧时气液两相之间相互作用的程度，其定义为气液两相热输运与气相热输运之比[1]，即

$$G=\frac{n(1+0.276Re^{1/2}Sc^{1/3})}{\rho D}\frac{4\pi\kappa r_l R_b{}^2}{c_p} \tag{3.190}$$

或

$$G=3(1+0.276Re^{1/2}Sc^{1/3})LeN^{2/3}\left(\frac{r_l}{d}\right) \tag{3.191}$$

式中：R_b 为液滴群半径；ρ 为气相的密度；D 为扩散系数；κ 为导热系数；c_p 为比定压热容；N 是液滴群总液滴数；n 是液滴数密度；r_l 为液滴半径；d 为液滴间距；Re、Sc、Le 分别为雷诺数、施密特数和刘易斯数。

式（3.190）和式（3.191）表明液滴群越稠密，液滴尺寸越大，则群燃烧数 G 越大，气液两相之间的相互作用就越强。

3.5.2　液滴群燃烧模式

Chiu 及其同事指出，相应于不同的群燃烧数，存在着几种不同的液滴群燃烧模式。这几种模式可能同时存在于实际的喷雾燃烧中，并可在一定条件下相互转化。图 3.21 显示了不同的群燃烧数下、几种可能的液滴群燃烧模式。

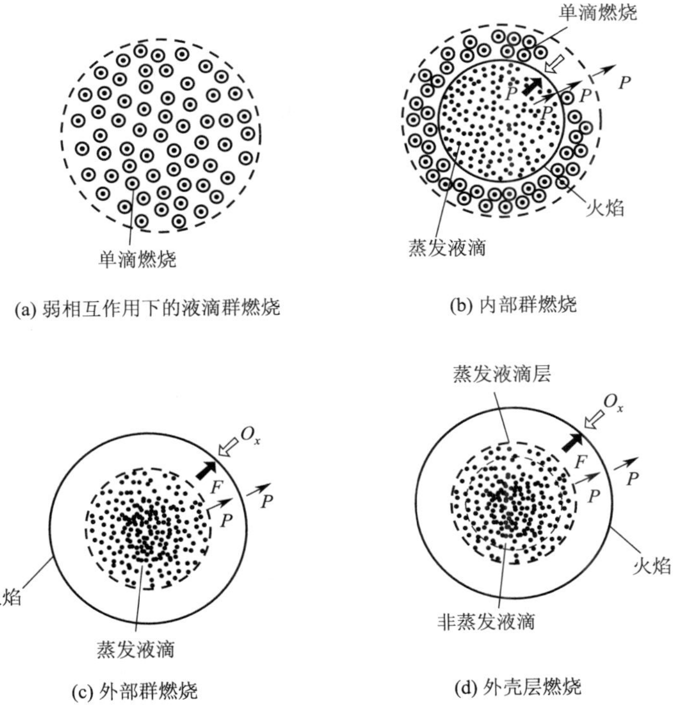

图 3.21　液滴群燃烧模式

对于比较稀薄的液体喷雾，相应的群燃烧数 $G \ll 1$。此时，液滴间距离远大于液滴自身尺寸，液滴群中液滴的蒸发和燃烧对气相参数的影响不大，每个液滴都在各自单独的火焰包围下燃烧，如图 3.21（a）所示，称为弱相互作用下的液滴群燃烧。

当群燃烧数 G 逐渐增大时，气液两相之间的相互作用增强，液滴群的蒸发和燃烧将导致液滴群内，尤其是液滴群中心气相成分和温度的显著变化。Chiu 等人的分析指出，当 $10^{-2} < G < 1$ 时，整个液滴群被一个扩散火焰分为中心预热区和外部燃烧区。在预热区内由于相对较低的温度和缺氧环境，液滴处于纯蒸发状态，蒸发出来的燃料蒸气在向外扩散中与向内扩散的氧混合后燃烧，并形成一个包围多液滴的主火焰。而在主火焰外部的燃烧区，由于相对较高的温度和氧浓度，液滴仍然在其单独的火焰包围下进行燃烧。图 3.21（b）显示了这种燃烧模式，称为“内部群燃烧”模式。

当 $G > 1$ 时，液滴群更加稠密，此时大量的液滴迅速蒸发，阻止了氧向液滴群中的扩散，从而阻止任何单个液滴的燃烧，这时整个液滴群中的液滴都处于纯蒸发状态，蒸发出来的燃料蒸气在扩散到离液滴群一定距离处与氧混合燃烧，并形成一个总的包围火焰，如图 3.21（c）所示。这种燃烧模式称为“外部群燃烧”。

当 G 进一步增大时，在液滴群内部由于蒸发所产生的高燃料蒸气浓度将使得液滴群内部达到饱和状态，液滴停止蒸发。Chiu 等人的研究表明，当 $G > 10^2$ 时，液滴的蒸发实际上只发生在液滴群外边缘处一个很薄的薄层中，这个薄的液滴蒸发层将随着燃烧的进行逐渐向中心传播，相应的燃烧模式如图 3.21（d）所示，这种燃烧模式称为“外壳层燃烧”。

Chiu 及其同事通过分析进一步给出了如图 3.22 所示的不同液滴群燃烧模式

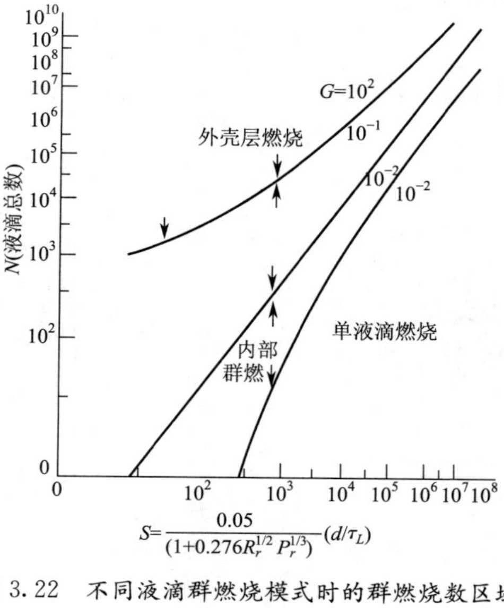

图 3.22　不同液滴群燃烧模式时的群燃烧数区域

所对应的群燃烧数 G 的区域。图中纵坐标 N 是总的液滴数，横坐标 S 是无量纲液滴间距。同时他们还把实际的喷雾燃烧流场划分为如图 3.23 所示的几个不同区域。在喷嘴出口附近的喷雾中心是一个位势流核心区，外边是液滴蒸发及外部群燃烧的火焰，喷雾下游是多液滴内部群燃烧和气相湍流火焰区。

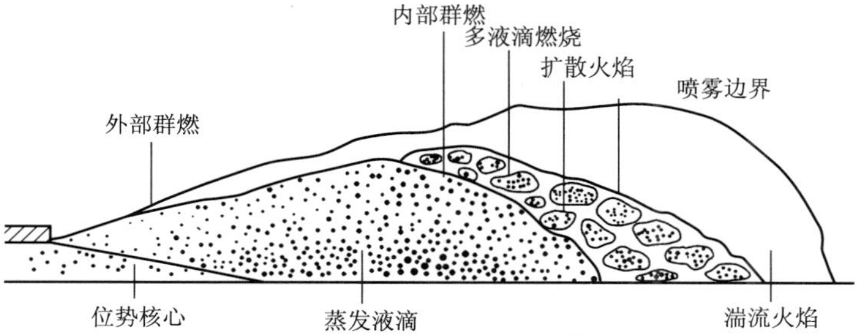

图 3.23　喷雾燃烧流场示意图

关于液滴群蒸发燃烧模型的相关研究，有兴趣的可参阅文献 [1]。

参考文献

[1] 庄逢辰．液体火箭发动机喷雾燃烧的理论、模型及应用 [M]．长沙：国防科技大学出版社，1995.

[2] Kadota T，Hiroyasa H. Evaporation of Single Droplet at Elevated pressures and Temperatures [J]. Bulletin of the JSME.，1976：138.

[3] Sutton R D. Operating Manual for Coaxial Injection Combustion Model [R]. NASA CR-129031.

[4] Matlosz R L，Leipziger S. Investigation of Liquid Drop Evaporation in a High Temperature and High Pressure Environment [J]. Int. J. Heat Mass Transfer，1972 (15)：831-852.

[5] Hsieh K C，Shuen J S. Droplet Vaporization in High Pressure Environments [J]. Combustion Science and Technology，1991，76：111-132.

[6] Yang Y S. Evaporation of LOX under Super Critical and Subcritical Conditions [R]. AIAA Paper 93-2188.

[7] 庄逢辰，陈新华．燃料液滴高压蒸发理论 [J]．工程热物理学报，1982，3 (3).

[8] Reid R C. The Properties of Gases and Liquid [M]. McGraw-Hill Book Compang，1977.

[9] Prausnits J M，Chuech P L. Calculation of high-Pressure Vapour-Liquid Equilibrium [J]. Ind. Eng. Chem，1968 (34).

[10] Prausnits J M，Chuech P L. Computer Calculations for High-Pressure Vapour-Liquid Eguilibria [J]. Prentince-Hall，Inc，1968.

[11] Lee K W，Chae J W，Lee J Y. Analysis of High-pressure Drop Vaporization with Flash Vapor-liquid Equilibrium Calculation [J]. Int. Comm. Heat Mass Transfer，2003，30 (5)：633-641.

[12] Yang V，Hsiao C C. Pressure-Coupled Vaporization and Combustion Responses of Liquid Fuel Droplets in High Pressure Environments [R]. AIAA Paper 91-2310.

[13] Priem R J，Guentert D C. Combustion Instability Limits Determined by a Nonlinear Theory and a One-dimensional Model [R]. NASA TM 1962.

[14] Strahle W C. Eriodic Solutions to a Convective Droplet Burning Problem [J]. Proceedings of Tenth Symposium on Combustion [J]. The Combustion Institute，Pittsburgh. PA，1965：1315-1325.

[15] Heidmann M F，Wieber P R. An Analysis of the Frequency Response Characteristics of Propellant Va-

porization [R]. NASA TN D-3749 (1994).
[16] King C J. Separation Processes (2nd ed) [M]. New York: McGraw-Hill, 980: 64-80.
[17] Tong A Y, Sirignano W A. Multicomponent Droplet Vaporization in a High Temperature Gas [J]. Combust. Flame 1986, 66: 221-235.
[18] Tong A Y, Sirignano W. A. Multicomponent Transient Droplet Vaporization: Integral Equation Formulation and Approximate Solution [J]. Num. Heat Transf. 1986, 10: 253-278.
[19] Tong A Y, Sirignano W. Vaporization Response of Fuel Droplet in Oscillatory Field [C]. ASME National Heat Transfer Conference. Paper No. 87-HT-58, 1987.
[20] Allison C B , Faeth G M. Open-loop Response of a Burning Liquid Monopropellant [J]. AIAA J. , 1975, 13: 1287-1294.
[21] Lafon P, Yang V, Habiballah M. Pressure-coupled Vaporization and Combustion Responses of Liquid Oxygen (LOX) droplets in supercritical hydrogen environments [R]. AIAA Paper 95-2432.
[22] 刘卫东，周进，王振国. 振荡环境下推进剂液滴亚临界蒸发响应特性 [J]. 航空动力学报，2001，16 (1)：52-54.
[23] Lee G Y, Kim S Y, Yoon W S. Oscillatory Vaporization and Acoustic Response of Droplet at High Pressure [J]. International Communications in Heat and Mass Transfer, 2008, 35: 1302-1306.
[24] Bommic J M. Thermodynamic Properties 6000K for 210 Substances Involving the First 18 Elements [R]. NASA-SP-3001.
[25] 贾绍义，柴诚敬. 化工传质与分离过程 [M]. 北京：化学工业出版社，2001.
[26] 乔佩，等. 化工计算手册 [M]. 北京：化学工业出版社，1988.
[27] 童景山. 流体的热物理性质 [M]. 北京：中国石化出版社，1996.
[28] 田章福，陶玉静，苏凌宇，等. 酒精液滴蒸发过程的试验研究 [J]. 推进技术，2006.
[29] 田章福. 低浓度酒精过氧化氢燃气发生器喷雾燃烧过程研究 [D]. 长沙：国防科技大学，2007.
[30] Katz D L, Brown G G. Vapor Pressure and Vaporization of Petroleum Fractions. Ind. Engng Chem. 25, 1933: 1373-1384.
[31] Bowman J R. Distillation of an Indefinite Number of Components [J]. Ind. Engng Chem. 1949, 41: 2004-2007.
[32] Hoffman E J. Flash Calculations for Petroleum Fractions [J]. Chem. Engng Sci. 1968, 23: 957-964.
[33] Whitson C H. Characterizing Hydrocarbon Plus Fractions [J]. Soc. Pet. Engng J. 1983, 23: 683-694.
[34] Chou G F, Prausnitz J M. Adiabatic Flash Calculations for Continuous or Semicontinuous Mixtures Using an Equation of State [J]. Fluid Phase Equilibria , 1986, 30: 75-82.
[35] Peng D Y, Wu R S, Batycky J P. Application of Continuous Thermodynamics to Oil Reservoir Fluid Systems Using an Equation of State [J]. AOSTRA J. 1987 (3): 113-122.
[36] Willman B, Teja A S. Prediction of Dewpoints of Semicontinuous Natural Gas and Petroleum Mixtures 1: Characterization by Use of an Effective Carbon Number and Ideal Solution Prediction [J]. Ind. Engng Chem. 1987, 26: 948-952.
[37] Cotterman R L, Prausnitz J M. Application of Continuous Thermodynamics to Natural-gas Mixtures [J]. Rev. Inst. Franqais Pet. 45, 1990: 633-643.
[38] Tamin J, Hallett W L H. A Continuous Thermodynamics Model for Multicomponent Droplet Vaporization [J]. Chemical Engineering Science, 1995, 50 (18): 2933-2942.
[39] Chiu H H, Liu T M. Group Combustion of Liquid Droplets [J]. Combustion and Flame, 1977, 17: 127-142.

第 4 章 湍流流动模拟

准确的流场模拟对火箭发动机的设计、优化至关重要，在整个数值模拟环节中湍流模型是不确定性的一个重要因素。湍流是一个随机的多尺度系统，但其最小的 Kolmogorov 长度尺度仍旧远远大于分子运动平均自由程，因此连续介质假设仍然适用，仍可用 N-S 方程来描述。过去十几年中，湍流模拟方法研究与改进在数量上已经有了很大增长。

目前湍流数值模拟方法主要有直接数值模拟（DNS）方法、大涡模拟（LES）方法、雷诺平均（RANS）方法以及新兴的混合 RANS/LES 方法。DNS 方法直接从精确的 N-S 方程出发，对所有尺度的湍流运动进行模拟，能够得到湍流场的全部信息，但计算量巨大，主要用于湍流理论研究；RANS 方法通过建立雷诺应力封闭模型来求解平均流场参数，易实现性使之成为目前解决湍流工程问题最实际和最主要的方法[1]；LES 数值模拟方法介于 DNS 和 RANS 之间，只对大尺度涡采用直接计算处理，对小尺度涡采用普适模型来封闭[2]。为解决 LES 在壁面附近模拟计算代价过高的问题，目前研究人员逐渐将关注的焦点转向 RANS 与 LES 的混合模式。本章将对湍流 RANS 模拟、LES 模拟及两相湍流模拟进行介绍。

4.1 湍流模式理论及方程

尽管 RANS 方法避免了对湍流脉动的完全求解，但在雷诺平均后却引入了未知的雷诺应力项，导致方程不封闭。100 多年来，许多学者试图建立各种各样的模型来解决 RANS 方程的封闭问题，其基本思想是根据湍流的理论知识、试验数据或 DNS 结果，建立高阶统计量和低阶统计量之间的经验或半经验的关系式，这类方法目前主要分为一阶矩模型（涡黏性模型）和二阶矩模型（雷诺应力模型）。高阶矩模型在应用中需要求解的微分方程数量众多，计算量大，对数值方法的要求也比较苛刻，且计算容易发散。由于一阶矩模型形式简单、易行，且具有一定的计算精度，受到工程技术人员的青睐。

本节从 1.4 节列出的 N-S 方程出发，针对气相采用基于密度加权平均的 Favre 平均，可以得出 N-S 方程的雷诺平均形式。

质量方程：

$$\frac{\partial}{\partial t}\bar{\rho}+\frac{\partial}{\partial x_j}(\bar{\rho}\tilde{u}_j)=0 \tag{4.1}$$

动量方程：

$$\frac{\partial}{\partial t}(\bar{\rho}\tilde{u}_i)+\frac{\partial}{\partial x_j}(\bar{\rho}\tilde{u}_i\tilde{u}_j)=-\frac{\partial\bar{p}}{\partial x_i}+\frac{\partial}{\partial x_j}(\bar{t}_{ji}+\tau_{ji}) \tag{4.2}$$

能量方程：

$$\frac{\partial}{\partial t}(\bar{\rho}E)+\frac{\partial}{\partial x_j}(\bar{\rho}\tilde{u}_jH)=\frac{\partial}{\partial x_j}(-q_{Lj}-q_{Tj})+\frac{\partial}{\partial x_j}[\tilde{u}_i(\bar{t}_{ij}+\tau_{ij})] \tag{4.3}$$

式中：$p=\bar{\rho}R\widetilde{T}$；$E=\tilde{e}+\frac{1}{2}\tilde{u}_i\tilde{u}_i+k$，$H=\tilde{h}+\frac{1}{2}\tilde{u}_i\tilde{u}_i+k$，

其中，$k=\overline{\rho u_i'u_i'}/\rho$为湍动能；$\tilde{e}=c_v\widetilde{T}$，$\tilde{h}=c_p\widetilde{T}$（$c_v$、$c_p$ 分别为比定容热容和比定压热容）。

平均流动分子黏性应力：

$$\bar{t}_{ij}=2\mu S_{ij}-\frac{2}{3}\mu\frac{\partial\tilde{u}_k}{\partial x_k}\delta_{ij}$$

热通量：

$$q_{Lj}=-\frac{\mu}{Pr_L}\frac{\partial\tilde{h}}{\partial x_j}，q_{Tj}=-\frac{\mu_T}{\mathrm{Pr}_T}\frac{\partial\tilde{h}}{\partial x_j}$$

式中：湍流普朗特数 $Pr_L=\frac{c_p\mu}{\kappa}$，$\mu$ 为分子黏性系数，κ 为导热系数。Pr_T 在壁面附近通常取为 0.89～0.9，在自由剪切层中可取为 0.5。

Boussinesq 在 19 世纪 70 年代引入了涡黏性概念，通过类比层流黏性系数的形式得出雷诺应力与剪切应变率的线性关系，即

$$\tau_{ij}=-\overline{\rho u'_iu'_j}=2\mu_t(S_{ij}-S_{kk}\delta_{ij}/3)-2\rho k\delta_{ij}/3 \tag{4.4}$$

式中：μ_t 为涡黏性系数，其在不同的湍流模型中具有不同的表达式；S_{ij} 为平均速率应变率张量，表达式为

$$S_{ij}=\frac{1}{2}\left(\frac{\partial\tilde{u}_i}{\partial x_j}+\frac{\partial\tilde{u}_j}{\partial x_i}\right) \tag{4.5}$$

在此基础上，研究人员陆续提出一系列涡黏模型，包括代数模型、一方程模型、两方程模型等。

4.1.1 代数模型

代数模型直接建立在雷诺应力与平均速度的代数关系之上，不涉及偏微分方程。早期的一系列湍流半经验理论，如 Prandtl 混合长度理论、Taylor 的涡量输运理论、Von Karman 的相似性理论等本质上都为代数模型。常用的代数模型包括 CS（Smith -Cebeci）模型[3]、BL（Baldwin -Lomax）模型[4]以及半方程 JK（Johnson-King）模型[5]等，此处对 BL 模型进行简单介绍。

BL 模型[4]曾是 20 世纪 80 年代的主流湍流模型，尽管在处理激波边界层干

扰、边界层/羽流汇合流动中的模拟能力有限，但在附着流计算中简单、准确的特点使其广为使用。BL 模型是在 CS 模型基础上改进得到的，它考虑到靠近壁面处湍流脉动受到很大抑制导致混合长度尺度减小，而在边界层外缘湍流呈现明显的间歇性，质量、动量和能量的输运能力降低，扩散能力减小，因而对湍流边界层的内层和外层采用不同的混合长度假设，涡黏性系数表达式如下：

$$v_t = \begin{cases} (v_t)_{\text{in}} & (y \leqslant y_c) \\ (v_t)_{\text{out}} & (y > y_c) \end{cases} \tag{4.6}$$

1. 在边界层内层取 $(v_t)_{\text{in}} = l^2\Omega$

式（4.6）中，涡量 $\Omega = |\varepsilon_{ijk}U_{k,j}|$，长度尺度 $l = \kappa y D$，其中 Van Driest 衰减函数 $D = [1 - \exp(-y^+/A^+)]$，卡尔曼常数 $\kappa = 0.41$，这里模型常数 A+通常取为 26。式中，无量纲法向距离 $y^+ = u_\tau y / v_w$，无量纲摩擦速度 $u_\tau = (\tau_w/\rho)^{\frac{1}{2}}$（$\tau_w$ 为壁面附近切应力），y 为到壁面距离，v_w 为壁面附近运动黏性系数。

2. 在边界层外层取

$$(v_t)_{\text{out}} = F_{\text{wake}} F_{\text{kelb}}(y) \tag{4.7}$$

$$F_{\text{wake}} = \min(y_{\max} F_{\max}, C_{\text{wk}} y_{\max} U_{\text{dif}}^2 / F_{\max}) \tag{4.8}$$

式中 $F_{\max}$ 和 $y_{\max}$ 分别对应函数

$$F(y) = y\Omega[1 - \exp(-y^+/A^+)] \tag{4.9}$$

最大值以及取到该最大值时的位置，U_{dif} 为平均速度分布中最大值和最小值之差。

Klebanoff 间歇函数 F_{kleb} 表达式为

$$F_{\text{kleb}}(y) = \left| 1 + 5.5\left(\frac{C_{\text{kelb}} \cdot y}{y_{\max}}\right)^6 \right|^{-1} \tag{4.10}$$

模型常数可取为 $C_{\text{kelb}} = 0.3$，$C_{\text{wk}} = 1.0$。

4.1.2　一方程模型

20 世纪 90 年代，为了提高数值稳定性以及计算效率，研究人员发展了基于湍流雷诺数输运和涡黏性系数输运的单方程模型，主要有 Baldwin 和 Barth 提出的 BB 模型[7]以及此后 Spalart 和 Allmaras 发展的 SA 模型[8]。BB 模型从两方程标准 k-ε 模型出发，经过简化，将湍动能 k 和湍动能耗散率 ε 合并为湍流雷诺数，建立湍流雷诺数输运方程。SA 模型则是从经验和量纲分析出发建立涡黏性系数输运方程。这类模型巧妙地回避了建立经验性的代数式，成为一方程模型的发展方向。SA 湍流模型在目前工程应用特别是叶轮机计算中得到了广泛的应用，相比于两方程模型计算量小、稳定性好，计算网格在壁面的加密程度与零方程模型有同等的量级。

1. BB 模型

在 BB（Baldwin-Barth）模型[7]中湍流黏性系数的表达式为

$$v_t = C_\mu v \widetilde{R}_t D_1 D_2 \tag{4.11}$$

这里需要求解湍流雷诺数的输运方程：

$$\frac{\partial}{\partial t}(v\widetilde{R}_t)+u_j\frac{\partial}{\partial x_j}(v\widetilde{R}_t)=(C_{\varepsilon 2}f_2-C_{\varepsilon 1})\sqrt{v\widetilde{R}_t P}+\left(v+\frac{v_t}{\sigma_\varepsilon}\right)\frac{\partial^2(v\widetilde{R}_t)}{\partial x_k\partial x_k}-\frac{1}{\sigma_\varepsilon}\frac{\partial v_t}{\partial x_k}\frac{\partial(v\widetilde{R}_t)}{\partial x_k} \tag{4.12}$$

式中

$$\frac{1}{\sigma_\varepsilon}=(C_{\varepsilon 2}-C_{\varepsilon 1})\frac{\sqrt{C_\mu}}{\kappa^2},\quad(\kappa=0.41) \tag{4.13}$$

$$D_1=1-\exp\left(-\frac{y^+}{A^+}\right),\ D_2=1-\exp\left(-\frac{y^+}{A_2^+}\right) \tag{4.14}$$

$$f_2=\frac{C_{\varepsilon 1}}{C_{\varepsilon 2}}+\left(1-\frac{C_{\varepsilon 1}}{C_{\varepsilon 2}}\right)\left(\frac{1}{\kappa y^+}+D_1D_2\right)\cdot\left\{\sqrt{D_1D_2}+\frac{y^+}{\sqrt{D_1D_2}}\left[\frac{D_2}{A^+}\exp\left(-\frac{y^+}{A^+}\right)+\frac{D_1}{A_2^+}\exp\left(-\frac{y^+}{A_2^+}\right)\right]\right\} \tag{4.15}$$

相关模型系数为

$$C_{\varepsilon 1}=1.2,\ C_{\varepsilon 2}=2.0,\ C_\mu=0.09,\ A^+=26,\ A_2^+=10 \tag{4.16}$$

式（4.12）中 P 的表达式为

$$P=v_t\left[\left(\frac{\partial\tilde{u}_i}{\partial x_j}+\frac{\partial\tilde{u}_j}{\partial x_i}\right)\frac{\partial\tilde{u}_i}{\partial x_j}-\frac{2}{3}\frac{\partial\tilde{u}_k}{\partial x_k}\frac{\partial\tilde{u}_k}{\partial x_k}\right] \tag{4.17}$$

2. Spalart-Allmara 模型

在 Spalart-Allmara（SA）模型[8]中湍流黏性系数表达式为

$$\nu_t=\tilde{\nu}f_{\nu 1} \tag{4.18}$$

因而这里需要求解变量 $\tilde{\nu}$ 的输运方程，以表征近壁区域（分子黏性影响区）以外的湍流黏性，即

$$\frac{\partial\tilde{\nu}}{\partial t}+\tilde{u}_j\frac{\partial\tilde{\nu}}{\partial x_j}=C_{b1}\tilde{S}\tilde{\nu}-C_{w1}f_w\frac{\tilde{\nu}^2}{d^2}+\frac{1}{\sigma}\left[\frac{\partial}{\partial x_k}\left((\nu+\tilde{\nu})\frac{\partial\tilde{\nu}}{\partial x_k}\right)+C_{b2}\frac{\partial\tilde{\nu}}{\partial x_k}\frac{\partial\tilde{\nu}}{\partial x_k}\right] \tag{4.19}$$

其中

$$f_{\nu 1}=\frac{\chi^3}{\chi^3+C_{\nu 1}^3}$$

$$\tilde{S}=S+\frac{\tilde{\nu}}{\kappa^2d^2}f_{\nu 2},f_{\nu 2}=1-\frac{\chi}{1+\chi f_{\nu 1}},\chi=\frac{\tilde{\nu}}{\nu}$$

$$S=\sqrt{2\Omega_{ij}\Omega_{ij}},\Omega_{ij}=\frac{1}{2}\left(\frac{\partial\tilde{u}_i}{\partial x_j}-\frac{\partial\tilde{u}_j}{\partial x_i}\right)$$

$$f_w=g\left(\frac{1+C_{w3}^6}{g^6+C_{w3}^6}\right)^{1/6},g=r+C_{w2}(r^6-r),r=\frac{\tilde{\nu}}{\tilde{S}\kappa^2d^2}$$

相关模型系数为

$$C_{b1}=0.1355,C_{b2}=0.622,\sigma=2/3,C_{\nu 1}=7.1$$

$$C_{w1}=\frac{C_{b1}}{\kappa^2}+\frac{(1+C_{b2})}{\sigma},C_{w2}=0.3,C_{w3}=2.0,\kappa=0.41$$

4.1.3　两方程模型

应用中所采用的大多数湍流模型都为线性涡黏模型，涡黏性可以通过一系列称为 $k^m\varepsilon^n - k^p\varepsilon^q$ 的两方程模型来获得。理论上，一种形式的模型能够精确地转换成另一种模型[9]。

1. k-ε 系列模型

1）标准 k-ε 模型

k-ε 模型及其各种改进模型是应用最为广泛的两方程模型，它是在周培源（1945）、Davidov（1961）、Harlow 以及 Nakayama（1986）等人的工作基础发展而来的，其中最著名的为 Jones 和 Launder 于 1972 年所提出模型[10]。k-ε 模型为半经验模型，其湍动能 k 的方程是在精确推导的基础上对相关项进行模化而得到的。尽管也可以推导出精确的 ε 方程，但其模型方程高阶相关项较为复杂，在缺乏足够信息的情况下无法建立有效的封闭模型，因而仅根据其物理意义做如下假设：

生成项 $= C_{\varepsilon 1} \cdot \dfrac{\varepsilon}{k} \times$ 湍动能生成项；

梯度扩散项 $= \dfrac{\mu_t}{\sigma_\varepsilon} \cdot \dfrac{\partial \varepsilon}{\partial x_i}$；

耗散项 $= C_{\varepsilon 2} \cdot \dfrac{\varepsilon}{k} \times$ 湍动能耗散率。

由此得出标准 k-ε 模型的方程组：

$$\frac{\partial(\bar{\rho}k)}{\partial t} + \frac{\partial(\bar{\rho}k\tilde{u}_j)}{\partial x_j} = \frac{\partial}{\partial x_j}\left[\left(\mu_l + \frac{\mu_t}{\sigma_k}\right)\frac{\partial k}{\partial x_j}\right] + P_k - \bar{\rho}\varepsilon - Y_M \tag{4.20}$$

$$\frac{\partial(\bar{\rho}\varepsilon)}{\partial t} + \frac{\partial(\bar{\rho}\varepsilon\tilde{u}_j)}{\partial x_j} = \frac{\partial}{\partial x_j}\left[\left(\mu_l + \frac{\mu_t}{\sigma_\varepsilon}\right)\frac{\partial \varepsilon}{\partial x_j}\right] + C_{\varepsilon 1}\frac{\varepsilon}{k}P_k - C_{\varepsilon 2}\bar{\rho}\frac{\varepsilon^2}{k} \tag{4.21}$$

为了强调高速流中可压缩性的重要，这里给出的 k 方程比一般形式的标准 k-ε模型多出了 Y_M 项，此即为后面章节中我们将进一步讨论的可压缩修正项。

式中湍流黏性系数：$\mu_t = \bar{\rho}C_\mu \dfrac{k^2}{\varepsilon}$

湍动能生成项：$P_k = \tau_{ij}\dfrac{\partial\,\tilde{u}_i}{\partial\,x_j}$

模型常数推荐值 $C_{\varepsilon 1}=1.44$，$C_{\varepsilon 2}=1.92$，$C_\mu=0.09$，$\sigma_k=1.0$，$\sigma_\varepsilon=1.3$

k-ε 模型在建立过程中假定流场为充分发展的湍流，忽略了分子之间的黏性，因而原则上标准 k-ε 模型只对充分发展的湍流流场有效。

2）RNG k-ε 模型

20 世纪 80 年代中期，Yakhot 和 Orszag[11] 在总结前人工作的基础上，较系统的利用重整化群（Renormalizatoin Group，RNG）方法分析了湍流流场，从理论上导出了 RNG k-ε，其中没有借助任何经验即得到与标准 k-ε 相近的模型常数。由于黏性底层内的主要黏性尺度在采用 RNG 方法的过程中已被剔除，所以 RNG 理论不适用于黏性底层区域。

RNG k-ε 模型与标准 k-ε 模型基本相似，其输运方程为

$$\frac{\partial(\bar{\rho}k)}{\partial t}+\frac{\partial(\bar{\rho}k\tilde{u}_j)}{\partial x_j}=\frac{\partial}{\partial x_j}\left[\alpha_k\mu_{eff}\frac{\partial k}{\partial x_j}\right]+P_k-\bar{\rho}\varepsilon-Y_M \tag{4.22}$$

$$\frac{\partial(\bar{\rho}\varepsilon)}{\partial t}+\frac{\partial(\bar{\rho}\varepsilon\tilde{u}_j)}{\partial x_j}=\frac{\partial}{\partial x_j}\left[\alpha_\varepsilon\mu_{eff}\frac{\partial \varepsilon}{\partial x_j}\right]+C_{1\varepsilon}\frac{\varepsilon}{k}P_k-C_{2\varepsilon}\bar{\rho}\frac{\varepsilon^2}{k}-R_\varepsilon \tag{4.23}$$

从形式上看，与标准 k-ε 模型相比 k 和 ε 方程扩散项中黏性系数有别，且 ε 方程中多了一项 R_ε（k 方程中 Y_M 项与标准 k-ε 模型同样为可压缩修正项），其表达式为

$$R_\varepsilon=\frac{C_\mu\bar{\rho}\eta^3(1-\eta/\eta_0)}{1+\beta\eta^3}\frac{\varepsilon^2}{k} \tag{4.24}$$

其中

$$\eta=S\frac{k}{\varepsilon},\ S=\sqrt{2S_{ij}S_{ij}},\ S_{ij}=\frac{1}{2}\left(\frac{\partial\tilde{u}_i}{\partial x_j}+\frac{\partial\tilde{u}_j}{\partial x_i}\right),\ \eta_0=4.38,\ \beta=0.012$$

在高雷诺数下，式中其他各项参数为

$$\mu_{\text{eff}}=\mu+\mu_t,\ \mu_t=\bar{\rho}C_\mu\frac{k^2}{\varepsilon}$$

$$C_\mu=0.0845,\ a_k=a_\varepsilon=1.39$$

湍动能生成项：

$$P_k=\tau_{ij}\frac{\partial\tilde{u}_i}{\partial x_j}$$

模型常数：

$$C_{1\varepsilon}=1.42,\ C_{2\varepsilon}=1.68$$

在考虑低雷诺数流和壁面附近流动影响的情况下，有效黏性系数 μ_{eff} 计算方法为

$$\mathrm{d}\left(\frac{\bar{\rho}^2k}{\sqrt{\varepsilon\mu}}\right)\Big/\mathrm{d}\hat{v}=1.72\frac{\hat{v}}{\sqrt{\hat{v}^2-1+C_v}} \tag{4.25}$$

其中

$$\hat{v}=\mu_{eff}/\mu,\ C_v\approx 100$$

应用表明 RNG 模型相比于标准 k-ε 模型对瞬变流和流线弯曲的影响能作出更好的反应。

2. k-ω 系列模型

Wilcox[10] 在 Kolmogrov、Saffman 等人工作的基础上通过采用比耗散率 ω 给出湍流特征长度尺度的描述，从而发展出 k-ω 模型，并在此后进行了多次改进。为了克服 k-ω 模型强烈依赖于初值选取的缺点，Menter 在 1994 年[12]提出了 BSL

模型（Baseline Model）和 SST 模型（Shear-Stress Transport Model），逐渐成为流行的工程湍流模型。k-ω 模型也有许多不同的形式，这里仅就常用的 Wilcox k-ω 模型和 k-ω SST 模型进行介绍。

1）标准 k-ω 模型

标准 k-ω 模型[10]是一种经验模型，其主要基于湍流能量方程和扩散速率方程。

$$\frac{\partial(\bar{\rho}k)}{\partial t}+\frac{\partial(\bar{\rho}k\tilde{u}_j)}{\partial x_j}=\tau_{ij}\frac{\partial\tilde{u}_i}{\partial x_j}-\beta^*\bar{\rho}\omega k+\frac{\partial}{\partial x_j}\left[(\mu_l+\sigma^*\mu_t)\frac{\partial k}{\partial x_j}\right] \tag{4.26}$$

$$\frac{\partial(\bar{\rho}\omega)}{\partial t}+\frac{\partial(\bar{\rho}\omega\tilde{u}_j)}{\partial x_j}=\alpha\frac{\omega}{k}\tau_{ij}\frac{\partial\tilde{u}_i}{\partial x_j}-\beta\bar{\rho}\omega^2+\frac{\partial}{\partial x_j}\left[(\mu_l+\sigma\mu_t)\frac{\partial\omega}{\partial x_j}\right] \tag{4.27}$$

模型常数：

$$\alpha=0.555,\ \beta=0.075,\ \beta^*=0.09,\ \sigma=0.5,\ \sigma^*=0.5$$

湍流黏性系数：

$$\mu_t=\frac{\bar{\rho}k}{\omega} \tag{4.28}$$

在与其他模型对照时的辅助关系式为

$$\varepsilon=\beta^*\omega k\ ,\ l=k^{1/2}/\omega \tag{4.29}$$

2）SST k-ω 模型

Menter（1994）[12]采用模型分区思想，通过混合函数实现从近壁区的 Wilcox k-ω 模型到边界层外部的高雷诺数的 k-ε 模型的逐渐转变。在近壁面区充分利用 k-ω模型对逆压梯度比较敏感的特点，能够模拟较大分离的流动；在远离壁面的流场中利用 k-ε 模型克服了单纯使用 k-ω 模型对自由流条件敏感的缺陷，提高了模型的稳定性。同时，Menter 观察到在有逆压梯度的情况下，湍动能生成项与耗散项的比率可能远大于 1。这种情况下，采用常量 $C_\mu=0.9$ 可能导致过高的估计湍流剪切应力，因而采用了切应力输运假设，对涡黏系数 v_t 重新做了定义，使其在有逆压梯度的情况下采用与 JK 模型[5]类似的计算方式，能够反映湍流主应力项输运的影响，明显改善了逆压梯度下流动的计算[13, 14]。应用表明[15]，SST 模型比原始的 k-ω 模型更为准确。

对 k-ε 模型在形式上稍作改变后与 k-ω 模型通过混合函数结合，得到如下方程：

$$\frac{\partial(\bar{\rho}k)}{\partial t}+\frac{\partial(\bar{\rho}k\tilde{u}_j)}{\partial x_j}=\widetilde{P}_k-\beta^*\bar{\rho}\omega k+\frac{\partial}{\partial x_j}\left[(\mu_l+\sigma_k\mu_t)\frac{\partial k}{\partial x_j}\right] \tag{4.30}$$

$$\frac{\partial(\bar{\rho}\omega)}{\partial t}+\frac{\partial(\bar{\rho}\omega\tilde{u}_j)}{\partial x_j}=P_\omega-\beta\bar{\rho}\omega^2+\frac{\partial}{\partial x_j}\left[(\mu_l+\sigma_\omega\mu_t)\frac{\partial\omega}{\partial x_j}\right]+ 2(1-F_1)\bar{\rho}\sigma_{\omega2}\frac{1}{\omega}\frac{\partial k}{\partial x_j}\frac{\partial\omega}{\partial x_j} \tag{4.31}$$

其中

$$\widetilde{P}_k = \min(P_k, 10 \cdot \beta^* \bar{\rho} k\omega),\ P_k = \mu_t \frac{\partial \tilde{u}_i}{\partial x_j}\left(\frac{\partial \tilde{u}_i}{\partial x_j} + \frac{\partial \tilde{u}_j}{\partial x_i}\right)$$

涡黏性定义为

$$\nu_t = \frac{a_1 k}{\max(a_1\omega, \Omega F_2)},\ \Omega = \sqrt{2S_{ij}S_{ij}}$$

这里混合函数

$$F_1 = \tanh(\eta_1^4), \eta_1 = \min\left[\max\left(\frac{\sqrt{k}}{0.09\omega y}, \frac{500\nu}{\omega y^2}\right), \frac{4\bar{\rho}\sigma_{\omega 2} k}{CD_{k\omega} y^2}\right] \tag{4.32}$$

$$F_2 = \tanh(\eta_2^2),\ \eta_2 = \max\left(\frac{2\sqrt{k}}{0.09\omega y}, \frac{500\nu}{\omega y^2}\right) \tag{4.33}$$

$$CD_{k\omega} = \max\left(2\bar{\rho}\sigma_{\omega 2}\frac{1}{\omega}\frac{\partial k}{\partial x_j}\frac{\partial \omega}{\partial x_j}, 10^{-10}\right) \tag{4.34}$$

Menter (2009)[13]强调上述方程有两点需要注意，首先湍动能生成项 P_k 的表达式加入限制，成为$\widetilde{P}_k$。这是为了防止在滞止点附近过大的湍动能生成；其次，在 $CD_{k\omega}$ 表达式中第二项为 10^{-10}，与最初版本的 10^{-20}略有区别。

设 θ_1、θ_2 分别为 k-ω 模型和 k-ε 模型的模型常数，则相对应的 SST k-ω 模型常数 θ 的表达式为

$$\theta = F_1\theta_1 + (1 - F_1)\theta_2 \tag{4.35}$$

k-ω 模型中常数的定义为

$$\sigma_{k1} = 0.85,\ \sigma_{\omega 1} = 0.5,\ \beta_1 = 0.075,\ a_1 = 0.31,\ \beta^* = 0.09,\ \kappa = 0.41,$$

$$\gamma_1 = \beta_1 / \beta^* - \sigma_{\omega 1}\kappa^2 / \sqrt{\beta^*}$$

k-ε 模型中常数的定义为

$$\sigma_{k2} = 1.0,\ \sigma_{\omega 2} = 0.856,\ \beta_2 = 0.0828,\ a_1 = 0.31,\ \beta^* = 0.09,\ \kappa = 0.41,$$

$$\gamma_2 = \beta_2 / \beta^* - \sigma_{\omega 2}\kappa^2 / \sqrt{\beta^*}$$

SST 模型可以有效防止因壁面附近过大的湍动能生成（相对于耗散）导致的切应力 τ 计算结果比实际偏大的现象发生。

4.1.4 湍流模型修正

传统的湍流模型通常是针对不可压流推导出来的，而 Favre 平均是将不可压湍流模型扩展到可压缩流最常用的方式。目前国内外正在广泛地开展针对高速可压缩湍流建模的研究。事实上，针对基本流动（湍流边界层流动、混合层流动以及激波与湍流的相互作用）可压缩效应的研究以及对湍流模型的可压缩修正展开较早，并在 20 世纪 90 年代初得到了应用。Sarkar[16]、Zeman[17]以及 Wilcox 等对高速流动模拟中流体可压缩性的影响都进行了研究，并提出相关改进模型。

目前的修正形式主要包括膨胀耗散项修正、压力膨胀项修正、剪切层的结构可压缩修正以及激波不稳定修正等，其中膨胀耗散项修正是最常用的可压缩修正，应用较为成熟，后两种修正比较少见，其实用性仍有待商榷。需要注意的是，这些修正模型大多是针对可压缩混合层提出的，当将其用于湍流边界层模拟有时会导致更大的误差。

通常在 $Ma<5$（甚至可能到 $Ma<8$）的范围内，压缩性对无压力突变（存在强激波等）壁面湍流的影响很小；亚声速流场中，压缩性效应对温度满足 $T_w/T_e<6$ 的边界层流动影响也较小。基于以上事实，Morkovin 提出假说：相对于平均密度的变化，密度脉动对湍流的影响可以忽略。这意味着在计算无激波且非高超声速的可压缩流时只需要考虑平均密度的非均匀性即可，最初对可压缩湍流的模拟也正是基于上述思想。当然 Morkovin 假设在实际应用中有很大的局限性：首先，$\rho'/\bar{\rho}$ 通常不是小量，不适合在有明显传热（如带燃烧的流动）情况下使用；其次，在高马赫数的自由剪切流中压力脉动较大（$M=1$ 的剪切层中密度脉动 $\rho'/\bar{\rho}$ 的大小与 $M=5$ 的壁面边界层流动处于同一水平），基于 Morkovin 假设无法给出合理的混合层发展速度[10]。

早期的可压缩修正主要是针对通过 Favre 平均得到的可压缩控制方程中附加项的模化来进行的。可压缩流质量、动量和能量方程与不可压流中形式相同，区别主要在于湍动能方程，其完整形式为

$$\frac{\partial}{\partial t}(\bar{\rho}k)+\frac{\partial}{\partial x_j}(\bar{\rho}\tilde{u}_jk)=\tau_{ij}\frac{\partial\tilde{u}_i}{x_j}-\bar{\rho}\varepsilon+\frac{\partial}{\partial x_j}[\overline{t_{ji}u'_j}-\overline{\rho u'_j(u'_iu'_i/2)}-\overline{p'u'_j}]-\overline{u'_i}\frac{\partial P}{\partial x_i}+p'\overline{\frac{\partial u'_i}{\partial x_i}} \tag{4.36}$$

式中，分子黏性扩散项和湍流输运项可模化为

$$\overline{t_{ji}u'_j}-\overline{\rho u'_j(u'_iu'_i/2)}=\left(\mu+\frac{\mu_t}{\sigma_k}\right)\frac{\partial k}{\partial x_j} \tag{4.37}$$

对于湍动能方程中的压力扩散项 $\overline{p'u'_j}$，由于缺乏足够信息，且通常在复杂流动中作用并不明显，可与不可压流作同样处理，直接舍弃。于是湍动能方程中多出的项如下：

压力功（Pressure Work）项为 $-\overline{u'_i}\dfrac{\partial P}{\partial x_i}$；

压力膨胀（Pressure Dilatation）项为 $p'\overline{\dfrac{\partial u'_i}{\partial x_i}}$。

由于以往的湍流模型都是基于不可压流推出的，没有考虑这两项，因而将其用于压缩效应明显的可压缩流时需要对这两项进行适当模化。对于压力功，Wilcox 和 Alber（1972）[10] 等人曾给出过封闭模型，但效果均不理想，而且违背了 N-S方程的伽利略变换不变性。对于压力膨胀项 Sarkar 和 Zeman 等人在 DNS 模拟的基础上得出了各自的修正模型。

除此之外，在混合层研究中发现流体的可压缩性带来的影响会引起湍流结构及湍流动力性能的变化，造成耗散率的增强，为了合理的模拟混合层的发展趋势，需要对湍流模型中的耗散项引入相关修正，即膨胀耗散性修正。

1. 膨胀耗散项修正

经过对耗散率定义式的简单推导，从形式上耗散项被分为两项，即

$$\bar{\rho}\varepsilon = \bar{v}\overline{\rho\omega'_i\omega'_i} + \frac{4}{3}\bar{v}\overline{\rho u'_{i,i}u'_{i,i}} = \bar{\rho}\varepsilon_s + \bar{\rho}\varepsilon_d \tag{4.38}$$

前一部分 ε_s 为无散度的部分，后一部分 ε_d 为速度散度不为零引起膨胀耗散。一般认为 ε_s 项仍由原来的 ε 方程得出，ε_d 项作为湍动能方程的修正项。

Sarkar[18]、Zeman[19] 以及 El Baz 和 Launder[20] 等人都在考虑到湍流马赫数 M_t 影响的前提下针对可压缩剪切层给出了各自的压力膨胀项和膨胀耗散项修正。Wilcox[13] 在 Sarkar 和 Zeman 修正的基础上得出了同时适用于剪切层和壁面湍流的膨胀耗散项修正。Sarkar 和 Zeman 指出，膨胀耗散率应该是湍流马赫数 M_t 的函数，湍流马赫数定义为

$$M_t = \frac{\sqrt{2k}}{a} \tag{4.39}$$

他们认为 ε_s 项不受压缩性的影响，仍有原来不可压形式的 ε 方程得出，ε_d 项作为湍动能方程的修正项，其表达式为

$$\varepsilon_d = \xi^* F(Ma_t)\varepsilon_s \tag{4.40}$$

式中：ξ^* 为模型常数；$F(Ma_t)$ 为湍流马赫数的函数。

k-ε 模型框架下对原湍动能及其耗散率方程的修改为

$$\begin{cases} \bar{\rho}\dfrac{\mathrm{d}k}{\mathrm{d}t} = -\bar{\rho}(\varepsilon_s + \varepsilon_d) + \cdots \\ \bar{\rho}\dfrac{\mathrm{d}\varepsilon_s}{\mathrm{d}t} = -C_{\varepsilon 2}\bar{\rho}\varepsilon_s^2/k + \cdots \end{cases} \tag{4.41}$$

k-ω 模型框架下体现为对原有模型常数 β 和 β^* 的修改上，即

$$\begin{cases} \beta^* = \beta_0^*\left[1 + \xi^* F(M_t)\right] \\ \beta = \beta_0 - \beta_0^*\xi^* F(M_t) \end{cases} \tag{4.42}$$

尽管有相似的形式，Sarkar 和 Zeman 建立修正方程的出发点不同。Sarkar 等提出膨胀耗散项应随 Ma_t 单调增加，而 Zeman 等人则认为小激波是产生膨胀耗散的主要原因，因而存在一个界限，在该界限之下膨胀耗散为零。下面为 Sarkar、Zeman 以及 Wilcox 的模型修正的相关系数[10]。

Sarkar 模型：

$$\xi^* = 1\ ,\ F(Ma_t) = Ma_t^2 \tag{4.43}$$

Zeman 模型：

$$\xi^* = \frac{3}{4},$$

$$F(M_t)=\left\{1-\exp\left[-\frac{1}{2}(r+1)(M_t-M_{t0})^2/\Lambda^2\right]\right\}H(M_t-M_{t0}) \quad (4.44)$$

Wilcox 模型：

$$\xi^*=\frac{3}{2},\ M_{t0}=\frac{1}{4},\ F(M_t)=[M_t^2-M_{t0}^2]H(M_t-M_{t0}) \quad (4.45)$$

式中：r 为比热比；H 为 Heaviside 阶跃函数，即

$$H(M_t-M_{t0})=\begin{cases}0 & (M_t<M_{t0})\\ 1 & (M_t\geqslant M_{t0})\end{cases} \quad (4.46)$$

在 Zeman 模型中的其他参数，对边界层和自由剪切层需要分开讨论。通常自由剪切层中取 $\Lambda=0.6$，$M_{t0}=0.10\sqrt{2/(r+1)}$，而在边界层流动中可取 $\Lambda=0.66$，$M_{t0}=0.25\sqrt{2/(r+1)}$。

Wilcox 在混合层验证中发现未经修正的 k-ω 模型给出的混合层发展速度明显高于试验结果，Sarkar、Zeman 以及 Wilcox 修正均能给出与试验相近的结果；但在对平板边界层验证中，对照马赫数 0～5 的平板的表面摩擦系数，发现未经修正的 k-ω 方程即可给出与试验值很吻合的结果，Sarkar 和 Zeman 修正反而会带来更大的误差。

2. 压力膨胀项修正

由于压力膨胀项一般与膨胀耗散项同量级，而且在模化过程中通常与膨胀耗散项一起参与修正，因而其相关的模型系数和与之对应的膨胀耗散项系数需要作出协调。

1）Sarkar 压力膨胀项模型[18]

Sarkar 认为在高速流动中压力膨胀项作用明显，从理论上研究了任意可压缩流场的脉动压力方程，结合直接数值模拟（DNS）的结果，简化得到与不可压湍流相互联系的代数形式的压力膨胀模型，其形式为

$$\overline{p'\frac{\partial u'_i}{\partial x_i}}=-\alpha_3 P_k M_t^2+\alpha_4\bar{\rho}\varepsilon_s M_t^2 \quad (4.47)$$

式中：P_k 为湍动能产生项；α_3、α_4 为模型常数。

Sarkar 通过对 DNS 计算结果进行拟合，同时考虑膨胀耗散项和压力膨胀项的影响，得到协调之后的模型常数为

$$\alpha_1=0.5,\ \alpha_3=0.4,\ \alpha_4=0.2$$

式中：α_1 即为之前膨胀耗散项的系数 ξ^*。

2）Zeman 压力膨胀项模型[17]

Zeman 模型是从脉动压力方差的展开式出发，引入一些假设进行简化，并对 DNS 的结果进行拟合，得到的最终修正模型形式为

$$\overline{p'\frac{\partial u'_i}{\partial x_i}}=g(Ma_t)\left(\frac{\partial\bar{\rho}}{\partial y}\right)^2\frac{k}{\varepsilon}\frac{a^2}{\bar{\rho}}\overline{v'^2} \quad (4.48)$$

$$g(M_t)=0.2[1-\exp(-Ma_t^2/0.02)] \quad (4.49)$$

式中：v' 为边界层中横向脉动速度。

4.1.5 非线性湍流模型

目前工程上广泛应用的线性涡黏性系数湍流模型基于 Boussinesq 假设，对湍流黏性的模拟表现出各向同性，这与实际复杂流动现象存在差异，因而不能很好地模拟存在强逆压梯度的流动。二阶矩雷诺应力模型可以给出较为准确的雷诺应力表达式，更能反映物理实际，但是计算工作量大，对数值方法也很苛刻。近些年来非线性的涡黏模型得到了普遍的重视，与线性涡黏模型相比非线性的涡黏模型的一个优点是可以预测不同方向上的湍流法向剪应力，因而可以克服线性涡黏模型固有的缺陷。

非线性涡黏性系数模型和代数应力模型为介于线性涡黏性系数模型和雷诺应力模型之间的封闭模式，它既有线性涡黏模型的一些特点也兼有雷诺应力模型某些方面的优势。这种封闭模式属于两方程湍流模型，但摒弃了雷诺应力张量与平均应变率张量之间的 Boussinesq 型涡黏性系数关系非线性涡黏系数模型保留有两方程模型的微分特点，同时在某种程度上又能反映出只有完整微分雷诺应力模型（它包含了雷诺应力张量所有分量的演化方程）才能反映的雷诺应力各向异性效应[21, 22]。两方程非线性湍流模式可以很好地反映流向压力梯度、分离、撞击、流线弯曲以及旋转等效应，又易于实施，在计算准确性和计算机资源的利用上达到最佳平衡[23]。

非线性涡黏性模型是一个笼统的分类，其中有一个子类为代数应力模型，它保留了二阶矩输运方程中的压力—应变率相关模型，因而与雷诺应力模型关系更为紧密。Gatski[21]给出图 4.1，从代价/复杂度和实现性/适用范围的角度来展示非线性涡黏性模型在众多封闭模式中的位置。非线性涡黏性模型构建的核心思想是在线性涡黏性模型的基础上，将雷诺应力项扩展为剪切应变张量和旋转应变张量的高阶基底相关形式，再通过试验与 DNS 结果对高阶基底的展开系数进行标定。由于低雷诺数模型在近壁面处可以很好反映涡黏性的衰减，有利于展现湍流在近壁面的高度各向异性，因而通常非线性模型都是基于线性低雷诺数 k-ε 模型发展而来。

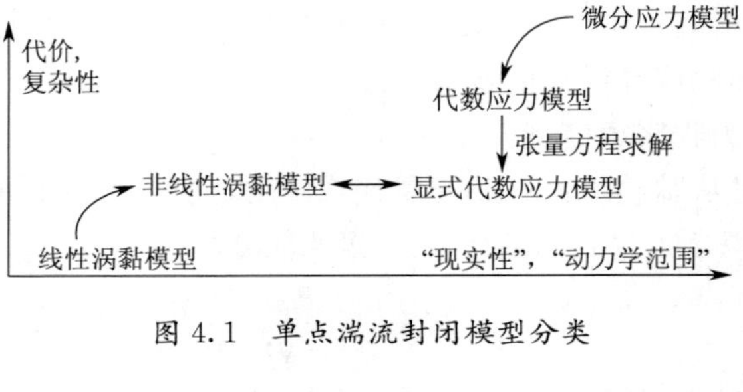

图 4.1 单点湍流封闭模型分类

下面在 k-ε 模型框架下介绍几个典型的非线性涡黏模型，其输运方程为[24]

$$\frac{D(\bar{\rho}k)}{Dt}=\frac{\partial}{\partial x_j}\left[\left(\mu+\frac{\mu_t}{\sigma_k}\right)\frac{\partial k}{\partial x_j}\right]+P_k-\bar{\rho}[\varepsilon^*+D] \tag{4.50}$$

$$\frac{D(\bar{\rho}\varepsilon^*)}{Dt}=\frac{\partial}{\partial x_j}\left[\left(\mu+\frac{\mu_t}{\sigma_\varepsilon}\right)\frac{\partial\varepsilon^*}{\partial x_j}\right]+[C_{\varepsilon1}P_k-C_{\varepsilon2}f_2\bar{\rho}\varepsilon^*]\frac{\varepsilon^*}{k}+S_l+S_\varepsilon \tag{4.51}$$

其中

$$\mu_t=\bar{\rho}C_\mu f_\mu\frac{k^2}{\varepsilon^*} \tag{4.52}$$

式中：ε^* 为各向同性耗散率，它与真实耗散率的关系为

$$\varepsilon^*=\varepsilon-D$$

这里选择应用广泛的 Launder 和 Sharma 模型[25]作为基准低雷诺数模型，D 的定义为 $D=2\nu(\partial\sqrt{k}/\partial x_j)^2$，这可以保证当 $y\to0$ 时，各向同性耗散率 $\varepsilon^*\to0$，从而使方程能正确地积分到壁面。

衰减函数 f_μ 和 f_2 分别为

$$f_\mu=\exp[-3.4/(1+0.02R_t^2)] \tag{4.53}$$

$$f_2=1-0.3\exp(-R_t^2) \tag{4.54}$$

这里 $R_t=k^2/(v\varepsilon^*)$，模型常数为

$$\sigma_k=1.0\ ,\ \sigma_\varepsilon=1.3\ ,\ C_{\varepsilon1}=1.44\ ,\ C_{\varepsilon2}=1.92$$

S_l 的作用是限制低雷诺数模型在近壁面逆压力梯度时产生过大的湍流长度尺度，其形式为

$$S_l=\max\left[0.83\bar{\rho}\frac{\varepsilon^{*2}}{k}\left(\frac{l}{l_e}-1\right)\left(\frac{l}{l_e}\right)^2,0\right] \tag{4.55}$$

式中：长度尺度分别为

$$l=k^{\frac{3}{2}}/\varepsilon^*\ ,\ l_e=C_\mu^{\frac{-3}{4}}\kappa y\ ,\ \kappa=0.41$$

S_ε 为与壁面相关的部分，取决于所用的非线性湍流模型。

在可压缩流中各向异性雷诺应力张量 $\boldsymbol{b}$ 的表达式为

$$b_{ij}=\frac{\widetilde{u'_iu'_j}}{k}-\frac{2}{3}\delta_i^j\quad\left(k=\frac{\widetilde{u'_iu'_i}}{2}\right)$$

无量纲化得平均应变张量和平均涡量为

$$S_{ij}=\frac{k}{2\varepsilon^*}\left(\tilde{u}_{i,j}+\tilde{u}_{j,i}-\frac{2}{3}\tilde{u}_{k,k}\delta_{ij}\right) \tag{4.56}$$

$$W_{ij}=\frac{k}{2\varepsilon^*}(\tilde{u}_{i,j}-\tilde{u}_{j,i}) \tag{4.57}$$

非线性涡黏性模型和显式代数应力模型关于雷诺应力张量的表达形式几乎相同，在建立非线性涡黏性模型雷诺应力张量表达式时可直接引用了显示代数应力模型的幂次项表达式。在 2000 年 Gatski[21]的综述中，给出了建立在 10 个张量基底上的非线性涡黏性模型各向异性张量的表达式

$$b_{ij} = \sum_{n=1}^{N} \alpha_n T_{ij}^{(n)} \tag{4.58}$$

式中：T_{ij}^{n} 为给定的张量基底，N 为有限自然数，a_n 为待定展开系数。

这 10 个线性无关的张量基底依次为[21,22]

$$\boldsymbol{T}^{(1)} = \boldsymbol{S}\ ,\ \boldsymbol{T}^{(2)} = \boldsymbol{SW} - \boldsymbol{WS}\ ,\ \boldsymbol{T}^{(3)} = \boldsymbol{S}^2 - \frac{1}{3}\{\boldsymbol{S}^2\}\ \boldsymbol{I}$$

$$\boldsymbol{T}^{(4)} = \boldsymbol{W}^2 - \frac{1}{3}\{\boldsymbol{W}^2\}\boldsymbol{I}\ ,\ \boldsymbol{T}^{(5)} = \boldsymbol{WS}^2 - \boldsymbol{S}^2\boldsymbol{W}$$

$$\boldsymbol{T}^{(6)} = \boldsymbol{W}^2\boldsymbol{S} + \boldsymbol{SW}^2 - \frac{2}{3}\{\boldsymbol{SW}^2\}\boldsymbol{I}\ ,\ \boldsymbol{T}^{(7)} = \boldsymbol{WSW}^2 - \boldsymbol{W}^2\boldsymbol{SW}$$

$$\boldsymbol{T}^{(8)} = \boldsymbol{SWS}^2 - \boldsymbol{S}^2\boldsymbol{WS}\ ,\ \boldsymbol{T}^{(9)} = \boldsymbol{W}^2\boldsymbol{S}^2 + \boldsymbol{S}^2\boldsymbol{W}^2 - \frac{2}{3}\{\boldsymbol{S}^2\boldsymbol{W}^2\}\ \boldsymbol{I}$$

$$\boldsymbol{T}^{(10)} = \boldsymbol{WS}^2\boldsymbol{W}^2 - \boldsymbol{W}^2\boldsymbol{S}^2\boldsymbol{W}$$

在早期的非线性湍流模型中，雷诺应力的表达式都是用平均速度梯度表示，没有用张量表示的方法，但经过适当整理，很容易写成用上述张量表示的形式。下面为几个比较经典的非线性涡黏模型，包含了平均应变率张量和平均旋转速率张量的二次和三次形式。

1. WR（Wilcox 和 Rubinson）二阶涡黏性模型

WR 二阶模型[26]源于 Saffman 提出的形式，为最早发展的结合低雷诺数涡黏性模型的二阶涡黏性模型，采用张量形式 $b_{ij} = \sum_{n=1}^{N} \alpha_n T_{ij}^{(n)}$ 表示为

$$\boldsymbol{b} = \alpha_1 \boldsymbol{S} + \alpha_2 (\boldsymbol{SW} - \boldsymbol{WS}) \tag{4.59}$$

模型展开系数分别为

$$\alpha_1 = -2C_\mu f_\mu,\ \alpha_2 = \frac{8/9 f_\mu}{1/C_\mu + 2\{S^2\}}$$

模型常数 C_μ 为 0.09 ，近壁低雷诺数修正项

$$S_\varepsilon = 2\nu\mu_t \left(\frac{\partial^2 \tilde{u}_i}{\partial x_j\, \partial x_k}\right)^2 \tag{4.60}$$

由于这里的 C_μ 为常数，与平均流的应变率张量以及旋转应变张量无关，这导致它与线性湍流模型相比无明显优势。

2. SZL（Shih，Zhu and Lumley）二阶涡黏性模型

SZL 二阶涡黏性模型[27]从可实现性出发在二阶项里包含了 $T^{(3)}$、$T^{(4)}$，C_μ 不再为定值，而成为平均应变率的函数。该模型中各项异性张量的表达式为

$$\boldsymbol{b} = \boldsymbol{a}_1\boldsymbol{S} + \boldsymbol{a}_2(\boldsymbol{SW} - \boldsymbol{WS}) + \boldsymbol{a}_3\left(\boldsymbol{S}^2 - \frac{1}{3}\{\boldsymbol{S}^2\}\boldsymbol{I}\right) + \boldsymbol{a}_4\left(\boldsymbol{W}^2 - \frac{1}{3}\{\boldsymbol{W}^2\}\boldsymbol{I}\right) \tag{4.61}$$

模型系数根据均匀剪切流和惯性底层的试验和 DNS 结果进行标定。通过均匀旋转剪切流、后向台阶和受限射流等经典算例的检验，结果显示该模型总体上优于线性涡黏性模型。其高阶基底的展开系数为

$$C_\mu = \frac{2/3}{1.25 + S + 0.9\Omega},\ \alpha_1 = -2C_\mu f_\mu,\ \alpha_2 = \frac{15 f_\mu}{1000 + S^3},$$

$$\alpha_3 = \frac{3 f_\mu}{1000 + S^3},\ \alpha_4 = \frac{-19 f_\mu}{1000 + S^3}$$

式中

$$S = \sqrt{2S_{ij}S_{ij}},\Omega = \sqrt{2W_{ij}W_{ij}}$$

在低雷诺数模型下修正项 S_ε 表达式可定义为

$$S_\varepsilon = \nu\mu_t\left(\frac{\partial^2 \tilde{u}_i}{\partial x_j\,\partial x_k}\right)^2 \tag{4.62}$$

衰减函数与 WR 模型相同

$$f_\mu = \exp[-3.4/(1 + 0.02R_t^2)] \tag{4.63}$$

由于忽略了三阶基底项导致二阶基底展开系数较难获取普适的标定结果，二阶非线性涡黏性模型的通用性一般都不强。

3. CLS（Craft，Launder and Suga）三阶涡黏性模型

CLS 三阶涡黏性模型[28]中各向异性张量的表达式为

$$\boldsymbol{b} = \boldsymbol{a}_1\boldsymbol{S} + \boldsymbol{a}_2(\boldsymbol{SW} - \boldsymbol{WS}) + \boldsymbol{a}_3\left(\boldsymbol{S}^2 - \frac{1}{3}\{\boldsymbol{S}^2\}\boldsymbol{I}\right) + \boldsymbol{a}_4\left(\boldsymbol{W}^2 - \frac{1}{3}\{\boldsymbol{W}^2\}\boldsymbol{I}\right) + \boldsymbol{a}_5(\boldsymbol{W}^2\boldsymbol{S} - \boldsymbol{SW}^2) + \boldsymbol{c}(\{\boldsymbol{S}^2\} - \{\boldsymbol{W}^2\})\,\boldsymbol{S} \tag{4.64}$$

由于张量基底的选取不唯一，张量基底的线性组合仍可作为张量基底，因而这里没有完全写成标准形式。

Craft 等人认为无量纲的平均剪切应变张量和旋转应变张量是影响涡黏性系数的重要参数，他们成功刻画出 C_μ 与平均剪切应变张量和旋转应变张量的非线性关系，并加入了（$\{\boldsymbol{S}^2\} + \{\boldsymbol{W}^2\}$）$S$ 项以减少模型过大的湍流动能产生。CLS 模型的各项系数分别为

$$C_\mu = \frac{0.3}{1 + 0.35(\max[|S|,\Omega])^{1.5}}\left(1 - \exp\left[\frac{-0.36}{\exp(-0.75\max[|S|,\Omega])}\right]\right) \tag{4.65}$$

式中：$|S|$、Ω 的定义与 SZL 模型相同。

线性项系数

$$\alpha_1 = -2 f_\mu C_\mu$$

二阶项系数

$$\alpha_2 = 0.4 f_\mu C_\mu,\ \alpha_3 = -0.4 f_\mu C_\mu,\ \alpha_4 = -1.04 f_\mu C_\mu$$

三阶项系数

$$\alpha_5 = 80 f_\mu C_\mu^3, c = -40 f_\mu C_\mu^3$$

衰减函数

$$f_\mu = 1 - \exp[-\sqrt{R_t/90} - (R_t/400)^2]$$

近壁低雷诺数修正项

$$S_\varepsilon = \begin{cases} 0.0022 \dfrac{|S|\mu_t k^2}{\varepsilon^*}\left(\dfrac{\partial^2 \tilde{u}_i}{\partial x_j \, \partial x_k}\right)^2 & (Re_t \leqslant 250) \\ 0 & (Re_t > 250) \end{cases} \tag{4.66}$$

式中，$R_t^2 = k^2/(\nu\varepsilon)$。

CLS模型对含有强流线弯曲、有旋流动、撞击射流以及非定常涡分离流动的效果都较好，其普适性和预测精度优于目前大部分线性及非线性涡黏性模型，成为较实用的三阶非线性涡黏性模型。

4.1.6　雷诺应力模型

通常认为湍流的各向异性特点本质上是由于雷诺应力张量与应变率张量二者的主轴系并不互相重合，即要求湍流黏度 μ_t 不是各向同性的标量，因而用黏性牛顿流体的各项同构关系和湍流黏度 μ_t 的概念来模拟雷诺应力有悖于物理真实。此外，由于涡黏性完全忽略了压力应变关联项的效应，因而涡黏性不能反映由于湍动能在各主轴方向分配所引起的雷诺应力的各向异性，无法捕捉到湍流中可能出现的逆梯度输运现象。要克服这一缺陷就要抛弃 μ_t 概念而直接建立雷诺应力的输运方程，并对其中脉动关联项加以模化后再进行求解。我国学者周培源早在1940 年就建立了雷诺应力的精确输运方程及其相关理论，直至 20 世纪 60 年代以后，由于计算技术和数值方法的飞速发展，促使雷诺应力方程的建模和求解重新形成了新的研究热点，先后出现了多种二阶矩封闭模型。

从瞬态流的 N-S 方程和平均流的雷诺方程出发，很容易推导出雷诺应力输运方程，其表达式可写为

$$\frac{\partial}{\partial t}(\rho \overline{u'_i u'_j}) + \frac{\partial}{\partial x_k}(\rho U_k \overline{u'_i u'_j}) = D_{ij} + \varphi_{ij} + G_{ij} - \varepsilon_{ij} \tag{4.67}$$

式（4.67）左端两项分别为雷诺应力的时间变化率和对流项，D_{ij}、φ_{ij}、G_{ij} 和 ε_{ij} 分别称为雷诺应力的扩散项、压力应变项、产生项和耗散项。其具体表达式如下

$$D_{ij} = -\frac{\partial}{\partial x_k}\left(\rho \overline{u'_i u'_j u'_k} + \overline{p' u'_j}\delta_{jk} + \overline{p' u'_j}\delta_{jk} - \mu \frac{\partial}{\partial x_k}\overline{u'_i u'_j}\right) \tag{4.68}$$

$$\varphi_{ij} = \overline{p\left(\frac{\partial u'_i}{\partial x_j} + \frac{\partial u'_j}{\partial x_i}\right)} \tag{4.69}$$

$$G_{ij} = -\rho\left(\overline{u'_i u'_k}\frac{\partial U_j}{\partial x_k} + \overline{u'_j u'_k}\frac{\partial U_i}{\partial x_k}\right) \tag{4.70}$$

$$\varepsilon_{ij} = 2\mu \overline{\frac{\partial u'_i}{\partial x_k}\frac{\partial u'_j}{\partial x_k}} \tag{4.71}$$

扩散项 D_{ij} 以散度形式出现，具有守恒性。它一般不改变系统内雷诺应力总量的大小，而只改变其在系统内部的分布，使之趋于空间均匀。产生项 G_{ij} 代表雷诺应力与平均速度梯度的相互作用，正是这种作用提供了雷诺应力的来源。耗散项 ε_{ij} 体现了分子黏性对湍流脉动的消耗作用，它总是使雷诺应力减小。压力应变项 φ_{ij}

代表脉动压力与脉动应变率之间的关联。以上四项除 G_{ij} 外均含有二阶或三阶相关矩，必须引入适当的假设加以模化之后才能使得雷诺应力方程封闭进一步求解。

（1）扩散项。式（4.68）中最后一项代表分子扩散作用，在高雷诺数下可以忽略。前三项反映了脉动速度三阶关联和压力脉动对应力的扩散作用，为了简单起见，可把压力脉动的影响归并到三阶相关项中，统一地采用 Launder 提出的通用梯度扩散模型得到

$$D_{ij}=\frac{\partial}{\partial x_k}\left(C_s\frac{k}{\varepsilon}\overline{u'_k u'_l}\frac{\partial\overline{u'_i u'_j}}{\partial x_l}\right) \tag{4.72}$$

式中：常数 C_s 通常取为 0.21.

（2）耗散项。耗散过程发生于小尺度涡区，理论和试验证明，在高雷诺数条件下，小尺度涡团接近于各向同性，因而可忽略各向异性的耗散，即认为湍流切应力耗散趋向于零，而黏性作用只引起湍流正应力及湍能的耗散，这样张量形式的耗散项即简化为标量湍能耗散率

$$\varepsilon_{ij}=2\mu\overline{\frac{\partial u'_i}{\partial x_k}\frac{\partial u'_j}{\partial x_k}}=\frac{2}{3}\mu\overline{\left(\frac{\partial u'_l}{\partial x_k}\right)^2}\delta_{ij}=\frac{2}{3}\rho\varepsilon\delta_{ij} \tag{4.73}$$

由于耗散项的这种模拟方案缺乏严格的依据，在某些应用场合下显示出明显的不足。

（3）压力应变项。φ_{ij} 在雷诺应力的输运过程中起着十分重要的作用，特别是在存在压力急剧变化的流场中。模拟 φ_{ij} 的思路是首先建立并求解脉动压力 p 的微分方程，再设法研究影响 φ_{ij} 的重要因素，进而对这些影响因素分别进行模化。

压强变形率相关项可以写成如下形式

$$\varphi_{ij}=\overline{p\left(\frac{\partial u'_i}{\partial x_j}+\frac{\partial u'_j}{\partial x_i}\right)}=\varphi_{ij1}+\varphi_{ij2}+\varphi_{ijw} \tag{4.74}$$

式中：φ_{ijw} 为壁面脉动压强和脉动变形率相关用格林函数加权的面积分，它称为壁面反射项，或简称壁面项。壁面项只在极近壁区有较大贡献，通常忽略。

Rotta 根据 φ_{ij1} 的各向同性化作用，对其提出下列模化方案

$$\varphi_{ij1}=-C_1\frac{\varepsilon}{k}\rho\left(\overline{u'_i u'_j}-\frac{2}{3}\delta_{ij}k\right) \tag{4.75}$$

式中，括号中两项表示雷诺应力的各向异性部分。

不难证明，这样模拟的 φ_{ij1} 具有使雷诺应力和湍动能趋于各向同性的作用。常数 C_1 的取值为 1.5～3.0。与此类似，Naot 等人提出 φ_{ij2} 项的模化方案

$$\varphi_{ij2}=-C_2\left(G_{ij}-\frac{1}{3}\delta_{ij}G\right) \tag{4.76}$$

式中：G_{ij} 和 G 分别为雷诺应力和湍动能的生成率，其中包含了平均速度梯度和湍流脉动量的相互作用。

式（4.76）体现出压力应变相关项使雷诺应力的生成率趋于各向同性的特征。常数 C_2 的取值为 $C_2\leqslant 0.6$。

综上可得标准雷诺应力微分方程

$$\frac{\partial}{\partial t}(\rho \overline{u'_i u'_j}) + \frac{\partial}{\partial x_k}(\rho U_k \overline{u'_i u'_j}) = \frac{\partial}{\partial x_k}\left[C_s \rho \frac{k}{\varepsilon} \overline{u'_k u'_l} \frac{\partial}{\partial x_l}(\overline{u'_i u'_j}) - \right.$$

$$\left. C_1 \frac{\varepsilon}{k}\rho\left(\overline{u'_i u'_j} - \frac{2}{3}\delta_{ij}k\right) - C_2\left(G_{ij} - \frac{2}{3}\delta_{ij}G\right) - \frac{2}{3}\delta_{ij}\rho\varepsilon + G_{ij}\right] \tag{4.77}$$

由于雷诺应力是二阶对称张量，有 6 个独立分量，因而上式代表了 6 个微分方程。同时这个方程中还含有湍流参数 k 和 ε。k 可由雷诺应力中的三个正应力分量相加而得到，ε 则需要求解输运方程。由于在应力模型中不存在湍流黏性系数的概念，其 ε 方程与 k-ε 模型中的 ε 方程在形式上略有差别，经验常数的取值也略有不同。则

$$\frac{\partial \varepsilon}{\partial t} + \frac{\partial}{\partial x_j}(\rho U_j \varepsilon) = \frac{\partial}{\partial x_j}\left(C_s \rho \frac{k}{\varepsilon} \overline{u'_i u'_j} \frac{\partial \varepsilon}{\partial x_i}\right) + C_{\varepsilon 1}\frac{k}{\varepsilon}G - C_{\varepsilon 2}\frac{\varepsilon^2}{k} \tag{4.78}$$

式中：常数一般取值为 $C_s=0.15$，$C_{\varepsilon 1}=1.34$，$C_{\varepsilon 2}=1.8$。

式（4.78）与雷诺应力输运方程一起构成了 7 个方程的湍流微分形式的雷诺应力模型。从目前应用来看，整体上雷诺应力输运模型在湍流流场模拟中的优势并不明显，所带来的计算精度的提高十分有限，可能并不足以弥补其在计算成本和复杂性方面所付出的代价[29]，雷诺应力输运模型仍有待发展。

4.1.7 模型评述

1. 线性涡黏模型

Wilcox 在 2001 年的综述[30]中通过一系列基本试验，对通常采用的代数模型、一方程模型以及两方程模型进行可靠性评估。他认为如果一种湍流模型能够应用于复杂的流动，则它必然适用于基本的流动，如果在基本的流动中它都无法给出合理的结果，则必然不能用于复杂流动的模拟，在此基础上对各种模型给出了适用性分析和评价。其涉及的三类基本湍流流动为：自由剪切流（包括尾流、混合层、平面射流、圆柱射流、径向射流等），附着边界层流动、分离流（包括有流动分离的轴对称物体绕流和后向台阶流动）。

对零方程模型（CS 模型、BL 模型、半方程 JK 模型）的验证中发现，在有逆压梯度的附着边界层流动中 JK 模型表现最差，CS 模型整体稍好一些；对于分离流动尽管零方程模型整体上不实用，但 JK 模型能够给出较好的结果。

一方程模型（BB 模型、SA 模型）的验证结果显示：对于自由剪切流 SA 模型除射流相关的剪切流外，其余精度均较好，适宜用于机翼绕流等工程问题；对附着边界层流动，BB 模型计算出的表面摩擦系数过小，除个别算例外 SA 模型的表现与 BL 零方程模型相近；在分离流计算中 BB 模型得出的分离区比试验大很多，而 SA 模型计算的分离区大小以及附着点的位置可以接受。

两方程模型（Wilcox k-ω 模型、Robinson k-ξ 模型、Launder-Sharma k-ε 模

型以及 RNG k-ε 模型）的验证结果为：自由剪切流中 k-ω 模型和 k-ξ 模型精度较高，平均误差分别为 5%和 7%，而 k-ε 模型和 RNG k-ε 模型的误差较高，几种算例的平均误差分别达到 18%和 29%；附着边界层流动中 k-ω 模型的精度较高，平均误差为 3.5%，远远低于 k-ε 模型的 29%；分离流动中 k-ω 给出的附着点位置与试验较为接近，偏差仅为 4%，精度比 k-ε 模型高很多。

在以上分析的基础上得出：

（1）零方程模型能够很好地模拟附着边界层流动问题，半方程 JK 模型可以用于有轻度分离的流动区域，但他们都不适用于自由剪切流问题；

（2）BB 模型对壁面边界层湍流的模拟精度很差，SA 方程对除射流以外的自由剪切湍流计算精度较高；

（3）k-ω 模型对自由剪切流、附着边界层湍流和适度分离的湍流都有较高的计算精度，而 k-ε 模型系列整体模拟能力与 k-ω 模型相比较差。

2. 非线性湍流模型

Loyau[24] 等人对比研究了不同非线性模型对湍动能生成项 P_k 以及模型系数 C_μ 的影响，发现二维简单剪切流中 WR 模型与线性模型给出的 P_k 完全相同，由于方程通过 C_μ 对应变和旋度产生依赖，SZL 以及 CLS 模型给出的 P_k 存在差异。对所有模型，当应变处于平衡位置时，$C_\mu=0.09$；而当应变超过平衡值后，在除 WR 模型之外的其他非线性模型中 C_μ 均大幅下降，导致涡黏性下降，使得受逆压梯度影响的边界层更容易分离，这使得边界层对激波的感受更为敏感，模拟结果更接近实际情况。由于 WR 模型中 C_μ 与线性模型中同样为常数，因而没有明显的优势。

H. Loyau（1998）[24] 以及杨晓东、马晖扬[23]（2003）等人都对针对两个经典跨声速试验：二维管道突起跨声速流试验（Delery，1980[31]）和轴对称圆弧突起跨声速绕流试验（Bachalo&Johnson，1979[32]），采用线性和非线性模型进行了仿真计算，对非线性模型的适用性能进行了评价，发现线性 k-ε 模型和非线性 WR 模型没能很好地给出两个激波之间的压力平台区，而其他的非线性模型对分离区的模拟效果相对较好，且其中三阶模式要优于二阶模式。

4.2　大涡模拟理论及方程

大涡模拟是介于直接数值模拟（DNS）与 Reynolds 平均法（RANS）之间的一种湍流数值模拟方法。随着计算机硬件条件的快速提高，对大涡模拟方法的研究与应用呈明显上升趋势，成为目前计算流体力学 CFD 领域的研究热点之一。

4.2.1　大涡模拟的基本思想

湍流含有一系列大大小小的涡团，涡的尺度范围相当宽广。为了模拟湍流流动，总是希望计算网格的尺度小到足以分辨最小涡的运动，然而，就目前的计算机能力来讲，能够采用的计算网格的最小尺度仍比最小涡的尺度大许多。

湍流中动量、质量、能量及其他物理量的输运，主要受大尺度涡影响。大尺度涡与所求解的问题密切相关，由几何及边界条件所规定，各个大尺度涡的结构是互不相同的。而小尺度涡几乎不受几何边界条件的影响，不像大尺度涡那样与所求解的特定问题密切相关。而小尺度涡趋向于各向同性，其运动具有共性。因此，目前只能放弃对全尺度范围上涡的瞬时运动的模拟，只将比网格尺度大的湍流运动通过瞬时 N-S 方程直接计算出来，而小尺度涡对大尺度涡运动的影响则通过一定的模型在大尺度涡瞬时 N-S 方程中体现出来，从而形成了目前的大涡模拟法（Large Eddy Simulation，LES）。

要实现大涡模拟，有两个重要环节的工作必须完成。首先是建立一种数学滤波函数，从湍流瞬时运动方程中将尺度比滤波函数尺度小的涡滤掉，从而分解出描述大涡流场的运动方程，而这时被滤掉的小涡对大涡运动的影响则通过在大涡流场的运动方程中引入附加应力项来体现。将应力项比拟 Reynolds 平均中的 Reynolds 应力项，称为亚格子尺度应力。而建立这一应力项的数学模型，就是要完成的第二个环节的工作。这一数学模型称为亚格子尺度（Sub Grid-Scale，SGS）模型。

4.2.2 大涡的运动方程

在 LES 方法中，通过使用滤波函数，每个瞬时变量 ϕ 都被分成大尺度的平均分量 $\bar{\phi}$ 和小尺度分量 ϕ' 两部分。$\bar{\phi}$ 是在 LES 模拟时直接计算的部分，ϕ' 则需要通过模型来表示。

假设 ϕ（$\bar{x}$，t）是空间内 $x=\bar{x}$ 点处某个瞬时的流动变量，则在此瞬时 $x=\bar{x}$ 处的大尺度分量 $\bar{\phi}$（$\bar{x}$，t）可以通过如下物理空间上的加权积分表示

$$\bar{\phi}(\bar{x},t)=\int G(|\bar{x}-\bar{x}'|)\phi(\bar{x}',t)\mathrm{d}V' \tag{4.79}$$

关于滤波函数 G（x），常用的滤波器有以下三种：Box 滤波器，富氏截断滤波器，高斯型滤波器。三种滤波器里，高斯型滤波器性能最好，但是计算量很大。应用较多的还是 Box 滤波器和富氏滤波器。Box 滤波函数为

$$G(|\bar{x}-\bar{x}'|)=\begin{cases}\dfrac{1}{\Delta x_1\Delta x_2\Delta x_3}, & |\bar{x}-\bar{x}'|\leqslant\dfrac{\Delta x_i}{2}\ (i=1,2,3)\\ 0, & |\bar{x}-\bar{x}'|>\dfrac{\Delta x_i}{2}\ (i=1,2,3)\end{cases} \tag{4.80}$$

式中：x_i 为任一网格节点的坐标；Δx_i 为第 i 方向滤波器网格的尺度。大尺度分量 $\bar{\phi}$ 就是在以 x_i 为中心的长方体单元上的体积平均值。

滤波器的宽度并不必须与数值计算所用的网格相联系。原则上，计算网格的尺寸不应大于滤波器宽度。为简化计算，可使计算网格与滤波器网格相同。这里

的平均分量是滤波后得到的变量，它不是在时间域上的平均，而是在空间域上的平均。$G(|\bar{x}-\bar{x}'|)$ 决定了所求解的涡的尺度，即将大涡与小涡划分开来。换句话说，$\bar{\phi}$ 只保留了 ϕ 在大于滤波函数 $G(|\bar{x}-\bar{x}'|)$ 宽度尺度上的可变性。

经滤波处理及 Favre 平均的大涡模拟控制方程如下

$$\frac{\partial\bar{\rho}}{\partial t}+\frac{\partial(\bar{\rho}\tilde{u}_j)}{\partial x_j}=0 \tag{4.81}$$

$$\frac{\partial(\bar{\rho}\tilde{u}_i)}{\partial t}+\frac{\partial(\bar{\rho}\tilde{u}_i\tilde{u}_j+\bar{p}\delta_{ij})}{\partial x_j}=\frac{\partial(\tilde{\tau}_{ij}+\tau_{ij}^{SGS})}{\partial x_j} \tag{4.82}$$

$$\frac{\partial(\bar{\rho}\widetilde{E})}{\partial t}+\frac{\partial(\bar{\rho}\widetilde{H}\tilde{u}_j)}{\partial x_j}=\frac{\partial[\tilde{u}_i(\tilde{\tau}_{ij}+\tau_{ij}^{SGS})-(\tilde{q}_j+Q_j^{SGS})]}{\partial x_j} \tag{4.83}$$

这是瞬时状态下的方程，式中“¯”代表空间滤波，“~”代表采用了 Favre 平均的空间滤波。定义 $\tau_{ij}^{SGS}=\bar{\rho}\widetilde{u_iu_j}-\rho\tilde{u}_i\tilde{u}_j$ 为亚格子尺度应力（Subgrid-Scale Stress，SGS)，它体现了小尺度涡的运动对所求解的运动方程的影响。

比较发现，滤波后的 N-S 方程与 RANS 方程在形式上非常类似，区别在于这里的变量是滤波后的值，仍为瞬时值，而非时均值，同时湍流应力的表达式不同。而滤波后的连续方程与时均化的连续方程相比，则没有变化，这是由于连续方程具有线性特征。由于 SGS 应力是未知量，要使方程组可解，必须用相关模型来构造 SGS 应力的数学表达式，即亚格子尺度模型。

4.2.3　亚格子尺度模型

SGS 模型在 LES 方法中占有十分重要的地位，最早的、也是最基本的模型由 Smagorinsky 提出，后来有多位学者发展了该模型。亚格子应力 τ_{ij}^{SGS} 通常可以类比没有过滤的 N-S 方程中的黏性应力 τ_{ij} 的模化方法，认为 τ_{ij}^{SGS} 由偏分量和各向同性分量组成，$\tau_{ij}^{SGS}=\tau_{ij,d}^{SGS}+\tau_{kk}^{SGS}$，$\tau_{ij}^{SGS}$ 的偏分量 $\tau_{ij,d}^{SGS}$ 认为与可解尺度的应变分量 $\widetilde{S}_{ij}=\frac{1}{2}\left(\frac{\partial\tilde{u}_i}{\partial x_j}+\frac{\partial\tilde{u}_j}{\partial x_i}\right)$成正比，可模化如下

$$\tau_{ij,d}^{SGS}=-2\bar{\rho}\nu_t\left[\widetilde{S}_{ij}-\frac{1}{3}\widetilde{S}_{kk}\delta_{ij}\right] \tag{4.84}$$

注意，此处 $\tau_{kk}^{SGS}=\left(\frac{2}{3}\right)\bar{\rho}k^{SGS}\delta_{ij}$，总的亚格子应力张力可以表达为

$$\tau_{ij}^{SGS}=-2\bar{\rho}\nu_t\left[\widetilde{S}_{ij}-\frac{1}{3}\widetilde{S}_{kk}\delta_{ij}\right]+\frac{2}{3}\bar{\rho}k^{SGS}\delta_{ij} \tag{4.85}$$

为了完成亚格子应力的封闭，需要确定亚格子涡黏性 ν_t 以及亚格子动能 k^{SGS}。

1. 零方程亚格子模型

1）Smagorinsky 模型

根据 Smagorinsky 的基本 SGS 模型，假设 SGS 应力具有如下形式

$$\tau_{ij}^{SGS}-\frac{1}{3}\tau_{kk}^{SGS}\delta_{ij}=-2\rho\nu_t\bar{S}_{ij} \tag{4.86}$$

式中，ν_t 为亚格子尺度的湍动黏性系数，即

$$\nu_t = (C_s\Delta)^2 |\overline{S}| \tag{4.87}$$

其中

$$|\overline{S}| = \sqrt{2\overline{S}_{ij}\overline{S}_{ij}}, \Delta = (\Delta_x\Delta_y\Delta_z)^{1/3} \tag{4.88}$$

$$\overline{S}_{ij} = \frac{1}{2}\left(\frac{\partial \overline{u}_i}{\partial x_j} + \frac{\partial \overline{u}_j}{\partial x_i}\right) \tag{4.89}$$

式中：Δ_i 代表沿 i 轴方向的网格尺寸；C_s 为 Smagorinsky 常数。

理论上，C_s 通过 Kolmogorov 常数 C_K 来计算，即 $C_s = \frac{1}{\pi}\left(\frac{3}{2}C_K\right)^{3/4}$。Lilly 通过推导在各向同性湍流惯性子区中得出 $C_K = 1.5$ 时，$C_s = 0.17$。实际应用表明，由于在近壁区域耗散过大，通常导致该区域大尺度脉动衰减过快，因而 C_s 应取一个更小的值，以减小 SGS 应力的扩散影响。Van Driest 模型建议按下式调整 C_s：

$$C_s = C_{s0}(1 - e^{-y^+/A^+}) \tag{4.90}$$

式中：$y^+ = yu_\tau/\nu_w$ 为到壁面的无量纲距离；A^+ 为半经验常数；取 25.0；C_{s0} 为 Van Driest 常数，取 0.1。

2）动力 Smagorinsky 模型

动力亚格子模型是 Germano 等人[33]于 1991 年发展起来的。动力亚格子模型的引入是为了解决常系数 Smagorinsky 模型在剪切湍流中耗散过大的问题。基本思想是：利用包含在大涡模拟中的高波信息去推断亚格子尺度对可解大涡的影响，以动态的确定模型系数。这样出现在 Smagorinsky 模型中的比例常数会成为一个根据当时当地湍流动力学性质来调整自身大小的系数，能够较好地反映湍流的瞬时和局部动力学性质，甚至可以自动捕捉湍流间歇和能量反向传递。

Germano 引入测试滤波 $\hat{G}$，其滤波尺度 Δ_2 大于亚格子尺度 Δ_1。采用滤波尺度 Δ_1 和 Δ_2 分别对物理量 φ 进行两次过滤，这里记为下标 f 和 g，如果过滤是线性的，则两次过滤后，有

$$(\varphi)_{fg} = (\varphi)_g \tag{4.91}$$

从 N-S 方程出发，可推导出连续 2 次滤波得到的亚格子应力 $(\tau_{ij})_{fg}$ 与对一次滤波亚格子应力再进行二次滤波得到的亚格子应力 $[(\tau_{ij})_f]_g$ 之间的 Germano 关系式，即

$$[(\tau_{ij})_f]_g = (\tau_{ij})_{fg} - L_{ij} \tag{4.92}$$

其中，$L_{ij} = (u_i)_{fg}(u_j)_{fg} - [(u_i)_f(u_j)_f]_g$ 为一个封闭量。

将以尺度 Δ_1 过滤的可解速度用上标“－”表示，以尺度 Δ_2 过滤的可解速度用上标“∧”表示，采用两尺度进行过滤的 Smagorinsky 亚格子应力分别为

$$(\tau_{ij})_f - \frac{1}{3}(\tau_{kk})_f\delta_{ij} = 2(v_t)_f\overline{S_{ij}} = 2C_{D1}\Delta_1^2|\overline{S}|\overline{S_{ij}} \tag{4.93}$$

$$(\tau_{ij})_g - \frac{1}{3}(\tau_{kk})_g\delta_{ij} = 2(v_t)_g \widehat{S_{ij}} = 2C_{D2}\Delta_2^2|\widehat{S}|\widehat{S_{ij}} \tag{4.94}$$

式中：C_{D1}、C_{D2}是取代 Smagorinsky 系数的动态系数。

假设过滤尺度 Δ_1 和 Δ_2 都在惯性子区范围内，则以 Δ_2 尺度过滤的亚格子应力的系数应当和 Δ_1 的系数相等，即 $C_{D1}=C_{D2}$。

由于$(\tau_{ij})_{fg}=(\tau_{ij})_g$，故将式（4.93）和式（4.94）代入 Germano 关系式，可得

$$L_{ij} - \frac{1}{3}L_{kk}\delta_{ij} = 2C_D(\Delta_2^2|\widehat{S}|\widehat{S_{ij}} - \Delta_1^2\ \widehat{|\overline{S}|\overline{S_{ij}}}) \tag{4.95}$$

令 2（$\Delta_2^2|\widehat{S}|\widehat{S_{ij}} - \Delta_1^2\ \widehat{|\overline{S}|\overline{S_{ij}}}$）$=M_{ij}$，则有

$$L_{ij} - \frac{1}{3}L_{kk}\delta_{ij} = C_D M_{ij} \tag{4.96}$$

这是一个超定方程，不能直接求解系数 C_D。Lilly 采用最小误差法，令方程两边的平方差最小，即

$$\frac{\partial}{\partial C_D}\left\{L_{ij} - \frac{1}{3}L_{kk}\delta_{ij} - C_D M_{ij}\right\}^2 = 0 \tag{4.97}$$

从而可得

$$C_D = \frac{M_{ij}L_{ij}}{M_{ij}M_{ij}} \tag{4.98}$$

上述最小误差法求 C_D 时可能出现负值或分母过小的情况，导致计算发散。为了克服计算的困难，可采用平均系数法对式（4.98）右端项分子分母分别求系统平均值。

2. 一方程亚格子模型

1）常系数一方程亚格子模型

如果亚格子湍动能的生成和耗散能够保持局部的平衡，就可以直接应用类似于 Smagorinsky 发展的涡黏性模型[34]，但是在很多工程应用中，该假设并不都成立。这种模型不能够反映上游历史的影响，在湍流输运较强时，由亚格子尺度输运的部分能量与可解尺度相比同等重要，此时 Smagorinsky 涡黏性模型以及 Germano 发展的动力涡黏性模型[33]可能会导致较大的误差。基于此认识，Schumann 建立了以亚格子湍动能作为湍流特征参数的输运方程[35]。Yoshizawa[36]等人以及 Chakravarthy[37]等人给出了该方程的修正形式，即

$$\frac{\partial(\bar{\rho}k^{SGS})}{\partial t} + \frac{\partial(\bar{\rho}k^{SGS}u_j)}{\partial x_j} = \frac{\partial}{\partial x_j}\left[\left(\bar{\rho}\frac{\nu_e}{\mathrm{Pr}_t}\right)\frac{\partial k^{SGS}}{\partial x_j}\right] + P_k^{SGS} - D^{SGS} \tag{4.99}$$

式中：$\nu_e=\nu+\nu_t$，ν 和 ν_t 分别为分子黏性系数和亚格子黏性系数；P_k^{SGS}、D^{SGS}分别为亚格子动能的生成项和耗散项，即

$$P_k^{SGS} = -\tau_{ij}^{SGS}(\partial u_i/\partial x_j) \tag{4.100}$$

$$D^{SGS}=\frac{\partial}{\partial x_i}(\tilde{u}_j\tau_{ij}^{SGS}) \tag{4.101}$$

Yoshizawa[36]等人以及 Chakravarthy[37]等人都给出了如下的方程

$$\nu_t \approx C_\nu\sqrt{k^{SGS}}\bar{\Delta} \tag{4.102}$$

$$D^{SGS}\approx C_\varepsilon\bar{\rho}(k^{SGS})^{3/2}/\bar{\Delta} \tag{4.103}$$

这里有两个需要确定的参数，C_ν 和 C_ε。在当地局部平衡时，Yoshizawa 和 Horiuti 模型[36]对应的有效 Smagorinsky 系数为

$$(C_s)^2=\sqrt{2}C_\nu(C_\nu/C_\varepsilon)^{\frac{1}{2}} \tag{4.104}$$

Yoshizawa 和 Horiuti 模型[36]取 $C_\nu=0.05$ 以及 $C_\varepsilon=1.0$，其对应的 C_s 值为 0.126。Smagorinsky 常数并没有固定值，但通常认为均匀湍流时 $C_s=0.2$ 而在剪切湍流中 $C_s=0.065$。为保证 C_s 值落在相应的区间，作为折中通常取 $C_\nu=0.02075$ 以及 $C_\varepsilon=1.0$，而 Chakravarthy[37]等人给出系数组合则为 $C_\nu=0.067$ 以及 $C_\varepsilon=0.916$。

2）动力一方程亚格子模型

由前面的讨论可知，常系数一方程亚格子模型同样存在模型系数难以恰当给定的问题。1996 年，Kim 和 Menon[38]使用亚格子动能方程模型发展了动态确定模型系数的大涡模拟动态模型方法（Localized Dynamic k^{sgs} Model，LDKM）。其思想与零方程动力亚格子模型类似，即通过两次过滤把湍流局部结构信息引入到亚格子应力中，从而在计算过程中根据当时当地流场信息对模型系数做出调整。方程中亚格子涡黏系数和亚格子耗散项仍模化为

$$\nu_t \approx C_v\sqrt{k^{SGS}}\bar{\Delta} \tag{4.105}$$

$$D^{SGS}\approx C_\varepsilon\bar{\rho}(k^{SGS})^{3/2}/\bar{\Delta} \tag{4.106}$$

此时亚格子应力模型为

$$\begin{aligned}\tau_{ij}^{SGS}&=\bar{\rho}(\widetilde{u_iu_j}-\tilde{u}_i\tilde{u}_j)\\&=-2\bar{\rho}C_v(k^{SGS})^{\frac{1}{2}}\bar{\Delta}\left[\tilde{S}_{ij}-\frac{1}{3}\tilde{S}_{kk}\delta_{ij}\right]+\frac{2}{3}\bar{\rho}k^{SGS}\delta_{ij}\end{aligned} \tag{4.107}$$

在相关模型参数的确定中引入测试滤波 $\hat{G}$，其滤波宽度大于亚格子滤波的尺度。应用测试滤波到动量方程，得到测试滤波亚格子应力

$$\begin{aligned}\tau_{ij}^{SGS,Test}&=\bar{\rho}\widehat{\tilde{u}_i\tilde{u}_j}-\frac{\widehat{\bar{\rho}\tilde{u}_i}\,\widehat{\bar{\rho}\tilde{u}_j}}{\hat{\bar{\rho}}}\\&\approx-2C_v\hat{\bar{\rho}}\hat{\Delta}\left(\frac{\widehat{\bar{\rho}\tilde{u}_k\tilde{u}_k}}{2\hat{\bar{\rho}}}-\frac{\widehat{\bar{\rho}\tilde{u}_k}}{2\hat{\bar{\rho}}}\frac{\widehat{\bar{\rho}\tilde{u}_k}}{\hat{\bar{\rho}}}\right)^{\frac{1}{2}}(\widehat{\tilde{S}_{ij}}-\frac{1}{3}\widehat{\tilde{S}_{kk}}\delta_{ij})+\\&\quad\frac{1}{3}\left(\bar{\rho}\widehat{\tilde{u}_k\tilde{u}_k}-\frac{\widehat{\bar{\rho}\tilde{u}_k}\,\widehat{\bar{\rho}\tilde{u}_k}}{\hat{\bar{\rho}}}\right)\delta_{ij}\end{aligned} \tag{4.108}$$

其中

$$\widetilde{S_{ij}} = \frac{1}{2}\left(\frac{\partial \widetilde{u_i}}{\partial x_j} + \frac{\partial \widetilde{u_j}}{\partial x_i}\right),\ \widehat{\widetilde{S_{ij}}} = \frac{1}{2}\left\{\frac{\partial}{\partial x_i}\left(\frac{\widehat{\bar{\rho}\widetilde{u_j}}}{\hat{\bar{\rho}}}\right) - \frac{\partial}{\partial x_j}\left(\frac{\widehat{\bar{\rho}\widetilde{u_j}}}{\hat{\bar{\rho}}}\right)\right\} \tag{4.109}$$

定义亚格子应力模型误差（subgrid stress tensor model error）：

$$E_{ij} \approx \widehat{\bar{\rho}\widetilde{u_i}\widetilde{u_j}} - \frac{\widehat{\bar{\rho}\widetilde{u_i}}\widehat{\bar{\rho}\widetilde{u_j}}}{\hat{\bar{\rho}}} + 2\hat{\bar{\rho}}C_v\hat{\Delta}\left(\frac{\widehat{\bar{\rho}\widetilde{u_k}\widetilde{u_k}}}{2\hat{\bar{\rho}}} - \frac{\widehat{\bar{\rho}\widetilde{u_k}}}{2\hat{\bar{\rho}}}\frac{\widehat{\bar{\rho}\widetilde{u_k}}}{\hat{\bar{\rho}}}\right)^{\frac{1}{2}} \cdot$$

$$\left(\widehat{\widetilde{S_{ij}}} - \frac{1}{3}\widehat{\widetilde{S_{kk}}}\delta_{ij}\right) - \frac{1}{3}\left(\widehat{\bar{\rho}\widetilde{u_k}\widetilde{u_k}} - \frac{\widehat{\bar{\rho}\widetilde{u_k}}\widehat{\bar{\rho}\widetilde{u_k}}}{\hat{\bar{\rho}}}\right)\delta_{ij} \tag{4.110}$$

式（4.110）可简写为

$$E_{ij} = L_{ij} + 2C_vD_{ij} \tag{4.111}$$

式中：L_{ij} 和 $2C_vD_{ij}$ 分别为测试应力的确切表达式和模化形式

$$L_{ij} = \widehat{\bar{\rho}\widetilde{u_i}\widetilde{u_j}} - \frac{\widehat{\bar{\rho}\widetilde{u_i}}\widehat{\bar{\rho}\widetilde{u_j}}}{\hat{\bar{\rho}}} - \frac{1}{3}\left(\widehat{\bar{\rho}\widetilde{u_k}\widetilde{u_k}} - \frac{\widehat{\bar{\rho}\widetilde{u_k}}\widehat{\bar{\rho}\widetilde{u_k}}}{\hat{\bar{\rho}}}\right)\delta_{ij} \tag{4.112}$$

$$D_{ij} = \hat{\Delta}\hat{\bar{\rho}}\left(\frac{\widehat{\bar{\rho}\widetilde{u_k}\widetilde{u_k}}}{2\hat{\bar{\rho}}} - \frac{\widehat{\bar{\rho}\widetilde{u_k}}}{2\hat{\bar{\rho}}}\frac{\widehat{\bar{\rho}\widetilde{u_k}}}{2\hat{\bar{\rho}}}\right)^{\frac{1}{2}}\left(\widehat{\widetilde{S_{ij}}} - \frac{1}{3}\widehat{\widetilde{S_{kk}}}\delta_{ij}\right) \tag{4.113}$$

为了使模型误差均方根最小，需要满足

$$\frac{\partial E_{ij}E_{ij}}{\partial C_v} = 4D_{ij}L_{ij} + 8C_vD_{ij}L_{ij} = 0 \tag{4.114}$$

由此可得

$$C_v = -\frac{L_{ij}D_{ij}}{2D_{ij}D_{ij}} \tag{4.115}$$

1997 年 Nelson 构造了如下亚格子耗散模型

原始耗散模型为

$$\varepsilon \approx \tilde{\mu}\left[\widetilde{\frac{\partial u_j}{\partial x_i}\frac{\partial u_j}{\partial x_i}} - \frac{\partial \widetilde{u_j}}{\partial x_i}\frac{\partial \widetilde{u_j}}{\partial x_i}\right] = \frac{C_\varepsilon\bar{\rho}(k^{sgs})^{\frac{3}{2}}}{\bar{\Delta}} \tag{4.116}$$

测试耗散模型

$$\varepsilon \approx \hat{\mu}\left[\widehat{\frac{\partial \widetilde{u_j}}{\partial x_i}\frac{\partial \widetilde{u_j}}{\partial x_i}} - \frac{\partial}{\partial x_i}\left(\frac{\widehat{\bar{\rho}\widetilde{u_j}}}{\hat{\bar{\rho}}}\right)\frac{\partial}{\partial x_i}\left(\frac{\widehat{\bar{\rho}\widetilde{u_j}}}{\hat{\bar{\rho}}}\right)\right] \approx \frac{C_\varepsilon\hat{\bar{\rho}}}{\hat{\Delta}}\left(\frac{\widehat{\bar{\rho}\widetilde{u_k}\widetilde{u_k}}}{2\hat{\bar{\rho}}} - \frac{\widehat{\bar{\rho}\widetilde{u_k}}}{2\hat{\bar{\rho}}}\frac{\widehat{\bar{\rho}\widetilde{u_k}}}{\hat{\bar{\rho}}}\right)^{\frac{3}{2}} \tag{4.117}$$

同样，得到

$$C_\varepsilon = \frac{\hat{\mu}\hat{\Delta}}{\hat{\bar{\rho}}}\frac{\left[\widehat{\frac{\partial \widetilde{u_j}}{\partial x_i}\frac{\partial \widetilde{u_j}}{\partial x_i}} - \frac{\partial}{\partial x_i}\left(\frac{\widehat{\bar{\rho}\widetilde{u_j}}}{\hat{\bar{\rho}}}\right)\frac{\partial}{\partial x_i}\left(\frac{\widehat{\bar{\rho}\widetilde{u_j}}}{\hat{\bar{\rho}}}\right)\right]}{\left(\frac{\widehat{\bar{\rho}\widetilde{u_k}\widetilde{u_k}}}{2\hat{\bar{\rho}}} - \frac{\widehat{\bar{\rho}\widetilde{u_k}}}{2\hat{\bar{\rho}}}\frac{\widehat{\bar{\rho}\widetilde{u_k}}}{\hat{\bar{\rho}}}\right)^{\frac{3}{2}}} \tag{4.118}$$

4.2.4 混合 RANS/LES 方法

对于湍流流动，通常认为 LES 可以取得比 RANS 模型更加准确的结果[39]。但是对于诸如高雷诺数流动、壁面湍流流动等问题，LES 因为其巨大的计算耗费而在工程应用上不切实际。特别是对于壁面湍流流动，完全捕捉到边界层内拟序结构的演化需要非常精细的网格，这对于工程仍然是过高的计算代价。

类似于混合 RANS/LES 的思想最早是由 Speziale 于 1992 年提出的[40]。Battern 等在此基础上引入了 LNS（Limited Numerical Scales）[41]，但是该模型中 LES 与 RANS 的切换仍然显得过于随意，实现 LES 与 RANS 之间的合理转换是混合 RANS/LES 模型的关键问题。从 20 世纪 90 年代中期以来已经先后发展了多种混合 RANS/LES 方法，总结起来可以近似归纳为四类：衰减型 RANS 模型、分离涡模拟（Detached Eddy Simulation，DES）及其改进方法、加权平均型 LES/RANS 模型方法与湍流能量谱一致的混合方法，目前这几种方法相互渗透交叉，演变出了多样的混合模型。

1. 衰减型 RANS 模型

Speziale 于 1992 年提出了一种修正的湍流模型的构造思想，可以称为“分辨率依赖型衰减式湍流模型”（Resolution-Dependent Damping Model）[40]，湍流应力通过乘以一个修正函数在流场中进行调节，即

$$\tau_{ij}^{model} = f_\Delta(\Delta/l_k)\tau_{ij}^{RANS} \tag{4.119}$$

式中：$f_\Delta(\Delta/l_k)$为贡献函数，用于对模型实现衰减，Speziale 建议其中的 Kolmogorov 尺度的估算式为 $l_k \approx \nu^{3/4}/\varepsilon^{1/4}$。

文献［40］给出的贡献函数的形式为

$$f_\Delta\left(\frac{\Delta}{l_k}\right) = (1 - e^{-\beta\frac{\Delta}{l_k}})^n \tag{4.120}$$

式中：n 确定函数的陡峭程度；而 β 决定在什么分辨率程度下模型贡献变得可以忽略，可选取 $n=1$，$\beta=0.001$。

Δ 为当地网格尺度，而 l_k 为 Kolmogorov 尺度，在网格尺度小到与 Kolmogorov 尺度相比拟的区域，该模型的计算接近 DNS，而在网格比较粗糙的区域，该模型恢复成为一般的湍流模型。可以看到，这种方法包括两个要素：RANS 模型及贡献函数 $f_\Delta(\Delta/l_k)$，任何 RANS 模型都可以采用，Speziale 推荐采用代数雷诺应力模型，而文献［42，43］采用 k-ω 和 k-ε 模型也取得了类似的结果。

2. DES 及其改进方法

1997 年，Spalart 建立了分离涡 DES 模拟方法[44]（目前称为 DES97），根据大涡和小涡的不同特性，将 LES 和基于一方程 Spalart-Allmaras（S-A）湍流模型[45]的 RANS 处理结合起来，在以耗散为主要特征的流动区域采用 RANS，在大涡输运为主要特征的区域采用 LES，两者通过比较当地网格尺度与 RANS 计

算得到的湍流混合长度进行自动切换，即用长度尺度 $\tilde{d}$ 替代了 S-A 模型中的距壁面距离 d，$\tilde{d}$ 跟网格间距 Δ 有联系，定义为

$$\tilde{d} = \min(d, C_{DES}\Delta)\ ,\ \Delta = \max(\Delta x, \Delta y, \Delta z) \tag{4.121}$$

显然当 $d \ll \Delta$ 时，模型便是 S-A 湍流模型；当 $d \gg \Delta$ 时，则自动转换成了 LES 模型，这一处理方式称为 DES97 限制器。

当网格的布置不当时，譬如当壁面附近网格单元各方向尺度基本相同而且足够小时，DES97 的限制器会误判将该单元用 LES 处理，此时壁面边界层内的速度脉动信息不能很好求解，DES97 的处理将降低涡黏性，并导致模型 Reynolds 应力的不匹配，这种情况称为模化应力损耗（Modeled Stress Depletion，MSD）。鉴于 Menter[13] 等人采用混合函数能够较合理的实现从壁面边界层向主流的切换，Spalart 等人利用相似的思想，采用“保留的 RANS 模式”，或者是“延迟 LES 函数”，发展了被称为 DDES（Delayed DES）的方法[46]。一方程模型 S-A 不包含类似于 $k\omega/y$（Menter SST k-ω）的尺度信息，但是包含有参数 r，这个也近似为模型湍流混合长度与壁面距离的比值。对于 DDES，为了与 S-A 定义相适应且在无旋区域内更鲁棒一些，参数 r 做如下的修改

$$r_d = \frac{\nu_t + \nu}{\sqrt{U_{i,j}U_{i,j}}\kappa^2 d^2} \tag{4.122}$$

式中：ν_t 为动力涡黏性系数；ν 为分子黏性系数，$U_{i,j}$ 为速度梯度；κ 为卡尔曼常数；d 为距壁面的距离，下标 d 代表 delayed。

Spalart 构造了一个基于 r_d 的转换函数[46]

$$f_d = 1 - \tanh([8r_d]^3) \tag{4.123}$$

该转换函数在 LES 区域（$r_d \ll 1$）为 1，在 RANS 区域为 0（而且对在近壁区 r_d 略超过 1 的情况并不敏感）。利用 f_d 对 DES97 限制器进行修正，得到新的 DES 长度尺度定义

$$\tilde{d} = d - f_d \max(0, d - C_{DES}\Delta) \tag{4.124}$$

这就是 Spalart 所发展的 DDES 方法。Spalart 将该方法应用于平板边界层、后向台阶等计算[46]，很好地解决了 MSD 的问题。

3. 加权平均型 LES/RANS 模型

鉴于 MSD 问题带来的虚假分离问题，2001 年 Fan 等人提出了将 RANS 方法和 LES 方法加权平均的思想[47]，采用一个与到壁面的距离相关的混合函数将 RANS 的控制方程及湍流模型和 LES 控制方程和湍流模型相结合，该方法借鉴了 Menter 的 SST k-ω 湍流模型[12]的构建思想，使得壁面附近强制采用 RANS 处理，这样就避免了壁面附近网格误判作 LES 处理的情况。混合 RANS/LES 方法将流场湍流黏性系数定义为湍流模型的涡黏系数和亚格子模型涡黏系数的加权平均，即

$$\mu_t = F\mu_t^{RANS} + (1-F)\mu_t^{LES} \tag{4.125}$$

混合函数 F 取决于流场各点的流场特性和网格尺度，$F=0\sim1$ 的变化实现模型在 RANS 和 LES 之间的自动切换。

加权平均型 LES/RANS 方法有两个关键问题：①模型的选择，包括湍流模型和亚格子模型的选择；②混合函数的构造。目前，研究人员针对高雷诺数流动特别是高雷诺数逆压梯度分离流动求解的问题，不断对混合 RANS/LES 作出改进。先是将耗散区采用的湍流模式更改为更加复杂精细的湍流模式，包括采用 BSL/SST k-ω、修正的 k-ε、k-ζ（Enstrophy）[48]等人模型，在亚格子模型方面，标准 Smagonrinsky 模型、一方程 Yoshizawa 模型及混合尺度模型等均被用于 LES 部分的封闭。

混合函数分布特性直接影响到边界层的计算，所以合理地构造混合函数非常重要。研究人员从不同的理论出发构造了多种混合函数，Fan 等人完全类比 BSL/SST k-ω 的构建过程构造，提出混合函数为[47]

$$F=\tanh(\eta^4)\ ,\ \eta=\max\left(\frac{\sqrt{k}}{0.09\omega d},\frac{500\nu}{\omega d^2}\right) \tag{4.126}$$

该混合函数完全类同于 Menter-SST 中的 F_1。

Baurle 等人在 Fan 的基础上进一步考虑了网格尺度对 LES 的影响[49]，并采用了有限数值尺度方法的思想（Limited Numerical Scale，LNS），认为：$F=\max[\tanh(\eta^4),\ F_{LNS}]$，其中 $F_{LNS}=\mathrm{AINT}\left[\min\left(\frac{\mu^{SGS}}{\mu^{RANS}},\ 1.0\right)\right]$，这种处理方式避免了网格粗糙不能够应用于大涡模拟计算的问题，Fan 的混合函数在远离壁面的区域，强加了大涡模拟的处理方式，经过 Baurle 的修正，就可以在远离壁面的粗糙网格的区域重新由 LES 过渡到 RANS。此后 Xiao[48]、Nichols[50]等人陆续给出了改进的混合函数。

近期研究中，Edwards、Choi[51]等人采用如下的方法得到混合黏性系数，其中混合函数基于壁面距离与泰勒微尺度的比值

$$\Gamma=\frac{1}{2}\left(1-\tanh\left[5\left(\frac{\kappa}{\sqrt{C_\mu}}\eta^2-1\right)-\phi\right]\right) \tag{4.127}$$

式中：$\eta=\dfrac{d}{\alpha\chi}$，泰勒尺度定义为 $\chi=\sqrt{\dfrac{\nu}{(C_\mu\omega)}}$；$d$ 为距壁面的距离；$\kappa\eta^2=\sqrt{C_\mu}$ 时对应的位置称为平衡位置；ϕ 用于对混合函数实施偏置。

对于常数 α 可以用于控制混合函数中 RANS 区域的厚度，通常根据当地边界层条件及壁面条件估算，需要注意的是，在整个流场中各点的常数 α 值均不相同，这使得这种混合函数在使用时不太方便。Daniel 等人在后续的研究中对这一混合函数进行了改进[52, 53]，并对压缩斜坡流动进行了计算，取得了较好的结果。

目前，虽然已有不少工作对混合函数进行修正和改进，但混合函数究竟如何取仍是个未解决的问题。混合函数开始过渡的位置究竟应该取在边界层的对数律层还是尾迹层，过渡过程应该采用什么样的拟合函数，目前都没有统一的定论。

4. 湍流能量谱一致的混合方法

上述介绍的 DES97、DDES 方法以及加权平均方法基本上都是采用混合函数将 RANS 与 LES 对应的涡黏系数相结合，这些混合函数采用了多样的形函数，目前的研究并没有给出构造该形函数的准则。Arunajatesan 等人发展一类湍流能量谱一致的混合型 RANS/LES 模拟方法[54, 55]，认为当地的湍流能量谱是一致的，RANS 或 LES 评估的湍流尺度范围只是对能量谱的截断表示，这样通过求解湍动能可以反求出当地湍流能量谱信息，然后据此对所有湍流尺度范围积分处理，可以得到湍动能未求解部分的信息，这样即可以对全流场采用统一的求解方法，并真正实现 RANS 与 LES 求解信息的结合。Arunajatesan 等人经过测试认为这种方法能够为 RANS 区的高涡黏性到 LES 区低黏性过渡提供一个足够光滑的转换过程。

湍流能量谱一致混合模型的基本考虑是在流场中任何一点的湍流能量统计都能满足湍流能量谱。湍流能量谱可以被包含波数的能量 k_e 和 Komogrove 尺度 η 参数化为

$$\hat{E}(\hat{k}) = C_e \hat{k}_e^{-5/3} \left(\frac{\hat{k}}{\widehat{k}_e}\right)^4 \left[1 + \left(\frac{\hat{k}}{\widehat{k}_e}\right)^2\right]^{\frac{-17}{6}} \exp\left(-\frac{3}{2} a \hat{k}^{4/3}\right) \tag{4.128}$$

式中：k 为波数；k_e 为包含波数的能量；$a=1.5$；$\hat{k}=k\eta$；ν 为动力黏性系数；且 C_e 是用于调整耗散谱使之能够与当地湍流耗散率相对应的常数。

Arunajatesan[54] 等人先前采用求解 LES 湍动能方程 K^{SGS}，然后通过与湍动能方程关联，采用

$$K^{SGS} = \int_{k_\Delta}^{\infty} E(k)\,\mathrm{d}k \tag{4.129}$$

式中：k_Δ 为网格对应波数。

后来 Arunajatesan 等人采用 RANS 湍动能方程求解得到 K^{RANS}，从而可以得到与能量谱相关联为

$$K^{RANS} = \int_{k_\eta}^{\infty} E(k)\,\mathrm{d}k \tag{4.130}$$

式中：k_η 为 Kolmogorov 波数。

以上两个方程都可以在给定湍动能之后，通过迭代求解得到能量谱中当地包含波数的能量 k_e，然后可以基于湍流能量谱得到其他尺度范围的积分量。

Arunajatesan 等人发展的这种湍流能量谱一致的混合模型虽然从理论上讲是完备的，但是受限于各个过程的假设性信息，例如，采用的湍流能量谱分布、采用的 Re_λ 与 k^{RANS} 的关联以及采用的 k_e 与 Re_λ 的关联等过程，导致这一类方法在具体应用上受到制约，而且列表的插值也会引入一定误差。另外当地网格尺度的确定也会对积分结果造成误差，例如采用 max $(\Delta x, \Delta y, \Delta z)$ 的定义与 $(\Delta x \times \Delta y \times \Delta z)^{1/3}$ 定义针对不同的网格分布情况结果的差别比较大，Arunajatesan 等人计算发现对于圆柱形射流的网格，采用 $(\Delta x \times \Delta y \times \Delta z)^{1/3}$，可更准确地捕捉射流出口发展的不稳定性。

4.3 两相湍流模型

前面已经细致讨论了单相流体湍流模型，为了完整地描述液体火箭发动机工作过程中的雾化、流动和燃烧等复杂物理、化学过程，还需要进一步建立能够同时反映液滴与燃气相互作用的多相湍流模型。目前，对多相湍流流动的描述方式主要有两类，即欧拉—拉格朗日法和欧拉—欧拉法。前者仅将连续相作为连续介质采用欧拉坐标描述，而将颗粒群作为离散体系，采用轨道法等在拉格朗日坐标系内加以描述；后者除将连续相作为连续介质外，离散相也被视为拟流体或拟连续介质，两相在空间上相互渗透，并同时采用欧拉坐标系描述。这里将讨论的重点放在双流体模型，按照该模型，离散相中引入了颗粒黏性、导热及扩散系数等拟流体特性，并可以通过类比引入颗粒湍动能和颗粒雷诺应力等概念，从而可以借鉴单相湍流模型发展出各种双流体及多流体湍流模型。

4.3.1 颗粒湍流的 Hinze-Tchen 代数模型

Hinze-Tchen 代数模型[56]（Algebraic Particle Turbulence Model，Ap 模型）类似于流体湍流中的混合长度模型，它基于颗粒追随流体的脉动而脉动的理论建立了颗粒湍流黏性系数与气体黏性系数之间的关系，是描述两相湍流的一种简单模型。陈善谟（C M Tchen）[56]研究了单个颗粒在交变流场中追随气体的当地脉动而产生的颗粒脉动，运用泰勒的湍流统计理论描述了气体湍流脉动，并经过 Hinze 的进一步推导得到了颗粒湍流黏性和气体湍流黏性之比，即颗粒湍流扩散系数和气体湍流扩散系数之比：

$$\frac{\nu_P}{\nu_T}=\frac{D_P}{D_T}=\left(\frac{k_P}{k}\right)^2=\left(1+\frac{\tau_{r1}}{\tau_T}\right)^{-1} \tag{4.131}$$

式中：ν_P、ν_T 分别为颗粒和气体的湍流黏性系数；D_p、D_T 分别为颗粒和气体的湍流扩散系数；$\tau_{r1}=\rho_s d_P^2/18\mu$ 为颗粒和气体按 Stokes 阻力作相对脉动的弛豫时间；$\tau_T=k/\varepsilon$ 为气体湍流脉动的特征时间。

这里的颗粒黏性是指为了体现颗粒脉动而通过与流体的类比建立的概念，它与颗粒间碰撞引起的黏性并无直接联系。

Ap 模型简单而直观，曾经在双流体模型中得到广泛应用。由于其建立在颗粒追随当地流体脉动的理论基础之上，按照此模型颗粒的脉动永远小于气体的脉动，而且颗粒越大，脉动越小，其扩散也越慢。然而，部分试验结果表明，在许多情况下可能出现颗粒脉动强于气体脉动，大颗粒脉动强于小颗粒脉动的状态。可见，Ap 模型假设颗粒脉动只取决于其所在的当地流体微团的湍流脉动，而忽略了颗粒湍流动能的对流（上游的影响或经历效应）、扩散和平均动能的产生。

4.3.2 两相湍流的 k-ε-k_p 和 k-ε-A_p 模型

类似于单相湍流模型，这里对两相雷诺应力同时引入 Boussinesq 假设和标量黏性系数，从而得到描述两相湍流脉动的 k-ε-k_p 模型。其封闭后的表达式和方程如下[57]：

$$\overline{v_i v_j} = \frac{2}{3}k\delta_{ij} - \nu_T\left(\frac{\partial V_i}{\partial x_j} + \frac{\partial V_j}{\partial x_i}\right) \tag{4.132}$$

$$\overline{v_{pi} v_{pj}} = \frac{2}{3}k_p\delta_{ij} - \nu_p\left(\frac{\partial V_{pi}}{\partial x_j} + \frac{\partial V_{pj}}{\partial x_i}\right) \tag{4.133}$$

$$\overline{n_p v_{pi}} = -\frac{\nu_p}{\sigma_p}\frac{\partial n_p}{\partial x_i} \tag{4.134}$$

$$\overline{n_p v_{pj}} = -\frac{\nu_p}{\sigma_p}\frac{\partial n_p}{\partial x_j} \tag{4.135}$$

$$\frac{\partial}{\partial t}(\rho k) + \frac{\partial}{\partial x_j}(\rho V_i k) = \frac{\partial}{\partial x_j}\left(\frac{\mu_e}{\sigma_k}\frac{\partial k}{\partial x_j}\right) + G + G_p - \rho\varepsilon \tag{4.136}$$

$$\frac{\partial}{\partial t}(\rho\varepsilon) + \frac{\partial}{\partial x_j}(\rho V_i \varepsilon) = \frac{\partial}{\partial x_j}\left(\frac{\mu_e}{\sigma_\varepsilon}\frac{\partial \varepsilon}{\partial x_j}\right) + \frac{\varepsilon}{k}\left[c_{\varepsilon 1}(G + G_p) - c_{\varepsilon 2}\rho\varepsilon\right] \tag{4.137}$$

$$\frac{\partial}{\partial t}(n_p k_p) + \frac{\partial}{\partial x_j}(n_p V_{pi} k_p) = \frac{\partial}{\partial x_j}\left(\frac{n_p \nu_p}{\sigma_p}\frac{\partial k_p}{\partial x_j}\right) + P_p + P_g - n_p\varepsilon_p \tag{4.138}$$

$$G = \mu_t\left(\frac{\partial V_i}{\partial x_j} + \frac{\partial V_j}{\partial x_i}\right)\frac{\partial V_i}{\partial x_j}, \quad G_p = \sum_p \frac{2m_p n_p}{\tau_{rp}}\left(c_p^k\sqrt{k k_p} - k\right) \tag{4.139}$$

$$P_p = n_p \nu_p\left(\frac{\partial V_{pi}}{\partial x_j} + \frac{\partial V_{pj}}{\partial x_i}\right)\frac{\partial V_{pi}}{\partial x_j} \tag{4.140}$$

$$P_g = \frac{2m_p n_p}{\tau_{rp}}\left(c_p^k\sqrt{k k_p} - k_p\right) \tag{4.141}$$

$$\varepsilon_p = -\frac{1}{\tau_{rp}}\left[2\left(c_p^k\sqrt{k_p k} - k_p\right) + \frac{1}{n_p}\overline{n_p v_{pi}}(V_i - V_{pi})\right] \tag{4.142}$$

$$\mu_e = \mu + \mu_T, \quad \nu_T = c_\mu\frac{k^2}{\varepsilon}, \quad \mu_T = \rho\nu_T, \quad \nu_p = c_{\mu p}\frac{{k_p}^2}{|\varepsilon_p|} \tag{4.143}$$

k-ε-k_p 模型都可以较好地揭示两相湍流的对流、扩散、产生与耗散及两相间湍流相互作用。此外，将 A_p 模型与上述方程中的 Boussinesq 表达式、k 方程和 ε 方程等相结合便成为 k-ε-A_p。

此外，研究人员还建立了基于概率密度函数的双流体模型和基于颗粒相拉格朗日描述的颗粒轨道模型[58]等，针对多相湍流的大涡模拟（LES）和直接数值模拟（DNS）研究工作也逐渐展开，并取得了许多有益的结论[59-62]。

参考文献

[1] Barina J E, Huang P G, Coakley T. Turbulence Modeling Validation, Testing, and Development [C]. NASA Technical Memorandum 110446, 1997.

[2] 张兆顺，崔桂香，许春晓. 湍流理论与模拟 [M]. 北京：清华大学出版社，2005.

[3] Smith A M O, Cebeci T. Numerical Solution of the Turbulent Boundary-Layer Equations [C]. Douglas Report DAC. 33735, 1967.

[4] Baldwin B S, Lomax H. Thin -Layer Approximation and Algebraic Model for Separated Turbulent Flows [C]. AIAA Paper 78-257, 1978.

[5] Johnson D A, King L S A. Mathematically simple turbulence closure model for attached and separated turbulent boundary layers [J]. AIAA Journal, 23 (11): 1684-1692, 1985.

[6] 阎超. 计算流体力学方法及应用 [M]. 北京：北京航空航天大学出版社，2006.

[7] Baldwin B S, Barth T J. A One -Equation Turbulence Transport Model for High Reynolds Number Wall-Bounded Flows [C]. AIAA Paper 91-0610, 1991.

[8] Spalart P R, Allmaras S R. A One -Equation Turbulence Model for Aerodynamic Flows [C]. AIAA Paper 92-439, 1992.

[9] Marvin J G, Huang G P. Turbulence Modeling -Progress and Future Outlook [R]. NASA Technical Memorandum 110414, 1996.

[10] Wilcox D C. Turbulence Modeling for CFD [M]. La Canada. California: DCW Industries, Inc, 1998.

[11] Yakhot V, Orszag S A. Renormalised group allalysis of turbulence: I basic theory [J]. J Sci Comput, 1986 (1): 3-5.

[12] Menter F R. Two -Equation Eddy -Viscosity Turbulence Models for Engineering Applications [J]. AIAA Journal, 1994, 32 (8): 1598-1605.

[13] Menter F R. Review of the shear-stress transport turbulence model experience from an industrial perspective [J]. International Journal of Computational Fluid Dynamics, 2009, 23 (4): 305-316.

[14] Menter F R, Kuntz M, Langtry R. Ten Years of Experience with the SST Turbulence Model. [J]. Turbulence, Heat and Mass Transfer, 2003, 4: 625-632.

[15] Godin P, Zingg D W, Nelson T. High-lift aerodynamic computations with one-and two-equation turbulence models [J]. AIAA Journal, 1997, 35 (2): 237-243.

[16] Sarkar S, Balakrishnan L. Application of a Reynolds -Stress Turbulence Model to the Compressible Shear Layer [C]. ICASE Report 90-18, NASA CR 182002, 1990.

[17] Zeman O. A new model for supersonic turbulent boundary layer [C]. AIAA Paper 93-0897, 1993.

[18] Sarkar S. The pressure-dilation correlation in compressible flows [J]. Physics of Fluids A, 1992, 4: 2674-2682.

[19] Zeman O. Dilatation dissipation: The concept and application in modeling compressible mixing layers [J]. Physics of Fluids A, 1990, 2: 178-188.

[20] Baz A M E, Launder B E. Second momem modeIing of compressible mixing layer [J]. Engneering Turbulence Modeling and Experiments, 1993, 2: 63-72.

[21] Gatski T B, Johgen T. Nonlinear eddy viscosity and algebraic stress models for solving complex turbulent flow [J]. Progress in Aerospace Sciences, 2000, 36: 655～682.

[22] 林博颖，陈义良. 求解复杂湍流的非线性涡黏性系数模型和代数应力模型 [J]. 力学进展，2005，35

(2)：260-282.
[23] 杨晓东，马晖杨. 应用于激波/边界层相互作用的非线性湍流模式 [J]. 力学学报，2003，35 (1)：57-63.
[24] LOYAU H，BATTEN P，LESCHZINER M A. Modeling Shock/Boundary-Layer Interaction with Nonlinear Eddy-Viscosity Closures [J]. Flow，Turbulence and Combustion，1998，(60)：257-281.
[25] Launder B E，Spalding D B. The Numerical Computation of Turbulent Flows [J]. Computer Methods in Applied Mechanics and Engineering，1974，(3)：269-289.
[26] Wilcow D C，Rubesin M W. Progress in turbulence modeling for complex flow field including effects of compressibility [C]. NASA. TP1517，1980.
[27] Shih T，Zhu J，Lumle J L. A realizable Reynolds stress algebraic equation model [C]. Tm 105993 ICOMP-92-27，CMOTT-92-14，NASA. 1992.
[28] Craft T J，Launder B E，Suga K. Development and application of a cubic eddy-viscositymodel of turbulence [J]. J. Heat Fluid Flow，1996，17：8.
[29] Zingg D W，Godin P. A perspective on turbulence models for aerodynamic flows [J]. International Journal of Computational Fluid Dynamics，2009，23 (4)：327 - 335.
[30] Wilcox D C. Turbulence Modeling：An Overview [C]. DCW Industries，Inc. La Canada，CA. AIAA Paper 0724，2001.
[31] Delery J. Investigation of strong turbulent boundary-layer interaction in 2D flows with emphasis on turbulence phenomena. [C]. AIAA. Paper 81-1245，1981.
[32] Bachalo W D，Johnson D A. Transonic turbulent boundary-layer separation generated on an axisymmetric flow model [J]. AIAA Journal.，1986，24：437-443.
[33] Germano M. Turbulence：the filtering approach [J]. Journal of fluid Mechanics，1992，238：325.
[34] Smagorinsky J. General circulation experiments with the primitive equations I，the basic experiment [J]. Monthly Weather Review，1963，91 (3)：99-164.
[35] Schumann U. Subgrid scale model for finite difference simulations of turbulent flows in plane channels and annuli [J]. Journal of Computational Physics，1975，18：376-404.
[36] Yoshizawa A，Horiuti K. Statistically derived subgrid scale kinetic energy model for Large-eddy simualtion of turbulent flows [J]. Journal of the Physical Society of Japan，1985，54：2834-2839.
[37] Chakravarthy V，Menon S. Large eddy simulations of turbulent premixed flames in the flamelet regime [J]. Combustion Science and Technology，2001，162：175-222
[38] Kim W W，Menon S. A new dynamic one-equation subgrid-scale model for large-eddy simulations [C]. AIAA Paper 95-0356，1995.
[39] Georgiadis N J，Rizzetta D P，Fureby C. Large-eddy simulation：Current capabilities，Recommended Practices and Future Research [J]. AIAA Journal，2010，48 (8)：1772-1784.
[40] Speziale C G. Turbulence modeling for time dependent RANS and VLES：A Review [J]. AIAa Journal，1998，36 (2)：173-184.
[41] Batten P，Goldberg U，Chakravarthy S. Sub-grid turbulence modeling for unsteady fow tiwh acoustic resonance [C]. AIAA Paper 2000-0473，2000.
[42] Zhang H L，Bachman C，Fasel H F. Application of a new methodology for simulation of complex turbulent flows [C]. AIAA Paper 2000-2535，2000.
[43] Fasel H F，Seidel J，Wernz S. A methodology for simulation of complex turbulent flows [J]. Journal of Fluid Eng，2002，124：933-975.
[44] Spalart P R. Comments on the feasibility of LES for wings and on a hybrid RANS/LES approach [C].

1st Air force office pf scientific research international conference on DNS/LES. Aug，1997.

[45] Spalart P R，Allmaras S R. A ome-equation turbulence model for aerodynamic flows [J]. La Rech Aerospace，1994，1：5-21

[46] Spalart P R，Deck S，Shur M L，Squires K D. A new version of detached-eddy simulation，resistant to ambiguous grid densities [J]. Theory Computation Fluid Dynamics，2006，20 (1)：181-195.

[47] Fan T C，Xiao X D，Edwards J R，Hassan H A，Baurle R A. Hybrid LES/RANS simulation of a shock wave/boundary layer interaction [C]. AIAA Paper 2002-0431，2002.

[48] Xiao X D，Edwards J R，Hassan H A，Baurle R A. Inflow boundary conditions for LES/RANS simulations with applications to shock wave/boundary layer interactions [C]. AIAA Paper 2003-79，2003.

[49] Baurle R A，Tam C J，Edwards J R，Hassan H A. Hybrid simulation approach for cavity flows：blending，algorithm and boundary treamment issues [J]. AIAA Journal，2003，41 (8)：1463-1480.

[50] Nichols R H，Nelson C C. Application of hybrid RANS/LES turbulence model [C]. AIAA Paper 2003-0083，2003.

[51] Edwards J R，Choi J I，Boles J A. Hybrid LES/RANS simulation of a Mach 5 compression-corner interaction [C]. AIAA Paper 2008-718，2008.

[52] Gieseking D A，Choi J I，Edwards J R，Hassan H A. Simulation of shock/boundary layer interactions using improved LES/RANS method [C]. AIAA Paper 2010-111. 2010.

[53] Gieseking D A，Edwards J R. Simulation of a Mach 3 comression-ramp interaction using LES/RANS models [C]. AIAA Paper 2011-762，2011.

[54] Arunajatesan S，Sinha N. Unified Unsteady RANS-LES Simulations of Cavity Flow fields [C]. AIAA Paper 2001-0516，2001.

[55] Arunajatesan S A，Dash S M. Progress Towards Hybrid RANS-LES Modeling For High-Speed Jet Flows [C]. AIAA Paper 2002-0428，2002.

[56] Tchen C M. Mean value and correlation problem connected with the motion of small particles in a turbulent field [D]. Martinus Nijhoff：Delft university，1947.

[57] 徐旭常，周力行. 燃烧技术手册 [M]. 北京：化学工业出版社，2007.

[58] Gosman A D，loannides E. Aspects of computer simulation of liquid-fuelled combustors [R]. AIAA Paper 81-0323，1981.

[59] Squires K D，Eaton J K. Preferential concentration of particles by turbulence [J]. Physics of Fluids A. 1991，3：1169.

[60] Miller R S，Bellan J. Direct numerical simulation and subgrid analysis of a transitional droplet laden mixing layer [J]. Physics of Fluids，2000，12 (3)：650-671.

[61] Portela L M，Oliemans R V A. Eulerian - Lagrangian DNS/LES of particle - turbulence interactions in wall-bounded flows [J]. International Journal for Numerical Methods in Fluids. 2003，43：1045-1065.

[62] Okong N，Leboissetier A，Bellan J. Detailed characteristics of drop-laden mixing layers：Large eddy simulation predictions compared to direct numerical simulation [J]. Physics of Fluids，2008，20：103305.

第 5 章　湍流燃烧模型

液体火箭发动机内部流动过程处于剧烈的湍流状态，其燃烧过程是典型的湍流燃烧，此时湍流和燃烧存在强烈的相互作用。湍流对燃烧的影响主要体现在两个方面：①通过湍流输运影响燃料与氧化剂的混合过程；②通过引起温度及组分的脉动而影响化学动力学过程。燃烧对湍流的影响则主要表现为改变当地雷诺数，且同时存在两种相反的影响趋势：①通过燃烧放热提高温度进而增大分子黏性，使当地雷诺数减小，对湍流产生“层流化”效应；②燃烧也使得当地流体膨胀加速，从而增大雷诺数，对流动产生“湍流化”效应。因此，要准确模拟液体火箭发动机内部的燃烧流动过程，必须考虑湍流和燃烧的相互作用。

5.1　化学反应项的平均

单步化学反应可以用下列化学当量关系式表示：

$$\sum_{i=1}^{N} v'_i M'_i \rightarrow \sum_{i=1}^{N} v''_i M''_i \tag{5.1}$$

式中：v_i'为反应物的化学当量比系数；v_i''为产物的化学当量比系数；M_i'、M_i''分别为反应物和产物的化学符号（化学组分），而 N 为化学组分数。

i 组分的反应率 R_i 定义为单位体积、单位时间内该组分由于反应所消耗或生成的质量，即

$$R_i = -\left(\frac{\mathrm{d}C_{M_i}}{\mathrm{d}t}\right)_{chem} \tag{5.2}$$

经典质量作用定律为

$$R_i = k_i \prod_{i=1}^{N} C_{M_i}^{v_i} \tag{5.3}$$

式中：C_{M_i} 通常为质量绝对浓度 ρ_i；k_i 为比例常数，称作反应速率常数。对于一个给定的化学反应，k_i 值和浓度 C_{M_i} 无关，仅是温度的非线性函数。

考虑一个简单的化学反应过程：

$$A_1 + A_2 \underset{b}{\overset{f}{\rightleftharpoons}} A_3 + A_4 \tag{5.4}$$

质量作用定律给出的正向反应速率可以表示为

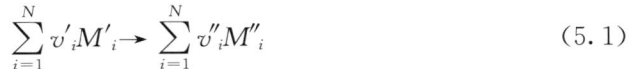

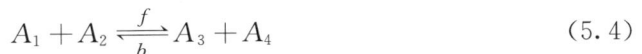

$$R_f = k_f[A_1][A_2] = k_f\rho^2 Y_1 Y_2 \tag{5.5}$$

式中：k_f 为正向反应速率常数，采用 Arrhenius 公式表示为

$$k_f = BT^\alpha \exp\left(-\frac{E_a}{R_u T}\right) \tag{5.6}$$

式中：E_a 为活化能，是发生反应所需的能量度量；R_u 为通用气体常数；BT^α 为碰撞频率；指数项 α 是玻耳兹曼因子；B 称作指数前因子或频率因子。B、α、E_a 的值与基元反应的特性有关，对于给定的化学反应，这些参数与浓度和温度无关。

于是有

$$R_f = BT^\alpha\rho^2 Y_1 Y_2 \exp\left(-\frac{E_a}{R_u T}\right) \tag{5.7}$$

对于层流气相反应来说，可以直接采用上式求得反应源项。考虑湍流时，由于湍流影响，化学反应中组分浓度和温度以及化学反应速率都是随时间而脉动的，因此在湍流燃烧的数值模拟中，不仅面临着湍流流动所具有的问题以及脉动标量的输运方程如何处理的问题，还面临着湍流燃烧所特有的，与脉动量呈确定的强非线性函数关系的脉动标量即时均化学反应速率 $\bar{R}_f$ 的模拟问题。由于化学反应源项对应的组分生成（消耗）率或能量的释放速率是反应物浓度和反应流体温度的强非线性函数，湍流燃烧的反应速率时均值不等于用时平均值表达的反应速率，这也是湍流燃烧模拟最基本的问题。

为了找到 $\bar{R}_f$ 的表达式，对方程进行雷诺分解是必要的，即把独立变量的瞬态值用时间平均值加脉动值的和来表示，例如：

$$\begin{cases} T = \bar{T} + T' \\ Y_1 = \bar{Y}_1 + Y'_1 \\ Y_2 = \bar{Y}_2 + Y'_2 \\ \rho = \bar{\rho} + \rho' \end{cases} \tag{5.8}$$

则雷诺分解方程（5.7）就是

$$R_f = B(\bar{\rho} + \rho')^2(\bar{T} + T')^\alpha(\bar{Y}_1 + Y'_1)(\bar{Y}_2 + Y'_2)\exp\left(-\frac{T_f}{\bar{T} + T'}\right) \tag{5.9}$$

考虑多组分计算时，R_f 的表达式会更加复杂，相应的 $\bar{R}_f$ 表达式也会非常复杂。

如何模化平均后的化学反应源项 $\bar{R}_f$ 是湍流燃烧建模最主要的研究方向。目前通常有如下几种：①快速反应模型，例如传统的设定型 PDF（Probability Density Function）——快速反应扩散燃烧模型，以及能够考虑简单有限速率反应的旋涡破碎（Eddy Break-up Model，EBU）预混燃烧模型；②火焰面模型（Flamelet Model）；③概率密度函数输运方程方法（Transported PDF）；④线性涡模型（Linear Eddy Model，LEM）等。

5.2　扩散火焰的设定 PDF——快速化学反应模型

采用设定型 PDF 模型对湍流化学反应源项进行封闭，就是要找到若干标量来描述燃烧系统的化学热力学状态参数，建立这些标量的输运方程以及假定它们脉动的概率密度函数，从而通过概率积分就可以完全确定湍流燃烧过程中所有标量的时平均特性。如果采用快速化学反应模型，即假定混合物一旦混合，化学反应瞬间完成，则通过守恒量的统计特性就可以得到所有热力学参数的统计特性，而不需要直接计算化学反应速率的时均值。

5.2.1　概念和假设

1.　简单化学反应模型

化学反应可以用单步不可逆反应来表征，燃料与氧化剂以化学当量比 s 发生反应：

$$1\text{kg 燃料} + s\text{kg 氧化剂} \rightarrow (1+s)\text{kg 产物}$$

即

$$\begin{matrix} \text{燃料} & + & \text{氧} & \rightarrow & \text{产物} \\ R_f & & R_{ox}/s & & -R_{pr}/(1+s) \end{matrix}$$

2.　守恒标量与混合物分数

燃料和氧化剂的质量分数控制方程是

$$\frac{\partial(\rho Y_{fu})}{\partial t} + \frac{\partial}{\partial x_j}(\rho u_j Y_{fu}) = \frac{\partial}{\partial x_j}(\Gamma_{eff,fu}\frac{\partial Y_{fu}}{\partial x_j}) + \bar{R}_{fu} \tag{5.10}$$

$$\frac{\partial(\rho Y_{ox})}{\partial t} + \frac{\partial}{\partial x_j}(\rho u_j Y_{ox}) = \frac{\partial}{\partial x_j}(\Gamma_{eff,ox}\frac{\partial Y_{ox}}{\partial x_j}) + \bar{R}_{ox} \tag{5.11}$$

式中：$\Gamma_{eff}=\Gamma_t+\Gamma_l$；各组分的交换系数 Γ_{fu}、Γ_{ox}、Γ_{pr} 彼此相等，并且等于总焓交换系数 Γ_h，这意味着 $Le=1$。

把式（5.11）除以 s，然后与式（5. 10）相减得方程

$$\frac{\partial}{\partial t}\left[\rho\left(Y_{fu}-\frac{Y_{ox}}{s}\right)\right]+\frac{\partial}{\partial x_j}\left[\rho u_j\left(Y_{fu}-\frac{Y_{ox}}{s}\right)\right]=$$

$$\frac{\partial}{\partial x_j}\left[\Gamma_{eff}\frac{\partial}{\partial x_j}\left(Y_{fu}-\frac{Y_{ox}}{s}\right)\right]+\bar{R}_{fu}-\frac{\bar{R}_{ox}}{s} \tag{5.12}$$

引入 Zeldovich 转换定义综合质量分数

$$X = Y_{fu}-\frac{Y_{ox}}{s}, R_x = \bar{R}_{fu}-\frac{\bar{R}_{ox}}{s} \tag{5.13}$$

根据简单化学反应假设，有

$$\Gamma_{eff,fu} = \Gamma_{eff,ox} = \Gamma_{eff}\ ,\ R_x = 0 \tag{5.14}$$

则可以得到

$$\frac{\partial \rho X}{\partial t} + \frac{\partial}{\partial X_j}(\rho u_j X) = \frac{\partial}{\partial X_j}(\Gamma_{eff}\ \frac{\partial X}{\partial X_j}) \tag{5.15}$$

由此可以看到 X 是一种守恒标量，因为 X 的守恒方程中没有源项。

对于扩散控制的有反应流动，可以引入混合分数

$$Z \equiv \frac{X - X_2}{X_1 - X_2}$$

式中：X_1、X_2 分别代表燃料侧及氧化剂侧的 X 值，即

$$X_1 = Y_{F_1} = 1\ ,\ X_2 = -\frac{Y_{ox,2}}{s} = -\frac{1}{s}$$

$$Z_1 = 1\ ,\ Z_2 = 0$$

一般说来，混合分数“Z”表示两种组分在空间上的混合程度。Z 也是守恒标量，其守恒方程可由式（5. 15）变换得到

$$\frac{\partial}{\partial t}(\rho Z) + \frac{\partial}{\partial X_j}(\rho u_j Z) = \frac{\partial}{\partial X_j}\left(D\rho\ \frac{\partial Z}{\partial X_j}\right) \tag{5.16}$$

可以发现，Z 守恒方程中也没有源项。

在确定化学热力学状态时，通常要引入混合分数 Z 的脉动均方值$\overline{Z'^2}$，为书写方便，常将$\overline{Z'^2}$记作 g，g 的控制微分方程为

$$\frac{\partial(\rho g)}{\partial t} + \frac{\partial(\rho u_j g)}{\partial X_j} = \frac{\partial}{\partial X_j}\left(\frac{\mu_{eff}}{\sigma_g}\ \frac{\partial g}{\partial X_j}\right) + C_{g1}G_g - C_{g2}\rho g\ \frac{\varepsilon}{\kappa} \tag{5.17}$$

式中：G_g 为单位体积内 g 的生成率，且

$$G_g = \mu_t(\frac{\partial Z}{\partial X_i})^2 \tag{5.18}$$

式中：C_{g1}、C_{g2}和 σ_g 是常数，通常取值为 2.8、2.0、0.9。

3. 快速反应假设

快速反应指的是化学反应速率大大超过混合速率的一类反应，即燃料和氧化剂一旦混合，它们之间的反应即刻完成，所以它们不可能在同一时刻共存于空间任意一点（但其在湍流条件下的时均值可在同一位置上共存）。有限速率反应是指化学反应以有限速率进行。下面主要针对快速反应建立反应模型。

5.2.2 κ-ε-Z-g 方程组

湍流脉动对湍流扩散火焰起着重要作用，因此湍流扩散燃烧的建模必须要考虑湍流脉动。Spalding 在 1971 年提出了计算湍流扩散火焰的 κ-ω-g 模型，后来演变成 κ-ε-Z-g 模型，它的要点是：

（1）用 κ-ε 模型模化湍流输运作用；

（2）假设快速反应模型成立；

(3) 建立以 $g=\overline{Z'^2}$ 为变量的控制方程；

(4) 求解 $\bar{Z}$ 和 $\overline{Z'^2}$，假设 Z 的概率密度函数 $P(Z)$，并将其表示成 $\bar{Z}$ 和 $\overline{Z'^2}$ 的函数；

(5) 采用混合分数方程，避开了对方程化学反应源项的直接模化。

基于 Favre 平均建立整个流场的控制方程组：

$$\frac{\partial\bar{\rho}}{\partial t}+\frac{\partial}{\partial X_j}(\bar{\rho}\tilde{u}_j)=0 \tag{5.19}$$

$$\frac{\partial}{\partial t}(\bar{\rho}\tilde{u}_i)+\frac{\partial}{\partial X_j}(\bar{\rho}\tilde{u}_j\tilde{u}_i)=\frac{\partial}{\partial X_j}(\mu_e\frac{\partial\tilde{u}_i}{\partial X_j})+S_{u_i} \tag{5.20}$$

$$\frac{\partial}{\partial t}(\bar{\rho}k)+\frac{\partial}{\partial X_j}(\bar{\rho}\tilde{u}_jk)=\frac{\partial}{\partial X_j}\left(\frac{\mu_e}{\sigma_R}\frac{\partial k}{\partial X_j}\right)+G_k-\bar{\rho}\varepsilon \tag{5.21}$$

$$\frac{\partial}{\partial t}(\bar{\rho}\varepsilon)+\frac{\partial}{\partial X_j}(\bar{\rho}\tilde{u}_j\varepsilon)=\frac{\partial}{\partial X_j}\left(\frac{\mu_e}{\sigma_\varepsilon}\frac{\partial\varepsilon}{\partial X_j}\right)+\frac{\varepsilon}{k}(C_1G_k-C_2\bar{\rho}\varepsilon) \tag{5.22}$$

$$\frac{\partial}{\partial t}(\bar{\rho}\tilde{Z})+\frac{\partial}{\partial X_j}(\bar{\rho}\tilde{u}_j\tilde{Z})=\frac{\partial}{\partial X_j}\left(\frac{\mu_e}{\sigma_Z}\frac{\partial\tilde{Z}}{\partial X_j}\right) \tag{5.23}$$

$$\frac{\partial}{\partial t}(\bar{\rho}g)+\frac{\partial}{\partial X_j}(\bar{\rho}\tilde{u}_jg)=\frac{\partial}{\partial X_j}\left(\frac{\mu_e}{\sigma_g}\frac{\partial g}{\partial X_j}\right)+C_{g1}\mu_t(\frac{\partial\tilde{Z}}{\partial X_j})^2-C_{g2}\frac{\bar{\rho}g\varepsilon}{k}) \tag{5.24}$$

5.2.3 概率密度分布函数

对于在 0～1 随时间脉动的随机混合物分数 Z，它在 $Z\sim Z+\mathrm{d}Z$ 区间内出现的概率可定义为 $P(Z)\mathrm{d}Z$，其中 $P(Z)$ 称为概率密度分布函数。显然，有

$$\int_0^1 P(Z)\mathrm{d}Z=1 \tag{5.25}$$

且 Z 的时均值和脉动均方值是

$$\bar{Z}=\int_0^1 ZP(Z)\mathrm{d}Z \tag{5.26}$$

$$\begin{aligned}\overline{Z'^2}&=\overline{(Z-\bar{Z})^2}=\overline{Z^2}-(\bar{Z})^2=\int_0^1(Z-\bar{Z})^2P(Z)\mathrm{d}Z\\&=\int_0^1 Z^2P(Z)\mathrm{d}Z-(\bar{Z})^2\end{aligned} \tag{5.27}$$

同理，对任何标量函数 φ (Z)，φ 的时均值与脉动均方值是

$$\bar{\varphi}(x)=\int_0^1\varphi(Z)P(Z,x)\mathrm{d}Z \tag{5.28}$$

$$\overline{\varphi'^2}=\int_0^1\varphi^2(Z)P(Z,x)\mathrm{d}Z-(\bar{\varphi})^2 \tag{5.29}$$

因此，燃料与氧的时均质量分数为

$$\bar{Y}_F=\int_0^1 Y_F(Z)P(Z)\mathrm{d}Z=\int_0^1\frac{Z-Z_F}{1-Z_F}P(Z)\mathrm{d}Z \tag{5.30}$$

$$\bar{Y}_{ox}=\int_0^1 Y_{ox}(Z)P(Z)\mathrm{d}Z=\int_0^1(1-\frac{Z}{Z_F})P(Z)\mathrm{d}Z \tag{5.31}$$

到此已经建立了时均质量分数与随机混合分数之间的关系式，但还需要给定概率密度分布函数的具体表达式。

5.2.4 设定型 PDF

Spalding 在 1970 年提出了一个简单的 PDF 函数，假定 Z 只可能取两个值 Z_+ 和 Z_-，设 Z 等于 Z_- 的时间分数是 α，取 Z_+ 的时间分数是 $(1-\alpha)$。在这种情况下，PDF 是一种“城墙式”分布，$P(Z)$ 在 $Z=Z_-$ 和 $Z=Z_+$ 处有两个峰值，当 $Z\neq Z_-$ 和 $Z\neq Z_+$ 时 $P(Z)$ 等于 0，用解析式表示就是

$$P(Z)=\alpha\delta(Z_-)+(1-\alpha)\delta(Z_+) \tag{5.32}$$

为确定 $P(Z)$，就必须求出 Z_+、Z_- 和 α。由于

$$\overline{Z}=\int_0^1 ZP(Z)\mathrm{d}Z=\int_0^1 Z[\alpha\delta(Z_-)+(1-\alpha)\delta(Z_+)]\mathrm{d}Z$$

$$\overline{Z}=\alpha Z_-+(1-\alpha)Z_+ \tag{5.33}$$

$$\overline{Z'^2}=\int_0^1(Z-\overline{Z})^2P(Z)\mathrm{d}Z=\int_0^1(Z-\overline{Z})^2[\alpha\delta(Z_-)+(1-\alpha)\delta(Z_+)]\mathrm{d}Z$$

所以

$$\overline{Z'^2}=g=\alpha(Z_--\overline{Z})^2+(1-\alpha)(Z_+-\overline{Z})^2 \tag{5.34}$$

当 $\alpha=0.5$ 时（取上限值与取下限值的机会均等），有

$$\overline{Z}=\frac{Z_-+Z_+}{2} \tag{5.35}$$

$$g=\frac{(Z_--\overline{Z})^2+(Z_+-\overline{Z})^2}{2} \tag{5.36}$$

由此可得

$$Z_-=\overline{Z}-g^{1/2} \tag{5.37}$$

$$Z_+=\overline{Z}+g^{1/2} \tag{5.38}$$

需要注意的是，为确保 Z 值的合理，根据其定义，Z_- 和 Z_+ 必须满足

$$Z_-\geqslant 0 \tag{5.39}$$

$$Z_+\leqslant 1 \tag{5.40}$$

在一般情况下，这种“城墙式”的 $P(Z)$ 分布，求 α，Z_- 和 Z_+ 的具体步骤如下：

(1) 假设 $\alpha=0.5$，求出 Z_- 和 Z_+，看 $Z_-\geqslant 0$ 和 $Z_+\leqslant 1$ 的条件是否满足，若不满足，则需作进一步处理。

(2) 如果 $Z_+>1$，则取 $Z_+=1$，则利用式（5.33）与式（5.34）可求出

$$\alpha=\left[\frac{1+g}{(1-\overline{Z})^2}\right]^{-1} \tag{5.41}$$

$$Z_-=\frac{\overline{Z}-g}{1-\overline{Z}} \tag{5.42}$$

(3) 如果 $Z_-<0$，则取 $Z_-=0$，同样利用式（5.33）与式（5.34），解出

$$\alpha = \left(\frac{1+\overline{Z}^2}{g}\right)^{-1} \tag{5.43}$$

$$Z_+ = \overline{Z} + \frac{g}{\overline{Z}} \tag{5.44}$$

这样，分别就不同的情况得到了 α、Z_- 和 Z_+，从而确定了“城墙式”的 $P(Z)$。再利用前面介绍的用快速反应假设和守恒量之间的线性关系得到的公式，便可算出相应的 ϕ（Z_-）和 ϕ（Z_+），这里的 ϕ 可以是燃料、氧化剂的质量分数，进而根据式（5.27），便可以解出各种化学热力学参数的平均值和脉动均方值

$$\overline{\phi} = \alpha\phi(Z_-) + (1-\alpha)\phi(Z_+) \tag{5.45}$$

$$\overline{\phi'^2} = \alpha[\phi(Z_-) - \overline{\phi}]^2 + (1-\alpha)[\phi(Z_+) - \overline{\phi}]^2 \tag{5.46}$$

5.2.5　截断型高斯分布的 PDF

高斯分布的定义区间是（$-\infty$，∞），但是 $Z\in$［0，1］，所以 $Z<0$ 与 $Z>1$ 的区间是没有物理意义的，可以在 $Z=0$ 与 $Z=1$ 处假定两个 δ 函数，得出的截断型高斯概率分布，可以表示成如下的形式：

$$P(Z) = \frac{1}{\sqrt{2\pi}\sigma}\exp\left[-\frac{1}{2}\left(\frac{Z-\mu}{\sigma}\right)^2\right]\cdot [D(Z) - D(Z-1)] + A\delta(0) + B\delta(1) \tag{5.47}$$

式中：μ 为给出最大概率的 Z 值；σ 为方差；D（Z）为 Heaviside 阶跃函数，即

$$D(Z) = \begin{cases} 0 & Z \leqslant 0 \\ 1 & Z > 0 \end{cases} \tag{5.48}$$

δ（Z）为 Dirac 函数，定义为

$$\delta(Z) = \begin{cases} 1 & Z = 0 \\ 0 & Z \neq 0 \end{cases} \tag{5.49}$$

因此，时平均混合分数为

$$\overline{Z} = \int_0^1 Z\left\{\frac{1}{\sqrt{2\pi}\sigma}\exp\left[-\frac{1}{2}\left(\frac{Z-\mu}{\sigma}\right)^2\right]\cdot [D(Z) - D(Z-1)] + A\delta(0) + B\delta(1)\right\}\mathrm{d}Z \tag{5.50}$$

其中

$$A = \int_{-\infty}^{0} P_0(Z)\mathrm{d}Z \tag{5.51}$$

$$B = \int_{1}^{\infty} P_0(Z)\mathrm{d}Z \tag{5.52}$$

$$P_0(Z) = \frac{1}{\sqrt{2\pi}\sigma}\exp\left[-\frac{1}{2}\left(\frac{Z-\mu}{\sigma}\right)^2\right] \tag{5.53}$$

混合分数脉动均方值为

$$g=\int_0^1 (Z-\bar{Z})^2\left\{\frac{1}{\sqrt{2\pi}\sigma}\exp\left[-\frac{1}{2}\left(\frac{Z-\mu}{\sigma}\right)^2\right]\right.$$

$$\left.[D(Z)-D(Z-1)]+A\delta(0)+B\delta(1)\right\}\mathrm{d}Z \tag{5.54}$$

这样，可以用迭代的方法来确定 σ、μ、A 和 B 四个常数，从而确定整个 $P(Z)$。

如果已知 Z 的某个函数 $\phi(Z)$，那么它的平均值和脉动均方值可分别由式（5.28）和式（5.29）确定。

5.3 预混火焰的有限反应速率 EBU-Arrhenius 模型

燃料和氧化剂在进入燃烧区之前已经均匀混合的火焰称为预混火焰。

Spalding 于 1971 年提出了针对预混火焰的 EBU 模型，它的基本思想是：

（1）把湍流燃烧区考虑成未燃气微团和已燃气微团的混合物；

（2）化学反应在这两种微团的交界面上发生；

（3）认为化学反应速率取决于未燃气微团在湍流作用下破碎成更小微团的速率；

（4）认为破碎速率与湍流脉动能衰变的速率成正比。

将 EBU 反应速率表示为

$$\bar{R}_{fu,T}=C_R\bar{\rho}\,\frac{\varepsilon}{k}(g_f)^{1/2} \tag{5.55}$$

式中：C_R 为模型中的常数，通常取为 1.07；g_f 为当地燃料质量分数脉动均方值，即

$$g_f=\overline{Y'^2_{fu}} \tag{5.56}$$

g_f 可以用与 $\bar{Y}_{fu}$ 或其梯度相关联的代数式来表示，如：

$$g_f=C(\tilde{Y}_{fu})^2 \tag{5.57}$$

或

$$g_f=l^2\left(\frac{\partial\tilde{Y}_{fu}}{\partial X_j}\right)^2 \tag{5.58}$$

此处 l 为湍流混合长度。

更一般地，可用解微分方程求得

$$\frac{D(\bar{\rho}g_f)}{Dt}=\frac{\partial}{\partial x_j}\left(\left(\frac{\mu_e}{Sc}+\frac{\mu_t}{\sigma_t}\right)\frac{\partial g_f}{\partial x_j}\right)+c_{g1}\mu_t\left(\frac{\partial\tilde{Y}_{fu}}{\partial x_j}\right)^2-c_{g2}\bar{\rho}g_f\,\frac{\varepsilon}{k} \tag{5.59}$$

式中：σ_t、c_{g1} 和 c_{g2} 为常数，通常取 $\sigma_t=0.7$，$c_{g1}=2.8$，$c_{g2}=1.79$。

鉴于在研究的湍流燃烧系统中，可能存在这样一些区域，那里的平均流速度梯度较大，但混气温度不高，并无剧烈的化学反应发生，显然在这些区域

式（5.55）不可能给出合理的燃烧速率。为克服这一缺点，可以引入另一个以平均参数表示的 Arrhenius 类型的燃烧速率公式，即

$$\bar{R}_{fu,A}=BT^{\alpha}\bar{Y}_1\bar{Y}_2\exp\left(-\frac{E}{k\bar{T}}\right) \tag{5.60}$$

把实际的燃烧速率 $\bar{R}_{fu}$ 取成 $\bar{R}_{fu,A}$ 和 $\bar{R}_{fu,T}$ 两者中绝对值较小的一个，即

$$\bar{R}_{fu}=-\min(\bar{R}_{fu,A},\bar{R}_{fu,T}) \tag{5.61}$$

Magnussen[1]等人直接在式（5.55）中采用平均浓度代替脉动浓度，因而 $\bar{R}_{fu,T}$ 的表达式成为

$$\bar{R}_{fu,T}=A\rho\,\frac{\varepsilon}{k}\min\left[\bar{Y}_{fu},\frac{\bar{Y}_{ox}}{s},\frac{Y_{pr}}{B(1+s)}\right] \tag{5.62}$$

旋涡破碎模型突出了湍流混合（或者说流动状态）对燃烧速率的控制作用，这是合理的；但它未能考虑分子输运和详细化学动力学因素的作用，这是它的不足之处。正因为如此，这个模型只适用于高雷诺数的湍流燃烧过程。

5.4　关联矩模型

湍流燃烧的关联矩模型[1]可以看成是类似于湍流流动的封闭模型，它对反应速率表达式中的非线性指数项进行级数展开，从而该非线性指数项的脉动量可以表示成温度脉动量的无穷级数，该级数只有在 $E/R\bar{T}<1$ 和 $T'/\bar{T}\ll 1$ 时才是收敛的。然而在许多实际燃烧系统中 $E/R\bar{T}\gg 1$，同时 T' 也并非总是远远小于 $\bar{T}$。因此这种级数展开的方法有严重的误差。在上述两个条件得到满足，即级数收敛时，对于二级双组元的简单反应来说，化学反应速率时平均封闭的问题就转化为 $\overline{Y'_fY'_o}$、$\overline{Y'_fT'}$、$\overline{T'Y'_o}$ 和 $\overline{T'^2}$ 等四个二阶标量脉动关联矩的封闭问题，通常建立它们的输运方程，并应用梯度模拟对其中一些项进行模拟，以使这些输运方程封闭，因此，在湍流燃烧的关联矩封闭模型中，常需要引入六个二阶标量脉动关联矩的微分方程，把这种模型也叫做关联矩的输运方程模型，当然这些方程的引入会使计算耗费大为增加。

5.4.1　时均反应率

为了模拟关联项，必须将时均反应率中的非线性指数项作近似展开

$$\exp\left(-\frac{E}{RT}\right)=\exp\left[-\frac{E}{R(\bar{T}+T')}\right]=\exp\left[-\frac{E}{R\bar{T}}\left(1+\frac{T'}{\bar{T}}\right)^{-1}\right] \tag{5.63}$$

对于 $T'/\bar{T}\ll 1$，则有

$$\exp\left(-\frac{E}{RT}\right)\approx\exp\left(-\frac{E}{R\bar{T}}\right)\exp\left(-\frac{E}{R\bar{T}^2}T'\right) \tag{5.64}$$

当 $\dfrac{E}{R\bar{T}}\dfrac{T'}{\bar{T}}$ 仍为小量的情况，且仅在此情况下，下列近似式可成立

$$\exp\left(-\frac{E}{RT}\right)\approx\exp\left(-\frac{E}{R\overline{T}}\right)\left[1+\frac{E}{R\overline{T}}\frac{T'}{\overline{T}}+\frac{1}{2}\left(\frac{E}{R\overline{T}}\frac{T'}{\overline{T}}\right)^2\right] \tag{5.65}$$

这时时均反应速率可表达成

$$\begin{aligned}\overline{w}_s &= \overline{B\rho^2 Y_1 Y_2\exp\left(-\frac{E}{RT}\right)}\\ &= B\rho^2\,\overline{(\overline{Y}_1+Y'_1)(\overline{Y}_2+Y'_2)\exp\left(-\frac{E}{R\overline{T}}\right)\left[1+\frac{E}{R\overline{T}}\frac{T'}{\overline{T}}+\frac{1}{2}\left(\frac{E}{R\overline{T}}\frac{T'}{\overline{T}}\right)^2\right]}\end{aligned} \tag{5.66}$$

或

$$\overline{w}_s = B\rho^2\overline{Y}_1\overline{Y}_2\exp\left(-\frac{E}{R\overline{T}}\right)\left[1+\frac{\overline{Y'_1Y'_2}}{\overline{Y}_1\overline{Y}_2}+\frac{E}{R\overline{T}}\left(\frac{\overline{T'Y'_1}}{\overline{T}\overline{Y}_1}+\frac{\overline{T'Y'_2}}{\overline{T}\overline{Y}_2}\right)+\frac{1}{2}\left(\frac{E}{R\overline{T}}\right)^2\overline{\left(\frac{T'}{\overline{T}}\right)^2}\right] \tag{5.67}$$

5.4.2 关联矩的封闭

为了封闭式（5.67），可以通过求解$\overline{Y'_1Y'_2}$、$\overline{T'Y'_1}$、$\overline{T'Y'_2}$和$\overline{T'^2}$的输运方程来得到这些关联量。以$\overline{Y'_1Y'_2}$为例

$$\begin{aligned}&\frac{\partial}{\partial t}(\rho\,\overline{Y'_1Y'_2})+\frac{\partial}{\partial x_j}(\rho v_j\,\overline{Y'_1Y'_2})\\ &=\frac{\partial}{\partial x_j}\left(\frac{\mu_e}{\sigma_Y}\frac{\partial\overline{Y'_1Y'_2}}{\partial x_j}\right)-c_1\mu_T\left(\frac{\partial\overline{Y}_1}{\partial x_j}\right)\left(\frac{\partial\overline{Y}_2}{\partial x_j}\right)-c_2\frac{\varepsilon}{k}\rho\,\overline{Y'_1Y'_2}\end{aligned} \tag{5.68}$$

为了降低计算存储及计算时间，同时保持模型的主要特点，输运方程模型可以简化为代数关联矩模型，类似于气体湍流代数应力模型中所用的办法，即去掉相应方程中的对流项及扩散项，可以得到代数表达式

$$\overline{Y'_1Y'_2}=c_Y\frac{k^3}{\varepsilon^2}\frac{\partial\overline{Y}_1}{\partial x_j}\frac{\partial\overline{Y}_2}{\partial x_j} \tag{5.69}$$

$$\overline{T'Y'_1}=c_{Y_1}\frac{k^3}{\varepsilon^2}\frac{\partial\overline{T}}{\partial x_j}\frac{\partial\overline{Y}_1}{\partial x_j} \tag{5.70}$$

$$\overline{T'Y'_2}=c_{Y_2}\frac{k^3}{\varepsilon^2}\frac{\partial\overline{T}}{\partial x_j}\frac{\partial\overline{Y}_2}{\partial x_j} \tag{5.71}$$

$$\overline{T'^2}=c_T\frac{k^3}{\varepsilon^2}\left(\frac{\partial\overline{T}}{\partial x_j}\right)^2 \tag{5.72}$$

代数表达式（5.69）～式（5.72）的物理意义很明显。它意味着组分脉动、组分与温度脉动及温度脉动的关联量正比于湍流尺度与时均量梯度的乘积。正如混合长度模型一样，其中脉动速度的均方根值正比于湍流尺度与平均速度梯度的乘积，这是由于已知 $k^3/\varepsilon^2=l^2$。应当指出，这一代数关联封闭模型只适用于剪切流，很明显，这一模型无法用来预报某些流动，例如组分与温度梯度为零而脉动不为零的均匀流动。

5.5　湍流燃烧的火焰面模型

Peters 在对层流扩散火焰的研究基础上提出了湍流燃烧火焰面模型[2]。火焰面模型蕴含的基本物理图像是湍流燃烧流场由大量的火焰面（Flamelet）和包围这些火焰面的无反应湍流流场组成，这些火焰面是很薄的反应扩散层，它的厚度比 Kolmogorov 涡旋尺度还要小，即湍流燃烧是“皱褶”的层流火焰面燃烧模式。火焰面模型的应用是受特定的燃烧模式限制的，但实际清况下，这种燃烧模式是很普遍的。在“皱褶”的层流火焰面燃烧模式下，由于火焰面厚度比 Kolmogorov 涡旋尺度还小，火焰薄层的内部结构不会受湍流涡旋的影响，而只是在湍流运动的作用下发生火焰面的拉伸扭曲变形。在这种物理机制下，可将火焰面的内部结构和湍流对火焰面的作用分开考虑。直观的理解，火焰面模型是将火焰表面的宏观结构作为湍流的输运对象，而不是 PDF 方法中的将反应标量本身作为输运对象。火焰表面的位置由某个特定的无反应标量的等值面描述，可以建立这个标量对应的方程。对于非预混燃烧这个无反应标量选择的是混合分数 Z，而对于预混燃烧，没有对应的守恒标量可供选择，Wirth 和 Peters[3] 最早建议采用一个 G 标量描述火焰面的位置，G 标量是从 Level Set 方法[4] 中引进的。由于火焰面很薄，可以近似为一维，火焰面的内部结构只需考虑垂直于火焰表面方向的反应标量分布，这些标量结构附着于火焰面随之输运。通常情况下，这些标量的一维分布由一组火焰面方程描述。在预混和非预混燃烧中都推导出了相应的火焰面方程，这些方程都以守恒标量为独立变量，并且引入了另外其他参数量化反应标量垂直于火焰表面方向的输运。

5.5.1　扩散火焰面模型

应用层流扩散火焰面模型进行湍流燃烧过程数值模拟可分为三个部分：①推导出相关的层流火焰面方程并求解之，生成火焰面数据库；②对湍流流场及其变量分布进行模拟，在湍流流场中求出火焰面数据库中标量（组分浓度和温度）所依赖的参数值（混合分数 Z 和标量耗散率 χ），进而在火焰面数据库中“查表”、插值就可以得到相应的参数，而无需求解各参数的输运方程，从而大大减少计算量；③基于预先设定分布形式的概率密度函数，将火焰面数据库与湍流流场耦合，求出各参数平均值分布。

1. 火焰面数据库的生成

以层流对撞扩散火焰作为构造层流火焰面数据库的基础，即利用火焰面数据的系综平均，在一定的火焰拉伸率下，通过坐标变换，可将其火焰面方程由物理坐标转换为混合分数空间的坐标。Peters 假定组分的 $Le=1$、忽略压力随时间的变化和辐射热损失的影响，导出了一组火焰面方程，将其进一步简化为一组准稳态方程：

$$\rho \frac{\chi}{2} \frac{\partial^2 Y_i}{\partial Z^2} + \omega_i = 0 \tag{5.73}$$

$$\rho \frac{\chi}{2} \frac{\partial^2 T}{\partial Z^2} - \sum_{i=1}^{n} \frac{h_i}{c_p} \omega_i = 0 \tag{5.74}$$

式中：ρ 为密度；Y_i 代表反应组分 i 的质量分数；χ 为标量耗散率；ω_i 为化学反应源项，遵循 Arrhenius 公式；Z 为混合分数即守恒标量，其表达式为

$$Z = \frac{Z_i - Z_{i,o}}{Z_{i,f} - Z_{i,o}} \tag{5.75}$$

式中：Z_i 为元素 i 的元素质量分数；$Z_{i,o}$为氧化剂流中元素 i 的质量分数；$Z_{i,f}$为燃料流中元素 i 的质量分数。

式（5.73）～式（5.74）构成了混合物分数空间的扩散燃烧火焰面模型，先将 χ 视为定值，求解式（5.73）～式（5.74）得到以 Z 为自变量的 Y_i、T 的值，这样，标量 Y_i、T 即成为混合分数 Z 和标量耗散率 χ 的函数，例如将 χ 值取为 0.001～70.0，求解式（5.73）和式（5.74），并将结果保存，即生成为火焰面数据库。

2. 湍流流场与火焰面数据库的耦合

对式（5.16）、式（5.17）两输运方程进行求解，就可得到混合分数的 Favre 时均值 $\widetilde{Z}$ 和脉动均方值$\widetilde{Z'^2}$在燃烧室内的时间、空间分布。

根据湍流流场中得到的每个网格单元的 $\widetilde{Z}$ 及其相应的标量耗散率，在火焰面数据库中进行插值，可找出与其相应的组分质量分数和温度等标量的数值 $Y_i(Z)$和 $T(Z)$，根据预先设定的概率密度函数 $P(Z)$在 0～1 区间对混合分数进行积分，就得到组分质量分数和温度等标量在每个网格单元的平均值，从而得出这些标量的空间分布。概率密度函数积分表达式如下

$$Y_i = \int_0^1 Y_i(Z) P(Z) \mathrm{d}Z \tag{5.76}$$

$$T = \int_0^1 T(Z) P(Z) \mathrm{d}Z \tag{5.77}$$

式中：$P(Z)$为 PDF 函数，通常假设 PDF 函数具有 β 函数的分布形式

$$P(Z) = \frac{Z^{\alpha-1}(1-Z)^{\beta-1}}{\int Z^{\alpha-1}(1-Z)^{\beta-1} \mathrm{d}Z} \tag{5.78}$$

其中

$$\alpha = \widetilde{Z} \frac{\widetilde{Z}(1-\widetilde{Z})}{\widetilde{Z'^2}} - 1 \tag{5.79}$$

$$\beta = (1-\widetilde{Z}) \frac{\widetilde{Z}(1-\widetilde{Z})}{\widetilde{Z'^2}} - 1 \tag{5.80}$$

结合由湍流流场解出的 $\widetilde{Z}$ 和 $\widetilde{Z'^2}$，即可求出 $P(Z)$ 的空间分布。

5.5.2 预混火焰面模型

在实际燃烧装置中经常会遇到预混火焰，这种情况可利用火焰面假设来描述，该假设认为：火焰厚度 δ_F 很小与 Kolmogorov 尺度 η 相近，燃烧特征时间 τ_c 很短与流动特征时间 τ 相近，其结果使火焰保持层流火焰结构，可认为火焰是由很薄的火焰前锋进行传播。

为了描述预混燃烧的火焰面位置，引入距离函数 G。描述火焰依靠对流传输和正常燃烧进行传播的模型方程称为 G 方程，可用以速度进行传播的标量 G 来模化火焰传播，它的守恒形式可写为

$$\frac{\partial \rho G}{\partial t} + \nabla \cdot \rho \boldsymbol{u} G = -\rho_0 S_L |\nabla G| \tag{5.81}$$

式中：G 即 $G(x,t)$，$G(x,t)$ 为定义火焰位置的过程变量；$\boldsymbol{u}$ 为速度矢量；ρ_0 为参考温度下反应物密度；S_L 为局部层流火焰传播速度。规定在未燃烧区域 $G<0$，在已燃烧区域 $G>0$，在薄层火焰面 $G=0$，在火焰表面流体流动速度与层流火焰传播速度 S_L 达到动力平衡，即此时火焰是稳定的。

采用 Farve 平均方法，将 G 分解为 $\widetilde{G}$ 和 $\widetilde{G'^2}$，分别代表离火焰面的平均距离以及火焰面厚度，G 的平均值和脉动值方程如下

$$\frac{\partial(\bar{\rho}\widetilde{G})}{\partial t} + \nabla \cdot (\bar{\rho}\tilde{\boldsymbol{u}}\widetilde{G}) = \bar{\rho} S_T |\nabla \widetilde{G}| - \bar{\rho} D_t \kappa |\nabla \widetilde{G}| \tag{5.82}$$

$$\sqrt{\widetilde{G'^2}} = 1.78 l_t \tag{5.83}$$

式中：κ 为平均火焰面的曲率；D_t 为湍流扩散系数；S_T 为湍流火焰速度，其关系式为：

$$S_T = S_L \left[1 - \frac{0.39}{2} \frac{l_t}{l_F} + \sqrt{\left(\frac{0.39}{2} \frac{l_t}{l_F} \right)^2 + 4 \left(\frac{0.39}{2} \frac{l_t}{l_F} \right) \frac{v'}{S_L}} \right] \tag{5.84}$$

式中：l_F 和 S_L 分别为层流火焰厚度和层流火焰速度；$l_t = 0.37 \dfrac{v'^3}{\varepsilon}$ 为积分长度尺度，其中 $v' = \sqrt{(2/3)k}$，k 和 ε 分别为湍动能及其耗散率。

由于 $\widetilde{G}$ 为距离函数，当经过一些时间步长的变化，$\widetilde{G}$ 变得不规则，两条 $\widetilde{G}$ 线可能合并，造成 $\widetilde{G}$ 的梯度大大增加，从而使程序发散，所以需要在每个时间步长计算时对 $\widetilde{G}$ 进行重新初始化，以满足当 $\widetilde{G} \neq G_0$ 时，$|\nabla \widetilde{G}| = 1$。

当明确在位置 x 和时间 t 的 G 值时，就可以构建 Favre 平均的高斯概率密度函数

$$\widetilde{P}(G,x,t) = \frac{1}{\sqrt{2\pi \widetilde{G'^2}}} \exp\left[-\frac{(G-\widetilde{G})^2}{2\widetilde{G'^2}} \right] \tag{5.85}$$

从已生成的火焰面数据库中，可得到瞬态的温度 T、密度 ρ、化学组分浓度 Y_i。采用简化 PDF 形式，可以得到它们的 Favre 平均值。

$$\widetilde{T}(x,t)=\int_{-\infty}^{+\infty}T(G,t)\widetilde{P}(G,x,t)\mathrm{d}G \tag{5.86}$$

$$\tilde{\rho}(x,t)=\left\{\int_{-\infty}^{+\infty}[\rho(G,t)]^{-1}\widetilde{P}(G,x,t)\mathrm{d}G\right\}^{-1} \tag{5.87}$$

$$\widetilde{Y}(x,t)=\int_{-\infty}^{+\infty}Y_i(G,t)\widetilde{P}(G,x,t)\mathrm{d}G \tag{5.88}$$

数值计算首先求解质量、动量、能量方程以及湍流模型方程，然后求解 G 平均和脉动值守恒方程，两者相互耦合，调用预先生成好的层流火焰面数据库，采用简化 PDF 方法求解平均参变量。

5.6 湍流燃烧的 PDF 输运方程方法

PDF 输运方程模拟以完全随机的观点对待湍流场，通过求解速度和标量联合 PDF 输运方程来获知湍流场中的单点统计信息。PDF 方法的发展源于 Dopazo[5]、Pope[6]等人的开创性工作。PDF 方法是把标量脉动关联矩、矢量脉动关联矩、标量矢量脉动关联矩以及非线性的化学反应源项的封闭建立在确定标量和矢量的联合概率密度函数上，无需模拟。该方法在考虑有限反应速率和详细反应动力学的燃烧过程中具有很强的优势。

5.6.1 概率密度函数的输运方程

依据概率和统计理论可以建立湍流燃烧系统中变量的联合概率密度函数的精确输运方程。定义流场质量分数 $Y(x,t)$ 是一个标量场，利用概率密度函数，可以从初始时的平均值计算出系综平均值。在给定初始条件 $Y(x,t)=Y_0$ 时，假定整个系综中 Y_0 值满足一定的概率密度函数，求出的 Y 值也有自己的概率密度函数。任一函数，如 $G[Y(x_1,t), Y(x_2,t),\cdots]$，乘以概率密度函数，并在整个 Y 空间积分，即可得函数的系综平均值。将系综中一个样本的概率密度函数定义为样本概率密度函数 P_{fg}。假定函数 $Y^*(x,t)$ 是随机场 $Y(x,t)$ 中的一个样本，则

$$P_{fg}(\hat{Y};x,t)=\delta[Y^*(x,t)-\hat{Y}] \tag{5.89}$$

显然 $P_{fg}(\hat{Y};x,t)$ 是 $\hat{Y}$ 和 $Y^*(x,t)$ 的函数。

P_{fg} 有概率密度函数的各种性质。如根据 δ 函数的性质可得归一化条件

$$\int P_{fg}(\hat{Y};x,t)\mathrm{d}\hat{Y}=1 \tag{5.90}$$

同样可得

$$Y^*(x,t)=\int \hat{Y}^* P_{fg}(\hat{Y};x,t)\mathrm{d}\hat{Y} \tag{5.91}$$

利用 P_{fg} $(\hat{Y};\ x,\ t)$，可以把随机场中的样本也用概率密度函数的形式写出来。P_{fg} $(\hat{Y};\ x,\ t)$ 的系综平均就是常见的场的概率密度函数，并用下式表示：

$$P(\hat{Y};x,t)=\langle P_{fg}(Y;x,t)\rangle \tag{5.92}$$

式中：$\langle\ \rangle$表示系综平均。P $(\hat{Y};\ x,\ t)$ 是时刻 t，位于 x 点的质量分数为 Y $(x,\ t)$的值在 $\hat{Y}\pm\mathrm{d}\hat{Y}$ 之间的概率。

下面推导在流体密度和质量扩散系数均为常数的最简单情况下的 PDF 方程。组分的守恒方程为

$$\frac{\partial Y}{\partial t}+\boldsymbol{v}\cdot\nabla Y=D\nabla^2 Y+\frac{\dot{\omega}}{\rho} \tag{5.93}$$

式（5.89）对 t 求导得

$$\frac{\partial P_{fg}}{\partial t}=\frac{\partial\delta}{\partial t}=\frac{\partial\delta}{\partial Y}\frac{\partial Y}{\partial t}=-\frac{\partial P_{fg}}{\partial\hat{Y}}\frac{\partial Y}{\partial t} \tag{5.94}$$

将方程（5.93）中的$\dfrac{\partial Y}{\partial t}$代入上式，得

$$\frac{\partial P_{fg}}{\partial t}=-\frac{\partial P_{fg}}{\partial\hat{Y}}\left(-\boldsymbol{v}\cdot\nabla Y+D\nabla^2 Y+\frac{\dot{\omega}}{\rho}\right) \tag{5.95}$$

方程右端第二项可以写为

$$D\frac{\partial^2 Y}{\partial x_k\,\partial x_k}\frac{\partial P_{fg}}{\partial\hat{Y}}=D\frac{\partial}{\partial x_k}\left(\frac{\partial Y}{\partial x_k}\frac{\partial P_{fg}}{\partial\hat{Y}}\right)-D\frac{\partial Y}{\partial x_k}\frac{\partial^2 P_{fg}}{\partial x_k\,\partial\hat{Y}} \tag{5.96}$$

代入方程可得

$$\frac{\partial P_{fg}}{\partial t}+\boldsymbol{v}\cdot\nabla P_{fg}-D\nabla^2 P_{fg}+\frac{\partial}{\partial\hat{Y}}\left(P_{fg}\cdot\frac{\dot{\omega}}{\rho}\right)+D\frac{\partial Y}{\partial x_k}\frac{\partial Y}{\partial x_k}-\frac{\partial^2 P_{fg}}{\partial\hat{Y}\,\partial\hat{Y}}=0 \tag{5.97}$$

假定系统中有三种化学组分，样本概率密度函数是三个 δ 函数的乘积：

$$P_{fg}=(\hat{Y}_1,\hat{Y}_2,\hat{Y}_3;x,t)=\prod_{a=1}^{3}\delta[Y_a(x,t)-\hat{Y}_a] \tag{5.98}$$

对 t 求导数得

$$\frac{\partial P_{fg}}{\partial t}=-\sum_{a=1}^{3}\frac{\partial P_{fg}}{\partial\hat{Y}_a}\cdot\frac{\partial\hat{Y}_a}{\partial t} \tag{5.99}$$

代入 Y_a 的守恒方程：

$$\frac{\partial P_{fg}}{\partial t}=\boldsymbol{v}\cdot\sum_{a=1}^{3}\frac{\partial P_{fg}}{\partial\hat{Y}_a}\nabla Y_a-D\sum_{a=1}^{3}\nabla^2 Y_a\frac{\partial P_{fg}}{\partial\hat{Y}_a}-\sum_{a=1}^{3}\frac{\partial}{\partial\hat{Y}_a}\left(\frac{\dot{\omega}}{\rho}P_{fg}\right) \tag{5.100}$$

经简单的代数变换可得

$$\frac{\partial P_{fg}}{\partial t}+\boldsymbol{v}\cdot\nabla P_{fg}-D\sum_{a=1}^{3}\nabla^2 P_{fg}+\sum_{a=1}^{3}\frac{\partial}{\partial\hat{Y}_a}(\frac{\dot{\omega}}{\rho}P_{fg})+$$

$$D\sum_{a=1}^{3}\sum_{\gamma=1}^{3}\nabla Y_\gamma\cdot\nabla Y_a\frac{\partial^2 P_{fg}}{\partial\hat{Y}_\gamma\,\partial\hat{Y}_a}=0 \tag{5.101}$$

这是样本概率密度的偏微分方程，其意义是任何一个无限可微的函数 ϕ（$\hat{Y}$）乘以方程（5.101）的左端各项，并在 $\hat{Y}$ 空间的积分等于零。对方程（5.101）取系综平均，可得

$$\frac{\partial P}{\partial t^*}+\langle\boldsymbol{v}\cdot\nabla P_{fg}\rangle+\sum_{a=1}^{3}\frac{\partial}{\partial\hat{Y}_a}(\frac{\dot{\omega}}{\rho}P)$$

$$=D\sum_{a=1}^{3}\nabla^2 P-D\sum_{a=1}^{3}\sum_{\gamma=1}^{3}\frac{\partial^2}{\partial\hat{Y}_\gamma\,\partial\hat{Y}_a}\langle\nabla Y_a\cdot\nabla Y_\gamma P_{fg}\rangle \tag{5.102}$$

可以看出，方程中的应变量 P 是 Y_1、Y_2、Y_3、x、t 等五个自变量的函数，而原来的应变量 Y 仅仅是 x、t 的函数，这是为摆脱生成项的封闭问题所付出的代价。方程中的 $\dot{\omega}$ 可以认为是已知参数，因为它仅是 $\hat{Y}$ 的函数，在它的定义中没有牵涉到物理空间中的积分或微分问题，这一点对于任何复杂的化学反应动力学都是成立的。这是概率密度函数输运方程方法的主要优点。

一般燃烧问题包含了 N 个反应物、三个速度分量、密度和焓，同时空间和时间是不对称的。如对这种一般燃烧的情况写出其简单的概率密度函数 PDF，它将是 $N+9$ 个变量的函数，但所得方程的计算量非常大。在推导方程（5.102）时，假定对流速度场是给定的，也就是说略去了化学反应对湍流流动的影响。

5.6.2 湍流 PDF 方程的封闭问题

在方程（5.102）中，对流项$\langle\boldsymbol{v}\cdot\nabla P_{fg}\rangle$和分子扩散项$-D$（$\partial/\partial Y^*$）$\langle\nabla^2 YP_{fg}\rangle$是不封闭的。对流项由两部分组成，一部分是平均速度引起的对流，另一部分是湍流脉动速度引起的对流，脉动速度的对流项通常采用梯度的输运模型，即令

$$\langle\boldsymbol{v}\cdot\nabla P_{fg}\rangle=\boldsymbol{v}\cdot\nabla P-\nabla\cdot\boldsymbol{K}\nabla P \tag{5.103}$$

式中：$\boldsymbol{K}$ 为涡旋扩散张量。

在湍流研究中，分子扩散项的模拟是最困难的一个问题。如果假定它与 $\nabla^2 Y$ 以及 P_{fg} 统计无关，则丧失了它代表微尺度混合的意义，因而得不出符合实际意义的结果。在中等雷诺数的情况下，这项比湍流输运项小，可以忽略。方程（5.102）中的分子扩散项为 $-D\dfrac{\partial^2}{\partial\hat{Y}^2}$（$\dfrac{\partial Y}{\partial x_i}\dfrac{\partial Y}{\partial x_i}P_{fg}$）。很明显，因子

$(\partial Y/\partial x_i)(\partial Y/\partial x_i)$ 是标量场 $Y(x,t)$ 的耗散函数，它与 P_{fg} 一样总是大于零。

目前已经发展了应用于上述 PDF 输运方程封闭的模型，其中用于模拟分子扩散过程的模型称为小尺度混合模型，相应的模拟 PDF 在速度空间上输运的模型称为随机速度模型。目前小尺度混合模型主要有三类，分别是确定性模型、颗粒相互作用模型和通过映射封闭法构造的模型。常见的随机速度模型有简化的 Langevin 模型（SLM）和通用的 Langevin 模型（GLM）。这些方面近年来已经有了很大进展，有兴趣的读者可以进一步参考相关文献[7]。

5.6.3　密度加权平均的单点联合概率密度函数的输运方程

在多数燃烧问题中，密度脉动很大，不能忽略。由于湍流可压缩性的影响，燃烧问题中的密度一般是随机变量。为了考虑密度脉动的影响，一般需采用密度加权平均。为此，系综中样本密度函数重新定义为

$$\widetilde{P}_{fg}(\hat{Y},\hat{\rho};x,t)=\delta[Y(x,t)-\hat{Y}]\delta[\rho(x,t)-\hat{\rho}] \tag{5.104}$$

将密度加权平均的概率密度函数定义为

$$\widetilde{P}(\hat{Y};x,t)=\frac{1}{\langle\rho(x,t)\rangle}\int\hat{\rho}\langle P_{fg}(\hat{Y},\hat{\rho};x,t)\rangle\,\mathrm{d}\rho \tag{5.105}$$

根据这一定义，可以推出有 N 个标量的系统中，密度加权平均的联合 PDF 的输运方程，其形式为

$$\begin{aligned}&\bar{\rho}\frac{\partial\widetilde{P}}{\partial t}+\widetilde{\bar{\rho}u}_i\frac{\partial\widetilde{P}}{\partial x_i}-\frac{\partial}{\partial x_j}\left[\frac{u}{\rho}\frac{\partial\widetilde{P}}{\partial x_j}\right]+\sum_{k=1}^{N}\frac{\partial}{\partial\hat{\phi}}[\bar{\rho}\widetilde{P}S(\hat{\phi})]\\&=-\frac{\partial}{\partial x_j}\{\bar{\rho}(u'_j\widetilde{P}_{fg})\}-\sum_{k=1}^{N}\sum_{l=1}^{N}\frac{\partial^2}{\partial\hat{\phi}_k\partial\hat{\phi}_l}\left[\frac{\mu}{\sigma}\frac{\partial\phi_k}{\partial x_j}\frac{\partial\phi_l}{\partial x_j}\widetilde{P}_{fg}\right]\end{aligned} \tag{5.106}$$

式中：$\widetilde{P}_{fg}=\prod_{k=1}^{N}\delta(\hat{\phi}_k-\phi_k)$；$S$ 为 ϕ 输运方程中的源项。

方程（5.106）左端的各项都是封闭的，无须模拟。但右端的两项都需要模拟，且其模拟比二阶统计矩的封闭更困难。Pope[6]指出，单纯用 $\hat{\phi}$ 相空间中的当地值来模拟最后一项分子混合项是不可能得出满意结果的，建议采用相空间的一个积分来模拟。

5.6.4　概率密度函数的输运方程的求解

概率密度函数的输运方程目前大多采用拉格朗日方法（或称蒙特卡罗（Monte Carlo）法或颗粒法）求解。颗粒法的思路是：首先把联合概率密度函数离散成由很多样本（或称颗粒）所组成的一个系综；每个颗粒状态的变化由一组随机微分方程描述，从 $t=t_0$ 时的初始条件开始，给定一个很小的时间步长 Δt，求解随机微分方程，给出 $t=t_0+\Delta t$ 时刻每个颗粒的状态参数；与此同时，把整个流场分成很多单元，根据处在每个单元内所有颗粒的状态参数值，求出这个单

元所代表的网格节点上的各种平均值；然后代入随机微分方程，继续进行下一个时间步的求解。如此不断循环反复，直至平均值不再随时间变化，即得到统计定常的解。

但是用概率密度函数方法描述湍流燃烧，可以有不同的求解方法，一类混合算法就是将蒙特卡罗法求解 PDF 方程和传统的有限差分或有限体积法求解统计矩方程相结合求解流场。

早期混合算法的产生是由于 PDF 方程的不完全，没有包含流场的全部信息，必须由统计矩模型补充缺少的物理量，使得模型封闭（如混合算法 PDF2DS）。而在速度—耗散率—标量联合 PDF 建立之后，采用混合算法则是为了减小数值误差和提高计算效率，这主要是由于单独的颗粒方法具有以下缺点：①压力平均项及相关梯度项通过泊松方程求出，而泊松方程求解非常困难；②粒子随机微分方程中流场平均量由单元网格中粒子统计平均值提供，会导致严重偏差；③为减小统计误差，保证计算精度，用于模拟的颗粒数目不能太少，而过多颗粒又会造成无法承受的计算量。早期的混合算法如 Anand[8]、Haworth 和 Tahry[9] 提出的 RANS/PDF 混合算法以及 Corres、Pope 提出的 PDF2DS 混合算法[10] 等，均不能满足模型层次上的相容性。主要原因是这两类混合算法中有限体积法求解的湍流模型是另外引入的，很难与 PDF 输运方程中的随机速度模型相容。1999 年，Muradoglu、Pope[11] 提出的新混合方法 PDF2DFV 从根本上彻底解决了模型层次上的相容性问题。该方法的最大特点是 FV 求解的平均方程是由模化后的 PDF 输运方程在相空间积分得到的一阶矩方程，其中的不封闭项都由 PDF 的统计矩给出，没有另外引入模型，这就使得模型层次上的相容性得到了很好的满足。另外蒙特卡罗法求解脉动速度的 PDF，使得平均速度场只求解一次，极大减少了偏差，采用较少的颗粒就能满足计算精度的要求。该混合算法在值班射流火焰、钝体射流火焰及抬举射流火焰的计算中都显示了很好的效果。现今的混合算法都是以 PDF2DFV 为基础，通过改变数值迭代方式和引入修正算法来减少数值误差。然而目前修正算法研究还不成熟，需要进一步完善。

5.7 湍流燃烧的大涡模拟

大涡数值模拟的基本思想是直接计算大尺度脉动，而只对小尺度脉动做模式假定。经过过滤后，湍流速度可以分解为大涡部分 $\bar{u}_i$ 和小涡部分 u''之和

$$u_i = \bar{u}_i + u'' \tag{5.107}$$

$\bar{u}_i$ 可以由大涡数值模拟方法计算求解，因此称为可解尺度脉动；u''称为不可解尺度脉动或者亚格子尺度脉动，不可解的小尺度旋涡对大涡运动的影响需要通过亚格子尺度模型建立涡团黏性关系式来表示。在湍流化学反应流中，只有燃料和氧化剂分子相互混合的情况下才能发生化学反应，而分子间混合主要

在小涡团中进行，为此有必要发展亚格子尺度燃烧模型。下面将先推导湍流燃烧大涡模拟的控制方程。然后简要介绍目前可用于湍流燃烧大涡数值模拟的亚格子模型。

5.7.1　湍流燃烧大涡模拟的控制方程

变量的 Favre 滤波定义为

$$\tilde{f} = \frac{\overline{\rho f}}{\bar{\rho}} \tag{5.108}$$

式中："—"表示按物理空间滤波。则通用变量$\overline{\rho f}$可按如下积分给出

$$\overline{\rho f}(x_i,t) = \int_D \rho f(x'_i,t)G(x_i - x'_i,\Delta)\mathrm{d}x'_i \tag{5.109}$$

式中：G 为滤波函数；积分域 D 为全流场。一般有

$$\int_D G(x_i - x'_i,\Delta)\mathrm{d}x'_i = 1 \tag{5.110}$$

采用盒式滤波函数，G 可表示为

$$G = \begin{cases} \dfrac{1}{\Delta^3} & \dfrac{-\Delta}{2} \leqslant x_i - x'_i \leqslant \dfrac{\Delta}{2} \\ 0 & |x_i - x'_i| > \Delta/2 \end{cases} \tag{5.111}$$

与一般 Favre 平均不同，对变量 f 取 Favre 滤波，其中$\tilde{\tilde{f}} \neq \tilde{f}$ 以及$\overline{f''} \neq 0$。经过 Favre 滤波后，湍流反应流的控制方程可写为

$$\frac{\partial\bar{\rho}}{\partial t} + \frac{\partial\bar{\rho}\tilde{u}_i}{\partial x_i} = 0 \tag{5.112}$$

$$\frac{\partial\bar{\rho}\tilde{u}_i}{\partial t} + \frac{\partial}{\partial x_i}(\bar{\rho}\tilde{u}_i\tilde{u}_j + \bar{P}\delta_{ij} - \overline{\tau_{ij}} + \tau_{ij}^{sgs}) = 0 \tag{5.113}$$

$$\frac{\partial\bar{\rho}\tilde{E}}{\partial t} + \frac{\partial}{\partial x_i}[(\bar{\rho}\tilde{E} + \bar{P})\tilde{u}_i + \overline{q_i} - \tilde{u}_i\overline{\tau_{ij}} + H_i^{sgs} + \delta_i^{sgs}] = 0 \tag{5.114}$$

$$\frac{\partial\bar{\rho}\tilde{y}_m}{\partial t} + \frac{\partial}{\partial x_i}(\bar{\rho}\tilde{y}_m\tilde{u}_i - \bar{\rho}D_m\frac{\partial\tilde{y}_m}{\partial x_i} + \phi_{i,m}^{sgs} + \theta_{i,m}^{sgs}) = \bar{\dot{\omega}}_m \qquad (m = 1,2,\cdots,N) \tag{5.115}$$

上述式子中：μ 为层流黏性系数；热导率 $K=C_p\mu/Pr$，Pr 为 Prandtl 数；D_m 为组分 m 分子扩散系数；C_p 为等压比热容。压力 $\bar{P}=\bar{\rho}\tilde{T}\sum_{m=1}^{N}\tilde{y}_m R/\omega_m$，$R$ 为通用气体常数；ω_m 为 m 组分的反应源项；N 为组分总数；黏性应力张量和热通量张量分别为

$$\overline{\tau_{ij}} = \mu(\frac{\partial\tilde{u}_i}{\partial x_j} + \frac{\partial\tilde{u}_j}{\partial x_i}),\quad \bar{q}_i = -K\frac{\partial\tilde{T}}{\partial x_i} \tag{5.116}$$

滤波后单位容积总能量为

$$\bar{\rho}\widetilde{E}=\bar{\rho}\tilde{e}+\frac{1}{2}\bar{\rho}\tilde{u}_l\tilde{u}_l+\frac{1}{2}\bar{\rho}(\widetilde{u_lu_l}-\tilde{u}_l\tilde{u}_l) \tag{5.117}$$

滤波后内能为

$$\tilde{e}=\sum_{m=1}^{N}\tilde{y}_mh_m-\bar{P}/\bar{\rho} \tag{5.118}$$

组分的反应焓为

$$h_m=\Delta h_{f,m}^0+\int_{T_0}^{T}C_{p,m}(\widetilde{T})\,\mathrm{d}\widetilde{T} \tag{5.119}$$

式中：$\Delta h_{f,m}^0$为温度 T_0 时标准生成热；$C_{p,m}$为组分 m 的定压比热容 C_p。按照 $Fick$ 扩散定律，扩散速度可近似写为

$$\bar{V}_{im}=(-D_m/\widetilde{Y}_m)(\partial\tilde{y}_m/\partial x_i) \tag{5.120}$$

对于混合气体 $\sum\limits_{m=1}^{N}\widetilde{Y}_m=1$，$\sum\limits_{m=1}^{N}V_{im}=0$。

控制方程组中未封闭的亚格子项分别为：亚格子应力张量 τ_{ij}^{sgs}，亚格子热通量 H_i^{sgs}，不可解尺度黏性力变形功 δ_i^{sgs}，亚格子对流通量 $\varphi_{i,m}^{sgs}$和扩散质量通量 $\theta_{i,m}^{sgs}$及组分 m 的滤波后化学反应速率$\bar{\dot{\omega}}_m$。表达式如下：

$$\begin{cases}\tau_{ij}^{sgs}=\bar{\rho}(\widetilde{u_iu_j}-\tilde{u}_i\tilde{u}_j)\\ H_i^{sgs}=\bar{\rho}(\widetilde{Eu_i}-\widetilde{E}\tilde{u}_i)+(\overline{Pu_i}-\bar{P}\tilde{u}_i)\\ \delta_i^{sgs}=\overline{u_i\tau_{ij}}-\tilde{u}_i\tilde{\tau}_{ij}\\ \varphi_{i,m}^{sgs}=\bar{\rho}(\widetilde{u_iy_m}-\tilde{u}_i\tilde{y}_m)\\ \theta_{i,m}^{sgs}=\bar{\rho}(\widetilde{V_{i,m}y_m}-\widetilde{V}_{i,m}\tilde{y}_m)\end{cases} \tag{5.121}$$

为了使控制方程组封闭，利用特征长度尺度的局部网格尺寸 $\bar{\Delta}$ 和亚格子湍动能 k^{sgs}来确定亚格子应力张量 τ_{ij}^{sgs}。亚格子应力张量 τ_{ij}^{sgs}模化后为

$$\tau_{ij}^{sgs}=-2\bar{\rho}\nu_t(\widetilde{S}_{ij}-\frac{1}{3}\widetilde{S}_{kk}\delta_{ij})+\frac{2}{3}\bar{\rho}k^{sgs}\delta_{ij} \tag{5.122}$$

可解尺度应变率张量 $\widetilde{S}_{ij}=(\partial\tilde{u}_i/\partial x_j+\partial\tilde{u}_j/\partial x_i)/2$。亚格子湍动能 $k^{sgs}=(\widetilde{u_k^2}-\tilde{u}_k^2)/2$ 可从下列输运方程求得

$$\frac{\partial\bar{\rho}k^{sgs}}{\partial t}+\frac{\partial}{\partial x_i}(\bar{\rho}\tilde{u}_kk^{sgs})=P^{sgs}-D^{sps}+\frac{\partial}{\partial x_i}(\bar{\rho}\frac{\nu_t}{Pr_t}\frac{\partial k^{sgs}}{\partial x_i}) \tag{5.123}$$

式中：Pr_t 为湍流 Prandtl 数，可取为 0.9；亚格子湍流强度与 k^{sgs} 关系为

$$u'_{sgs}=\sqrt{\frac{2}{3}k^{sgs}} \tag{5.124}$$

P^{sgs}和 D^{sps} 分别为亚格子湍动能方程中产生项与耗散项

$$P^{sgs}=-\tau_{ij}^{sgs}\frac{\partial\tilde{u}_i}{\partial x_j},D^{sps}=\frac{C_\epsilon\bar{\rho}(k^{sgs})^{3/2}}{\bar{\Delta}} \tag{5.125}$$

亚格子湍流黏性系数 $\nu_t=C_v(k^{sgs})^{1/2}\bar{\Delta}$；$C_v$ 和 C_ε 为常数，可由动力模型来确

定，也可分别取为 0.2 和 0.916。亚格子热通量 H_i^{sgs} 可按常规的梯度—扩散模化给出

$$H_i^{sgs} = -\bar{\rho}\frac{\upsilon_t}{Pr_t}\frac{\partial\widetilde{H}}{\partial x_i} \tag{5.126}$$

式中：$\widetilde{H}$ 为单位质量可解尺度混合气体总焓，$\widetilde{H}=\widetilde{E}+\bar{P}/\bar{\rho}$。亚格子组分尺度速度脉动项也可模化为

$$\phi_{i,m}^{sgs} = -\bar{\rho}\frac{\upsilon_t}{Sc_t}\frac{\partial\widetilde{y}_m}{\partial x_i} \tag{5.127}$$

式中：湍流 Schmidt 数 $Sc_t=Pr_tLe_m$，Le_m 为组分 m 的 Lewis 数。亚格子扩散质量通量 $\theta_{i,m}^{sgs}$ 和不可解黏性变形功 δ_i^{sgs} 较小可忽略。

若考虑可压缩影响，重新定义 ν_t 和 k^{sgs} 为

$$\nu_t = C_R(D\Delta)^2(2\widetilde{S}_{ij}\widetilde{S}_{ij})^{1/2}, k^{sgs} = C_l(D\Delta)^2(2\widetilde{S}_{ij}\widetilde{S}_{ij}) \tag{5.128}$$

式中：两个模型系数 $C_R\approx0.01$ 和 $C_l\approx0.007$。近壁区 Van-Driest 阻尼函数为

$$D = 1-\exp[1-\frac{(y^+)^3}{26^3}] \tag{5.129}$$

式中：$y^+=yu_\tau/\nu$。亚格子热通量模化得

$$H_i^{sgs} = -\rho\frac{\nu_t}{Pr_t}(\frac{\partial\tilde{h}}{\partial x_i}+u_i\frac{\partial u_i}{\partial x_j}+\frac{1}{2}\frac{\partial k^{sgs}}{\partial x_j}) \tag{5.130}$$

5.7.2　亚格子尺度燃烧模型

目前，可用于湍流燃烧大涡模拟的亚格子燃烧模型[12, 13]有：类比于 RANS 模拟的燃烧模型，如亚格子 EBU 燃烧模型、扩散火焰面模型、预混燃烧的 G 方程火焰面模型、概率密度函数方程模型（滤波质量密度函数模型），以及线性涡团模型等，下面将做一一介绍。

1. 亚格子 *EBU* 模型

由于化学反应速率取决于燃料和氧的混合，因此反应速率取决于混合速率。对滤波后的反应速率$\bar{\dot{\omega}}_m$ 的封闭，可利用亚格子 EBU 模型。可以假设 EBU 模型中分子混合所需要的时间与一个亚格子涡团完全被耗散所需的时间相同，认为亚格子流体混合时间与亚格子湍动能 k^{sgs} 和它的耗散率 ε^{sgs} 之比成正比

$$\tau_{mix} \sim \frac{k^{sgs}}{\varepsilon^{sgs}} \sim \frac{C_{EBU}\bar{\Delta}}{\sqrt{2k^{sgs}}} \tag{5.131}$$

这里，设定模型系数 $C_{EBU}=1$，该混合时间尺度的反应速率为

$$\bar{\dot{\omega}}_{mix} = \frac{1}{\tau_{mix}}\min(\frac{1}{2}[O_2],\text{燃料}) \tag{5.132}$$

有效反应速率为

$$\dot{\omega}_{EBU} = \min(\dot{\omega}_{mix},\dot{\omega}_{kin}) \tag{5.133}$$

式中：$\dot{\omega}_{kin}$ 为 Arrhenius 反应速率。

2. 亚格子扩散火焰面模型

根据亚格子扩散火焰面模型（Subgrid Scale Laminar Flamelet Model）假设，认为火焰是局部稳定的，保持层流火焰面结构，针对前面 5.5.1 节所列的层流火焰面模型方程进行过滤，滤波后组分浓度 $\widetilde{Y}_i$ 是与混合分数 Z 及其脉动均方值 $\widetilde{Z'^2}$ 和标量耗散率 χ 有关，因此

$$\widetilde{Y}_i=\int_0^1 Y_i(Z,\tilde{\chi}_0)P(Z)\mathrm{d}Z \tag{5.134}$$

设 $P(Z)$ 为 β 分布概率密度函数

$$P(Z)=\frac{Z^{\alpha-1}(1-Z)^{\beta-1}}{B(\alpha,\beta)} \tag{5.135}$$

式中：$\alpha=\widetilde{Z}\left[\frac{\widetilde{Z}(1-\widetilde{Z})}{\widetilde{Z'^2}}-1\right]$；$\beta=\alpha/\widetilde{Z}-\alpha$；$\widetilde{Z'^2}=\widetilde{Z^2}-\widetilde{Z}^2$；$B(\alpha,\beta)$ 为 β 函数，$\tilde{\chi}_0=\tilde{\chi}/\int_0^1 F(Z)P(Z)\mathrm{d}Z$。

混合分数滤波后的控制方程为

$$\frac{\partial\bar{\rho}\widetilde{Z}}{\partial t}+\frac{\partial}{\partial x_j}(\bar{\rho}u_j\widetilde{Z})=\frac{\partial}{\partial x_j}\left[\bar{\rho}(D+D_T)\frac{\partial\widetilde{Z}}{\partial x_j}\right] \tag{5.136}$$

亚格子混合分数脉动均方值控制方程为

$$\frac{\partial\bar{\rho}\widetilde{Z'^2}}{\partial t}+\frac{\partial}{\partial x_j}(\bar{\rho}u_j\widetilde{Z'^2})=\frac{\partial}{\partial x_j}\left[\bar{\rho}(D+D_T)\frac{\partial\widetilde{Z'^2}}{\partial x_j}\right]+2\bar{\rho}(D+D_T)\frac{\partial\widetilde{Z}}{\partial x_j}\frac{\partial\widetilde{Z}}{\partial x_j}-2\bar{\rho}\tilde{\chi} \tag{5.137}$$

其中，$\tilde{\chi}=D\widetilde{\frac{\partial Z}{\partial x_j}\frac{\partial Z}{\partial x_j}}$ 可模化为

$$\tilde{\chi}=\frac{[\nu+(C_S\Delta)^2|\widetilde{S}|]}{S_C C_I\Delta^2}(\widetilde{Z^2}-\widetilde{Z}^2) \tag{5.138}$$

或

$$\tilde{\chi}=\frac{2\varepsilon}{k^{sgs}}\widetilde{Z}''^2 \tag{5.139}$$

式中：$D_T=\mu^{sgs}/Sc$；Sc 为 Schmidt 数；$\varepsilon=C_\varepsilon(k^{sgs})^{3/2}/\Delta$ 为耗散率；C_I 和 C_ε 为模型系数。

3. 预混燃烧 G 方程火焰面模型

将 5.5.2 节中的描述预混火焰面的 G 方程经过滤后可写为

$$\frac{\partial(\bar{\rho}\widetilde{G})}{\partial t}+\frac{\partial(\bar{\rho}\widetilde{G}\tilde{u}_j)}{\partial x_j}=-\rho_0 S_L^0|\nabla G|-\frac{\partial}{\partial x_j}\left[\bar{\rho}(\widetilde{u_jG})-\tilde{u}_j\widetilde{G}\right] \tag{5.140}$$

S_L^0 为对应 ρ_0 时未受扰动的层流火焰传播速度，在火焰面上保持质量守恒，即 $\rho_0S_L^0=\rho_0S_L$。利用梯度假设使式（5.140）封闭，可得 LES-G 方程

$$\frac{\partial(\bar{\rho}\widetilde{G})}{\partial t}+\nabla\cdot\bar{\rho}\widetilde{G}\tilde{u}_j=-S^{sgs}-\nabla\cdot G^{sgs} \tag{5.141}$$

其中滤波后源项 G^{sgs} 可写成

$$G^{sgs}=\bar{\rho}(\widetilde{uG})-\tilde{u}\widetilde{G})\approx\frac{\bar{\rho}\nu_t}{Sc^G}\nabla G \tag{5.142}$$

式中：ν_t 为涡团黏性；Sc^G 为湍流 Schmidt 数。在式（5.140）中右边第一项为不可解尺度输运源项，它所考虑的亚格子湍流的影响是由亚格子涡团引起火焰面褶皱而产生的，利用火焰速度模型，假设

$$S^{sgs}=\rho_0 S_L^0|\nabla G|\approx\rho_0 u_t|\nabla\widetilde{G}|$$

式中：u_t 为湍流火焰传播速度。

实际上，S_L 与火焰面曲率及气流不稳定性有关，可采用火焰面拉伸率来考虑此两因素对 S_L 的影响。把式 5.141 中最后一项改写为

$$\nabla\cdot(G^{sgs})=\nabla\cdot\bar{\rho}(\widetilde{uG})-\tilde{u}\widetilde{G})=\bar{\rho}D_t\kappa|\nabla\widetilde{G}|$$

式中：$D_t=\nu_t/Pr_t$；滤波后火焰前锋曲率 $\kappa=\nabla\cdot\tilde{n}=\nabla$（$-\nabla\widetilde{G}/|\nabla\widetilde{G}|$）。

LES-G 方程（5.141）必须与 LES 控制方程组（5.112）～方程组（5.115）以及亚格子湍动能 k^{sgs} 方程（5.123）联合求解。而标量 G 可通过滤波后内能 e 与热力学参数耦合，即 $\tilde{e}=C_V\widetilde{T}+\Delta h_f\widetilde{G}$，式中，生成焓 $\Delta h_f=C_p$（T_p-T_f）；T_p 和 T_f 分别为燃气和燃料温度；C_v 和 C_p 分别为等容和等压比热容，这里近似认为它们是常数，不随温度变化，温度 $\widetilde{T}=$（$e-\Delta h_f\widetilde{G}$）$/C_V$，可见温度随 G 线性变化。

火焰速度增加可认为是由于火焰面褶皱使火焰表面燃烧面积增加的缘故。对于强湍流 Pocheau[14]建议采用

$$\frac{u_t}{S_L}=(1+\frac{\beta u'^{\alpha}_{sgs}}{S_L^{\alpha}})^{1/\alpha} \tag{5.144}$$

以上滤波 G 方程（5.141）仅在火焰前锋有效，对于整个流场需要统一的条件：$|\nabla G|=1$，此条件适用于离开火焰面的整个流场，并把 $\widetilde{G}$ 作为垂直于火焰表面的距离函数，这样湍流火焰厚度 l_{Ft}（可用它表示垂直方向火焰前锋脉动）可定义为

$$l_{Ft}=(\overline{G''^2})^{1/2}_{G=G_0} \tag{5.145}$$

式中：$(\overline{G''^2})^{1/2}$ 为在火焰前锋 $G=G_0$ 时的条件均方差。高斯型 PDF 函数可定义为

$$P(G,x,t)=\frac{1}{[2\pi(\overline{G''^2})_0]^{1/2}}\exp\left\{-\frac{[G-\widetilde{G}(x,t)]^2}{2(\overline{G''^2})_0}\right\} \tag{5.146}$$

组分 i 的平均质量分数可表示为

$$\tilde{y}_i(x,t)=\int_{-\infty}^{+\infty}y_i(G,t)P(G,x,t)\mathrm{d}G \tag{5.147}$$

$\overline{G''^2}$ 可以用输运方程求解，但简单的方法是认为 SGS 火焰厚度 l_{Ft} 是层流火焰厚度 l_F、滤波网格宽度 Δ 以及湍流脉动速度 u'_{sgs} 的函数，即 $l_{Ft}=f$（l_F，Δ，u'_{sgs}），当薄层火焰很薄时，可近似认为 $l_{Ft}\approx Cl$。式中：l 为积分长度尺度；C 为常数，

也可以认为：$l_{Ft} \approx C_0\Delta + l_F$，$C_0 \approx 1$，$l_F$ 为层流火焰厚度。

4. 滤波质量密度函数模型

Jaberi[15]等人在亚格子概率密度函数基础上发展了一种适用于可压流的滤波质量密度函数（Filtered Mass Density Function，FMDF）模型，按照该模型，滤波质量密度函数 F_L 定义为

$$F_L(\psi, x, t) = \int_{-\infty}^{+\infty} \rho(x', t)\xi[\psi, \phi(x't)]G(x' - x)\mathrm{d}x' \tag{5.148}$$

其中

$$\xi[\psi, \phi(x't)] = \delta[\psi - \phi(x,t)] = \prod_{a=1}^{\sigma} \delta[\psi_a - \phi_a(x,t)] \tag{5.149}$$

式中：δ 为 Dirac 函数；ξ 为标量场的组成域；ξ $[\psi,\ \varphi\ (x't)]$ 为细粒密度，经推导 F_L（ψ，x，t）的大涡模拟控制方程为

$$\frac{\partial F_L}{\partial t} + \frac{\partial\left(\langle u_j \rangle_L F_L\right)}{\partial x_j} = \frac{\partial}{\partial x_j}[\langle \rho \rangle_1 (\langle D \rangle_1 + D_t)] + \left[\frac{\partial}{\partial \psi_a}\Omega_m(\psi_a - \langle \phi_a \rangle_L F_L)\right] - \frac{\partial(\widehat{S_a F_L})}{\partial \psi_a} \tag{5.150}$$

式中：Ω_m（x，t）为网格内混合频率，模化可得

$$\Omega_m(x,t) = C_\Omega(\langle D \rangle_L + D_t)/(\Delta H)^2 \tag{5.151}$$

式中：C_Ω 为模型系数；ΔH 为滤波特征尺寸；$\langle\ \rangle_1$ 为滤波值；$\langle\ \rangle_L$ 为 Favre 平均值。

上述 FMDF 的输运方程可按拉格朗日 Monte Carlo 法求得。组分变量 ϕ_a 输运方程为

$$\frac{\partial(\langle \rho \rangle_1 \langle \varphi_a \rangle_1)}{\partial t} + \frac{\partial(\langle \rho \rangle_1 \langle u_i \rangle_L \langle \phi_a \rangle_L)}{\partial x_i} = \frac{\partial}{\partial x_i}\left[(\langle \rho \rangle_1 \langle D \rangle_L + D_t)\frac{\partial \langle \phi_a \rangle_L}{\partial x_i}\right] + \langle \rho \rangle_1 \langle S_a \rangle_L \tag{5.152}$$

组分 $\phi_a = y_a$，$a = 1$，2，…，N，$\langle S_a \rangle$ 为组分 a 反应速率，可根据 Arrhenius 公式来确定。

5. 亚格子线性涡团模型[16]

LEM（Linear Eddy Model）模型最早由 Kerstein[17]在 1988 年对湍流流动的混合过程研究中作为描述湍流中标量混合和扩散的一种随机混合模型提出。LEM 是一种统计性质的模型，试图在一维方向上描述流动中在所有尺度上各种不同的物理过程，如湍流掺混、分子扩散和化学反应等，反应和扩散过程都是在一维区域内进行，该区域内所有湍流尺度都可解，不需要模化，可认为它是在亚格子内进行一维直接模拟。Menon 最早将 LEM 模型应用于燃烧大涡模拟，并把 LES-LEM 方法的实现分为两个过程，第一个过程是在每一个 LES 网格内独立进行线性涡计算；第二个过程是通过叠接过程实现亚格子标量信息通过 LES 网格

边界的输运。

在 LEM 模型中，并不直接求解过滤后的标量方程。分子扩散，小尺度和大尺度的湍流输运、化学反应是在各自对应的时间尺度上分别进行模化的。为了从数学上说明这个问题，将速度场分为 $u_i=\tilde{u}_i+(u_i')^R+(u')^S$，这里 $\tilde{u}_i$ 是大涡模拟可解尺度的速度场，$(u_i')^R$ 是大涡模拟可解亚格子脉动（从 k_{sgs} 可以求得），$(u_i')^S$ 是不可解亚格子脉动。考虑准确的组分方程（不加任何的显式滤波）第 k 种组分可以写为如下形式

$$\rho\frac{\partial Y_k}{\partial t}=-\rho[\tilde{u}_i+(u'_i)^R+(u'_i)^S]\frac{\partial Y_k}{\partial x_i}-\rho D_k\frac{\partial Y_k}{\partial x_i}+\dot{\omega}_k \tag{5.153}$$

在 LES-LEM 中，上述方程可以重写为

$$\frac{Y_k^*-Y_k^n}{\Delta t_{LES}}=-(\tilde{u}_i+(u'_i)^R)\frac{\partial Y_k^n}{\partial x_i} \tag{5.154}$$

$$\frac{Y_k^{n+1}-Y_k^*}{\Delta t_{LES}}=\int_t^{t+\Delta t_{LES}}-\frac{1}{\rho}\left[\rho(u'_i)^S\frac{\partial Y_k^n}{\partial x_i}+\frac{\partial}{\partial x_i}(\rho Y_k^n V_{i,k})^n-\dot{\omega}_k^n\right]\mathrm{d}t' \tag{5.155}$$

这里，Δt_{LES}是大涡模拟的时间步长。方程（5.154）描述了标量场的大尺度三维大涡模拟可解尺度通过网格交界面上的的拉格朗日输运；方程（5.155）描述了亚格子 LEM 模型，积分中包含了三个在每个 LES 网格内发生的过程：亚格子掺混、亚格子分子扩散、化学反应。这些过程都是在每个 LES 网格内的一维区域上模化的，方程的积分可以写成一维形式。

在每个 LES 网格内，求解如下的组分的一维反应—扩散方程

$$\rho\frac{\partial Y_k^m}{\partial t^s}=F_{ks}^m-\frac{\partial}{\partial s}(\rho Y_k^m V_{s,k}^m)+\dot{\omega}_k \tag{5.156}$$

此处 t^s 代表的是当地 LEM 时间尺度，亚格子区域在一维的 S 方向上由 N_{LEM}个 LEM 网格离散。LES 上可解量是由亚格子区域所有 LEM 格子的 Favre 平均得到。$F_{k_s}{}^m$ 是亚格子尺度上的组分的湍流搅拌。亚格子内温度的一维反应—扩散方程也可同理列出，此处略去。气体遵循热完全气体假定，不考虑 P^{LEM} 的计算，假定 $P^{LEM}=P^{LES}$。此假设下放热会导致体积的膨胀，必须要考虑热膨胀过程的模化。下面分别列出关键作用过程的模化方法。

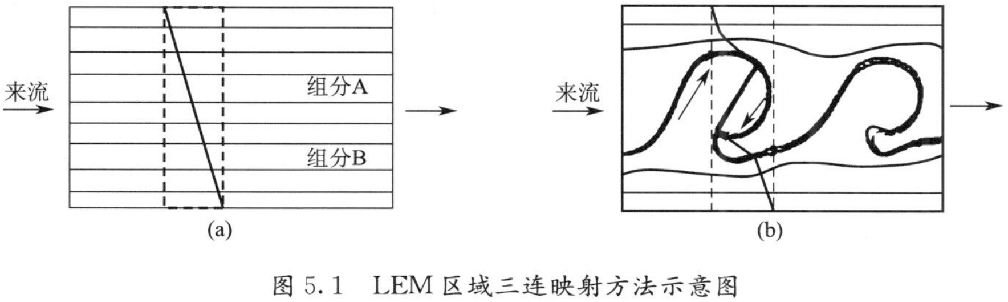

图 5.1　LEM 区域三连映射方法示意图

亚格子的掺混是通过 LEM 区域上的标量场的重新排列来进行模化的，这种重排方法被 Kerstein 称作“三连映射”（triplet mapping），如图 5.1 所示。Kerstein 揭示出这种方法再现了标量梯度场中单个涡的作用而并不改变平均的标量场。这种重排方法只在一维 LEM 区域上执行，因此隐含的假定就是亚格子内的小尺度涡是各向同性的。数学上，三连映射可以定义为一个将初始标量场映射为掺混后标量场的函数：

$$\boldsymbol{\Psi}(x,t)=\begin{cases}\boldsymbol{\Psi}^0(3x-2x_0,t) & x_0\leqslant x\leqslant x_0+l/3\\ \boldsymbol{\Psi}^0(-3x+4x_0+2l,t) & x_0+l/3\leqslant x\leqslant x_0+2l/3\\ \boldsymbol{\Psi}^0(3x-2x_0-2l,t) & x_0+2l/3\leqslant x\leqslant x_0+l\\ \boldsymbol{\Psi}^0(x,t) & \text{其他}\end{cases} \tag{5.157}$$

显然映射函数需要选择涡尺度 l 和搅拌发生的位置 x_0。搅拌起始点位置是由均匀分布随机产生的，单位长度上的重排频率是 Kerstein 从三维标度律得到的。

$$\lambda=\frac{54\nu Re_{\bar{\Delta}}[(\bar{\Delta}/\eta)^{5/3}-1]}{5C_\lambda\bar{\Delta}^3[1-(\eta/\bar{\Delta})^{4/3}]} \tag{5.158}$$

C_λ 是指标量湍流扩散系数一般取 0.067，两次搅拌之间的时间间隔为

$$\Delta t_{stir}=1/(\lambda\bar{\Delta})$$

涡尺度 l 从如下的概率密度函数分布随机得到 $f(l)=\frac{(5/3)l^{-8/3}}{\eta^{-5/3}-\bar{\Delta}^{-5/3}}$，这里 $\eta=N_\eta\bar{\Delta}Re_{\bar{\Delta}}^{-4/3}$。$N_\eta$ 是经验参数，取为 $N_\eta\in[1.3,\ 10.78]$。

标量场的演化是通过在 LES 区域上以拉格朗日追踪的叠接方式得到的，叠接模拟了大尺度输运的过程但是并不直接求解方程（5.154）。注意：LES 的标量场并不知道，只有 LEM 区域上的分布是知道的。现在的目的是将标量从一个 LES 网格中的 LEM 区域输运到另一个 LES 网格中的 LEM 区域。足够小的 LES 时间步长保证了标量只是从一个 LES 网格中输运到与其相邻接的网格中，这减小了问题的复杂度。

叠接过程如图 5.2 所示，需要知道三个物理量：①LES 网格界面上需要转移的质量大小；②每一网格界面上的质量通量方向（是入流还是出流）；③三个坐标轴方向执行输运操作的顺序。在有限体积方法中，每一个 LES 网格界面上的质量通量都是已知的（从大尺度场的 LES 求解过程得到），并且网格界面上速度

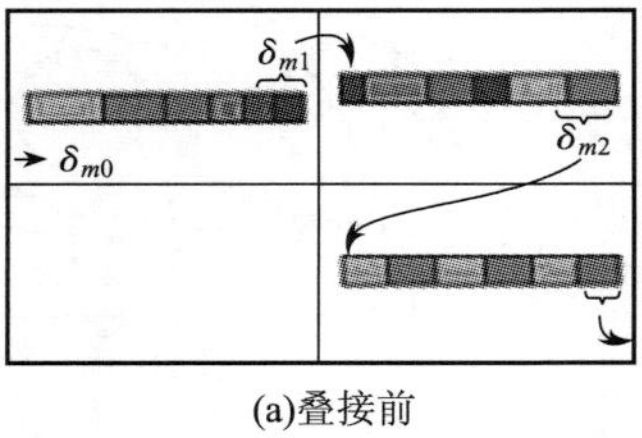

(a)叠接前

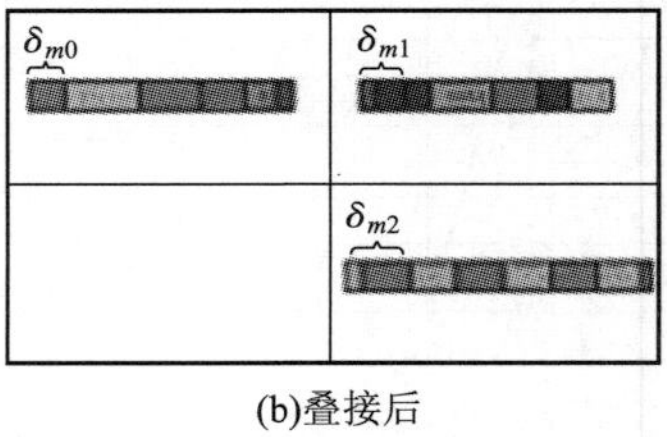

(b)叠接后

图 5.2　叠接过程的示意图

方向可以给出质量通量的方向。这样前两个要求可以自动知道。对标量输运的数值操作相当于一个三维的对流算子，它是通过顺序进行三个一维对流算子实现的。目前对这些一维算子执行顺序的处理是采用类迎风的方法。这种方法中，离开 LEM 区域的都是通过第 N_{LEM} 个格子离开的，进入都是通过第一个格子进入的，最大的负通量（指离开 LES 网格的质量）是第一个从对应界面上离开 LES 网格，最大的正通量（指进入 LES 网格的质量）是最后一个进入 LES 网格。应用表明这种方法是成功的。

总结一下 LES-LEM 的交叉迭代过程，首先求解过滤后的 LES 大尺度控制方程，储存每一个网格控制体积表面的质量通量。然后在亚格子内采用 LEM 计算，再利用叠接方法计算标量场的大尺度输运，将亚格子区域上的标量进行过滤，如组分质量分数 $\widetilde{Y_k} = \sum_{i=1}^{N_{LEM}} \rho_i Y_{k_i} / \sum_{i=1}^{N_{LEM}} \rho_i$ 。利用过滤后的标量计算流体的热—化学属性，利用过滤后的组分场（从 LEM 得到）和密度场（由 LES 得到），计算过滤后的内能、温度和压力，将这些过滤值作为下一个 LES 时间步的初值，这样就完成了一个时间步内的迭代。

LES-LEM 方法的人为痕迹十分明显，叠接过程以及之后的 LEM 区域重新划分过程导致的不正常扩散迄今没有很好的解决。另外在每一个网格上布置一维线性涡使得标量场的维数增加，对于三维问题这将极大地增加计算量。另外在考虑复杂化学反应时，单个网格内布置的线性涡格子数目大量增加，同时还要考虑多种组分的输运与反应过程，这使得求解极为困难。LEM 模型是一个经验模型，其湍流场的实现取决于特定的雷诺数，并不能反映流场的瞬时特征也不能真实捕捉典型的湍流特性，如能量串级现象。

参考文献

[1] 周力行. 多相湍流反应流体力学 [M]. 国防工业出版社，2002.

[2] Peters N. Turbulent Combustion [M]. Cambridge：Cambridge University Press，2000.

[3] Wirth M，Peters N. Turbulent premixed combustion：A flamelet formulation and spectral analysis in theory and ic-engine experiments [C]. Twenty-fourth symposium (international) on combustion，The Combustion Institute，1992.

[4] Sethian J A. Level set methods and fast marching methods：evolving interfaces in computational geometry，fluid mechanics，computer vision，and materials science [M]. Cambridge：Cambridge University Press，1999.

[5] Dopazo C. Probability density function approach for a t urbulent axisymmetric heated jet centerline evolutio n [J]. Physics Fluids 1975，18：397—404.

[6] Pope S B. The probability approach to the modeling of turbulent reacting flows [J]. Combustion and Flame，1976，27：299—312.

[7] 范周琴，孙明波，刘卫东. 湍流燃烧的概率密度函数输运方程模型研究 [J]. 飞航导弹，2010，30 (3)：90—95.

[8] Anand M S，Pope S B，Mongia H. A PDF method for turbulent recirculating flows，in Lecture Notes in

Engineering 1989.

[9] Haworth D C，Tahry EI S H. PDF approach for multidimensional turbulent flow calculations with application to in-cylinder flows in reciprocating engines [J]. AIAA Journal，1991，29：208.

[10] Correa S M，Pope S B. Comparison of a Monte Carlo PDF finite-volume mean model with bluff-body Raman data [J]. Twenty-Fourth Symposium (International) on Combust，1992，279.

[11] Muradoglu M，Jenny P，Pope S B，Caughey D A. A Consistent Hybrid Finite-Volume/Particle Method for the PDF equations of turbulent reactive flows [J]. Journal of Computational Phys，1999，154 (2)：342－371.

[12] 徐旭常，周力行. 燃烧技术手册 [M]. 北京：化学工业出版社，2008.

[13] 赵坚行. 燃烧的数值模拟 [M]. 北京：科学出版社，2002.

[14] Pocheau A. Scale invariance in turbulent front propagation [J]. Physical Review E，1994，49：1109－1122.

[15] Jaberi F A，Colucci P J，Pope S B. Filtered mass density function for large-eddy simulation of turbulent reacting flows [J]. 1999，Journal of Fluid Mechanics，401：85－121.

[16] 孙明波，梁剑寒，王振国. 湍流燃烧亚格子线性涡模型研究 [J]. 燃烧科学与技术，2007，13 (2)：169－176.

[17] Kerstein A R. Linear eddy model of turbulent scalar transport and mixing [J]. Combustion Science and Technology，1988，60：391－421.

第6章　传热模型及模拟

液体火箭发动机传热研究，包括推力室传热、燃气发生器传热、燃料供应系统传热等方面的研究。事实上，凡涉及有热源或冷源而需要防热、绝热、冷却或加温的地方，都有传热问题。

火箭发动机燃烧室中燃气温度高达3000K～4500K[1]，整个推力室内壁受到强烈的加热，最严重的部位是喷管喉部附近，热流密度可高达10^4kW/m^2～10^5kW/m^2。因此，必须对发动机工作时处于高温环境的部件进行有效的冷却和隔热，以保证受热部件温度不超过材料强度允许的范围。这主要依赖于冷却技术，常用的冷却技术有再生冷却、薄膜冷却、发汗冷却、烧蚀冷却、辐射冷却等。不同的冷却方式可以分别使用，也可以同时使用[2-4]。

为了保证液体火箭发动机在高热负荷条件下正常工作，必须对其内部整个传热过程进行合理的数学建模。本章根据传热的三大形式，即对流、传导和辐射，结合液体火箭发动机内部燃烧和流动特征，对其内部的传热过程进行建模。

6.1　燃烧室壁对流传热模型

液体火箭发动机推力室内传热的最主要形式是燃气对流传热。在燃烧室内，反应燃气对流热流常占总热流的80%以上；喉部附近可达到95%。因此，确定燃气对流热流数值，是分析推力室传热状况和采取正确冷却措施的首要工作。

推力室对流传热的主要特点：

（1）热流密度大，火箭发动机燃烧室的热流密度是一般传热设备的200倍～360倍；

（2）热流密度沿燃气流动方向变化大，最大值与最小值之比可达几十倍甚至几百倍；

（3）热流密度沿圆周方向分布不均匀，越靠近喷注面热流密度越不均匀，最大值与最小值之比可达5倍。在燃烧室内随着燃烧的进行，热流密度到远离喷注面处将逐渐均匀。

（4）气体沿喷管壁的表面速度极高，因而增加了对流方式的传热率。特别是喉部，因为受热面积小，通常是整个推力室热流密度最大的地方。

6.1.1 燃气对流传热模型

发动机推力室中的热流分布是发动机推力室传热研究的难点，它受到喷注器结构、推进剂性能、液滴蒸发和混合过程以及燃烧过程的影响。推力室中由燃气向室壁的传热，大部分是对流方式，小部分（5%～25%）是辐射方式，而热传导方式则可忽略不计[5]。所以研究燃气对流传热模型是发动机燃烧室传热问题的关键。而对流传热的难点就是对流传热系数的确定。

对流热流密度的计算方法通常是根据边界层相关理论和推力室试验数据得到的，并已在发动机和动力装置的传热计算中获得了广泛的应用。

美国学者 Bartz[6] 在试验基础上，将液体火箭发动机推力室内的燃气对流传热系数整理成管内充分发展湍流传热的准则形式，即

$$Nu_f = 0.026Re_f^{0.8}Pr_f^{0.4} \tag{6.1}$$

式中：Nu 为努塞尔数，$Nu=hd/\lambda$，$Nu_f=hd/\lambda_f$，表示表面热流量与流体内热传导之比；Re 为雷诺数，$Re=vd/\nu$，$Re_f=vd/\nu_f=\rho_f vd/\eta_f$，表示惯性力与黏性力之比；$Pr$ 为普朗特数，$Pr=\eta c_p/\lambda$，$Pr_f=\eta_f c_{p_f}/\lambda_p$，表示介质动量扩散能力与热扩散能力之比。其中：$h$ 为对流传热系数；d 为当量直径；λ 为热导率；v 为燃气流速；ν 为运动黏度；η 为动力黏度；c_p 为比定压热容；T_f 通常称为膜温度，下标 f 代表在膜温度下的参数，$T_f=(T_{wg}+T_g)/2$，其中 T_{wg} 为气壁温（与燃气接触的壁面温度），T_g 为气流静温。

将式（6.1）展开整理得

$$h = 0.026c_{p_f}\eta_f^{0.2}(\rho_f v)^{0.8}/Pr_f^{0.6}d^{0.2} \tag{6.2}$$

对流热流密度为

$$q_{cv} = h(T_{ad} - T_{wg}) \tag{6.3}$$

式中：T_{ad} 为绝热壁温，或称燃气恢复温度。

引入恢复系数 r，则有

$$r = \frac{T_{ad} - T_g}{T^* - T_g} \tag{6.4}$$

式中：T^* 是气流总温，或称滞止温度。

对于湍流气流，可取

$$r \approx Pr^{\frac{1}{3}} \tag{6.5}$$

式（6.1）、式（6.2）是以膜温 T_f 为基准温度，很不方便。如果作些变换，变成以总温为基准温度则方便许多。由于冷却液带走的热量只占燃气总热量很少的一部分（一般小于 3%），而对于再生冷却这部分热量又回到燃烧室，故在传热计算中可认为燃气总温不变，从而以总温为基准温度的热物理性质不变。

在基准温度由膜温度变换成总温的过程中，因 c_p 和 Pr 随温度变化很小，可认为不变，只需考虑 ρ 和 η 随温度的变化，并认为

$$\rho \propto \frac{1}{T} \tag{6.6}$$

$$\eta \propto T^{0.6} \tag{6.7}$$

同时

$$T_g = T^* \Big/ (1 + \frac{\kappa - 1}{2} Ma^2) \tag{6.8}$$

$$\rho v = p_c^* A_t / A c^* \tag{6.9}$$

式中：κ 为比热比，也称为等熵指数；Ma 为马赫数；p_c^* 为燃烧室总压；A_t 为喉部截面积；A 为计算横截面的面积；c^* 为特征速度。

将式（6.6）～式（6.9）代入式（6.2），整理得出燃气对壁面的对流传热系数为

$$h = \frac{0.026}{d_t^{0.2}} (\frac{\eta^{0.2} C_p}{Pr^{0.6}}) (\frac{p_c^*}{c^*})^{0.8} (\frac{A_t}{A})^{0.9} \sigma \tag{6.10}$$

式中：d_t 为喉部半径；η、C_p、Pr 均以总温 T^* 为基准温度；σ 为基准温度变换系数，且有

$$\sigma = [\frac{1}{2} \frac{T_{wg}}{T^*} (1 + \frac{\kappa - 1}{2} Ma^2) + \frac{1}{2}]^{-0.68} (1 + \frac{\kappa - 1}{2} Ma^2)^{-0.12} \tag{6.11}$$

对于喉部，考虑到纵向曲率半径的影响，加修正项 $(d_t/R_t)^{0.1}$，R_t 为喉部纵向曲率半径，即得喉部对流传热系数 h_t 的计算式如下：

$$h_t = \frac{0.026}{d_t^{0.2}} (\frac{\eta^{0.2} c_p}{Pr^{0.6}}) (\frac{p_c^*}{c^*})^{0.8} (\frac{d_t}{R_t})^{0.1} (\frac{A_t}{A})^{0.9} \sigma \tag{6.12}$$

式（6.10）、式（6.12）中的各物理量由热力计算得到的燃气成分确定，也可以求近似值

$$Pr \approx 4\kappa / (9\kappa - 5) \tag{6.13}$$

$$\eta \approx 1.184 \times 10^{-7} M_r^{0.5} T^{0.6} \tag{6.14}$$

式中：M_r 为相对分子质量。式(6.14) 为有量纲经验公式，其中 η 的单位是 Pa·S，T 的单位是 K。

除此之外还有耶夫列夫计算法[7,8]等，都在液体火箭发动机燃烧过程的数值计算中普遍应用，此处不再介绍。

发动机推力室中，影响对流热流密度的因素多且复杂。主要的影响因素有燃烧室总压 p_c^*、喉部直径 d_t、燃气总温 T^*、燃气平均摩尔质量 M、比热容 c_p、动力黏度 η、气壁温度 T_{wg} 及推力室几何形状等。

6.1.2　冷却对流传热模型

对流冷却是指采用冷却液流经冷却槽道的方式对推力室进行的外冷却。冷却液通常是液体火箭发动机推进剂的一种组元。对流冷却主要有两种：一种是再生冷却，是绝大多数发动机采用的冷却方法；另一种是排放冷却，即推进剂组元吸

热后不回到燃烧室，而是从专门的喷管排出以产生推力。

冷却的可靠性要求保持构件处于允许的热状态。在再生冷却情况下冷却液的流量 $\dot{m}_x$ 是有限的，由此得出可靠冷却的第一个条件是：吸收了进入冷却通道的全部热量后，冷却液的温度 T_{lout} 不应超过其允许的温度 T_{lp}，即 $T_{lout} \leqslant T_{lp}$。对于某些组元而言，最大允许温度便是沸点，对另一些则是热分解或热化学分解温度。例如烃燃料的热分解（裂解）可产生黏稠物质，如焦油和固体碳。在冷却液流经的壁面上产生这种沉积物会增大燃烧室壁的热阻，这是必须避免的。

可靠冷却的第二个条件，是在冷却通道的所有区域上燃烧室壁温不得超过其允许限度，也就是说，“热”壁（燃气侧）温不得超过该材料热稳性条件所容许的温度 T_{wp}，即 $T_{wg} \leqslant (T_{wp})_{热稳定性}$；“冷”壁（冷却液侧）温不得超过该冷却液沸腾条件或裂解 T_{lp} 条件所允许的温度，即 $T_{wl} \leqslant \min(T_{lb}, T_{lp})$；壁温的分布应与该材料允许的强度条件相适应，即 $\overline{T}_{wg} \leqslant (T_{wp})_{强度}$。计算再生冷却时，应检查是否满足这些限制条件，根据所采取的冷却方案，并按照组元热物理性质进行计算。

按组元在冷却通道中的行程作冷却液的受热计算。计算不仅可给出总温升，还可给出冷却液在各区段的温度分布。对于长度为 d_x 的一段冷却通道，其热平衡方程（通过外壁向周围环境散热可忽略不计）为

$$\dot{m}_x c_x \mathrm{d}T_x = \delta Q \tag{6.15}$$

式中：δQ 是冷却液应吸收的热量；$\dot{m}_x$ 为该处冷却液的流量；c_x 是冷却液的比热容。

当沿轴向热流密度 $q(x)$ 已知时，对轴对称推力室，可按下式计算 δQ：

$$\delta Q = \pi q d\alpha / \cos\alpha \tag{6.16}$$

式中：d 是该计算截面推力室的内径；α 是推力室母线与其轴线构成的倾角。将 δQ 代入热平衡方程，得

$$\mathrm{d}T_x / \mathrm{d}x = \pi q d / \dot{m}_x c_x \cos\alpha \tag{6.17}$$

对常微分方程（6.17）进行数值积分可求出 $T_x(x)$ 分布，以及冷却通道出口温度 T_{lout} 或冷却通道区段出口温度。计算时，必须给出冷却段冷却液入口温度 T_{lin}、推力室几何参数 $d(x)$，$\alpha(x)$，关系式 $c_x(T)$ 和 $q(x)$。每段入口温度之差为

$$\Delta T_x = T_{lout} - T_{lin}$$

当热流密度为 q 时，推力室每一截面上室壁向冷却液的传热系数为

$$h_x = q / (T_{wl} - T_x) \tag{6.18}$$

在对流热流密度未知的情况下，传热系数的计算通常根据流动参数来确定。对于单相流体在冷却通道内的湍流流动，采用[9]

$$Nu = 0.021 Re^{0.8} Pr^{0.4} (Pr_w / Pr)^{0.25} \tag{6.19}$$

式中：Pr_w 表示以壁温为基准温度的 Pr 数，其余未注下标的参数均以主流体温度为基准温度。

米赫耶夫提出了考虑初始段热影响的单相液体传热系数关系式：

$$Nu_{\Omega} = 0.021 Re_{\Omega} Pr_{\Omega}^{0.43} \left(\frac{Pr_{\Omega}}{Pr_{CT}}\right)^{0.25} \varepsilon_l \tag{6.20}$$

式中：ε_l 为初始段热影响系数，下标 CT 表示取液壁温下的冷却液物性。

也可使用与米赫耶夫关系式近似的努塞尔特一克劳索利德公式：

$$Nu_{\Omega} = 0.023 Re_{\Omega}^{0.8} Pr_{\Omega}^{0.4} \tag{6.21}$$

在上述两个经验关系中，下标 Ω 表示取液体在平均温度下的冷却液性质。

由关系式（6.21）可得传热系数

$$h_{\Omega} = 0.023 \frac{(\rho\omega)_{\Omega}^{0.8}}{d^{0.2}} k_{\Omega} \tag{6.22}$$

式中：d 为冷却通道的当量直径；ω 代表流动速度。

单相气体对流传热与单相液体对流传热性质相同。像液氢这样的超低温推进剂，进入冷却通道很快便成为单相超临界低温氢气。由于氢温太低，壁温 T_w 与主流体温度 T_b 的比值很大，壁温对传热系数的修正就显得很重要，用式（6.19）就不够准确。有必要对公式提出修正，下面给出一种较合理的修正方法[10]，这种方法对各热物理参数均取主流温度至壁温的积分平均值，然后按如下准则计算

$$Nu_{\text{int}} = 0.023 Re_{\text{int}}^{0.8} Pr_{\text{int}}^{0.4} \tag{6.23}$$

式中：下标 int 表示积分平均值。虽然此方法较合理，但是计算量比较大，也可采用下面较简单的修正方法

$$Nu_f = 0.020 Re_f^{0.8} Pr_f^{0.4} (1 + 0.01457 \upsilon_w / \upsilon_b) \tag{6.24}$$

式中：υ_w 为以壁温为基准温度的流体运动黏度；υ_b 为主流体温度下的运动黏度；下标 f 表示以膜温度为基准温度。

同时，由于式（6.24）的误差过大，有些学者[11,12]提出了包括各种修正因素在内的准则

$$Nu_f = 0.062 Re_f^{0.7} Pr_f^{0.4} \phi_T \phi_c \phi_r \tag{6.25}$$

式中：ϕ_T 为温度比和入口段尺寸修正系数，即 $\phi_T = 1 + (x/d)^{-0.7} (T_w/T_b)^{0.1}$，$x$ 为距冷却液入口的距离；ϕ_c 为曲率修正系数（只修正凹面，如喉部；不修正凸面，如收敛段），$\phi_c = I^{0.02} \left[1 + \sin\left(\pi \sqrt{\frac{x_c}{L_c + 15d}}\right)\right]$，此处 $I = Re (d/2R_c)^2$，R_c 为冷却通道转弯曲率半径，x_c 为距弯曲起点的轴向距离，L_c 为弯曲部分的总长度；ϕ_r 是表面粗糙度修正系数，$\phi_r = \frac{1 + 1.5 Pr^{-1/6} Re^{-1/8} (Pr - 1)}{1 + 1.5 Pr^{-1/6} Re^{-1/8} (Pr f_r / f_s - 1)} \cdot \frac{f_r}{f_s}$，其中 f_r、f_s 是粗糙和标准表面摩擦系数。

6.2 燃烧室壁热传导模型

6.2.1 傅里叶导热定律

物体各部分之间不发生相对位移时，依靠分子、原子及自由电子等微观粒子的热运动进行的热量传递称为热传导。1822 年法国科学家傅里叶提出基于准平衡假设的热传导基本规律，称为傅里叶定律[13]。

对于各向同性的物体，热流总是沿着垂直于等温面的方向（法向），且有

$$Q = -\lambda A \frac{\partial T}{\partial n} \tag{6.26}$$

式中：A 为面积，λ 为导热系数（又称热导率），一般情况下不是常数，与物质的结构、温度、压力以及方向有关。

在导热体中取一微元体，按照能量守恒定律进行分析，可导出导热微分方程式的一般形式：

$$\rho c \frac{\partial T}{\partial \tau} = \frac{\partial}{\partial x}\left(\lambda \frac{\partial T}{\partial x}\right) + \frac{\partial}{\partial y}\left(\lambda \frac{\partial T}{\partial y}\right) + \frac{\partial}{\partial z}\left(\lambda \frac{\partial T}{\partial z}\right) + Q' \tag{6.27}$$

式中：Q'为单位体积上的热流。特别地，当导热系数 λ、比热容 c 和密度 ρ 为常数时，方程可简化为

$$\frac{\partial T}{\partial \tau} = \alpha\left(\frac{\partial^2 T}{\partial x^2} + \frac{\partial^2 T}{\partial y^2} + \frac{\partial^2 T}{\partial z^2}\right) + \frac{Q'}{\rho c} \tag{6.28}$$

即

$$\frac{\partial T}{\partial \tau} = \alpha \nabla^2 T + \frac{Q'}{\rho c} \tag{6.29}$$

式中：$\alpha = \frac{\lambda}{\rho c}$ 称为热扩散率（导温系数）［m^2/s］；∇^2 为拉普拉斯算子；τ 为时间。

6.2.2 一维稳定热传导

1. 一维稳定导热分析

最简单的热传导是热导率不变的平板一维稳定热传导，为方便分析，假设该平板一维导热无内热源，此时导热微分方程简化为

$$\frac{d^2 T}{dx^2} = 0 \tag{6.30}$$

厚度为 δ 的平板导热边界条件为：$x=0$ 处，$T=T_{w1}$；$x=\delta$ 处，$T=T_{w2}$。

将简化方程式（6.30）积分得该方程的通解，即

$$T = c_1 x + c_2 \tag{6.31}$$

式中：c_1 和 c_2 为积分常数，代入边界条件可得

$$c_2 = T_{w1}$$

$$c_1 = -\frac{T_{w1} - T_{w2}}{\delta}$$

将 c_1 和 c_2 代入式（6.31）后得

$$T(x) = T_{w1} - \frac{T_{w1} - T_{w2}}{\delta}x \tag{6.32}$$

然后运用傅里叶导热定律可求出热流密度

$$q = -\lambda\frac{dT}{dx} = \lambda\frac{T_{w1} - T_{w2}}{\delta} \tag{6.33}$$

2. 变热导率时的一维稳定导热分析

对于一般金属，在相当宽的温度范围内，都可以认为其热导率随温度呈线性变化，即

$$\lambda_T = \lambda_0(1 + \alpha\theta) \tag{6.34}$$

式中：λ_T、λ_0 分别为在温度 T 和 T_0 下的材料热导率；α 为热导率温度系数；θ 为温度差，$\theta = T - T_0$。

热传导带走的热流密度为

$$q = -\lambda\mathrm{d}T/\mathrm{d}x = -\lambda_0(1 + \alpha\theta)\mathrm{d}\theta/\mathrm{d}x$$

$$\begin{aligned} q &= \frac{1}{\delta}\int_0^{\delta} q\mathrm{d}x = \frac{1}{\delta}\int_{\theta_2}^{\theta_1} -\lambda_0(1 + \alpha\theta)\mathrm{d}\theta \\ &= \frac{\lambda_0}{\delta}\left(1 + \alpha\frac{\theta_1 + \theta_2}{2}\right)(\theta_2 - \theta_1) \\ &= \lambda(T_{w2} - T_{w1})/\delta \end{aligned} \tag{6.35}$$

式中：λ 为在平均壁温$\overline{T}_w = (T_{w2} + T_{w1})/2$ 下的材料热导率；δ 为壁厚；T_{w2}、T_{w1}是壁内外表面温度。这里要指出的是，当热导率随温度呈线性变化时，可按热导率不变计算，但式中的 λ_w 要用平均壁温下的材料热导率。

6.2.3　二维稳定热传导

考虑一个壁面与燃气及冷却液均有热量交换的稳态（无内热源）二维热传导问题，其方程为

$$\frac{\partial}{\partial x}\left(\lambda\frac{\partial T}{\partial x}\right) + \frac{\partial}{\partial y}\left(\lambda\frac{\partial T}{\partial y}\right) = 0 \tag{6.36}$$

边界条件：

气壁面　$\lambda\dfrac{\partial T}{\partial n} = -h_g(T_g - T_{wg})$

液壁面　$\lambda\dfrac{\partial T}{\partial n} = -h_l(T_{wl} - T_l)$

式中：$\dfrac{\partial T}{\partial n}$为法向温度梯度；$h_g$、$h_l$ 为气壁、液壁传热系数。

若考虑燃气辐射热，则气壁面热流 h_g 应包括燃气对流传热 q_{cv} 与辐射传热 q_r 两项，即

$$h_g = (q_{cv} + q_r)/(T_g - T_{wg}) \tag{6.37}$$

更简单的情况，如果 λ 为常数，则式（6.36）变为拉普拉斯方程，即

$$\frac{\partial^2 T}{\partial x^2} + \frac{\partial^2 T}{\partial y^2} = 0 \tag{6.38}$$

6.2.4 非稳态热传导

推力室的另一种冷却方法依靠非稳定传热，使用这种方法时，推力室未达到热平衡，温度随工作时间持续上升，部件的吸热能力决定了推力室最长工作时间。

靠壁自身的热容量吸收燃气传到壁上的热量推力室，称为容热式或热沉式推力室，这是被动热防护的一种。随着工作时间的延长，壁温逐渐升高，属于不稳定传热过程，其热传导方程为

$$\frac{\partial T}{\partial \tau} = \alpha\left(\frac{\partial^2 T}{\partial x^2} + \frac{\partial^2 T}{\partial y^2} + \frac{\partial^2 T}{\partial z^2}\right) \tag{6.39}$$

上式的边界条件同式(6.36)，且 $\tau=0$ 时，$T=T_{w0}$，T_{w0} 为壁的初始温度。

决定不稳定传导壁温的准则数是傅里叶准则($F_o=\alpha\tau/\delta^2$)。F_o 值越大，壁温就越高。增加壁厚 δ 是降低壁温和延长寿命的有效办法。

6.3 辐射换热模型

6.3.1 辐射的基本定律

1. 基本概念[14]

物体能够向其所在的空间发射各种不同波长的电磁波。不同波长的电磁波具有不同的效应：波长在 0.38μm～1000μm 范围内的电磁波具有热辐射效应，其中大部分能量位于红外区段的 0.76μm～20μm，由于可见光的范围在 0.38μm～0.76μm，因此对大部分热辐射波肉眼是看不到的。

当辐射能 G 投射到物体表面时，其中一部分在进入表面后被吸收，记为 G_α；一部分被反射，记为 G_ρ（分为镜反射和漫反射；其余部分则穿透物体，记为 G_τ（图 6.1）。定义吸收率 $\alpha=\dfrac{G_\alpha}{G}$，反射率 $\rho=\dfrac{G_\rho}{G}$，透射率 $\tau=\dfrac{G_\tau}{G}$。则有

$$\alpha + \beta + \tau = 1$$

由于气体对辐射能几乎没有反射能力，因此认为气体的反射率为零。

当吸收率 $\alpha = 1$ 时，意味着物体能全部吸收投射来的各种波长的辐射能，称

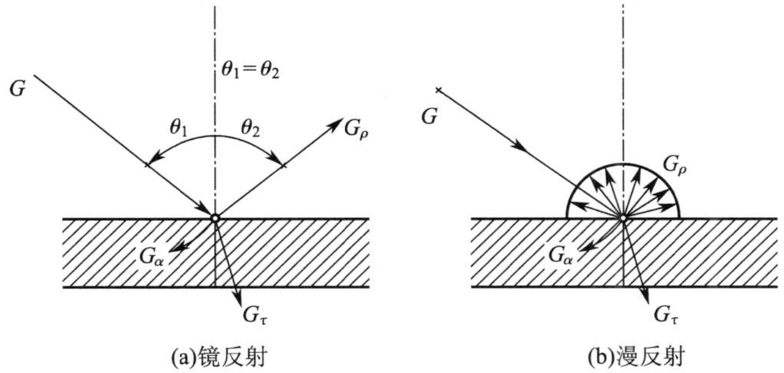

图 6.1　辐射的吸收、反射和穿透

为黑体；当反射率 $\rho=1$ 时，说明物体能将投射来的辐射能全部反射掉，称为镜体（或白体）；对于穿透率 $\tau=1$ 的物体，其将投射来的辐射能全部透射过去，称为透明体。

辐射力 E 是指在单位时间内单位表面积向半球空间所有方向发射的全部波长的辐射能的总和，即

$$E=\frac{F}{A} \tag{6.40}$$

其单位为 $\mathrm{W/m^2}$。其中 F 为向半球空间所有方向发射的全部波长的辐射能的总和。如果辐射物体表面是黑体，则用 E_b 表示。

单色辐射力 E_λ 为在单位时间内，单位表面积向半球空间所有方向发射的某一特定波长的能量，其单位是 $W/$（$\mathrm{m^2}\cdot\mu\mathrm{m}$），即

$$E_\lambda=\frac{\mathrm{d}E}{\mathrm{d}\lambda} \tag{6.41}$$

在平面几何中用平面角来表示某一方向的空间所占的大小，其单位为弧度。类似地，可以用三维空间的立体角（Solid Angle）及微元立体角来表示某一方向的空间所占的大小，它们分别定义为

$$\Omega=\frac{A_c}{r^2}\ ,\ \mathrm{d}\Omega=\frac{\mathrm{d}A_c}{r^2} \tag{6.42}$$

在图 6.2 的球坐标系中，r 为空间球半径，ϕ 称为经度角，θ 称为纬度角。由此可得

$$\mathrm{d}A_c=r\mathrm{d}\theta\cdot r\sin\theta\mathrm{d}\varphi \tag{6.43}$$

代入式（6.42），可得微元立体角为

$$\mathrm{d}\Omega=\sin\theta\mathrm{d}\theta\mathrm{d}\varphi \tag{6.44}$$

另一个重要的概念是定向辐射强度。对于黑体辐射可以预期，由于对称性在相

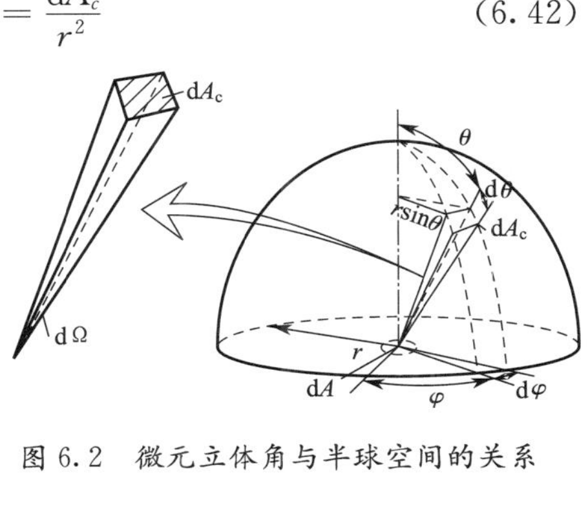

图 6.2　微元立体角与半球空间的关系

同纬度角下从微元黑体面积 dA 向空间不同经度角方向单位立体角中辐射出去的能量是相等的。因此研究黑体辐射在空间不同方向的分布只要查明辐射能按不同纬度角分布的规律就可以了。设面积为 dA 的黑体微元面积向围绕空间纬度角 θ 方向的微元立体角 dΩ 内辐射出去的能量为 dΦ（θ），则试验测定表明：

$$\frac{\mathrm{d}\Phi(\theta)}{\mathrm{d}A\mathrm{d}\Omega}=I\cos\theta \tag{6.45}$$

这里 I 为常数，与 θ 无关。此式还可以表示为另一形式：

$$\frac{\mathrm{d}\Phi(\theta)}{\mathrm{d}A\mathrm{d}\Omega\cos\theta}=I \tag{6.46}$$

这里 d$A\cos\theta$ 可以视为从 θ 方向看过去的面积，称为可见面积（图 6.3）。上式左端的物理量是从黑体单位可见面积发射出去的落到空间任意方向单位立体角中的能量，称为定向辐射强度。

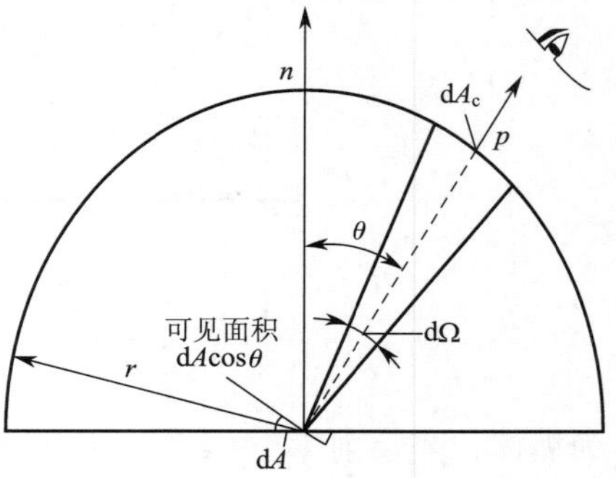

图 6.3　可见面积示意图

两个表面之间的辐射换热与两个表面之间的相对位置有很大关系，通常定义表面 1 发出的辐射能中落到表面 2 上的百分数称为表面 1 对表面 2 的角系数 $X_{1,2}$。

首先来看从一个微元表面 dA_1 到另一个微元表面 dA_2 的角系数（图 6.4），记为 $X_{d1,d2}$，下标 $d1$，$d2$ 分别代表 dA_1、dA_2，L 代表定向辐射强度。按定义：

$$X_{d1,d2}=\frac{\text{落到 d}A_2\text{ 上由 d}A_1\text{ 发出的辐射能}}{\text{d}A_1\text{ 向外发出的总辐射能}}=\frac{L_{b1}\cos\varphi_1\mathrm{d}A_1\mathrm{d}\Omega_1}{E_{b1}\mathrm{d}A_1}=\frac{\mathrm{d}A_2\cos\varphi_1\cos\varphi_2}{\pi r^2} \tag{6.47}$$

类似地有

$$X_{d2,d1}=\frac{\mathrm{d}A_1\cos\varphi_1\cos\varphi_2}{\pi r^2} \tag{6.48}$$

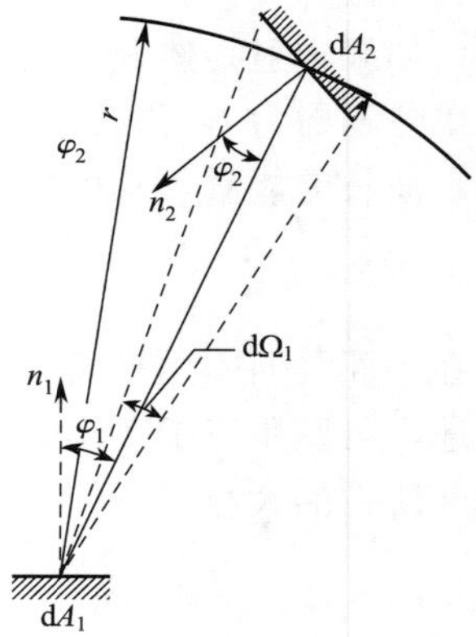

图 6.4　两微元表面间的辐射

由此可见

$$\mathrm{d}A_1X_{d1,d2}=\mathrm{d}A_2X_{d2,d1} \tag{6.49}$$

这是两微元表面间角系数相对性的表达式，它表明 $X_{d1,d2}$ 与 $X_{d2,d1}$ 不是独立的，它们受上式的制约。

两个有限大小表面 A_1、A_2 之间角系数的相对性可以通过分析图 6.4 所示两黑体表面间的辐射换热量而获得。两个表面间的换热量记为 $\Phi_{1,2}$，则有

$$\Phi_{1,2}=A_1E_{b1}X_{1,2}-A_2E_{b2}X_{2,1} \tag{6.50}$$

当 $T_1=T_2$ 时，净辐射换热量为零，则有

$$A_1X_{1,2}=A_2X_{2,1} \tag{6.51}$$

这是两有限大小表面间角系数的相对性的表达式。

2. 实际物体辐射

1）发射能力

对黑体辐射的研究主要有普朗克定律、维恩位移定律、斯蒂芬—玻耳兹曼定律。实际物体的辐射一般不同于绝对黑体，其单色辐射力 E_λ 随波长和温度发生不规则变化，只能从该物体在一定温度下的辐射光谱试验来测定。

事实上，实际物体的辐射力总比同温度下的黑体辐射力小，把实际物体的辐射力 E 与黑体辐射力 E_b 的比值称为实际物体的黑度，用符号 ε 表示，即有

$$\varepsilon=\frac{E}{E_b} \tag{6.52}$$

其中黑体辐射力由斯蒂芬—玻耳兹曼定律确定：

$$E_b=\sigma_0T^4$$

σ_0 是波耳兹曼常数 $5.67\times10^{-8}\mathrm{W/(m^2\cdot K^4)}$。

根据上述定义，实际物体的辐射力为

$$E=\varepsilon\sigma_0T^4 \tag{6.53}$$

需要注意的是，实际物体的黑度 ε 不但与物体的材质、表面状况有关，还与物体的温度有关，尤其是金属材料，因此取其为简单常数必定会带来误差，但对大部分非金属材料，一般 $\varepsilon=0.85\sim0.95$，与表面状况关系不大。

此外更重要的一点是，实际物体并不像绝对黑体那样，在半球空间的所有方向上辐射强度都相同，而是在不同方向上的辐射强度不同，甚至相差很大，也就是说，黑度还与辐射方向有关。

2）吸收能力

总体来说，实际物体的吸收率 α 取决于两方面的因素：吸收物体本身特性和投入的辐射波长，物体对某一特定波长辐射能吸收的百分数被定义为单色吸收率 α_λ。一般来说，物体对不同波长辐射能的单色吸收率是不同的。如玻璃，它对可见光和波长小于 2.5μm 的红外线吸收很少，基本上可以认为是透明的。但对波长大于 4μm 的红外线吸收率又接近于 1，表现出几乎是不透明的性质。因此玻璃允许可见光和较短波长的红外线穿过玻璃进入室内，却不允许温室内的物体在常温下发出的较长波长的红外线通过它进入外界环境。

3）基尔霍夫（Kirchhoff）定律

基尔霍夫定律揭示了实际物体的辐射力 E 与吸收比 α 之间的联系。这个定律可以研究两个表面的辐射传热导出。假定图 6.5 所示的两块平行平板相距很近，于是从一块板发出的辐射能全部落到另一块板上。若板 1 为黑体表面，其辐射力、吸收比和表面温度分别为 E_b、α_b（=1）和 T_1。板 2 为任意物体的表面，其

辐射力、吸收比和表面温度分别为 E、α 和 T_2。现在考察板 2 的能量收支差额。板 2 自身单位面积在单位时间内发射出的能量为 E，这份能量投射在黑体表面 1 上时被全部吸收。同时，黑体表面 1 辐射出的能量为 E_b。这份能量落到板 2 上，只能被吸收 αE_b，其余部分 $(1-\alpha)E_b$ 被反射回板 1，并被黑体表面 1 全部吸收。板 2 支出与收入的差额即为两板间辐射传热的热流密度

$$q = E - \alpha E_b \tag{6.54}$$

当体系处于 $T_1 = T_2$ 的状态，即处于热平衡条件下时，$q=0$，于是上式变为

$$\frac{E}{\alpha} = E_b \tag{6.55}$$

把这种关系推广到任意物体时，可写出如下的关系式：

$$\frac{E_1}{\alpha_1} = \frac{E_2}{\alpha_2} = \cdots = E_b \tag{6.56}$$

也可以写为

$$\alpha = \frac{E}{E_b} = \varepsilon \tag{6.57}$$

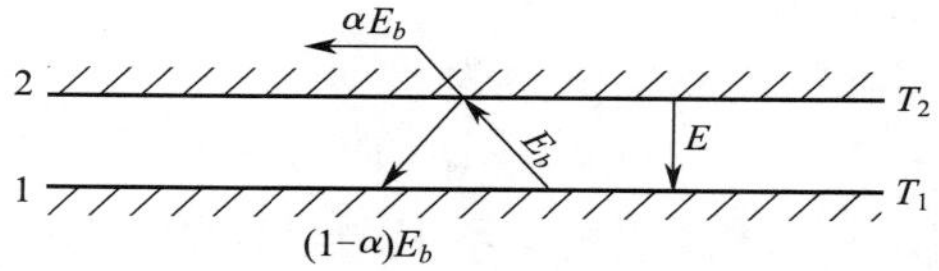

图 6.5　基尔霍夫定律示意图

这就是基尔霍夫定律的两种数学表达式：在热平衡条件下，任何物体的自身辐射和它对来自黑体飞射的吸收比的比值，恒等于同温度下黑体的辐射力。也可以简单表述为：热平衡时，任意物体对黑体投入辐射的吸收比等于同温度下该物体的发射率。

3. 燃烧室介质的辐射特性[15]

在燃烧辐射换热过程的数值计算中，由于燃烧室内介质的辐射特性直接影响辐射换热计算的最后结果，因此辐射介质特性参数的合理性是数值计算的一个必须解决的问题。

由于燃烧室内辐射介质即燃烧产物的复杂性，产物辐射特性的求解非常复杂。同时，还由于辐射特性与燃烧产物的成分、体积分数以及辐射波长有关，更增加了这项工作的复杂性和困难。对于具体的燃料燃烧问题，必须根据具体情况进行处理。这里仅简要介绍液体火箭发动机燃烧数值计算中气体燃烧产物的辐射特性处理方法。

燃烧气体产物，如水蒸气、CO、CO_2 等，对辐射能的散射作用非常小（气体散射系数 $K_{s,g} \approx 0$），在数值计算中常常可以忽略不计。但气体产物对辐射有很强的选择性吸收和发射，必须考虑气体辐射特性（吸收系数 $K_{a,g}$）随辐射波长的变化。

为计算燃烧气体产物在热辐射波长上的吸收和发射，必须将整个频谱范围划分成许多小的频带，并假设各气体组分的吸收和发射在这些频带上均匀或按某种函数关系光滑变化。在工程计算中，常用窄频带模拟或宽频带模拟来计算光谱吸收率和发射率。在燃烧辐射的数值计算中，通常都是将介质假设为灰体，气体的辐射特性对整个辐射换热影响相对偏小，因此对气体产物的辐射特性采用精确的光谱性质并不能提高数值求解辐射换热的精度。通常采用一种称为灰气体加权和模拟的方法来计算燃烧气体辐射特性。

灰气体加权和模拟（Weighted Sum of Gray Gases Model，WSGGM）是根据 Hottel 图表，将图表上气体在整个频谱上的总发射率、总吸收率与气体的温度、压力和浓度的函数关系曲线，用适当的多项式将不同温度和压力的曲线拟合起来，然后将这些曲线的表达式取为几种灰气体的总发射率、总吸收率的加权和。

对于燃烧气体产物的辐射特性，在数值计算中应用 WSGGM 模拟时，常将燃烧气体分成 I 种灰气体（$I=2$：水蒸气、CO_2 气体），气体的发射率为

$$\varepsilon=\sum_{i=0}^{I}a_{\varepsilon,i}(T)\left[1-\exp(-K_i ps)\right] \tag{6.58}$$

式中：$a_{\varepsilon,i}(T)$、K_i 分别为第 i 种灰气体发射系数的加权系数和气体吸收系数；p、T 分别为当地气体的压力、温度；s 为光程长度，另一种是取计算网格的特征尺寸。

在燃烧换热计算中，根据 Hottel 图表，由气体组分和温度，可以得到气体的 $a_{\varepsilon,i}$、K_i 的大小和表达式。其中 $a_{\varepsilon,i}$ 可用温度的多项式近似展开：

$$a_{\varepsilon,i}(T)=\sum_{j=1}^{I}b_{\varepsilon,i,j}T^{j-1} \tag{6.59}$$

式中：$b_{\varepsilon,i}$ 为发射气体的温度多项式系数，$b_{\varepsilon,i}$、K_i 由试验决定。

对于燃烧辐射计算，如果对于所有的 i 种灰气体，$K_{ips}\ll 1$，则燃烧气体总的发射率为

$$\varepsilon=\sum_{i=0}^{I}a_{\varepsilon,i}K_{ips}$$

气体吸收系数为

$$K_{a,g}=-\frac{\ln(1-\varepsilon)}{s} \tag{6.60}$$

6.3.2　辐射热流密度计算经验模型

液体火箭发动机高温高压的工作条件决定了发动机中辐射换热也很强烈，实际工作的液氧/煤油火箭发动机中，燃烧产物中主要以 CO_2 和水蒸气具有强烈的辐射能力，而其他气体的辐射通常可以忽略。

对于气体中只考虑水蒸气和 CO_2 时，气体发射率由下式计算：

$$\varepsilon_g = C_{H_2O}\varepsilon_{H_2O}^* + C_{CO_2}\varepsilon_{CO_2}^* - \Delta\varepsilon \tag{6.61}$$

其中，$\varepsilon_{CO_2}^*$、$\varepsilon_{H_2O}^*$是在气体总压力 $p=10^5$ Pa 把 CO_2、水蒸气分压外推到零的理想情况下制定的。$\Delta\varepsilon$ 是由于 H_2O 和 CO_2 辐射带部分重叠而引入的修正量。当温度超过 1000K 时，该修正量按下式计算：

$$\Delta\varepsilon = \varepsilon_{H_2O}\varepsilon_{CO_2} \tag{6.62}$$

由于气体辐射具有选择性，不能将其作为灰体，故气体吸收比 α_g 不等于发射率 ε_g。对于水蒸气和 CO_2 共存的混合气体对外壳辐射的吸收比可以表示为

$$\alpha_g = C_{H_2O}\alpha_{H_2O}^* + C_{CO_2}\alpha_{CO_2}^* - \Delta\alpha \tag{6.63}$$

式中，$\alpha_{H_2O}^*$、$\alpha_{CO_2}^*$ 和 $\Delta\alpha$ 可以通过下列经验公式确定：

$$\alpha_{H_2O}^* = [\varepsilon_{H_2O}^*]_{T_w, p_{H_2O}s(T_w/T_g)}\left(\frac{T_g}{T_w}\right)^{0.45} \tag{6.64}$$

$$\alpha_{CO_2}^* = [\varepsilon_{CO_2}^*]_{T_w, p_{CO_2}s(T_w/T_g)}\left(\frac{T_g}{T_w}\right)^{0.65} \tag{6.65}$$

$$\Delta\alpha = [\Delta\varepsilon]_{T_w} \tag{6.66}$$

其中，T_w 为气体外壳的壁面温度，方括号的下标是指确定方括号内的量时所用到的参量。故气体与外壳间换热的热流密度为

$$q = \varepsilon_g E_{b,g} - \alpha_g E_{b,w} = 5.67\left[\varepsilon_g\left(\frac{T_g}{100}\right)^4 - \alpha_g\left(\frac{T_w}{100}\right)^4\right] \tag{6.67}$$

6.3.3 燃烧过程辐射换热数值模拟

1. 火焰辐射换热基本方程

燃烧室中换热过程数值模拟常用的基本方程是连续介质能量方程，即

$$\frac{\partial}{\partial t}(\rho\varphi) + \frac{\partial}{\partial x_i}(\rho u_i\varphi) = \frac{\partial}{\partial x_i}\left(\Gamma_\varphi\frac{\partial\varphi}{\partial x_i}\right) + S_\varphi + Q_r \tag{6.68}$$

因变量 φ 代表连续介质的热焓 C_gT，Γ_φ 为热焓的湍流输运系数，方程的换热源项包括气相反应热源项 S_φ。此式中的 Q_r 是辐射换热源项。在连续介质能量方程离散计算的每一步中，各空间微元的辐射换热源项 Q_r 都是一个多重积分项。求解离散化的连续介质能量方程的各计算步中，需要算出各微元的辐射换热源项 Q_r 的多重积分值，从而完成对燃烧温度场数值计算方程的封闭。

本节将介绍辐射换热源项 Q_r 的数值模拟。燃烧过程中由于强烈的火焰辐射换热过程，Q_r 常大于流动项和扩散项。在有火焰的燃烧换热中，辐射换热约占 90%。同时，由于火焰对周围壁面和介质有强烈的换热，火焰中介质的温度很不均匀，因此，火焰辐射换热对燃烧的流动过程、化学反应过程都有很大的影响。对于燃烧过程能量方程的数值计算，必须将燃烧的数值计算和火焰辐射换热数值模拟耦合到整个燃烧流动过程的能量方程中，才能封闭燃烧过程的能量方程，从而进行数值模拟。

燃烧火焰的辐射换热，与火焰在空间各处介质的温度以及介质的辐射吸收能

力和散射能力等有关系，同时与该处介质的组成成分的光学性质、尺寸、浓度以及辐射波长等有关。按照吸收和散射介质辐射换热的基本原理，介质中有波长为 λ、辐射强度为 I_λ 的单色热辐射沿 s 方向传播时，在此方向的间距 $\mathrm{d}s$ 内辐射强度的变化率为

$$\frac{\mathrm{d}I_r(\boldsymbol{r},\boldsymbol{s})}{\mathrm{d}s}=-(K_{a,\lambda}+K_{s,\lambda})I_\lambda(\boldsymbol{r},\boldsymbol{s})+K_{a,\lambda}I_{b,\lambda}+\frac{K_{s,\lambda}}{4\pi}\int_0^{4\pi}I_r(\boldsymbol{r},\Omega)\Phi(\Omega,\Omega')\mathrm{d}\Omega' \tag{6.69}$$

式中：$\boldsymbol{r}$ 为辐射强度的位置矢量；$\boldsymbol{s}$ 为辐射强度的方向矢量；s 为辐射强度的传递距离；$K_{a,\lambda}$、$K_{s,\lambda}$ 分别为介质在辐射波长 λ 下的单色吸收系数和散射系数；$I_{b,\lambda}$ 为在波长 λ 下黑体单色辐射强度；Ω 为空间微元立体角 $\boldsymbol{s}$ 方向上的方向；Ω' 为该点位置（微元体）上的空间微元入射立体角的方向；$\Phi(\Omega,\Omega')$ 为散射相函数，它表示该微元体的入射辐射能经散射后，辐射能量在空间上的定向分布；$\mathrm{d}\Omega'$ 为微元体和周围辐射换热的空间微元立体角。方程右边第一项表示微元体介质吸收和散射引起的辐射强度 I_λ 的减弱，第二项表示微元体介质自身的容积辐射，第三项表示从周围空间射入微元体的辐射强度在各方向散射后，微元体中各方向上的散射强度对 $\boldsymbol{s}$ 方向辐射强度的增强。

对于燃烧辐射换热问题的数值模拟，由于燃烧气体介质组成成分复杂，要想精确地计算各微元体上的辐射强度是极其困难的。通常在工程问题的数值计算中将燃烧室内介质考虑为灰体，将微元体介质中的各种三原子气体的吸收系数和散射系数分别加权累计，成为火焰介质总的吸收系数 K_a 和散射系数 K_s，对辐射波长 λ 从 0～∞积分，式（6.69）可简化成

$$\frac{\mathrm{d}I}{\mathrm{d}s}=-(K_a+K_s)I+K_aI_b+\frac{K_s}{4\pi}\int_0^{4\pi}I\Phi(\Omega,\Omega')\mathrm{d}\Omega' \tag{6.70}$$

式中：I 为微元体在 $\boldsymbol{s}$ 方向上总的辐射强度，它是位置 $\boldsymbol{r}$ 和辐射方向 $\boldsymbol{s}$ 的函数。黑体的总辐射强度为

$$I_b=\frac{n^2\sigma T_g^4}{\pi}=\frac{E_b}{\pi} \tag{6.71}$$

式中：E_b 为黑体辐射力。以上两式即为燃烧辐射能量传递的基本方程。

对于在燃烧室内整个数值计算中所关心的每个微元的辐射换热率 Q_r 的大小，需要计算辐射能量传递方程中在空间各方向 Ω' 的（0～4π）积分，得到各微元辐射强度，从而可以得到辐射换热率 Q_r 与微元辐射强度 I 的关系式；另一方面，通过一定的简化，可以从辐射能量传递方程中直接得到各微元界面上的辐射热流密度，从而得到 Q_r 与辐射热流密度的关系式；另外，还可以直接对流场中每个微元的辐射换热率 Q_r 进行直接统计计算。这些不同的处理就形成了下节中所述的各种燃烧辐射换热的模拟方法。

2. 燃烧辐射换热模拟方法

常用的燃烧辐射换热模拟主要有以下几种方法：热流法、区域法、蒙特卡罗

(Monte Carlo，MC）法、离散传递（Discrete Transfer，DT）法和离散坐标(Discrete Ordinate，DO）法[16]。

1）热流法

热流法是将微元体界面上，复杂的半球空间热辐射简化为垂直于此界面的均匀辐射热流 q^+ 和 q^-，在此基础上推导出简化的辐射热流微分方程，然后离散化，计算各微元体的辐射换热率 Q_r。

该方法的依据是，微元体的每个界面上各方向的辐射热流，可对该界面做半球空间的积分，就可以得到该界面微元面积上的半球辐射力 q。把此半球辐射力 q 简化为垂直于该界面的均匀辐射热流。例如，x 方向上微元体界面上的辐射热流定义为

$$q_x^+ = \int_0^{2\pi} I\cos\theta \mathrm{d}\Omega \tag{6.72}$$

为了避免积分计算，又把 q_x^+ 定义为沿 x 方向的变量，就可以写成辐射换热能量沿 x 方向的传递方程：

$$\frac{\mathrm{d}q_x^+}{\mathrm{d}x} = -(K_a + K_s)q_x^+ + K_a E_b - \frac{K_s}{2}(|q_x^+| + |q_x^-|) \tag{6.73}$$

同理，x 方向的反向辐射热流的微分方程：

$$\frac{\mathrm{d}q_x^-}{\mathrm{d}x} = (K_a + K_s)q_x^- - K_a E_b - \frac{K_s}{2}(|q_x^+| + |q_x^-|) \tag{6.74}$$

根据上述简化,并取 q_x^+ 和 q_x^- 的平均值作为辐射热流微分方程的因变量 $q_x = \frac{1}{2}(|q_x^+| + |q_x^-|)$。上述两式相减就可以得到辐射热流的微分方程：

$$\frac{\mathrm{d}}{\mathrm{d}x}\left(\frac{1}{K_a + K_s} \times \frac{\mathrm{d}q_x}{\mathrm{d}x}\right) = K_a(q_x - E_b) \tag{6.75}$$

在 $\mathrm{d}x$ 间隔内单位容积的辐射换热率就是

$$Q_{r,x} = -\left(\frac{\mathrm{d}q_x^+}{\mathrm{d}x} - \frac{\mathrm{d}q_x^-}{\mathrm{d}x}\right) = -2K_a(q_x - E_b) \tag{6.76}$$

同理，在三维空间的微元体上三个方向上都做类似的简化，就可以得到三维空间的辐射热流微分方程和微元体单位容积的辐射热换率 Q_r 的表达式，这里就不再详细写出。

热流法简单容易掌握，它的一个最大特点是划分网格与有限差分或有限元方法的网格划分一致，并且得到的辐射热流微分方程与通用的微分方程形式一致，因而可以很方便地与气相动量方程、能量方程等联立求解，所需计算时间比较少。

但该方法的缺陷在于把微元体界面上复杂的半球空间热辐射，简化为垂直于微元体界面的均匀辐射热流，然后用通用的输运微分方程求解。因此该方法在原理上存在很大误差，实际上介质各微元体界面上不仅有垂直于该界面的辐射换热，其他方向也有辐射换热，这样将来源于空间的辐射积分，简化为只是沿着三维空间坐标轴方向的辐射热流，没有考虑辐射强度的空间分布及其相互联系，导

致了各方向上的辐射热流之间没有关系，因而造成方程在物理上的不真实。同时对于非各向同性散射介质，该方法不能计算。总的来讲，其计算精度较差。

2）区域法

用区域法计算辐射换热率，是按照各区域直接和周围空间进行辐射换热的原理来计算的，如图 6.6 所示。该方法是把燃烧室内空间分成若干个体区域，把燃烧室壁面划分成若干个面区域，假设每一个体区域和面区域内部的温度和物性参数都是均匀的，然后对每一个子区域写出能量平衡方程式，得到热流或温度为未知量的一组联立方程式，进行数值求解。

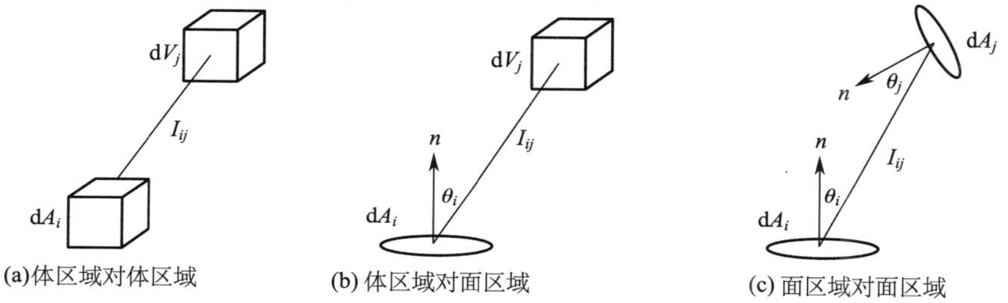

图 6.6　区域法计算方法示意图

这里先简单介绍燃烧室内任一体区域微元 V_j 和周围所有区域的辐射换热计算方法。设一小区域单位体积的辐射换热量为 $Q_{r,j}$，将 V_j 获得的所有体区域的辐射热量表示为$Q_{V\to Vj}$，而$V=\sum V_i$，$A=\sum A_i$。V_j 发射出的辐射热量为Q_{Vj}，故该体区域 V_j 放射出的辐射热换率为

$$V_jQ_{r,j}=Q_{V\to Vj}+Q_{A\to Vj}-Q_{Vj}=\sum_i Q_{Vi\to Vj}+\sum_i Q_{Ai\to Vj}-Q_{Vj} \tag{6.77}$$

这里假设每一个体区域和面区域内部的温度和物性参数都是均匀的，每一个小体区域 V_i 向周围发射的辐射热量为

$$Q_{Vi}\approx\oint_{Vi}4K_a\sigma T_{gi}^4\mathrm{d}V_i=4K_{ai}\sigma T_{gi}^4V_i \tag{6.78}$$

为了方便介绍，同时假设燃烧室内介质的散射较小而可以忽略，这样在从一个体区域 V_i 到另一个体区域 V_j 的沿程积分过程中，将经过距离 r，而被中间介质吸收掉的辐射能份额简单写为 $1-\mathrm{e}^{-K_ar}$ 代替实际的 $1-\mathrm{e}^{-\int_0^r K_a dr}$，剩下的份额可写为 e^{-K_ar}，K_a 为沿程介质的吸收系数。这样可以得到从空间中任一体区域 V_i 向体区域 V_j 的直接辐射热量 $Q_{Vi\to Vj}$：

$$Q_{Vi\to Vj}=\sigma T_{gi}^4\int_{Vi}\int_{Vj}\frac{K_{ai}K_{aj}}{\pi r^2}\mathrm{e}^{-K_ar}\mathrm{d}V_i\mathrm{d}V_j \tag{6.79}$$

式中的重积分称为体区域 V_i 对体区域 V_j 的“直接辐射交换面积”。

同理，可以得到从燃烧室中任一面区域 A_i 向体区域 V_j 的直接辐射热量 $Q_{Ai\to Vj}$：

$$Q_{Ai\to Vj}=\varepsilon_{si}\sigma T_{si}^4\int_{Ai}\int_{Vj}\frac{K_{aj}}{\pi r^2}\mathrm{e}^{-K_a r}\cos\eta \mathrm{d}V_j\mathrm{d}A_i \tag{6.80}$$

式中：ε_{si} 为面区域 A_i 的壁面发射率；η 为面积上一点向微元体积 $\mathrm{d}V_j$ 发射的射线与微元壁面的法线的夹角，式中的重积分即为面积 A_i 对体区域 V_j “直接辐射交换面积”，也可以称为“定向辐射交换面积”。而该式所得到的 $Q_{Vi\to Vj}$ 只是 V_i 定向辐射而被 V_j 吸收的能量，实际上还能计算 V_j 得到 V_i 向其他区域而被反射过来的能量。这样再加上该小区域发射给其他区域辐射而被反射给 V_j 后被 V_j 所吸收的部分，就构成两区域间的“定向总辐射交换面积”。

同理也可以得到面区域 A_i 向面区域 A_j 的直接辐射热量 $Q_{Ai\to Aj}$，参考 6.3.1 节中角系数的推导可以得到

$$Q_{Ai\to Aj}=\varepsilon_{si}\varepsilon_{sj}\sigma T_{si}^4\int_{Ai}\int_{Aj}\frac{\cos\theta_i\cos\theta_j}{\pi r^2}\mathrm{e}^{-K_a r}\mathrm{d}A_i\mathrm{d}A_j \tag{6.81}$$

定义燃烧室内体区域 V_i 对体区域 V_j 的“定向总辐射交换面积”用符号 G_iG_j 来表示，面区域 A_i 对体区域 V_j 的为 S_iG_j，体区域 V_i 对面区域 A_j 的为 G_iS_j，面区域 A_i 对面区域 A_j 的为 S_iS_j。这些 G_iG_j、S_iG_j、G_iS_j、S_iS_j 都可以从计算各个重积分得到。

这样，就可以列出该体区域 V_j 的辐射换热率 $Q_r=V_iQ_{r,j}$，而

$$V_iQ_{r,j}=\sum_i G_iG_j\sigma T_{gi}^4+\sum_i S_iG_j\sigma T_{gi}^4+4K_{ai}\sigma T_{gi}^4 V \tag{6.82}$$

燃烧室内任一面区域 A_j 和周围所有区域的辐射换热计算方法：设一区域单位面积的辐射换热量为 $Q_{r,j}$，将该面区域获得的所有面区域的辐射热量表示为 $Q_{A\to Aj}$。该面区域发射出的辐射热量为 Q_{Aj}，故面区域 A_j 放射出的辐射换热率为

$$A_jQ_{r,j}=Q_{A\to Aj}+Q_{V\to Aj}-Q_{Aj}=\sum_i Q_{Ai\to Aj}+\sum_i Q_{Vi\to Aj}-Q_{Aj} \tag{6.83}$$

采用与上述相同的推导有

$$A_iQ_{r,j}=\sum_i S_iS_j\sigma T_{gi}^4+\sum_i S_iG_j\sigma T_{gi}^4+4K_{ai}\sigma T_{gi}^4 A \tag{6.84}$$

这样就得到了燃烧室内燃烧流场中包含壁面边界的每一个区域的辐射换热率表达式，即可与能量方程联立求解。

从上可见，用区域法计算辐射换热在原理上是较好的。当计算域的各微元区域中温度均匀，而且分区的数目不多时，有很好的计算精度，而典型计算结果常作为基准用来和别的辐射换热模拟方法作比较，来检验别的方法的精确程度。

在计算过程中，由于将辐射传播问题转化成为求解一个非线性的代数方程组，如果整个燃烧室内计算空间共分成体区域和面区域 M_v+M_s 个。则该方程组也共有 M_v+M_s 个。同时，在解此方程组之前，先要对各区域每两个之间计算“定向辐射交换面积”，然后考虑相互反射。解“定向总辐射交换面积”的线性方程组，则要计算很多个重积分的运算，相当费时，最后才求解辐射传递的非线性方程组，这将需要极大的计算内存和极长的计算时间。同时，由于在计算中，为

减少计算耗费，只能把燃烧室内计算空间划分为较少的区域，实际上每个区域都相当大，区域中的温度事实上是相当不均匀的，这就会引起误差；如果各体区域温度和物性参数相差较大，吸收系数 K_a 也变化很大，计算重积分就更为困难，按上述方法将导致较大误差的出现；另外，一般情况下，区域法所需的网格划分与有限差分或有限元方法求解其他方程的网格划分不吻合，从而造成计算上的困难，同时该方法还不宜求解具有复杂边界面的辐射问题。由于上述困难，该方法目前未能广泛地应用于燃烧室辐射换热过程的工程计算。

3）其他方法

蒙特卡罗法针对区域法和热流法各自的缺陷，为了既能反映微元体和周围各方向进行辐射换热的实质，又不必做很复杂的多重积分运算，将每个微元体向周围发射的辐射能量按空间角分为若干个等分，每个等分的空间角发射一个能束，然后跟踪燃烧室内所有微元体发射的能束，用各微元体吸收辐射能的概率最终决定各微元体的辐射换热率大小，从而避免了直接用多重求和法计算多重积分，又考虑了热辐射在半球空间的分布及其相互联系。

蒙特卡罗法克服了区域法和热流法各自的主要缺点，并且对复杂形状物体的辐射问题有很好的适应性。但该方法数值计算的收敛性较差，因此计算时间较长。

离散传递法的主要思想是考虑边界网格面作为辐射的吸收和发射源，将边界网格面上向半球空间发射的辐射能离散成有限个能束，追踪每条离散能束的特征射线，沿特征射线解辐射传递方程。这些能束穿过内部网格被介质吸收和散射后，到达另外的边界面上被吸收，在各边界面上进出的辐射能达到平衡。求得辐射热源后，就可得到每个网格微元体上辐射换热率 Q_r，从而可以封闭整个燃烧流场数值计算的能量方程，进行整个方程组的数值求解。

总的来讲，离散传递法实质上是蒙特卡罗法基础上的改进和简化。它将微元上能束的发射方向由随机抽样决定改为立体分布。另外，该方法在两个边界面间跟踪计算能束在逐个微元中的吸收情况，而不像蒙特卡罗法要跟踪到只在某个概率吸收位置计算束能突然被吸收，并考虑能束被逐步吸收后在壁面的反射。因而离散传递法克服了蒙特卡罗法的统计误差和计算时间长的缺点。增加离散方向的数目，相应会提高计算精度，尽管计算时间也会增加，但不会增加所需的计算机内存。与区域法相比，离散传递法所需的计算机内存小，并可以计算边界形状复杂的辐射问题。

但是离散传递法由于将每个微小空间立体角内的辐射能简化成一条射线，造成壁面辐射热流与空间辐射热源不完全平衡，从而可能得到反常的结果，这也称为辐射换热计算中的射线效应。同时该方法由于在特征射线中入射散射项尚未得到妥善处理，目前还不能较好地用于有散射的多维辐射问题。另外，在采用该方法进行辐射换热的数值计算中，类似于在计算流体力学中的伪扩散问题一样，常常存在不同程度的“假散射”问题。

离散坐标法，其主要思想是直接对辐射传递方程离散为若干个方向上的辐射传递方程，从而进行数值计算求解，以得到每个微元体上的辐射强度 I，然后计算每个微元体上的辐射换热率 Q_r 的大小，作为能量方程的辐射源项，完成整个流场方程组的封闭。

离散坐标法的研究结果表明，由于能很方便地处理入射散射项，该方法在计算有散射的辐射问题方面要优于现有的其他方法，并且易与流动方程联立求解，因而，在含散射性介质的系统模拟中，离散坐标法可能是一种很有发展前途的辐射换热计算模拟。

与离散传递法相比，该方法较好地处理了多维散射介质系统辐射换热问题，但由于辐射传递方程在空间立体角上的离散，造成辐射强度或热流密度与物理上真实分布之间存在某种程度的不一致现象，即同样存在计算中的射线效应。同时该方法进行辐射换热的数值计算中，也存在一定程度的“假散射”问题。

参考文献

[1] 刘国球. 液体火箭发动机原理［M］. 北京：中国宇航出版社，2005.

[2] Akinaga Kumakawa，Fumiei Ono，Nobuyuki Yatsuyanagi. Combustion and Heat Transfer of LO2/HC/Hydrogen Tripropellant［C］. AIAA paper 95-2501.

[3] Diane L，Meyer M. L Braun D C. Investigation of Instabilities and Heat Transfer Phenomena in Supercritical Fuels at High Heat Flux and Temperatures［C］. National Aeronautics and Space Administration Glenn Research Center，AIAA paper 2000-3128.

[4] Popp M，Schmidt G. Heat Transfer Investigation for High Pressure Rocket Combustion Chambers［C］. American Institute of Aeronautics and Astronautics，AIAA paper 94-3102.

[5] Alan Y. Chen and Lisa Dang. Characterization of Supercritical JP-7's Heat Transfer and Coking Properties［C］. American Institute of Aeronautics and Astronautics，AIAA paper 2002－0005.

[6] Bartz D R. A simple equation for rapid estimation of rocket nozzle convective heat transfer coefficients［J］. Jet Propulsion，27（1）：49－51. 1957.

[7] Иевлов В М. Жидкостные реактивные двигатели，［M］Оборонгз，1953.

[8] Фролов П Ф，Жидкостные реактивные двигатели，［M］Оборонгз，1955.

[9] Couto P. Analysis of Supercritical Start-Up Limitations for Cryogenic Heat Pipes With Parasitic Heat Loads［C］. American Institute of Aeronautics and Astronautics，AIAA paper 2002-3095.

[10] 陶文铨. 传热与流动问题的多尺度数值模拟：方法与应用［M］. 北京：科学出版社，2009.

[11] 牛禄，程惠尔，李明辉. 高宽比和粗糙度对再生冷却通道流动的影响. 上海交通大学学报，2002，36（11）：1612-1615.

[12] Brad Hitch. Enhancement of Heat Transfer and Elimination of Flow Oscillations in Supercritical Fuels［C］. American Institute of Aeronautics and Astronautics，AIAA paper 98-3759.

[13] 张靖周. 高等传热学［M］. 北京：科学出版社，2009.

[14] 谈和平. 红外辐射特性与传输的数值计算［M］. 哈尔滨：哈尔滨工业大学出版社，2006.

[15] 徐旭常. 燃烧技术手册［M］. 北京：化学工业出版社，2008.

[16] 杨涛. 火箭发动机燃烧原理［M］. 长沙：国防科技大学出版社，2008.

第7章 燃烧不稳定模型

在液体火箭发动机燃烧室中，燃料和氧化剂发生剧烈的放热反应，并产生高温高压燃气，拉瓦尔喷管把燃气的热能转换成动能，产生的反作用力推动火箭前进。然而，很多时候燃烧室并不按照预想的状态工作，燃烧室的压力会产生高频振荡，振幅可达稳态燃烧室压的10%～1000%，振荡频率从数百赫到15000赫以上。这种现象即为燃烧不稳定现象。

燃烧不稳定性问题几乎在每个火箭发动机研制过程中都经历过。由于这些问题严重地损害发动机和火箭系统的工作，促使人们对燃烧不稳定现象进行探索。燃烧不稳定性是由于燃烧过程和系统中流体动态过程或声学振荡之间相耦合而引起的振荡燃烧现象，伴随有燃气压力、温度和速度的周期性振荡。只有当系统中出现的阻尼过程足够强，以致振荡能量的耗散要比燃烧所提供的能量快，振荡才会衰减。

7.1 概　　述

早在20世纪40年代，美国加州喷气推进实验室就发现了火箭发动机燃烧不稳定现象。美国RL-10、J-2、SSME等氢氧火箭发动机研制过程中几乎都曾遇到燃烧不稳定问题[1]。50年代中后期美国开始研制土星-V运载火箭，到70年代初期为止，其主发动机F-1（液氧/煤油）在试制过程中曾进行了2000多次全尺寸模拟试车，以解决困扰设计师们的燃烧不稳定性问题[2,3]。80年代欧洲空间局的阿里安娜运载火箭也因第一级Viking发动机出现高频燃烧不稳定而导致发射失败。欧洲空间局为了加强对发动机燃烧不稳定性的了解，完成了一个综合研究计划，分别研究了推进剂雾化、燃烧和气体动力学对燃烧不稳定性的影响。苏联在液体火箭发动机的研制过程中也经历过燃烧不稳定性问题[4]。我国在研制长征系列火箭的过程中也遇到过燃烧不稳定问题[5]。

燃烧不稳定是一种特殊的不稳定燃烧现象。由于燃烧过程的复杂性，早期燃烧不稳定理论分析模型相对简单，只能提供一些机理的认识结论，不能用于工程实际分析，如L. Crocco/S. I. Cheng的敏感时滞模型[6]和R. J. Prime/D. C. Guentert的数值分析模型[7]。更多研究依靠试验手段来解决燃烧不稳定问题，通过大量的试验来反复修改设计，如隔板、声腔的形状位置如何确定等问题，往往需要进行大量热试车。试验工作繁重、试验费用昂贵，要耗费大量人力物力，有时还不能找出潜在的燃烧不稳定影响因素。随着 20 世纪 80 年代欧洲空间局燃烧不稳定研究计划的开展，理论和试验又有了新的进展。计算机水平的大大提高，使得应用数值方法分析燃烧不稳定成为可能。近年来发表的大量研究论文也说明了数值模拟分析是当今燃烧不稳定研究的主要方向。我国的庄逢辰院士及刘卫东、赵文涛、聂万胜、张宝炯、洪鑫以及黄玉辉等在燃烧稳定性方面做了一些研究工作[8-31]。

7.1.1 燃烧不稳定性表现形式

燃烧不稳定性具有不同的表现形式。由于压力测量最为方便，燃烧不稳定性通常以压力变化的周期性为表征。测压位置可以是在燃烧室内也可以在推进剂供应系统中。值得注意的是，燃烧不稳定造成的室压振荡与稳态燃烧的正常室压脉动不同，二者存在如下区别：①当发生燃烧不稳定时，燃烧室压力振荡具有明显的周期性，振荡能量集中在某几个固有频率的振荡上，而且燃烧室内不同位置的燃气振荡之间具有一定的联系。在正常的稳态燃烧时，尽管燃烧室压力也经常存在不同程度的脉动和起伏，但往往是带有随机性的，且各位置的燃气振荡互不关联，振荡能量分散，在某一时间区间这种脉动的总效应趋于零。②当发生燃烧不稳定时，燃烧室压力的振荡幅值较大，通常在平均室压的 5%以上，有时甚至可能高达百分之几十或更高。稳态燃烧时的随机扰动往往幅值较小。

温度和传热的监测也能够成功地显示出燃烧不稳定的发生。埋在室壁内的热电偶可以感受到壁温的迅速升高。利用冷却剂或局部再生冷却剂，也可得到温度变化的快速响应。

燃烧不稳定性也使排气羽流中的马赫菱形区的轴向位置发生振荡，这可由高速摄影来测得。马赫菱形区的振荡通常与室压振荡频率相一致。有时采用光学技术来监视排气羽流的光度变化，但光度的变化可能是非常弱的。据估计，羽流中光度振荡的响应振幅仅为室压响应振幅的 0.1%。测量结果表明，流量或推力的周期性变化也是燃烧不稳定性的一个标志。

7.1.2 不稳定燃烧分类

通常，各种燃烧不稳定性的激励机理是不相同的，相应地，需要采用不同的方法来控制或消除燃烧不稳定性。历史上，燃烧不稳定性是按其频率范围来分类的，但是在低频、中频和高频之间并没有一个明确的分界线。对燃烧不稳定性仅按频率来分类会引起许多混乱。一种较好的分类方法是将燃烧不稳定性的种类与其效应、最重要的耦合机理及其消除装置联系起来。

1. 低频不稳定性

低频燃烧不稳定性振荡频率较低，通常在 200Hz 以下，主要是由燃烧室内的燃烧过程和推进剂供应系统内的流动过程相耦合而产生，与进入燃烧室的推进剂的点火品质和喷入速度有关。点火品质包括点火延迟时间、火焰传播速度和火焰稳定特性。燃烧室、推进剂管路的结构尺寸和推进剂的流量大小及其混合比，在低频系统振荡中具有关键作用。燃烧过程和喷注器结构的耦合，也会引起一种低频不稳定性：喷注器可能像膜片那样动作，并产生“油壶”型振荡，引起推进剂的不均匀喷射和雾化，从而导致低频不稳定性。其他一些情况也能使燃烧（或室压）与结构系统之间相耦合并引发低频不稳定性。例如，室压扰动使冷却套结构挠曲，引起冷却套内所含推进剂的压力振荡，其耦合结果可导致低频不稳定性。

当发生低频燃烧不稳定性时，燃气振荡的波长通常要比燃烧室或供应系统的特征长度大得多。因此可以认为，在任何瞬时燃烧室压力振荡是均布的，即可看作燃烧室内整团燃气的振荡；同时，推进剂供应系统的管路或集液腔内往往也发生振荡现象。这种不稳定性往往开始时具有一低振幅的正弦波形，然后线性地发展成较高振幅。

在各种不同类型的燃烧不稳定性中，从理论分析和试验或者研制的观点考虑，低频不稳定也许是最容易处理的。从理论分析的观点看，燃烧室可用一集中体积元来模拟，而燃烧由一简单的不变时滞来表示，推进剂供应系统的阻力忽略不计，尽管供应系统的惯性和容量在分析中可能是重要的。燃烧时滞定义为：进入室内的液体推进剂以喷射速度运行至撞击点，然后完全汽化和燃烧所需的时间，对于每种推进剂常可求得一经验平均值。通常采用的一个时滞值是指推进剂中挥发性最差的那个组元从喷注器面到撞击点的液体飞行时间，因为它是总时滞的主要部分。消除低频不稳定性的方法包括增加喷注器压降、增加流体惯性，以及减小燃烧室容积等等。改变时滞的各种举措有成功的，也有存在问题的，这些方法虽能成功地消除低频不稳定性，但可能降低系统性能或引起高频不稳定性。

2. 高频不稳定性

高频不稳定性是燃烧过程与燃烧室声学振荡相耦合的结果，也称共振燃烧或声不稳定性，振荡频率通常在 1000Hz 以上。发生高频燃烧不稳定性时，在燃烧室不同位置上测得的动态压力，其振荡频率和各点相位之间的关系往往与燃烧室声学振型的固有振型相符。因此，根据燃烧室的声学特性，高频不稳定性可分为轴向（纵向）与横向（径向和切向）振型。上述各种振型的高频燃烧不稳定性又可按照其谐振的阶数而分成一阶振型、二阶振型等，如一阶径向振型、二阶纵向振型和三阶切向振型等。

对于高频不稳定性的机理，目前的观点主要包括：点火时滞，敏感的化学时滞，物理时滞，爆震过程，压力或温度波动引起的化学反应速率的变化，液滴加热至其临界温度和压力以上时的“爆炸”，以及由于气体质点运动而引起的射流、液扇或液滴的破碎和混合等[1]。

为维持高频不稳定性，首先必须要有一个振荡能源，维持液体火箭发动机高频不稳定性的能量来自推进剂燃烧；其次，振荡能量的加入相对于振荡压力必须在适当的时间相位下进行。因此，消除高频不稳定性的方法通常有两类：①改变推进剂喷雾燃烧场或压力波特性，以使燃烧影响波动所释放的能量小于维持振荡所需的振荡能量，如隔板装置；②改变动态能量损失或阻尼，使其超过从燃烧响应所获得的能量，如各种不同类型的阻尼装置。

3. 中频不稳定性

中频燃烧不稳定性是燃烧室内燃烧过程与推进剂供应系统中某一部分流动过程相耦合而引起的振荡，是介于高频和低频之间的燃烧不稳定性，频率范围通常是 200Hz～1000Hz。

当发生中频燃烧不稳定性时，往往带有一特定频率的逐渐增长的燃烧噪声，其振幅缓慢地增大。除燃气发生振荡外，通常在推进剂供应系统中也出现波动，燃气振荡的频率和相位往往与燃烧室的固有声学振型不相符合，这是与高频燃烧不稳定性的不同之处。另一方面，它也不同于低频燃烧不稳定性。由于其频率稍高，燃气振荡的波长接近或稍大于燃烧室特征长度，因此燃烧室和供应系统管路内的波动是不能忽视的；燃烧室内的压力振荡将随空间位置而变化，不能像低频燃烧不稳定性那样看作是整团气体的振荡。中频燃烧不稳定性也可能导致推进剂混合比的振荡和发动机性能的降低。

7.1.3 燃烧不稳定性的特点

在液体火箭发动机燃烧不稳定的案例及试验中，燃烧不稳定现象表现出如下特点[32]：

（1）周期性明显。当发生燃烧不稳定时，燃烧室压力振荡具有明显的周期性，振荡能量集中在某几个固有频率的振荡上，而且燃烧室内不同位置的燃气振荡之间具有一定的联系。

（2）破坏性强。燃烧室压力产生大振幅振荡，超过燃烧室壁耐压极限时会产生爆炸。燃烧不稳定导致燃烧室内燃气高频振荡，破坏室壁上的附面层结构，加强了燃气与室壁间的换热，通常会导致燃烧室烧毁；燃烧不稳定使火箭发动机推力和比冲等性能参数发生改变，火箭精度变差。

（3）复杂程度高。目前火箭发动机种类繁多，不同的推进剂组合、喷注器形式、发动机尺寸、工作参数对燃烧不稳定的影响非常复杂，甚至到目前能够确定的普遍的试验规律也不太多。

（4）随机性强。所得到的很多试验结果表明了燃烧不稳定性特征不可再现，试验结果的散布大大超出其在固定条件下的预测精度。在同一批次制造的发动机中有可能一部分是燃烧稳定的，另一部分是燃烧不稳定的。通常，发动机在研制阶段的稳定性和性能都是较好的，偏偏在鉴定或飞行时变得非常不稳定。这些现象表明燃烧不稳定对某些结构参数、状态参数和初始状态异常敏感，而这些参数敏感性甚至在目前的制造和测试精度之外。

（5）非线性性显著。燃烧室自激振荡在小振幅时以指数形式增长，到达一定幅值后增长变缓，最后形成极限环。不存在初始扰动时，燃烧室工作是稳定的，在燃烧室引入一定幅值的爆炸弹后燃烧变得不稳定了。有时候燃烧室的振荡幅值非常大，压力振荡的时间曲线不再是正弦形，而是激波形，这也是非线性作用的结果。

（6）控制难度大。通过数十年的实践，人们发现声腔和隔板是抑制燃烧不稳定的有效手段，并已经在火箭发动机型号中得到广泛应用。但是目前还不存在声腔和隔板的位置、结构形式、尺寸和面积的设计准则，有效的声腔和隔板的设计仍需要大量的试验反复修改验证。在遇到燃烧不稳定时，液体火箭燃烧装置的研制一直是件耗资巨大的工作。

7.2　燃烧不稳定的声学基础

几乎在所有情况中，观测到的燃烧不稳定频率与燃烧室固有声学振型之间都存在惊人的相似性，促使人们很早就认识到燃烧不稳定性与声学密切相关这个事实。为了说明燃烧与声场的相互作用，首先讨论供热或供质激起声振荡的 Rayleigh 准则，然后讨论燃烧室内的声振型和火箭发动机内的自激振荡效应。

7.2.1　供热或供质激起声振荡的 Rayleigh 准则

所有热力发动机中，燃烧过程的作用都是为了实现对工质的加热。因此，燃烧过程可以用假想的加热过程来代替。于是，燃烧和声场的相互作用可以简化为供热和声场的相互作用。

早在 1777 年，B. Higgins 在把火焰放到一个两端开口的管中时就察觉到有声音发出，当时称为“歌唱的火焰”[33]。之后，还有很多人也发现了与之类似的现象。Rayleigh 第一个解释了这一现象，并给出了 Rayleigh 准则。Rayleigh 准则认为，如果与某机理有关的燃烧速率以足够大的幅值振荡，且与压力振荡的相位差足够小，则该机理可激发不稳定性。Rayleigh 准则在火箭发动机燃烧不稳定的研究中享有基础性的地位，在燃烧不稳定的试验分析和主动控制中得到广泛的应用。但是，Rayleigh 准则并没有指出不稳定的激励机理的具体物理机制。

在燃烧系统中，不稳定的热释放传递能量到声场，并不一定导致燃烧不稳定。根据 Rayleigh 准则，只有参与热过程的工质运动与热交换之间具有合适的相位角时，热声振荡才能得以维持。实际上，当声压振动与热释放率波动相位相差 0°～90°时，热释放率的波动将加强压力的振动，当周期性的热释放过程给声场提供能量的速度大于声波通过燃烧室的边界条件衰减和扩散能量的速度时，燃烧过程才会变得不稳定。Rayleigh 准则给出的燃烧不稳定判别条件可以用如下的公式来描述：

$$\iint_V p'(x,t)q'(x,t)\mathrm{d}t\mathrm{d}V \geqslant \iint_V \sum_{i=1} L_i(x,t)\mathrm{d}t\mathrm{d}V$$

式中：$p'(x, t)$为压力振动；$q'(x, t)$为热释放率波动；$L_i(x, t)$为i阶声波的能量损失。

7.2.2 声波与声振荡

在继续介绍燃烧室内的声振型之前，有必要对声波和声振荡的相关概念进行简要回顾和说明。

1）声波

声波泛指在各种介质中以任意频率传播的机械波。能被人耳感觉的声波频率在20Hz～2000Hz范围。

机械波传播必须具备两个条件：波源和介质。当波的传播方向与介质质点振动方向平行时，该机械波称为纵波或疏密波；波的传播方向与介质质点振动相互垂直时称为横波。液体、气体只能传播纵波，因此液体火箭发动机中只有纵波存在。

2）声振荡

在波的传播过程中，介质的振动导致局部密度、温度和压力等参数发生周期性变化，它们的瞬时值在其稳定值附近变化，这种现象称为声振荡。

当扰动较小时，介质内局部参数可近似表示为

$$p=\bar{p}+p',\ \rho=\bar{\rho}+\rho',\ u=\bar{u}+u'$$

式中：$\bar{p}$、$\bar{\rho}$、$\bar{u}$分别为平均压强、平均密度和平均速度；p'为声压，ρ'为声振密度，u'为声振速率，这些小扰动量可以用线性波动方程来描述。

3）平面简谐波

简谐波是最简单、最基本、最重要的波动形式，对小扰动波（线性声波），任何复杂的声波都是若干简谐波的线性叠加。简谐波的波动方程为

$$\frac{\partial^2 p'}{\partial t^2}=\bar{a}^2\frac{\partial^2 p'}{\partial x^2} \tag{7.1}$$

式中：$\bar{a}$为平均声速。

一元简谐波用三角函数表示为

$$p'(x,t)=\hat{p}\cos(kx-\omega t-\theta) \tag{7.2}$$

式中：ω是角频率；$k=\dfrac{\omega}{\bar{a}}$是谐波次数，简称波数；$\theta$是初相位角；$\hat{p}$是声压的振幅。

简谐波用复数表示为

$$p'=\hat{p}\mathrm{e}^{-\mathrm{i}(kx-\omega t-\theta)}=\tilde{p}\mathrm{e}^{-\mathrm{i}(kx-\omega t)} \tag{7.3}$$

式中：$\tilde{p}=\hat{p}\mathrm{e}^{\mathrm{i}\theta}$为声压的复振幅；$\hat{p}$为声压的实振幅。对于平面简谐波，$u'=\dfrac{\mathrm{i}}{\bar{\rho}\omega}\dfrac{\partial p'}{\partial x}$，

声压与声振速率呈比例关系 $u' \sim p'$。

4）声能密度 ε

声振荡涉及两种能量，一种是气体微团的动能，另一种是气体容积变形的位能。

设想在声场中取一足够小的体积元 V，其原先的体积为 $\bar{V}$。对于平面声波，由于声扰动使该体积元得到的动能为

$$\varepsilon_u = \frac{1}{2}(\bar{\rho}\bar{V})u'^2 \tag{7.4}$$

式中：u' 为气体微团的声振速率。由于声扰动，该体积元具有的位能为

$$\varepsilon_p = -\int p'\mathrm{d}V = \frac{1}{2}\frac{\bar{V}p'^2}{\bar{\rho}\bar{a}^2} \tag{7.5}$$

体积元内总的声能量为动能和位能之和，即

$$\Delta\varepsilon = \Delta\varepsilon_u + \Delta\varepsilon_p = \frac{\bar{V}}{2}\bar{\rho}\left(u'^2 + \frac{p'^2}{\bar{\rho}^2\bar{a}^2}\right) \tag{7.6}$$

单位体积内的声能量称为声能密度 e，即

$$e = \frac{\Delta\varepsilon}{\bar{V}} = \frac{1}{2}\bar{\rho}\left(u'^2 + \frac{p'^2}{\bar{\rho}^2\bar{a}^2}\right) \tag{7.7}$$

此式适用于任何形状的声场和任何形式的声波。

7.2.3　燃烧室内的声振型

液体火箭发动机的燃烧室可以近似地认为是一个圆筒形声腔，因此可用经典的波动方程来描述燃烧室内压力振荡随时间、空间的变化。

1. 一维纵向振型（基本波动方程）

从一维的欧拉方程出发，可导出如下波动方程：

$$\begin{cases} \dfrac{\partial\rho}{\partial t} + \dfrac{\partial}{\partial x}(\rho u) = 0 \\ \rho\dfrac{\partial u}{\partial t} + \rho u\dfrac{\partial u}{\partial x} + \dfrac{\partial p}{\partial x} = 0 \\ \rho C_p\dfrac{\partial T}{\partial t} + \rho u C_p\dfrac{\partial T}{\partial x} - \dfrac{\partial p}{\partial t} - u\dfrac{\partial p}{\partial x} = 0 \\ p = \rho RT, a^2 = \gamma RT \end{cases} \tag{7.8}$$

将连续方程乘以 C_pT 再加上能量方程和状态方程消去温度 T，得到关于压力的方程：

$$\frac{\partial p}{\partial t} + \gamma p\frac{\partial u}{\partial x} + u\frac{\partial p}{\partial x} = 0 \tag{7.9}$$

对于小振幅振荡，$p=\bar{p}+p'$，$\rho=\bar{\rho}+\rho'$，$u=\bar{u}+u'$，$\bar{p}$ 和 $\bar{\rho}$ 是已知量，$\bar{u}$ 是 x 的函数，p'、ρ' 和 u' 是 x 和 t 的函数。对上式进行线性化处理得

$$\frac{\partial p'}{\partial t}+\gamma\bar{p}\ \frac{\partial u'}{\partial x}=-\left(\bar{u}\ \frac{\partial p'}{\partial x}+\gamma p'\ \frac{\partial \bar{u}}{\partial x}\right)\quad（声压方程）\tag{7.10}$$

同样，线性化处理动量方程得

$$\frac{\partial u'}{\partial t}+\frac{1}{\bar{\rho}}\ \frac{\partial p'}{\partial x}=-\left(\bar{u}\ \frac{\partial u'}{\partial x}+u'\ \frac{\partial \bar{u}}{\partial x}\right)\quad（声振速率方程）\tag{7.11}$$

上两式等号左边是声学项；等号右边是燃烧室内平均流的影响，是一个小扰动，相当于一个强迫函数。把声压方程对时间求导，将声振速率方程代入，得

$$\frac{\partial^2 p'}{\partial x^2}-\frac{1}{\bar{a}^2}\ \frac{\partial^2 p'}{\partial t^2}=\frac{\bar{u}}{\bar{a}^2}\ \frac{\partial^2 p'}{\partial x\,\partial t}-\bar{\rho}\ \frac{\partial^2}{\partial x^2}(\bar{u}u')+\frac{\gamma}{\bar{a}^2}\ \frac{\partial \bar{u}}{\partial x}\cdot\frac{\partial p'}{\partial t}\tag{7.12}$$

上式就是存在平均流动时的一维小扰动波动方程。通常为了计算方便，把 p'、u'表达成复数形式：$p'=p'(x)\,\mathrm{e}^{i\omega t}$，$u'=u'(x)\,\mathrm{e}^{i\omega t}$，代入波动方程得到非齐次常微分方程（亥姆霍兹方程）：

$$\frac{\mathrm{d}^2 p'(x)}{\mathrm{d}x^2}+k^2 p'(x)=h\tag{7.13}$$

$$h=\mathrm{i}k\ \frac{\bar{u}}{\bar{a}}\ \frac{\mathrm{d}p'(x)}{\mathrm{d}x}+\mathrm{i}\ \frac{\gamma k}{\bar{a}}p'(x)\ \frac{\mathrm{d}\bar{u}}{\mathrm{d}x}-\bar{\rho}\ \frac{\mathrm{d}^2}{\mathrm{d}x^2}[\bar{u}u'(x)]\tag{7.14}$$

式中：$k=\omega/\bar{a}$ 是复波数；h 称为强迫函数。

要求解该方程首先必须确定边界条件，并且要知道平均流速度 $\bar{u}$。对液体火箭发动机来说，边界条件往往不容易确定，平均流速度 $\bar{u}$ 也不是常数，因为是加质量流。因此方程（7.13）很难求得解析解，通常是令 $h=0$，将其简化为一维简谐波方程进行求解。

2. 横向振型（三维波动方程）

从发动机的研制历史看，发动机出现不稳定燃烧首先是横向振型，这也是破坏性最强的一种振型。要分析横向振型必须用三维波动方程，方程的推导方法与一维纵向波动方程一样。

对于圆柱形燃烧室，仿照建立一维波动方程的过程，三维波动方程可写为[34]

$$\nabla^2 p'-\frac{1}{\bar{a}^2}\ \frac{\partial^2 p'}{\partial t^2}=h\tag{7.15}$$

在圆柱坐标系下，上式变为

$$\frac{\partial^2 p'}{\partial t^2}=\bar{a}^2\left[\frac{1}{r}\ \frac{\partial}{\partial r}\left(r\ \frac{\partial p'}{\partial r}\right)+\frac{1}{r^2}\ \frac{\partial^2 p'}{\partial \theta^2}+\frac{\partial^2 p'}{\partial x^2}\right]+h\bar{a}^2\tag{7.16}$$

只有当 $h=0$，且边界条件满足（经典声腔）

$$x=0\ ,\ u'_x=0\ ,\ \frac{\partial p'}{\partial x}=0$$

$$X=L,\ r=R\ ,\ u'_r=0\ ,\ \frac{\partial p'}{\partial r=0}$$

时，积分可得到波动方程的特解，即

$$p'_{l,m,n}=\mathrm{J}_m\left(\frac{\pi\alpha_{m,n}}{R}r\right)\cos\left(\frac{l\pi x}{L}\right)\left[B_{l,m,n}\cos(\omega_{l,m,n}t+m\theta+\theta^{+}_{l,m,n})+\right.$$
$$\left.C_{l,m,n}\cos(\omega_{l,m,n}t-m\theta+\theta^{-}_{l,m,n})\right] \tag{7.17}$$

式中：l、m、n 表示在 x、θ、r 方向上的振型阶数；$\mathrm{J}_m\left(\frac{\pi\alpha_{m,n}}{R}r\right)$是自变量 r 的 m 阶贝塞尔函数，表示声压沿径向的分布；$\omega_{l,m,n}$是声振的角频率；$B_{l,m,n}$、$C_{l,m,n}$、$\theta^{+}_{l,m,n}$、$\theta^{-}_{l,m,n}$是由初始条件决定的常数；cos（$\frac{l\pi}{L}x$）表示声压沿纵向分布；[] 内两项表示两个沿切向传播方向相反的行波，条件具备时，就形成切向稳定的驻波。

声腔的各种声学振型的固有频率公式

$$f_{l,m,n}=\frac{\omega_{l,m,n}}{2\pi}=\frac{\bar{a}}{2}\sqrt{\left(\frac{l}{L}\right)^2+\left(\frac{\alpha_{m,n}}{R}\right)^2} \tag{7.18}$$

注：l、m、n 均为整型数，$\alpha_{m,n}$是方程$\frac{\mathrm{d}}{\mathrm{d}r}$［$J_m$（$\pi\alpha$）］＝0 的根，由 m、n 决定，代表了切向和径向的振型阶数。

由此可见，只有上述频率的简谐波可能在声腔内出现。实际存在的声波，必定是若干固有振型的线性叠加。

根据声压与声振速度的关系，可以得到

$$u'_{l,m,n}=\frac{1}{\bar{\rho}\omega_{l,m,n}}\cdot\nabla\hat{p}_{l,m,n}\sin\omega_{l,m,n}t \tag{7.19}$$

根据固有频率表达式，当 l、m、n 中有一个值等于零或两个等于零时，就可以得到不同振型的固有频率，如图 7.1 所示。

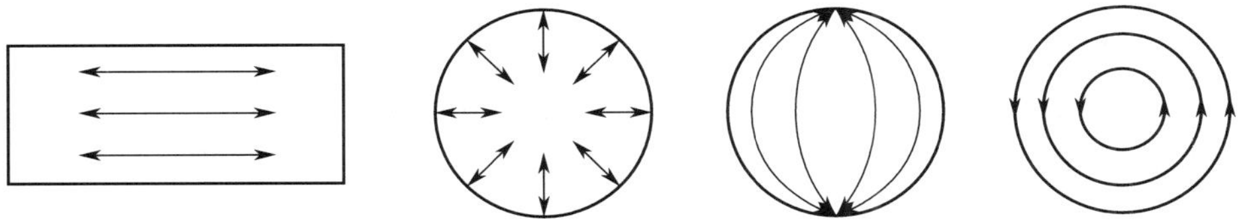

(a)纵向振型　(b)径向振型　(c)切向振型

图 7.1　燃烧室声学振型

1）纵向振型

当 $m=n=0$，$l\neq0$ 时，则

$$\alpha_{m,n}=0$$

$$f_l=\frac{l\bar{a}}{2L}\quad(l=1,2,3,\cdots)$$

也就是说，对纵向振型，高阶振型的频率是基振频率的整数倍。

2）径向振型

声波沿径向传播，在圆柱壁面上反射形成驻波，令 $l=m=0$，而 $n\neq0$，可得到径向振型频率

$$f_n=\frac{\alpha_{0,n}\bar{a}}{2R}\quad(n=1,2,3,\cdots)$$

其中的系数 $\alpha_{0,n}$ 由振型阶数 n 确定，$n=1$ 时，$\alpha_{0,1}=1.22$；$n=2$ 时，$\alpha_{0,2}=2.233$。

3）切向振型

当初始扰动沿中心线不对称时就会引发切向振型，此时

$$l=n=0,m\neq0$$

$$f_m=\frac{\alpha_{m,0}\bar{a}}{2R}$$

其中，$\alpha_{1,0}=0.586$，$\alpha_{2,0}=0.972$。切向振型可能是驻波型或行波型。

7.2.4 火箭发动机内的自激振荡

1. 自激系统

前面介绍了经典声腔的声振型，其波动方程从无黏的欧拉方程导出，如果壁面是完全刚性的，有了初始扰动后，能量不会衰减。而实际上声腔内存在黏性阻尼与壁面损失，声波很快就消失了。

火箭发动机内发生燃烧不稳定时，燃烧室压力振荡是持续稳定，甚至是增长的，其能量来源是燃烧释放的热量。因此燃烧不稳定性可以理解为燃烧释放能量过程与声振过程的相互耦合。只要获得燃烧能量，哪怕是很小的一部分，就足以补偿各种声能损失，并使微弱的扰动放大形成不稳定燃烧。因此发动机的燃烧流场可以看成一个自激系统。系统内不稳定的热释放过程是否扩大声压的振动可由 Rayleigh 准则确定。

2. 声能损失

声能损失又可分为内部损失、边界损失和结构阻尼等三种形式。其中内部损失主要由迟滞或黏滞的影响以及微粒松弛引起；边界损失主要由喷管阻尼和壁面损失引起。

1）迟滞或黏滞引起的损失

对于等熵流动，由声速的拉普拉斯定义

$$\bar{a}=\sqrt{\mathrm{d}p/\mathrm{d}\rho}\tag{7.20}$$

即 $\mathrm{d}p=\bar{a}^2\mathrm{d}\rho$，由 $p=\bar{p}+p'$，则 $p'=\bar{a}^2\rho'$。式中，$\bar{a}^2$ 是实数，因此 $p'\sim\rho'$是同相位的。

实际气体中，气体的压缩与膨胀总是与黏性有关。将 $p'=\bar{a}^2\rho'$改写为

$$p'=\bar{a}^2\rho'+R\frac{\partial\rho'}{\partial t}\tag{7.21}$$

式中：R 代表各种阻尼的有效黏性；$p'=\tilde{p}\mathrm{e}^{i\omega t}$，$\rho'=\tilde{\rho}\mathrm{e}^{i\omega t}$。于是，$\tilde{\rho}=\tilde{p}/(\bar{a}^2+\mathrm{i}\omega R)$。

显然，$\tilde{\rho}$ 与 $\tilde{p}$ 不是同相的，二者之间的相位滞后角为

$$\theta = \arctan \frac{\omega R}{\bar{a}^2} \tag{7.22}$$

也就是说，密度扰动要滞后于压力扰动。

2）喷管阻尼

燃烧室声腔与封闭、刚性壁圆柱空腔的区别之一就是，燃烧室的喷管端不是封闭、刚性的，喷管将以辐射和对流的形式排出能量，从而形成阻尼。对于不同的振型，喷管阻尼是不同的。

喷管阻尼是火箭发动机的重要阻尼。喷管中的速度梯度能有效地反射声波。对于纯横向波，超声速喷管相当于刚性壁。对于纵向波，波不可能被喷管全部反射，部分声能流出喷管，这个损失实质上是一种声场与平均流之间的相互作用损失，可用喷管导纳或响应函数表示。

3）壁面损失

在燃烧室壁面上将产生振荡的附面层，而振荡的气流速度附面层和温度附面层的厚度远小于平均气流的速度附面层和温度附面层的厚度，因此，在这个区域内速度梯度和温度梯度均很大。燃气的流速和温度振荡通过摩擦和传热将会衰减。

4）结构阻尼

燃烧室壳体为非绝对刚性体，所以声波在固/气界面上既有声能的透射又有声能的反射。当平面声振行波由气相垂直投射到固相时，则声波中的部分能量将反射到气相。当发动机燃烧室内发生振荡时，室中的驻波声能将以一定的速率传给壳体。这种能量交换将改变室腔内振荡方式，并导致对周围环境的声辐射和固体内部声能耗散。壳体的黏弹性系数越大，其阻尼作用越大。

5）液滴阻尼

液滴随气体振荡（压缩或膨胀）加速或减速，由于惯性比较大，液滴振荡速率与气体振荡速度不同相位。液滴密度通常比气体密度大得多，振荡时很难跟上气体的运动（或温度），故液滴振荡可提供相当强烈的阻尼作用。此项阻尼远远大于气体黏滞损失、壁面阻尼等，是促使发动机稳定工作的主要因素之一。

7.3　液体火箭发动机燃烧过程的响应特性

在 7.2 节已经说明，火箭发动机燃烧室可以看成是自激振荡系统。系统的能量来源是燃烧过程释放的能量，振荡器是燃烧室和推进剂供应系统，只有在能量来源与振荡器之间存在一定的响应与反馈过程，才能维持稳定的振荡过程。燃烧不稳定研究的关键问题是要确定能量释放与振荡系统的响应与反馈关系，也就是不稳定燃烧的机理，这是目前还没有解决的难题。在这一节中，将定性分析液体

火箭发动机中燃烧过程的各子过程的特点，并确定其响应特性。

在液体火箭发动机工作过程中，与燃烧有关的系统和子过程主要有：①推进剂供应系统；②喷射雾化过程；③蒸发过程；④混合过程；⑤化学反应过程。这些过程都与发动机燃烧不稳定有关，但它们的作用并不是同等重要的。下面对几个主要系统或过程的响应特性进行定性分析。

7.3.1 推进剂供应系统的响应特性

1. 响应机理

推进剂供应系统一般响应燃烧室内的低频压力振荡。由于它本身振荡的频率较低，而燃烧室内的扰动传播时间很快，燃烧室内弛豫时间远小于其变化周期，因此可把燃烧室看成集中参数变化，而不考虑压强、温度等参数的空间分布，这是一种整体燃烧不稳定。

在液体火箭发动机中，由于推进剂供应系统中流体的惯性，及推进剂雾化和燃烧，这时，燃烧室压强对推进剂质量流率变化的响应存在明显的弛豫时间差，该时间差如果满足一定条件，就会激发低频不稳定燃烧。因为，若喷注器压力保持不变，则燃烧室压力受激励增加将引起喷注压降降低，从而导致进入燃烧室的推进剂流量减少，进而导致燃烧室压力随之降低，喷注压降升高，进入燃烧室的流量增加，随之燃烧室压力又升高，如果没有阻尼，这种振荡将一直持续下去，从而形成低频的振荡循环。

2. 分析模型

描述供应系统对燃烧稳定性的影响主要有三种方法：①限定边界条件，如假设喷注压力或流量保持恒定不变等，主要应用于燃烧室工作状态并不随推进剂供应系统特性激烈变化的情况；②采用供应系统的传递函数，后者通过把系统各组件的动力学方程线性化处理而得到，该方法可在时间或频率区域内对发动机问题求解；③采用非线性微分方程。其中第二种方法最有效、用得最广。

推进剂供应系统传递函数由各组件的一组方程推导得到，推导中将每一变量用其稳态值和扰动值之和表示，从中减去稳态方程可得到扰动关系式，将求得的扰动方程进行拉普拉斯变换，可导出系统的传递函数

$$G(s)=\frac{\dot{m}'_i(s)}{\Delta p'(s)}$$

令 $s=\mathrm{i}\omega$，即可确定压力振荡与流量振荡之间的关系 G（ω）。该频率响应函数可用于燃烧稳定性分析。

以喷注导纳为例，说明导纳的计算方法。喷注导纳定义为喷注速率和燃烧室压力的变化率之比[5]

$$Y_i=-\frac{q'_{mi}/\bar{q}_m}{p'/\bar{p}} \tag{7.23}$$

相应地，氧化剂和燃料的喷注导纳分别定义为

$$Y_{io} = -\frac{\bar{p}}{p'} \cdot \frac{q'_{mio}}{\bar{q}_m} \tag{7.24}$$

$$Y_{if} = -\frac{\bar{p}}{p'} \cdot \frac{q'_{mif}}{\bar{q}_m} \tag{7.25}$$

式中：Y_{io} 为氧化剂喷注导纳；Y_{if} 为燃料喷注导纳；q'_{mio} 为氧化剂喷注速率扰动值；q'_{mif} 为燃料喷注速率扰动值。

推进剂供应系统通常是由管路、阀门、集液腔、涡轮泵和推进剂贮箱等组成。如果系统中某处的导纳是已知的，就可用各组件的导纳之比导出系统的喷注导纳：

$$Y_i = Y_0\left(\frac{Y_1}{Y_0}\right)\left(\frac{Y_2}{Y_1}\right)\cdots\left(\frac{Y_m}{Y_{m-1}}\right)\left(\frac{Y_i}{Y_m}\right) \tag{7.26}$$

7.3.2　喷射雾化过程的响应特性

推进剂喷射雾化过程与燃烧室的稳定性特征密切相关。如果推进剂从喷注面到撞击点的行程时间接近纵向振型振荡的半周期（或半周期的奇数倍），则可能激发纵向不稳定性；液液喷注器的喷注压降过大，可能导致横向高频不稳定燃烧；推进剂的喷注速度、流通面积以及沿喷注器面的质量分布可能影响稳定性。

影响喷射过程响应的主要因素有上游条件对推进剂喷雾形成的影响，燃烧室状态下小扰动的效应以及激波引起的液滴和射流破裂。其中，上游扰动对喷射过程的影响可能有以下几种形式[1]：

（1）流量振荡。推进剂在喷注器下游位置处发生聚束，引起流量振荡，即产生“速调管”效应，使下游位置的正弦形流量变化转变成陡峰波形，可能成为低频和中频不稳定性的原因。因为由速调管放大引起的陡直脉冲型流量变化，可以解释在低频和中频不稳定性时喷注器端室压的锯齿形波。而低频低振幅振荡经此放大作用，可能导致周期性的引发燃烧室声学共振。

（2）水力突跃。水力突跃是指推进剂射流特性从圆柱形射流转变成灌木状射流的现象，与喷射压力、喷孔长径比、喷孔进口结构形状和推进剂性质有关。水力突跃是激发“爆音”燃烧现象的可能原因之一。因为喷注器在圆柱形和灌木状液体射流之间的过渡区内工作时将产生局部压力扰动，这些扰动通过未燃的推进剂囊进行传播并被放大成陡峰波。水力突跃仅在喷注器压降的一定范围内发生，因此可以通过改变喷注器设计使之避免在临界压降范围内工作，从而消除水力突跃。

（3）喷注器振动。喷注器面的实际机械振动或者中间流动组件结构振动的耦合，也可能引起喷雾的重大变化，并导致不稳定性。

在第 2 章中曾经讨论过液体推进剂的雾化过程，液体射流的雾化首先必须展开成液膜或者圆柱射流，在周围气动力作用下，液膜或射流表面的扰动波增长，最终会导致液膜破碎形成液滴。既然是由于表面波增长引起的液膜破碎，因而推进剂液滴或液丝的脱落具有一定的周期性，这一周期与液丝脱落的频率有关。

图 7.2 显示了雾化过程中周期性液丝脱落与不稳定燃烧之间在规律上相似，但一般雾化过程的表面扰动波频率估计在 10^5 Hz 左右，比燃烧室内的频率高得多，燃烧室内气体对表面波可认为是定常的。

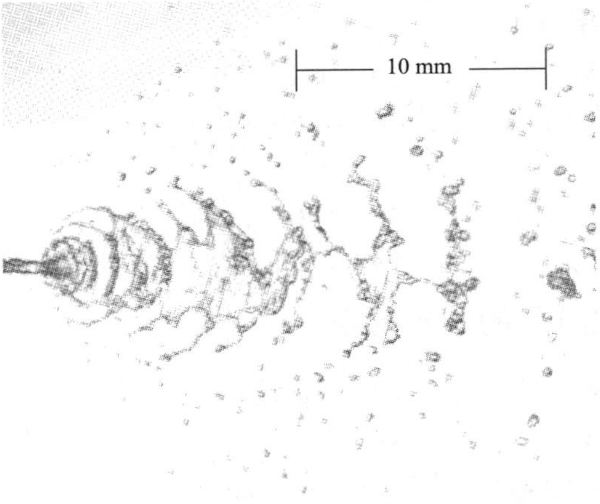

图 7.2 雾化过程中液丝脱落

7.3.3 液滴蒸发过程的响应特性

Sirignano 认为燃烧过程的速率控制过程是决定燃烧稳定性的主要原因[35]。从燃烧过程的各个子过程的特征时间来看：混合过程特征时间为 10μs～1ms，蒸发过程特征时间约 1ms，高压高温下的化学反应特征时间比蒸发至少小一个量级。

蒸发过程特征时间最长，液滴蒸发过程对压力变化的响应特性很可能是导致不稳定燃烧的一个重要原因。在压力振荡环境下的液滴蒸发响应特性在 3.3 节已经讨论过，此处不再赘述。

7.4 敏感时滞模型 $n-\tau$

7.4.1 燃烧时滞

在实际的液体火箭发动机中，从推进剂的初始状态到最后转化为燃烧产物的过程是一连续过程，要对该连续的转化过程作出定量的描述是极其困难的。因此，在许多分析模型中，将该连续过程简化成阶跃过程，即假设各推进剂微元在喷入燃烧室之后的一段时间内，并未发生任何显著的能量释放和体积变化，而在这段时间之后的一瞬间立即转化为燃烧产物，并把这段时间间隔称为时滞。在下面的分析模型中所提到的时滞就是采用这一概念。

在早期的燃烧不稳定性分析中，通常将时滞看作一个恒定的常数。但是，推进剂能量释放过程的速率受到燃烧室内各种因素的影响，那么，该过程所经历的时间—时滞显然也会随之受到影响。过程速率越高，相应的时滞越小。这样，时滞就不是恒定不变的。因此，可以设想把时滞分成不变时滞和可变时滞两部分：

$$\tau_t = \tau_i + \tau \tag{7.27}$$

式中：τ_t 是总时滞；τ_i 是不变时滞，代表受燃烧室内各种因素影响较小的雾化和混合等过程所经历的时间；τ 是可变时滞，也称敏感时滞，代表受这些因素影响较大的各过程所经历的时间。

7.4.2　敏感时滞模型

敏感时滞模型是 L. Crocco 和 Sin-I. Cheng 首先提出的[6]。模型的基本思想是从气液喷雾两相流动 N-S 方程出发，利用小扰动线性分析方法，建立燃烧室压力振荡 p' 与液滴蒸发速率 $\dot{m}'$ 之间的关系，得到压力扰动随时间的变化规律，进而判断燃烧过程的稳定性。

为此假设：

（1）推进剂的气化过程为一突变过程，即在一定时间内液滴保持不变化，经过时滞 τ 后突然转变为气相；

（2）推进剂的能量释放由液滴运动方程和时滞决定；

（3）在推进剂状态变化的敏感时滞内，压力起主要作用；

（4）气体是理想气体。

1. 蒸发速率 $\dot{m}$、时滞 τ 与压力 p 的关系

假定推进剂微元的燃烧准备过程的速率 f 是压力 p、温度 T 等因素的函数，即

$$f(p,T\cdots) = f(\bar{p},\bar{T}) + p'\frac{\partial f}{\partial p} + T'\frac{\partial f}{\partial T} + \cdots \tag{7.28}$$

进一步假设温度 T 等各种因素仅与压力 p 相关，即

$$T = T(p)\ ,\ \cdots$$

于是

$$\begin{aligned} f(p,T\cdots) &= f(\bar{p},\bar{T},\cdots)\left[1 + p'\frac{1}{\bar{f}}\left(\frac{\partial \bar{f}}{\partial p} + \frac{\partial \bar{f}}{\partial T}\frac{\mathrm{d}T}{\mathrm{d}p} + \cdots\right)\right] \\ &= f(\bar{p},\bar{T},\cdots)\left(1 + n\frac{p'}{\bar{p}}\right) \end{aligned} \tag{7.29}$$

式中：$n = \dfrac{\bar{p}}{f}\left(\dfrac{\partial f}{\partial p} + \dfrac{\partial f}{\partial T}\dfrac{\mathrm{d}T}{\mathrm{d}p} + \cdots\right)$ 为压力相互作用指数。

如把液相蒸发速率 $\dot{m}$ 认为是过程速率，则有

$$\dot{m} = \bar{\dot{m}}\left(1 + n\frac{p'}{\bar{p}}\right) \tag{7.30}$$

也就是，$\frac{\dot{m}-\overline{\dot{m}}}{\overline{\dot{m}}}=n\frac{p'}{\overline{p}}$，即$\frac{\dot{m}'}{\overline{\dot{m}}}=n\frac{p'}{\overline{p}}$实际是响应函数。

事实上，压力相互作用指数 n 是与过程有关的量，不仅与时滞有关，也与气相中当地参数 p、T……有关，因此如何确定 n 是十分棘手的问题。

下面推导敏感时滞与燃烧室压力扰动之间的变化关系。

液体推进剂微元从喷入燃烧室到转化为燃烧产物所经历的时滞期间内，要吸收一定的能量。只有当燃烧准备过程中所积累的能量达到一定量级的情况下，推进剂才能转化为燃烧产物，即

$$\int_{t-\tau}^{t} f(t')\,\mathrm{d}t' = E_a \tag{7.31}$$

式中：f 为液体推进剂微元的燃烧准备过程速率；E_a 是在敏感时滞期间需获得的能量。

同样，在稳态燃烧情况下

$$\int_{t-\overline{\tau}}^{t} \overline{f}(t')\,\mathrm{d}t' = E_a \tag{7.32}$$

通常，在液体火箭发动机燃烧室内，液滴和燃气的速度远小于声速，因此可以认为燃气的压力和温度等参数的稳态值是均匀和恒定的，即不随位置和时间而变化。这样，推进剂微元的过程速率稳态值也是恒定的，由此可求得

$$\frac{\mathrm{d}\tau}{\mathrm{d}t}=-n\frac{p'(t)-p'(t-\tau)}{\overline{p}} \tag{7.33}$$

上式中$\frac{\mathrm{d}\tau}{\mathrm{d}t}$表示时滞的时间变化率，它与燃烧室压力的扰动相关，并在燃烧不稳定性理论分析中起着重要的作用。

2. 模型方程

由于液体火箭发动机燃烧室内推进剂的燃烧过程十分复杂，要精确地定量分析燃烧不稳定性非常困难，因而通常采用半经验的简化分析方法。

假设燃烧室充满了完全燃烧的气体和未反应的推进剂液滴，后者起到气源的作用。假设燃气为成分均匀、无黏性（除了存在液滴阻力外）的热理想气体，并假设液相在整个燃烧室内充分弥散，其能量（内能与动能之和）的变化可忽略不计。

采用无量纲两相流守恒方程进行分析。选择稳态工作时喷注器面上的燃气状态作为参考状态，对燃气压力、温度、密度和比焓等参数进行无量纲化。其余参数分别采用下列的参考值：声速作为参考速度，燃烧室长度或半径作为参考长度，参考长度与声速的比值作为参考时间，参考密度和声速的乘积与参考长度的比值作为参考燃气生成率等。此外，应当指出，在这里使用的能量守恒方程中，内能项包含了化学能。这样，就得到无量纲化的两相流守恒方程组

$$
\begin{cases}
\dfrac{\partial\rho}{\partial t}+\nabla\cdot(\rho\mathbf{V})=-\dfrac{\partial\rho_l^0}{\partial t}-\nabla\cdot(\rho_l^0\mathbf{V}_l)=\dot{m}\\
\rho\dfrac{\partial\mathbf{V}}{\partial t}+\rho\mathbf{V}\cdot\nabla\mathbf{V}+\dfrac{1}{\gamma}\nabla p=(\dot{m}+k\rho_l^0)(\mathbf{V}_l-\mathbf{V})\\
\rho_l\dfrac{\partial\mathbf{V}_l}{\partial t}+\rho_l\mathbf{V}_l\cdot\nabla\mathbf{V}_l=k\rho_l^0(\vec{\mathbf{V}}-\mathbf{V}_l)\\
\dfrac{\partial}{\partial t}\left(\rho T_s-\dfrac{\gamma-1}{\gamma}p\right)+\nabla\cdot(\rho T_s\mathbf{V})=\dot{m}e_{l,s}
\end{cases}
\tag{7.34}
$$

式中：ρ 为无量纲燃气密度；ρ_l 为无量纲液体质量浓度，而不是液体密度；$\vec{\mathbf{V}}$、$\vec{\mathbf{V}}_l$ 分别为燃气速度矢量和液体速度矢量；$\dot{m}$ 为单位容积内的气相生成率；T_s 为燃气滞止温度；γ 为燃气比热比；k 为动量交换系数；$e_{l,s}$为无量纲液体能量，由假设有 $e_{l,s}=1$ 为常数。

边界条件：对于液相，如果假设推进剂喷注过程不受燃烧室内燃气振荡的影响，仅需给定无量纲的喷流速度 u_{li} 和喷流密度 ρ_{li}^0。对于气相，固壁表面边界条件使得燃气速度的法向分量等于零。由于喷管喉部的燃气速度达到声速，声速面下游的扰动不能影响上游，在分析时将喷管喉部的上游区域分为两部分：燃烧室和喷管收敛段，燃烧室内进行燃烧过程，马赫数较低；而在喷管收敛段内不再继续燃烧，马赫数逐渐增加到 1。通过对喷管收敛段内振荡特性的研究[1]，可求得喷管入口处流动扰动之间的关系，作为喷管入口处燃烧室流动的边界条件。

3. 线性不稳定性分析

燃烧不稳定的分析模型可分为线性和非线性两类。线性不稳定性是指在任何小扰动下振荡幅值将随时间而不断增长；而非线性不稳定性仅当扰动高于一有限值时振幅才能增长，当扰动低于此临界值时振荡将衰减。下面将简要介绍线性不稳定性的分析方法。

在线性理论中，假设扰动值很小，因而在分析中仅需考虑扰动的线性项。这样，各扰动值之间的关系是线性的，从而使数学推导大大简化。线性分析只研究可能出现线性不稳定性的条件，而不涉及扰动增长后导致的最终状态。

在线性分析中可以使用叠加原理，即方程的几个解之和也是此方程的解。这样，可将任一振荡分解成不同频率的傅里叶分量，这些分量分别满足各自的方程，而对某些分量的分析就能判别系统的稳定性。

为了研究扰动随时间的衰减或增长，把方程进行线性化处理，将各参数的扰动值表示为时间的指数函数。例如，压力可表示为

$$
p=\bar{p}+p'\mathrm{e}^{st}=\bar{p}+p'\mathrm{e}^{(\lambda+\mathrm{i}\omega)t}
\tag{7.35}
$$

式中：$\bar{p}$ 是稳态压力，p' 是压力扰动的振幅。其余参数也采用与上式类似的形式。

将各参数用式（7.35）的形式代入式（7.34），然后与相应的稳态方程相减，并略去高阶微量，可推导出以各参数的扰动振幅表示的守恒方程

$$s\rho' + \bar{\rho}\nabla \cdot \boldsymbol{V}' + \boldsymbol{V}' \cdot \nabla\bar{\rho} = \dot{m}' - \nabla(\rho'\overline{\boldsymbol{V}}) \tag{7.36}$$

$$s\rho'_l + \nabla(\overline{\boldsymbol{V}}_l\rho_l^{0'}) = -\dot{m}' - \nabla(\overline{\rho_l^0}\boldsymbol{V}'_l) \tag{7.37}$$

$$s(\bar{\rho}\boldsymbol{V}' + \overline{\boldsymbol{V}}\rho') + \frac{\nabla p'}{\gamma} = -s(\overline{\rho_l^0}\boldsymbol{V}'_l + \boldsymbol{V}_l\rho_l^{0'}) - \nabla \cdot (2\bar{\rho}\overline{\boldsymbol{V}}\boldsymbol{V}' + 2\overline{\rho_l^0}\overline{\boldsymbol{V}}_l\boldsymbol{V}'_l + \overline{\boldsymbol{V}}\overline{\boldsymbol{V}}\rho' + \overline{\boldsymbol{V}}_l\overline{\boldsymbol{V}}_l\rho_l^0) \tag{7.38}$$

$$s\boldsymbol{V}'_l + (\overline{\boldsymbol{V}}_l \cdot \nabla)\boldsymbol{V}' + (\boldsymbol{V}'_l \cdot \nabla\overline{\boldsymbol{V}}_l) = k(\boldsymbol{V}' - \boldsymbol{V}'_l) \tag{7.39}$$

$$s\left(\bar{\rho}T'_s - \frac{\gamma-1}{\gamma}p'\right) + \nabla \cdot (\bar{\rho}\overline{\boldsymbol{V}}T'_s) = 0 \tag{7.40}$$

而

$$T'_s = T' + (\gamma-1)\overline{\boldsymbol{V}} \cdot \boldsymbol{V}'$$

应用时滞的概念，并假设过程速率不受燃烧室内状态变化的影响，可求得

$$\dot{m}' = n[1 - \exp(-s\bar{\tau})]\overline{\dot{m}}\frac{p'}{\bar{p}} \tag{7.41}$$

由上节分析可知，倘若敏感时滞仅是压力的函数，或者影响时滞的其余参数均与压力相关，则过程速率关系式可表示为

$$\frac{f}{\bar{f}} = 1 + n\frac{p-\bar{p}}{\bar{p}} \tag{7.42}$$

对于横向的高频燃烧不稳定性，敏感时滞不仅随压力而变化，而且受燃气位移所引起的混合比分布不均的影响。混合比分布不均匀性在喷注器面附近最为显著。如果考虑燃烧准备过程速率对燃气位移的敏感性，可得

$$\frac{f}{\bar{f}} = 1 + n\frac{p-\bar{p}}{\bar{p}} + m_r\xi_r + m_\theta\xi_\theta \tag{7.43}$$

式中：m_r、m_θ 为径向和切向位移敏感指数；ξ_r、ξ_θ 为径向和切向的燃气位移。

因此，在考虑位移效应的情况下，式（7.41）变为

$$\dot{m}' = \overline{\dot{m}}[1 - \exp(-s\bar{\tau})]\left(n\frac{p'}{\bar{p}} + m_r\xi'_r + m_\theta\xi'_\theta\right) \tag{7.44}$$

至此，已经建立了燃烧室内燃气振荡的无量纲扰动方程组，可用来分析系统的线性稳定性。下面讨论该方程组的求解方法。

将式（7.39）代入式（7.36）和式（7.38），可求得下列方程组：

$$\begin{cases} \dfrac{sp'}{\gamma} + \nabla \cdot \boldsymbol{V}' = -s\boldsymbol{X} + \nabla \cdot \boldsymbol{Y} + \dot{m}' \\ s\boldsymbol{V}' + \dfrac{\nabla p'}{\gamma} = -s\boldsymbol{Z} - \nabla \cdot \boldsymbol{W} \end{cases} \tag{7.45}$$

其中

$$\begin{cases}\boldsymbol{X}=(\gamma-1)\bar{\rho}\bar{\boldsymbol{V}}\cdot\boldsymbol{V}'+(1-\bar{T})\rho' \\ \boldsymbol{Y}=-\bar{\boldsymbol{V}}p'+(1-\bar{\rho})\boldsymbol{V}'-(\gamma-1)\bar{\rho}\bar{\boldsymbol{V}}(\bar{\boldsymbol{V}}\cdot\boldsymbol{V})-(1-\bar{T})\boldsymbol{V}\rho' \\ \boldsymbol{Z}=\bar{\boldsymbol{V}}\rho'+\bar{\rho}_l^0\boldsymbol{V}'_l+\bar{\boldsymbol{V}}_l\rho'_l-(1-\bar{\rho})\boldsymbol{V}' \\ \boldsymbol{W}=2\bar{\rho}\bar{\boldsymbol{V}}\boldsymbol{V}'+2\bar{\rho}_l^0\bar{\boldsymbol{V}}_l\boldsymbol{V}'_l+\bar{\boldsymbol{V}}\bar{\boldsymbol{V}}\rho'+\bar{\boldsymbol{V}}_l\bar{\boldsymbol{V}}_l\rho'_l\end{cases} \tag{7.46}$$

当燃气和液滴的速度远小于声速时，方程组（7.46）右边各项与各参数的扰动值相比是 $\bar{u}_e$ 的量级或高阶微量。这里的 $\bar{u}_e$ 表示无量纲喷管入口速度，为一阶微量。因此，可以把各参数的扰动值展开成以下的级数形式：

$$p'=p_0+p_1+p_2+\cdots$$

$$\boldsymbol{V}'=\boldsymbol{V}_0+\boldsymbol{V}_1+\boldsymbol{V}_2+\cdots$$

式中：下标 0、1、2 分别表示零阶解、一阶解和二阶解。这里，$\dfrac{p_1}{p_0}$和$\dfrac{\boldsymbol{V}_1}{\boldsymbol{V}_0}$是 $\bar{u}_e$ 的量级，而$\dfrac{p_2}{p_0}$和$\dfrac{\boldsymbol{V}_2}{\boldsymbol{V}_0}$是 $\bar{u}_e{}^2$ 的量级，依次类推。

将以上级数代入方程组（7.46），并用这些级数的前两项按其量级分别求得下列的两个方程组：

$$\begin{cases}\dfrac{sp_0}{\gamma}+\nabla\cdot\boldsymbol{V}_0=0 \\ s\boldsymbol{V}_0+\dfrac{\nabla p_0}{\gamma}=0\end{cases} \tag{7.47}$$

以及

$$\begin{cases}\dfrac{sp_1}{\gamma}+\nabla\cdot\boldsymbol{V}_1=-s\boldsymbol{X}_1+\nabla\cdot\boldsymbol{Y}_1+\dot{m}_1 \\ s\boldsymbol{V}_1+\dfrac{\nabla p_1}{\gamma}=-s\boldsymbol{Z}_1-\nabla\cdot\boldsymbol{W}_1\end{cases} \tag{7.48}$$

显然，零阶方程组（7.47）是声学方程，将式中的 $\boldsymbol{V}_0$ 消去后即可求得下列波动方程

$$\nabla^2 p_0-s^2 p_0=0 \tag{7.49}$$

将上式中的复频率 s 也展开成级数形式

$$s=s_0+s_1+\cdots$$

这样，零阶和一阶方程组可相应化为

$$\begin{cases}\dfrac{s_0 p_0}{\gamma}+\nabla\cdot\boldsymbol{V}_0=0 \\ s_0\boldsymbol{V}_0+\dfrac{\nabla p_0}{\gamma}=0\end{cases} \tag{7.50}$$

以及

$$\begin{cases}\dfrac{s_0 p_1}{\gamma}+\nabla\cdot\boldsymbol{V}_1=-s_0\boldsymbol{X}_1+\nabla\cdot\boldsymbol{Y}_1+\dot{m}_1-\dfrac{s_1 p_0}{\gamma}\\ s_0\boldsymbol{V}_1+\dfrac{\nabla p_1}{\gamma}=-s_0\boldsymbol{Z}_1-\nabla\cdot\boldsymbol{W}_1-s_1\boldsymbol{V}_0\end{cases}\tag{7.51}$$

下面分别讨论纵向振型和横向振型的解[1]。

1）纵向振型解

由式（7.50）可求得纵向振型的零阶方程组：

$$\begin{cases}\dfrac{s_0 p_0}{\gamma}+\dfrac{\mathrm{d}u_0}{\mathrm{d}x}=0\\ s_0 u_0+\dfrac{\mathrm{d}}{\mathrm{d}x}\left(\dfrac{p_0}{\gamma}\right)=0\end{cases}\tag{7.52}$$

其解为

$$\begin{cases}p_0=p_{0A}\cos\omega_0 x\\ u_0=-\mathrm{i}\,\dfrac{p_{0A}}{\gamma}\sin\omega_0 x\\ s_0=\mathrm{i}\omega_0=\mathrm{i}\,\dfrac{q\pi}{L_c}\end{cases}\tag{7.53}$$

式中：s_0 为复频率 s 的本征值，可根据喷注面 $x=0$ 和喷管进口 $x=L$ 处 $u_0=0$ 的要求来确定；p_{0A}为波腹振幅；q 为纵向振型阶数。

由一阶方程组（7.51）可以求得一阶修正量 u_1 为

$$\begin{aligned}\frac{\gamma u_1(x)}{p_{0A}}=&\gamma(K_p-1)\bar{u}(x)\cos\omega_0 x-\gamma K_p\omega_0\int_0^x\bar{u}(x')\sin\omega_0(x-2x')\mathrm{d}x'+\\&\omega_0\int_0^x\bar{u}(x')[\sin\omega_0 x-(2-\gamma)\sin\omega_0(x-2x')]\mathrm{d}x'-\\&\frac{k}{2}\int_0^x\bar{\rho}_l(x)[\cos\omega_0 x-\cos\omega_0(x-2x')]\mathrm{d}x'-s_1 x\cos\omega_0 x\end{aligned}\tag{7.54}$$

式中：$K_p=n[1-\exp(-s\bar{\tau})]$。

引入以下的一阶喷管导纳条件[1]：

$$u_1(L_c)=-Ap_0(L_c)\tag{7.55}$$

式中：A 为喷管导纳系数，L_c 为喷管入口坐标。

上式是复数方程，可用来确定 s_1 的实数部分 λ_1 和虚数部分 $\mathrm{i}\omega_1$。由于 $\lambda_0=0$，λ_1 为放大系数。可以根据 λ_1 的符号来判别燃烧稳定性：如果 λ_1 是负值，工作是稳定的；反之当 λ_1 是正值时，将发生燃烧不稳定。

将上式代入式（7.54），并令 $\lambda_1=0$，可求得稳定性边界条件：

$$n(1-\cos\omega_0\bar{\tau})=G_R\tag{7.56}$$

以及

$$G_R=\frac{\gamma(\bar{u}_e-A_R)-(2-\gamma)\omega_0\int_0^{L_c}\bar{u}\sin 2\omega_0 x\mathrm{d}x+\frac{k}{2}\int_0^{L_c}\bar{\rho}_l(1-\cos 2\omega_0 x)\mathrm{d}x}{\gamma\left(\bar{u}_e+\omega_0\int_0^{L_c}\bar{u}\sin 2\omega_0 x\mathrm{d}x\right)} \tag{7.57}$$

式中：A_R 为喷管导纳系数 A 的实数部分。

图 7.3 示出了由式（7.56）所确定的典型稳定性极限。图中横坐标是敏感时滞与振荡周期的比值，而纵坐标是压力相互作用指数与 G_R 的比值。从图中可以看出，在敏感时滞 τ 等于振荡半周期的奇数倍的情况下，发生不稳定性的倾向最大。对于可能发生的燃烧不稳定性，比值 n/G_R 具有一个最小值为 0.5。只有在此比值大于 0.5 的情况下，才有可能发生燃烧不稳定性。因此，可以认为使 G_R 值增大的项是起稳定作用的，例如液滴阻力和喷管阻尼等。此外，根据式（7.57）可以进一步分析燃烧区轴向分布、燃烧室长度和喷管入口马赫数等参数对燃烧稳定性的影响。

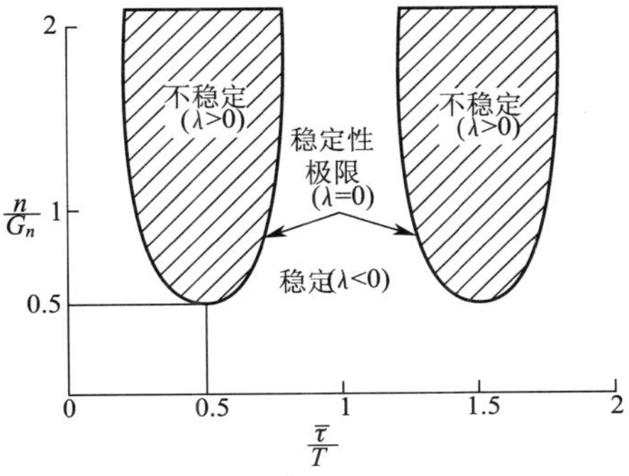

图 7.3　典型的纵向振型的稳定性极限

2）横向振型解

在发生横向振型的情况下，可以采用柱坐标系求得相应的零阶方程组：

$$\begin{cases}\dfrac{s_0 p_0}{\gamma}+\dfrac{\partial u_0}{\partial x}+\dfrac{1}{r}\dfrac{\partial(rv_0)}{\partial r}+\dfrac{1}{r}\dfrac{\partial w}{\partial\theta}=0\\ s_0 u_0+\dfrac{1}{\gamma}\dfrac{\partial p_0}{\partial x}=s_0 v_0+\dfrac{1}{\gamma}\dfrac{\partial p_0}{\partial r}=s_0 w_0+\dfrac{1}{\gamma r}\dfrac{\partial p_0}{\partial\theta}=0\end{cases} \tag{7.58}$$

式中：u、v、w 为 x、r 和 θ 方向的速度分量。显然，横向振型的零阶方程是声学波动方程，可求得其解如下：

$$\begin{cases}p_0=p_{0A}\psi_{mn}(r)\Theta_m(\theta)\\ u_0=0\\ v_0=-\dfrac{p_{0A}}{\gamma s_0}\dfrac{\mathrm{d}\psi_{mn}}{\mathrm{d}r}\Theta_m(\theta)\\ w_0=-\dfrac{p_{0A}}{\gamma s_0}\dfrac{\psi_{mn}}{r}\dfrac{\mathrm{d}\Theta_m}{\mathrm{d}\theta}\end{cases} \tag{7.59}$$

式中：$\psi_{mn}=J_m(\omega_0 r)$；$\Theta_m=\exp(\pm im\theta)$（行波型）或 $\Theta_m=\cos m\theta$（驻波型）。

同样地，利用式（7.49）可求得一阶修正量，现取

$$\begin{cases} p_1 = p_{1A}(x)\psi_{mn}(r)\Theta_m(\theta) \\ u_1 = u_{1A}(x)\psi_{mn}(r)\Theta_m(\theta) \\ v_1 = v_{1A}(x)\dfrac{d\psi_{mn}}{dr}\Theta_m(\theta) \\ w_1 = w_{1A}(x)\dfrac{\psi_{mn}(r)}{r}\dfrac{d\Theta_m}{d\theta} \end{cases} \tag{7.60}$$

上式仅考虑压力敏感，如果还要考虑位移敏感，就不能直接分离变量，而要展开成二重无穷级数，在这里不作详细介绍。实际上，上式中的 $u_{1A}(x)$ 对于燃烧稳定性分析是必需的。将式（7.59）代入式（7.49）可求得

$$u_{1A}(x) = \int_0^x \frac{\dot{m}_1}{\psi_{mn}\Theta_m}dx' - \frac{p_{0A}}{\gamma}\left[(\gamma+1)\bar{u}(x) + 2s_1 x + k\int_0^x \bar{\rho}_l dx'\right] \tag{7.61}$$

同样，在计算 $x=L_c$ 处的参数时，引入喷管导纳条件

$$u_{1A}(L_c) = -\frac{p_{0A}}{\gamma}\varepsilon \tag{7.62}$$

式中：ε 为喷管组合导纳参数。

将式（7.62）代入式（7.61），并令 $\lambda_1=0$，可求得稳定性边界关系式，与纵向振型的式（7.56）完全相同，但式中的 G_R 可用下式确定：

$$G_R = 1 + \frac{1}{\gamma} - \frac{\varepsilon_R}{\gamma\bar{u}_e} + \frac{k}{\gamma\bar{u}_e}\int_0^{L_c}\bar{\rho}_l dx \tag{7.63}$$

式中：ε_R 为 ε 的实数部分。

由上式可以看到，液滴阻力能起到提高燃烧稳定性的作用。这一点与纵向振型的情况相似。但是，由于 ε_R 通常是小的正值，喷管的效应使燃烧稳定性稍微降低。

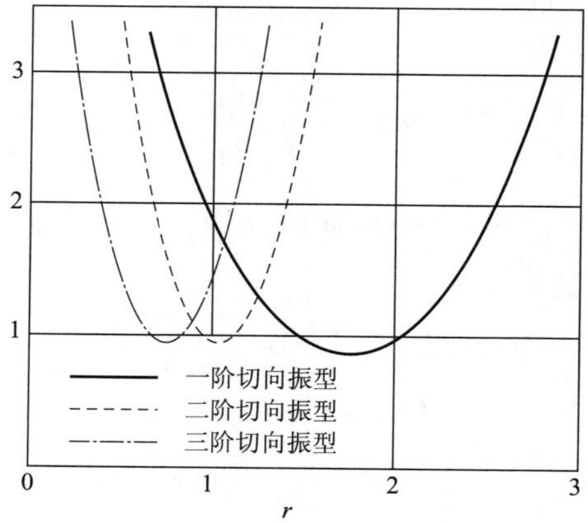

图 7.4 典型的横向振型的稳定性极限

根据燃烧室内的马赫数和燃烧区的轴向分布以及喷管导纳计算，就可以用式（7.63）求出 G_R 值。这样，对于各种横向振型，可作出相应的稳定性极限。图 7.4给出了典型的横向振型的稳定性极限。

7.5　液体火箭发动机燃烧稳定性非线性理论

燃烧不稳定实际上是一种与燃烧和声学过程有关的非线性系统振动。非线性振动的最主要特点是其各环节的传递函数不仅与频率有关，而且与振幅有关。将液体火箭发动机推进剂喷注、雾化、蒸发、混合和化学反应过程看成是串联过程，则燃烧不稳定的框图模型由这些环节串联而成（图 7.5）[32]。各环节中 A 表示脉动振幅，D 表示对时间的导数，相当于线性环节传递函数中的 S。燃烧室的声学过程可以看成一组带通滤波器，图中的 Gl、Gr 和 Gt 分别表示轴向、径向和切向振型三个滤波器组，滤波器带通位于燃烧室固有振型的频率上。脉动压力场、速度场和温度场对喷射、雾化、蒸发、混合燃烧等各个子过程会产生影响，形成 4 个闭环（闭环Ⅰ、Ⅱ、Ⅲ和Ⅳ）。只有形成闭环才能激发大振幅的振荡，4 个闭环分别代表了 4 种不同的耦合机理。

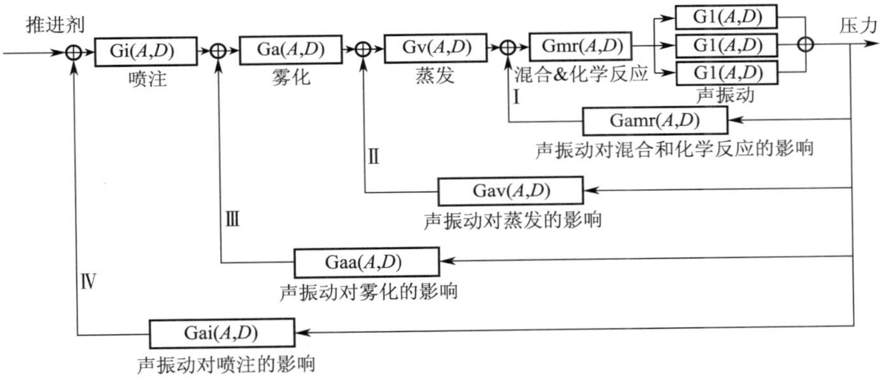

图 7.5　燃烧不稳定的非线性框图模型

前人在上述框图模型各个环节上已经进行了相当的理论、试验和仿真研究。各个环节综合组成的燃烧不稳定驱动机制无疑是十分复杂的，但是其中最核心的概念却只有一个，就是“正反馈”。正反馈是演化和发展的原因。只有足够的正反馈才能发展形成燃烧不稳定。寻找和确定燃烧不稳定的激励机理关键就是寻找图 7.5 中的正反馈机制。

在化学反应流体力学领域，已知存在两个普遍的正反馈过程，一个是自催化过程，另一个是温度敏感过程。自催化过程是指反应物之一可以促进其本身的合成或促进其母体的合成，这样对反应物的微小扰动可以被显著放大，在生物化学和反应扩散系统中广泛存在自催化过程的例子。温度敏感效应是指在反应系统放热或局域放热的情况下，温度可以作为振荡发生器而起到有效的作用。主要原因是由于 Arrhenius 定律

$$k(T) \propto \exp\left(-\frac{E}{RT}\right)$$

所给出的速率常数对温度的高度非线性依存关系与放热效应一起构成正反馈机制。T 的偶然增加使反应加速进行，随后更快地释放热量并进一步使混合物的温度上升。在绝热搅拌槽式反应器理论中曾经碰到与温度有关的系统持续振荡的例子。可以设想，这两种正反馈与燃烧室中的相干时空机制相互作用，有可能导致燃烧不稳定。遗憾的是，在以往的液体火箭发动机燃烧不稳定的研究中，化学动力学过程长期受到忽视，没有被系统地研究过。

但是已经有一些证据表明化学动力学可能是液体火箭发动机的燃烧不稳定的重要激励因素。①化学反应过程是一个放大器环节，没有化学反应过程的参与，发动机燃烧室中不可能出现巨幅压力振荡。很难想象把水喷入热空气中会产生很大的不稳定。②正如 Meyer 等人的试验所示（图 7.6），在某些超临界条件下燃烧室中是否存在雾化过程是值得怀疑的，即使存在也是比较微弱的，因此在超临界条件下可能并不存在通常意义的蒸发过程，而且超临界和亚临界条件下的燃烧不稳定似乎没有本质区别。③尽管存在一些差别，气相推进剂燃烧过程已经显示一些与液体推进剂类似的不稳定现象。④推进剂通常以常温或低温方式进入燃烧室，燃烧室中必定存在一个或大或小的有一定预混度的区域，且温度不像燃烧室的其他地方那样高，以至于化学动力学成为湍流喷雾燃烧的控制过程。⑤氢/氧/烃三组元发动机试验表明在烃/氧火焰中添加氢气有助于提高烃/氧火焰的燃烧稳定性，而最有可能的原因是氢影响了烃/氧的化学反应过程。

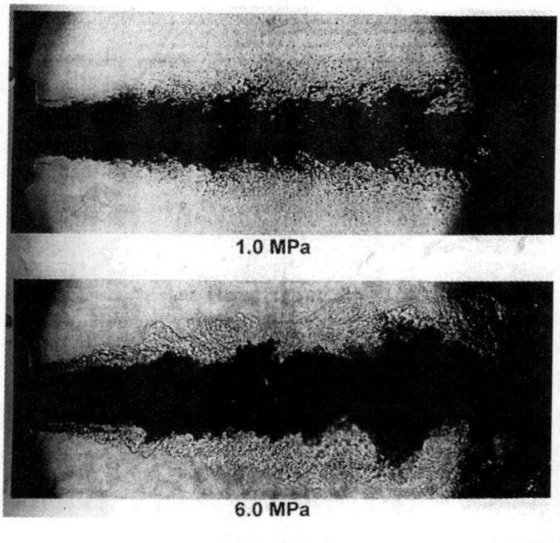

图 7.6　在亚临界（1.0MPa）和超临界（6.0MPa）室压条件下液氮和氦气同轴喷射的阴影图

燃烧不稳定是一种复杂的容积分布式非线性振动现象，大量试验表明其典型的非线性特征是：振荡较小时，燃烧室压力振幅线性增长，但到达一定幅值后增幅趋缓并形成极限环；受到小扰动时，燃烧过程有可能是稳定的，但受到较大扰动时，燃烧有可能变得不稳定；大多数情况下压力振荡呈正弦形，但有时出现“激波形”的压力尖峰；燃烧室压力声学振型之间存在非线性相互作用，有时多个声学振型可以同时振荡，另外一些时候却只有一个主振型振荡，但当这个主振型受到抑制后，其他振荡又有可能变得不稳定；燃烧过程失稳后，在燃烧室中形成有序的时间和空间振荡，是一种耗散结构，这种现象不能用平衡热力学进行解释。

本节结合非线性动力学、非平衡热力学等线性科学，分别建立场振子模型、均匀反应器模型和模式相互作用模型对化学动力学激发的燃烧不稳定进行非线性研究，力图对诸多试验现象进行统一的合理解释[28]。

7.5.1　非线性场振子模型

场振子模型是非线性振动中最常用的简单模型，它对定性了解各非线性项的作用很有帮助。如果不考虑蒸发的影响以及模式之间的相互作用，而只考虑化学反应和单模式振荡，可以从化学反应流体力学基本方程组得到如下燃烧稳定性场振子方程：

$$\frac{\partial^2 p_n}{\partial t^2}+\frac{\omega_n}{Q_n}\frac{\partial p_n}{\partial t}+\omega_n^2 p_n=\frac{\partial\, r^n}{\partial t} \tag{7.64}$$

式中：p_n 为燃烧室中空间平均后的脉动压力；t 为时间；ω 为圆频率；Q 为燃烧室声学品质因子，代表燃烧室储存声能的能力；r 为空间平均化学反应速率；下标和上标 n 代表第 n 个声学模式。

倘若 r^n 是 p_n 的可微解析函数，与 p_n 的时间导数和时间 t 没有直接关系，则 r^n 可以展开成 p_n 的泰勒级数形式：

$$r^n=r_0^n+r_p^n p_n+\frac{1}{2}r_{pp}^n p_n^2+\frac{1}{6}r_{ppp}^n p_n^3+\cdots \tag{7.65}$$

将式（7.65）代入式（7.64）得

$$\frac{\partial^2 p_n}{\partial t^2}+[\omega_n/Q_n-(r_p^n+r_{pp}^n p_n+(1/2)r_{ppp}^n p_n^2)]\frac{\partial p_n}{\partial t}+\omega_n^2 p_n=0 \tag{7.66}$$

上式实际上是有名的范德波尔（Van der Pol）方程，它最早被用来描述电子管自激振荡，后来和杜芬方程一起成为非线性振动的经典范例。简单分析以上方程可以发现，式（7.65）中燃烧对压力的敏感性的前三项系数分别扮演了不同的角色：

（1）小扰动能否增长主要决定于燃烧室中的两相湍流火焰对压力扰动的敏感性的一次项，只有敏感性大于损耗即 $r_p^n>\omega_n/Q_n$ 时，才能产生燃烧不稳定，这称为燃烧不稳定的阈值条件。

(2) 由于二次项具有偶对称性，它对非线性振动的幅度的贡献呈中性，但是它对燃烧室燃烧速率的平均值有影响。当二次项为正数的时候，燃烧室的高频压力的脉动可使当地平均燃烧速率提高，从而提高了燃烧效率，燃烧室的平均压力也会相应提高。

(3) 不稳定燃烧能否发展成有限振幅的振荡，即极限环是否稳定则主要取决于泰勒级数的三次项 r_{ppp}^n。当它为负数时，燃烧不稳定的振幅达到一定的值后不再增长，形成稳定的极限环，这称为燃烧不稳定增益饱和。

设燃烧室中局部放热速率 r 受 Arrhenius 定律控制，则

$$r^n \propto \exp\left(-\frac{E}{RT}\right) \propto \exp\left(-\frac{E}{RT_0(1+\delta T/T)}\right) \propto \exp\left\{-\frac{E}{RT_0[1+(\gamma-1)p_n/\gamma P_0]}\right\} \tag{7.67}$$

可求得

$$r_p^n \propto \frac{E}{RT_0(1+x)^2} r^n \propto \frac{E}{RT_0} r^n \tag{7.68}$$

式（7.67）和式（7.68）中：γ 为比热比；E 为反应活化能；R 为通用气体常数。

$$x = \frac{\gamma-1}{\gamma}\frac{p_n}{P_0}$$

由式（7.68）可知，在未达到化学平衡时，高的活化能和高的化学反应速率分布 r^n 均不利于燃烧稳定。

7.5.2 均匀反应器声振模型

目前还没有见到研究多步化学反应和声学过程相互作用的燃烧不稳定模型，本节把燃烧理论中的均匀反应器模型和脉动燃烧器模型结合起来构建了一个新的能研究多步化学反应动力学与声学作用的燃烧不稳定模型（图 7.7）。

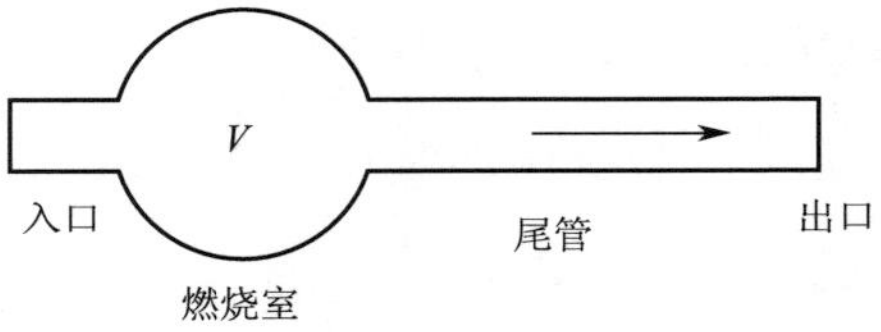

图 7.7 均匀反应器声振模型（CSTRA）原理图

燃料和氧化剂经入口进入燃烧室燃烧，未反应的推进剂和燃烧产物一起经尾管排出。由于尾管很长，很容易在其中激起声学振荡。尾管靠近燃烧室一端的压力振荡对燃烧室排出的燃气流量产生影响，燃烧室排出的体积流量又对尾管中的声学振荡做功，这样尾管中的声学过程与燃烧室中的化学反应过程产生相互作用。假设燃烧室中的推进剂参数是均一的，燃烧室中的动力学过程由多步化学反应动力学方程组描述，尾管中的动力学过程由压力场振子方程描述，可导出如下控制方程：

$$V\frac{\mathrm{d}C_j}{\mathrm{d}t}=Q_0C_{0j}-QC_j-V\sum_i\bar{\omega}_{ji}r_i \tag{7.69}$$

$$V\sum_j C_jc_{vj}\frac{\mathrm{d}T}{\mathrm{d}t}=Q_0\sum_j[(h_{0j}-h_j)C_{0j}]-V\sum_i(\Delta H_ir_i)-K_{HEAT}(T-T_a)+RTV\frac{\mathrm{d}C_{TOT}}{\mathrm{d}t} \tag{7.70}$$

$$P=C_{TOT}RT \tag{7.71}$$

$$Q=K_{EFF}\sqrt{P-P_{OUT}} \tag{7.72}$$

$$P_{OUT}=P_{TAIL}+p \tag{7.73}$$

$$\frac{\partial^2 p}{\partial t^2}+K_{DISS}\frac{\partial p}{\partial t}+\Omega^2 p=K_{PLUS}\frac{\partial}{\partial t}(P_{OUT}Q) \tag{7.74}$$

式中：V 为燃烧室体积；C 为摩尔浓度；$\bar{\omega}$ 为反应方程系数；r 为化学反应速率；c_v 为定容比热；h 为焓；ΔH 为反应焓；K_{HEAT} 为燃气与壁面间的传热系数；R 为通用气体常数；T 为温度；C_{TOT} 为总摩尔浓度；P 为燃烧室压力；Q 为燃烧室流进尾管中的体积流量；K_{EFF} 为体积流量和压差之间的关系系数；P_{OUT} 为尾管头部的瞬态压力；P_{TAIL} 为尾管头部的稳态压力；p 为尾管头部的声压；K_{DISS} 为尾管中声压的耗散系数；Ω 为尾管的声学固有频率；K_{PLUS} 为燃烧室对尾管头部的做功系数；下标 0 指定态值，j 指组分；i 指化学反应。

式（7.69）是推进剂的质量守恒方程，燃烧室中的组分增量是对流项和化学反应项之和；式（7.70）是能量守恒方程，温度增量是对流项、反应热、向室壁（温度为 T_a）的热扩散和质量变化项的和；式（7.72）表示从燃烧室到尾管的体积流量 Q 是室压和尾管压力之差的函数；式（7.74）是尾管的场振子方程，脉动压力的激励来源于燃烧室压力和体积流量乘积的做功脉动。

以乙醛氧化多步反应体系为例。选择乙醛是因为：作为一种单纯物，乙醛的化学反应体系比烃类简单，而且乙醛是烃类燃烧的中间产物。同时，化学动力学试验证实乙醛在低压下的氧化反应包含了丰富的振荡现象。基于试验结果，Kaiser、Cavanagh 和 Lignola 发表了乙醛低压下氧化的数值研究结果[36]。采用 Lignola 的乙醛氧化反应动力学模型，包括 30 种组分和 71 个基元反应。每种组分的比热和焓值根据 NASA 报告提供的系数得到。采用工程软件 MATLAB 对常微分方程组 7.69～方程组 7.74 进行了仿真。仿真结果表明燃烧室向壁面的传热系数 K_{HEAT} 是重要的分岔参数，根据 K_{HEAT} 的大小，反应器表现出 4 个状态（图 7.8）：

（1）在Ⅰ区当燃烧过程对壁面的传热系数较小时，像一般的均匀反应器系统一样，燃烧呈现双稳态模式，即着火状态和灭火状态，不会出现燃烧振荡。

（2）在Ⅱ区双稳态变得不稳定，而在中温范围出现 Hopf 分岔，反应器中出现高频巨幅自激振荡，振荡压力随时间的波形是激波形式的。随着 K_{HEAT} 的增大，这种振荡幅值减小，频率逐渐增大（见图 7.9）。K_{HEAT} 在一定的范围内，振荡出现倍增周期现象（见图 7.10），即每隔几次较小波动出现一次大的波动。尾管中声学过程对大幅值的燃烧振荡没有明显的影响。

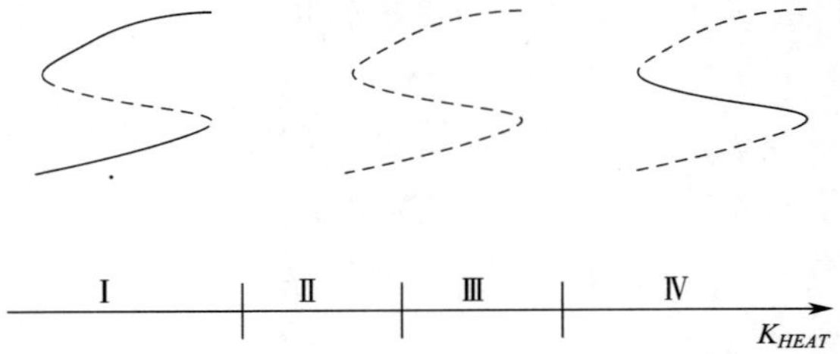

图 7.8　随着燃烧区向壁面的传热系数的增大，燃烧呈现四个不同状态

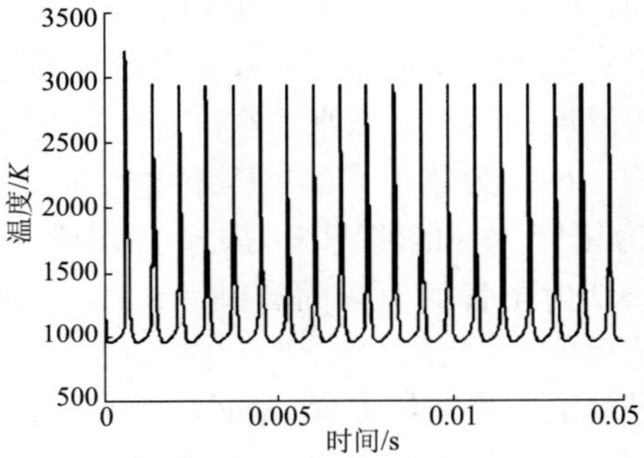

图 7.9　在Ⅱ区，无尾管的燃烧室温度出现巨幅振荡

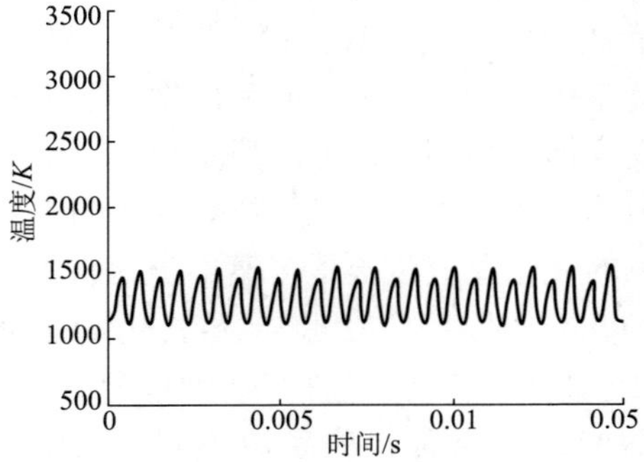

图 7.10　在Ⅲ区无尾管的燃烧室温度振幅大幅度减弱，周期倍增

（3）在Ⅲ区随着 K_{HEAT} 的继续增大，振荡衰减成正弦型曲线。燃烧尾管中的声学过程与燃烧室中的燃烧振荡产生较为复杂的相互作用，类似于两个弹簧振子的相互作用。

（4）在Ⅳ区 K_{HEAT} 大于一定的值后，自激振荡不能维持，燃烧达到稳定，但是如果尾管中的声学耗散系数较小时，燃烧振荡可以在尾管声学过程的帮助下继续得以维持，振荡的频率与尾管的声学固有频率相等。

上述结果说明：当燃烧区维持在一定的温度范围内时，烃氧多步化学体系中的温度敏感性和自催化机制可以产生复杂燃烧振荡现象，这些结果可以对“压力尖峰”和“正弦形”等燃烧振荡试验现象做出很好的解释。燃烧区向环境的传热对其能否维持在这个合适的温度范围内具有决定性作用。在真实火箭发动机燃烧室中，燃气向室壁的换热与总的燃烧放热量相比是很小的，但是液滴群的蒸发过程吸收了大量的热量，有可能在局部形成合适的温度和混合条件。

7.5.3　时空相互作用动力学模型

理论上，发动机燃烧室中存在无限个声学简正振型，对每一个振型，只要达到增益大于损耗这个阈值条件，就会变得不稳定。但是各振型并非相互独立的，其相互作用会对振型能否振荡以及振荡的幅度产生影响。确定最容易发生不稳定的振型可以帮助预先设计燃烧室的声腔和隔板，而且可以防止抑制了其中的一个振型后另外的振型却得到加强的现象。场振子模型和均匀反应器声振模型都是集总参数模型，不能反映燃烧不稳定的空间振荡特性。因此本节建立时空相互作用模型对不同声学振荡之间的相互作用进行研究。

对于圆柱型燃烧室，脉动压力场可以用下述固有声学振型系列来表示：

$$p=\sum_{m=0}^{\infty}\sum_{n=0}^{\infty}\sum_{q=0}^{\infty}p_{mnq}(t)\mathrm{J}_n\left(\pi\alpha_{mn}\frac{r}{R}\right)\cos\frac{q\pi x}{L}[K_1\cos(n\theta-\omega t-\varphi_1)+K_2\cos(n\theta+\omega t+\varphi_2)] \tag{7.75}$$

式中：m、n、q 分别是径向、切向和纵向振型的阶数；L 是燃烧室有效长度；R 是燃烧室半径；J 是第一类贝塞尔函数。

由于液体火箭发动机经常发生的是一阶切向不稳定燃烧，在此只考虑两个反向传播的一阶切向行波振型的相互作用。令

$$p=p_1^+(t)\mathrm{J}_0\left(\pi\alpha_{01}\frac{r}{R}\right)\cos(\theta-\omega_1^+t-\varphi_1^+)+p_1^-(t)\mathrm{J}_0\left(\pi\alpha_{01}\frac{r}{R}\right)\cos(\theta+\omega_1^-t-\varphi_1^-) \tag{7.76}$$

行波振型和驻波振型存在一个重要的区别是，行波的压力波节线是转动的，因而燃烧室中各处的振动能量消耗是均匀的，而驻波的压力波节线是静止的，压力波波腹处的振动能量消耗比波节处的能量消耗要高。所以切向行波振型的能量和组分输运方程可以认为是切向均匀的。假设释热率具有方程（7.65）的形式，应用类似于 Galerkin 法的空间平均技术和时间平均技术，得到一阶切向行波振型随时间发展的常微分方程组：

$$\frac{\mathrm{d}p_1{}^+}{\mathrm{d}t}=\frac{1}{2}(a^+p_1{}^++b^+p_1{}^{+3}+c^+p_1{}^{-2}p_1{}^+) \tag{7.77}$$

$$\frac{\mathrm{d}p_1{}^-}{\mathrm{d}t}=\frac{1}{2}(a^-p_1{}^-+b^-p_1{}^{-3}+c^-p_1{}^{+2}p_1{}^-) \tag{7.78}$$

式中：b^+和b^-称为自饱和系数；c^+和c^-称为互饱和系数。上述方程虽然是由切向振型这样的特例导出的，却同样适用于其他振型。两切向振型的振幅的相互作用包含三阶项，但不受二阶项的影响。

令$X = {p_1}^{+2}$，$Y = {p_1}^{-2}$，在上式两边同时乘以p_1^+和p_1^-，得

$$\frac{\mathrm{d}X}{\mathrm{d}t} = a^+ X + b^+ X^2 + c^+ XY \tag{7.79}$$

$$\frac{\mathrm{d}Y}{\mathrm{d}t} = a^- Y + b^- Y^2 + c^- XY \tag{7.80}$$

对于定态，有

$$\frac{\mathrm{d}X}{\mathrm{d}t} = \frac{\mathrm{d}Y}{\mathrm{d}t} = 0 \tag{7.81}$$

对方程（7.79）和方程（7.80）进行分岔分析，可知方程的性质主要由自饱和系数和互饱和系数的相对大小决定。当自饱和系数强于互饱和系数时，此时模式之间的耦合作用是弱的，不同的模式可以同时振荡，但振幅不如单模振荡时大，称此为弱耦合情况（图7.11）；若自饱和系数弱于互饱和系数，模式之间的互饱和占优势，模式之间的耦合作用较强，此时只能有一个模式振荡，称为强耦合情况（图7.12）。这两种情况称为模式之间的合作与竞争。由于推进剂预混区能提供的声能有限，不同的声学振型之间会产生竞争与合作关系，这个结论是与试验相符的。

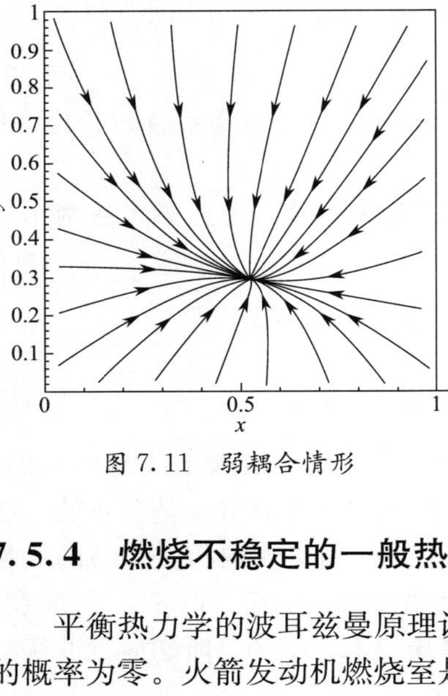

图7.11 弱耦合情形

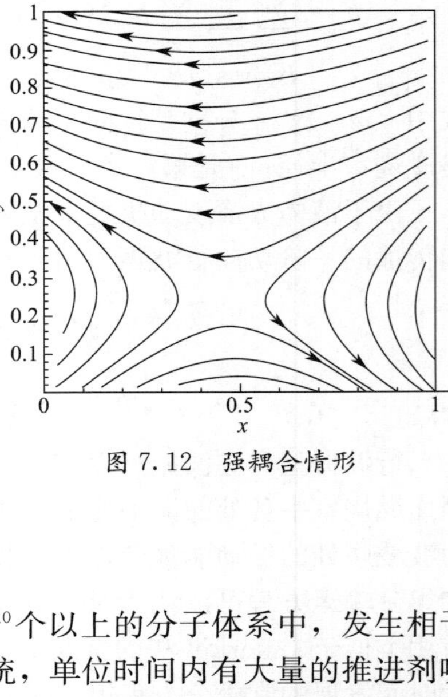

图7.12 强耦合情形

7.5.4 燃烧不稳定的一般热力学分析

平衡热力学的波耳兹曼原理认为在包含10^{10}个以上的分子体系中，发生相干的概率为零。火箭发动机燃烧室是一个开放系统，单位时间内有大量的推进剂喷入燃烧室，显然平衡热力学不能用来分析燃烧不稳定这种有序的耗散结构。而非平衡热力学认为“非平衡和非线性是有序之源”，产生自组织结构的几个必要条件是：远离平衡且超过热力学分支不稳定点；相干时空行为与动力学过程形成反馈；有足够的热流和物流维持。

当扰动很小，燃烧室的工作状态偏离定态很小时，可以采用线性非平衡热力学方法进行分析。线性非平衡热力学的一个重要结果是熵产生极小定理。熵产生极小定理可以表述为：在平衡态附近的定常态，力与流之间的关系近似为线性对称的，平衡态是稳定的且熵产生为极小。由最小熵产生定理可以知道：如果燃烧室处处达到平衡或者接近平衡，那么它对小扰动是稳定的。一些国内外学者建立的燃烧不稳定分析模型采用的是热力计算的结果，而热力计算的前提是：燃烧室中处处达到平衡，因此这种模型是不可能产生燃烧不稳定的。

最小熵产生定律的成立是有条件的，就是力与流之间的关系是近似线性对称的。统计力学证明，所有的输运现象都可以令人满意地由这样的关系式所描述，只要宏观梯度变化尺度 l_h 远大于平均自由程 l_r：

$$l_h \gg l_r \tag{7.82}$$

换句话说，就输运现象而言，力与流之间的关系是近似线性对称的这一特点是普遍成立的。蒸发过程表面上是一个相变过程，但是目前被用于分析燃烧不稳定的准稳态蒸发理论认为蒸发过程由扩散过程控制。因而由 Fick 扩散定律控制的蒸发过程也是一个线性过程，不可能导致燃烧不稳定。换句话说，曾经被广泛使用的液滴准稳态蒸发理论不包含高频燃烧不稳定激励机理，但是对化学反应而言，情况完全不同，由 Arrhenius 定律决定的化学反应速率是一个强非线性函数，力与流的对称关系只是对相应于平衡的临近区域或以极低活化能进行反应的情况才适用。对于绝大多数化学反应，最小熵产生原理不成立。

如果燃烧室设计状态的附近存在另外一个熵产生更小的状态，则燃烧过程就会产生不稳定。根据燃烧室的理想热力学循环，燃烧过程的温度越高，熵产生越小，所以燃烧速度的脉动和温度的脉动同相可以使熵产生更小。这说明 Rayleigh 准则与最小熵产生原理的推论是一致的。

当燃烧室的工作态远离平衡态时，线性非平衡热力学不再适用，只能用非线性非平衡热力学进行分析。

7.6 不稳定燃烧的控制措施[32]

燃烧不稳定研究的最终目的是控制和利用燃烧振荡。用声腔和隔板改变燃烧室阻尼特性是火箭发动机燃烧不稳定控制中的常用技术，但是直到现在还没有声腔和隔板的设计准则，声腔和隔板的形式与数目，位置和尺寸仍需要大量的试验来确定，所以燃烧不稳定被动控制要真正实施起来可能很困难（如 F-1 火箭发动机研制时的情况）。

燃烧不稳定的主动控制方法是控制燃烧不稳定的另外一种有希望的方案，但还需要解决很多实际问题。其中一个问题是目前的主动控制策略大多基于线性控制理论，但燃烧不稳定是一种非常强的非线性现象，非线性系统的控制与线性系统的控制之间存在很多不同之处。

另外，不管是被动控制还是主动控制都是从声学抑制的角度去考虑，没有从燃烧不稳定的激励机理去考虑燃烧不稳定的控制。本节用前面建立的概念和方法对燃烧不稳定的被动和主动控制的基本方法进行讨论，并探讨是否存在第三种燃烧不稳定控制方法。

7.6.1 被动控制

用声腔和隔板改变燃烧室阻尼特性是火箭发动机燃烧不稳定被动控制中的常用技术，对抑制横向高频不稳定性十分有效。

如图 7.13 所示，隔板安装在喷注面上，可以把推进剂从喷注面起进行的混合、雾化和初始燃烧过程分隔在若干区域内完成，从而改变燃烧室里的燃气声振特性，并增加对声振的阻尼作用，可有效地抑制切向和径向高频不稳定燃烧。

图 7.14 所示为一种声腔构型。声腔是一种 1/4 波长的谐振器，以环形槽的方式排列在喷注器周围，可改变燃烧室的声振特性，耗散声波的传播能量，从而起到抑制高频不稳定燃烧的作用。声腔结构简单，加工方便，不需要冷却，是一种行之有效的推力室燃烧稳定装置。它可以单独使用，也可以与隔板同时使用。在大推力发动机中经常两种同时使用，隔板抑制低阶振型，声腔抑制高阶振型。

图 7.13 带隔板的喷注器

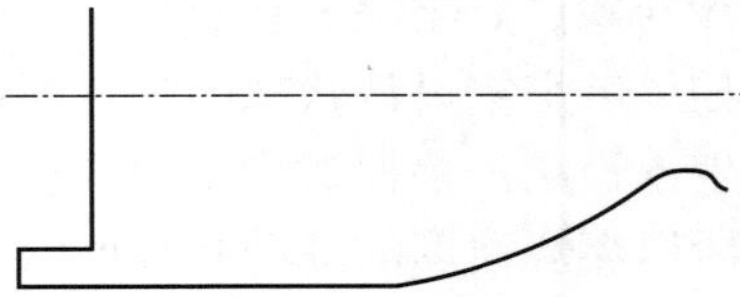

图 7.14 一种声腔构型

传统上认为，隔板的作用主要是改变燃烧室的声学特性，而声腔的作用是吸收声能，所以很多对声腔的研究主要讨论声腔吸收声能的能力，在进行声腔优化的时候也是以声腔的吸声能力为指标。通常，有关声腔吸声能力的理论计算和声腔冷试模拟的数据非常符合，但是，当把分析模型应用于热试情况时则不太成功。

根据燃烧不稳定的场振子方程

$$\frac{\mathrm{d}^2 p_n}{\mathrm{d}t^2} + \frac{\omega_n}{Q_n}\frac{\partial p_n}{\partial t} + \omega_n^2 p_n = \rho c^2 \int \sum_i \sigma_i \frac{\partial r_i}{\partial t} \psi_n \mathrm{d}V \tag{7.83}$$

可以看出要抑制振荡的产生有两个办法：①减少燃烧室的声学品质因数 Q_n；②改变燃烧室的声学固有振型 ψ_n 的分布，减少其与燃烧敏感区域分布的相关性。这两个参数在式（7.83）中的组合可以被用来优化声腔和隔板的结构、位置和数目。对声腔而言，更重要的也是改变 ψ_n，因此只把声腔吸收声能的能力作为声腔的优化指标是不合适的，必须两者同时考虑。

7.6.2 主动控制

振动主动控制最初是固体力学、自动控制、计算机、材料与测试技术等多学科的交叉，是振动工程领域的一项高新技术，目前已经成为振动工程研究领域中的热点之一。而燃烧稳定性主动控制是两相流体燃烧领域的振动主动控制。主动控制系统的应用范围已包括许多不同的燃烧系统，如火箭发动机、冲压发动机和加力燃烧室等。

与被动控制相反，主动控制对燃烧室的状态进行不间断的监测和评估。一个主动控制系统包括传感器、观测器、控制器和作动器。传感器通常是压力传感器或光学传感器，未来研究的重点是提高传感器在实际系统中恶劣的工作环境下的生存能力。传感器的信号传给观测器以判别系统的状态，控制器根据观测器的信息发出控制信号并由作动器实现。实验室系统中所采用的作动器包括振动器、扬声器及各种高频调制燃料喷嘴。但是振动器质量大、频响低，扬声器动作幅度比较小，只有高频调制燃料喷嘴拥有被应用于实际系统的潜力。

目前燃烧不稳定主动控制的控制策略几乎都是采用反共振的方式，即当燃烧室中出现不稳定时，通过调节推进剂流量对燃烧过程施加作用力，作用力的频率与燃烧振荡的固有频率相等，相位与之相反，使两种振荡相互抵消。燃烧室压力稳定之后，取消外加作用力。但由于燃烧过程是本质不稳定的，经过一段时间燃烧室压力重新振荡起来，需要重新启动主动控制系统。

尽管燃烧不稳定主动控制取得了一定的成功，但也存在一些基本问题。

(1) 在燃烧不稳定主动控制中施加作用力的常见手段是调制推进剂流量。但是在 7.5 节中，已经看到如果燃烧过程是由化学反应过程引起的，那么推进剂流量的脉动对燃烧脉动的影响相对很小。例如，在 Neumeier 的主动控制实验中发现[37]，压力和组分表现出不一样的振动特性，压力以燃烧室的三个固有频率振动，而组分以与固有频率不同的强迫振动的频率振动。另外，当不稳定的模态较多，每个模态之间的频率较为接近或不稳定模态随时间切换时，需要对燃烧室中的不稳定模态进行实时监测。Gutmark 等人用小波分析方法分析随时间变化的压力频谱[38]，但是这种算法的速度比较慢，在小波快速变换方法进一步发展之前，这种方法很难在实际系统中应用。在主动控制的策略研究中，也许需要对混沌控制等新兴控制方案抑制燃烧稳定性的能力进行评价。

(2) 目前的控制策略大多是线性控制理论。燃烧不稳定是一种非线性振动，非线性系统不存在叠加原理，在燃烧室是否振荡以及振荡幅度不同的情况下，系统的传递函数特性可能很不一样，因此在设计控制参数的时候，不能直接用开环试验的参数。

（3）有一些燃烧不稳定情况，主动控制可能是无能为力的。例如，几个毫秒的振动就可以把整台发动机烧毁的燃烧不稳定，主动控制器很难有这么快的响应。

因此，从激励机理的角度研究燃烧不稳定的控制方案仍旧十分必要。

7.6.3 第三种控制方法

要从根本上抑制燃烧不稳定就必须从燃烧不稳定的激励机理入手。改变燃烧不稳定的激励过程的一个方法是改变喷注器的结构和位置。已经有很多案例证明修改喷注器可以使原来很难被控制的燃烧不稳定被抑制住。文献［2］编辑了很多修改喷注器抑制燃烧不稳定的案例，它们显示了喷注器的设计对燃烧不稳定的影响的重要性。但改变喷注器的结构和尺寸设计并不常用，原因是事前往往不十分清楚如何改变喷注器的结构才能抑制燃烧不稳定，事后也不清楚为什么改变喷注器的结构后会抑制燃烧不稳定。

但是，如果燃烧不稳定是由推进剂的化学动力学导致的，则可以理论上预期如何改进喷注器才能抑制燃烧不稳定。推进剂进入燃烧室后经过一个温度较低的预混区，这是燃烧不稳定的敏感区域，减少和消除低温预混区可以使燃烧变得稳定。

气液同轴离心式喷嘴利用气流对液膜的冲击作用雾化液体推进剂。其内喷嘴是液体的离心喷嘴，外喷嘴是气体的直流式喷嘴，在喷嘴冷试试验中观察到，外围气流的冲击作用会减少离心喷嘴的雾化角，即气流的速度越快，两相的预混度越小。因此可以推断：增加气流的速度有助于减少两相预混度从而有助于提高同轴离心式喷嘴的燃烧稳定性。美国有关氢氧发动机的燃烧稳定性的大量试验结果证实，提高同轴式喷嘴气氢和液氧的喷射速度差是控制燃烧不稳定的关键性参数。

液液撞击式喷嘴利用两股液体推进剂的撞击作用雾化液体推进剂，如果两股推进剂的种类相同，则称为自击式喷注器，否则称为互击式喷注器。一般情况下在燃烧室的头部互击式喷注器较自击式喷注器的预混程度高，因而，自击式喷嘴因为减少了低温预混度比互击式喷嘴更加稳定。大量有关自燃推进剂的热试车结果证实，自激式喷嘴比互击式喷嘴稳定。

液液双组元离心喷嘴利用推进剂的离心力雾化液体推进剂。为了使推进剂燃烧充分，一般内喷嘴的雾化角较外喷嘴的雾化角大，这样燃料和氧化剂液膜在喷嘴附近相交。显然燃料和氧化剂的相互作用越小，预混度也就越小。相互作用点离喷注面板的距离越大预混区离燃烧室喷注面板越远。因此，减弱液膜间的相互作用有利于减弱低温预混度从而有利于双组元离心喷嘴的燃烧稳定性。俄罗斯的有关液氧/煤油的发动机的燃烧稳定性试验证实，减少缩进比以减弱液膜间的相互作用可以获得很高的稳定性。

同样，对于预混低温区激发的燃烧不稳定，隔板的长度应该而且只要大体上与低温预混区的长度相当即可，美国阿波罗登月飞船 F-1 发动机的大量试验结果证实，在燃烧室头部主要分三个区：①离喷注面最近的、包括喷雾扇和产生燃料液滴的所有过程的区域（约从喷注面向下游延伸 3 英寸），在该区域内，燃料液滴差不多已全部形成，LOX 液滴也差不多已完全蒸发；②大致延伸到喷注面下游 10 英寸的燃料蒸发区；③燃料和氧化剂均为气相、完成大部分燃烧的更下游的区域。而最终采用的隔板从喷注面向下游延伸了 3 英寸，隔板实际上只遮蔽了第一区域。声腔的位置也应该在低温预混区附近，目前几乎所有的推力室的声腔都安装在燃烧室的头部。

以上推断都是与试验规律相符的，这说明化学反应过程可以统一地解释这些试验规律。在此之前，人们认为液滴的蒸发过程是燃烧不稳定的控制环节，控制燃烧不稳定的主要措施是控制推进剂的液滴直径分布，液滴越小燃烧过程越集中，因而大的液滴有利于燃烧稳定。但是蒸发过程控制燃烧不稳定的理论与以上的试验规律是矛盾的，例如对于气液同轴离心式喷嘴而言，高的气体喷射速度会使液体推进剂雾化得更细，因而根据蒸发过程控制燃烧不稳定的理论，高的气体喷射速度应不利于稳定，但是热态试验证明高的气体喷射速度有利于气液同轴离心式喷嘴燃烧稳定。

改变燃烧不稳定激励过程的另一个方法是改变推进剂的化学性质。如果燃烧不稳定是化学因素引起的，那么改变推进剂的化学特性有可能从根本上消除燃烧不稳定。在推进剂中添加催化剂降低活化能，改变化学反应通道，避开自催化的链式反应，就可以减少燃烧不稳定产生的可能性。

参考文献

［1］哈杰，等. 液体推进剂火箭发动机不稳定燃烧［M］. 朱宁昌，等译. 北京：国防工业出版社，1980.

［2］Wren G P，Coffee T P. Pressure Oscillations in Regenerative Liquid Propellant Guns［J］. Journal of Propellants，Explosives and Pyrotechnics，1995，20（1）：225－231.

［3］Yang V，Anderson W. Liquid Rocket Engine Combustion Instability［R］. Progress in Astronautics and Aeronautics，Volume 169，American institute of Aeronautics and Astronautics，Inc. 370L’ Enfant promenade，S. W.，Washington，DC 20024－22518，1996.

［4］Harrje D T，Readon F H. Liquid Propellant Rocket Instability［M］. Russian：Mir，Moscow，1975.

［5］刘国球. 液体火箭发动机原理［M］. 北京：宇航出版社，1993：251－302.

［6］Luigi Crocco，程心一. 液体火箭发动机燃烧不稳定性理论［M］. 北京：国防工业出版社，1965.

［7］Priem R J，Habiballah D C. Combustion Instability Limits Determined by a Nonlinear Theory and a One-Dimensional Model［R］. NASA-CR-920，1968.

［8］庄逢辰，赵文涛，聂万胜. 应用隔板抑制液体火箭发动机不稳定燃烧的数值模拟［J］. 指挥技术学院学报，1997，8（1）.

［9］庄逢辰，赵文涛，刘卫东，等. 液体火箭发动机燃烧稳定性 CFD 分析［J］. 燃烧科学与技术，2001，7（1）：16－20.

[10] Liu W D, Wang Z G, Zhou J. Numerical Simulation of Unsteady Flow in Liquid Propellant Rocket Engine With PISO A lgorithm [J]. AIAA Paper 96－3124.
[11] 刘卫东，王振国，周进，等. 液体火箭发动机径向不稳定燃烧数值分析模型 [J]. 推进技术，1997，18 (6)：5－9.
[12] 刘卫东，王振国，周进，等. 液体火箭发动机切向不稳定燃烧数值分析模型 [J]. 推进技术，1998，19 (1)：16－19.
[13] 赵文涛. 火箭发动机非线性燃烧稳定性数值仿真 [D]. 长沙：国防科学技术大学，1997.
[14] 洪鑫. 液体火箭发动机高频不稳定燃烧研究 [D]. 上海：上海交通大学，1998.
[15] 聂万胜. 自燃推进剂火箭发动机燃烧稳定性研究 [D]. 长沙：国防科学技术大学研究生院，1998.
[16] 黄玉辉，王振国，周进. 液体火箭发动机气液同轴式喷嘴声学特性的实验研究 [J]. 推进技术，1996，17 (4)：37－41.
[17] Zhou J, Huang Y H. Flowrate and Acoustics Characteristics of Coaxial Swirling Injector of Hydrogen/Oxygen Rocket Engine [R]. 32nd AIAA/ASME/SAE/ASEE Joint Propulsion Conference and Exhibit, AIAA Paper 96－3135.
[18] Huang Y H, Wang Z G. Acoustic Model for the Self-oscillation of Coaxial Swirl Injector [R]. 33rd AIAA/ASME/SAE/ASEE Joint Propulsion Conference and Exhibit, AIAA Paper 97－3323.
[19] 黄玉辉，王振国，周进. 液体火箭发动机气液同轴式喷嘴声学特性研究 [J]. 声学学报，1998，23 (5)：459－465.
[20] Huang Y H, Wang Z G, Zhou J. Experiment Acoustic Model for the Self-oscillation of Coaxial Swirl Injector and its Influence to Combustion of Liquid Rocket Engine [J]. Chinese Journal of Acoustics, 1998, 17 (2)：163－170.
[21] Huang Y H, Wang Z G, Zhou J. The Characteristics of Nonlinear Acoustic Waves in Engine [R]. AIAA Paper 99－2916.
[22] Wang Z G, Huang Y H. A Nonlinear Analytical Model of High-Frequency Combustion Instability in Rocket Engine [R]. AIAA Paper 2000－3299.
[23] Huang Y H, Wang Z G,, Zhou J. Numeric Simulation for Combustion Instability of Liquid Propellant Rocket Engine [R]. AIAA Paper 2000－3297.
[24] Huang Y H, Wang Z G, Zhou J. Nonlinear Thermodynamic Analyses of Combustion Instability in Rocket Engine [R]. AIAA Paper 2000－3298.
[25] 黄玉辉，王振国. 火箭发动机高频燃烧不稳定非线性分析 [J]. 推进技术，2000，21 (5).
[26] Huang Y H, Wang Z G. Theoretical Model of Liquid Rocket Engine Combustion Instability [C]. 中法联合推进会议，2001，9，北京.
[27] Huang Y H, Wang Z G, Zhou J. Global Model of Liquid Rocket Engine Combustion Instability Based on Chemistry Dynamics [R]. AIAA Paper 2002－3992.
[28] Huang Y H, Wang Z G, Zhou J. Nonlinear Theory of Combustion Stability in Liquid Rocket Engine Based on Chemistry Dynamics [J]. Science in China (Series B), 2002, 45 (4)：373－382.
[29] Huang Y H, Wang Z G, Zhou J. Numerical Simulation of Combustion Stability of Liquid Rocket Engine Based on Chemistry Dynamics [J]. Science in China (Series B), 2002, 45 (5)：551－560.
[30] 黄玉辉，王振国. 燃烧室中的非线性波 [J]. 推进技术，2002，23 (6)：492－495.
[31] 黄玉辉，王振国，周进. 三组元发动机燃烧稳定性试验 [J]. 推进技术，2003，24 (1)：71－73.
[32] 黄玉辉. 液体火箭发动机燃烧稳定性理论、数值模拟和实验研究 [D]. 国防科技大学研究生院博士学位论文，2001.
[33] 马大猷. 热声学的基本理论和非线性 [J]. 声学学报，1999，24 (4)：337－350.

[34] 孙维申. 固体火箭发动机不稳定燃烧 [M]. 北京：北京工业学院出版社，1988.

[35] Sirignano W A. Fluid Dynamics of Sprays [J]. Fluids Eng. ，1993，115：345—378.

[36] Cavanagh J，Cox R A. Computer Modeling of Cool Flames and Ignition of Acetaldehyde [J]. Combust. Flame 1990，82：15—39.

[37] Neumeier Y，Nabi A，Zinn B T. Investigation of the Open Loop Performance of Active Control System Utilizing a Fuel Injector Actuator [R]. AIAA Paper 96—2757.

[38] Gutmark E，Parr T P. Use of Chemiluminescence and Neural Networks in Active Combustion Control [C]. 23rd Symposium (International) on Combustion，1990.

第 8 章 液体火箭发动机燃烧过程数值方法及计算实例

液体火箭发动机内部工作过程十分复杂，主要包括液体推进剂喷射雾化、推进剂液滴蒸发、推进剂组分混合燃烧、高温燃气流加速排出以及燃气与燃烧室壁之间的传热等几个典型过程。弄清楚这些物理过程，并建立起合适的物理模型来描述它们，对数值模拟液体火箭发动机燃烧过程至关重要。本章建立液体火箭发动机喷雾燃烧流动过程的数值仿真模型，并且针对燃烧流动过程应用广泛的SIMPLE 算法和 PISO 算法进行介绍，最后给出了液体火箭发动机燃烧过程的计算实例。

8.1 两相多组分反应流基本控制方程

从质量守恒、动量守恒和能量守恒三大定律出发，建立起液体火箭发动机的喷雾燃烧两相多组分化学反应流动的控制方程组，它包括气相控制方程组和液相控制方程组；两相之间的耦合则由气/液相互作用的源项来描述；采用欧拉坐标系描述气相方程；采用拉格朗日坐标系下的粒子轨道方法来模拟跟踪液滴的运动。

本节大多数公式在前文中已经出现过，在这里重复列出是为了给读者一个整体的认识，增强对液体火箭发动机燃烧过程数值模拟的系统性。此处列出的数学物理模型是前文各章相关模型的简化，侧重给出了推进剂喷雾燃烧流动过程模型，不再列出传热模型、湍流燃烧模型以及燃烧不稳定模型。

8.1.1 气相控制方程

三维非定常多组分化学反应流的 Favre 平均 N-S 方程组可表示成如下守恒形式[1]，即

$$\frac{\partial Q}{\partial t}+\frac{\partial(E-E_v)}{\partial x}+\frac{\partial(F-F_v)}{\partial y}+\frac{\partial(G-G_v)}{\partial z}=H \tag{8.1}$$

其中

$$Q=\begin{bmatrix}\bar{\rho}\\ \bar{\rho}\tilde{u}\\ \bar{\rho}\tilde{v}\\ \bar{\rho}\tilde{w}\\ \bar{\rho}\tilde{e}\\ \bar{\rho}\tilde{Y}_i\end{bmatrix},\ E=\begin{bmatrix}\bar{\rho}\tilde{u}\\ \bar{\rho}\tilde{u}\tilde{u}+\bar{p}\\ \bar{\rho}\tilde{u}\tilde{v}\\ \bar{\rho}\tilde{u}\tilde{w}\\ \tilde{u}(\bar{\rho}\tilde{e}+\bar{p})\\ \bar{\rho}\tilde{u}\tilde{Y}_i\end{bmatrix},\ F=\begin{bmatrix}\bar{\rho}\tilde{v}\\ \bar{\rho}\tilde{v}\tilde{u}\\ \bar{\rho}\tilde{v}\tilde{v}+\bar{p}\\ \bar{\rho}\tilde{v}\tilde{w}\\ \tilde{v}(\bar{\rho}\tilde{e}+\bar{p})\\ \bar{\rho}\tilde{v}\tilde{Y}_i\end{bmatrix},\ G=\begin{bmatrix}\bar{\rho}\tilde{w}\\ \bar{\rho}\tilde{w}\tilde{u}\\ \bar{\rho}\tilde{w}\tilde{v}\\ \bar{\rho}\tilde{w}\tilde{w}+\bar{p}\\ \tilde{w}(\bar{\rho}\tilde{e}+\bar{p})\\ \bar{\rho}\tilde{w}\tilde{Y}_i\end{bmatrix}$$

$$E_v=\begin{bmatrix}0\\ \bar{\tau}_{xx}\\ \bar{\tau}_{xy}\\ \bar{\tau}_{xz}\\ \tilde{u}\bar{\tau}_{xx}+\tilde{v}\bar{\tau}_{xy}+\tilde{w}\bar{\tau}_{xz}-\bar{q}_x\\ \bar{\rho}_i\bar{D}_{imi}\ \partial\tilde{Y}_i/\ \partial x\end{bmatrix},\ F_v=\begin{bmatrix}0\\ \bar{\tau}_{yx}\\ \bar{\tau}_{yy}\\ \bar{\tau}_{yz}\\ \tilde{u}\bar{\tau}_{xy}+\tilde{v}\bar{\tau}_{yy}+\tilde{w}\bar{\tau}_{yz}-\bar{q}_y\\ \bar{\rho}_i\bar{D}_{imi}\ \partial\tilde{Y}_i/\ \partial y\end{bmatrix}$$

$$G_v=\begin{bmatrix}0\\ \bar{\tau}_{zx}\\ \bar{\tau}_{zy}\\ \bar{\tau}_{zz}\\ \tilde{u}\bar{\tau}_{zx}+\tilde{v}\bar{\tau}_{zy}+\tilde{w}\bar{\tau}_{zz}-\bar{q}_z\\ \bar{\rho}_i\bar{D}_{imi}\ \partial\tilde{Y}_i/\ \partial z\end{bmatrix},\ H=\begin{bmatrix}S_{d,m}\\ S_{d,u}\\ S_{d,v}\\ S_{d,w}\\ S_{d,h}\\ \bar{\omega}_i\end{bmatrix} \tag{8.2}$$

式中：$i=1，2，\cdots，N_s-1$，N_s 为总的组分数；$\bar{\rho}_i$ 是各组分的密度，$\bar{\rho}$ 是混合气体的密度；$\tilde{u}$、$\tilde{v}$、$\tilde{w}$ 是沿坐标轴 x、y、z 方向的速度分量；$\bar{p}$ 是压力；$\tilde{Y}_i$ 是组分 i 的质量分数；$\bar{\omega}_i$ 是组分 i 的质量生成率；$S_{d,m}$、$S_{d,u}$、$S_{d,v}$、$S_{d,w}$、$S_{d,h}$ 是气/液两相相互作用与化学反应作用源项。

$\bar{\tau}_{ij}$ 是黏性应力分量：

$$\bar{\tau}_{xx}=-\frac{2}{3}\mu(\nabla\cdot V)+2\mu\frac{\partial\tilde{u}}{\partial x}$$

$$\bar{\tau}_{yy}=-\frac{2}{3}\mu(\nabla\cdot V)+2\mu\frac{\partial\tilde{u}}{\partial y}$$

$$\bar{\tau}_{zz}=-\frac{2}{3}\mu(\nabla\cdot V)+2\mu\frac{\partial\tilde{u}}{\partial z}$$

$$\bar{\tau}_{xy}=\bar{\tau}_{yx}=\mu(\frac{\partial\tilde{u}}{\partial y}+\frac{\partial\tilde{v}}{\partial x})$$

$$\bar{\tau}_{yz}=\bar{\tau}_{zy}=\mu(\frac{\partial\tilde{w}}{\partial y}+\frac{\partial\tilde{v}}{\partial z})$$

$$\bar{\tau}_{xz}=\bar{\tau}_{zx}=\mu(\frac{\partial\tilde{w}}{\partial x}+\frac{\partial\tilde{u}}{\partial z})$$

$\bar{q}_x$、$\bar{q}_y$、$\bar{q}_z$ 表示热传导与组分扩散引起的能量通量：

$$\bar{q}_x=-k\frac{\partial\tilde{T}}{\partial x}-\bar{\rho}\sum_{i=1}^{N_s}\bar{D}_{im}\bar{h}_i\frac{\partial\tilde{Y}_i}{\partial x}$$

$$\bar{q}_y = -k\frac{\partial\widetilde{T}}{\partial y} - \bar{\rho}\sum_{i=1}^{N_s}\overline{D}_{im}\bar{h}_i\frac{\partial\widetilde{Y}_i}{\partial y}$$

$$\bar{q}_z = -k\frac{\partial\widetilde{T}}{\partial z} - \bar{\rho}\sum_{i=1}^{N_s}\overline{D}_{im}\bar{h}_i\frac{\partial\widetilde{Y}_i}{\partial z}$$

$\overline{D}_{im}$是混合物组分 i 的质量扩散系数：

$$\overline{D}_{im} = \frac{(1-\widetilde{X}_i)}{\sum\limits_{i,j\neq i}\left(\dfrac{\widetilde{X}_j}{\overline{D}_{ij}}\right)} \tag{8.3}$$

在中低压时，双组元混合气体交互扩散系数：

$$\widetilde{D}_{ij} = 1.883\times10^{-2}\frac{\sqrt{\widetilde{T}^3\dfrac{(M_i+M_j)}{M_iM_j}}}{\bar{p}\sigma_{ij}^2\Omega_D} \tag{8.4}$$

式中：$\widetilde{X}_i$ 是组分 i 的摩尔分数；M_i、M_j 是气体组分 i、j 的分子量；σ_{ij} 是特征长度；Ω_D 是碰撞积分。

内能：

$$\tilde{e} = \sum_{i=1}^{N_s}\widetilde{Y}_i\bar{h}_i + \frac{1}{2}(\tilde{u}^2+\tilde{v}^2+\tilde{w}^2) - \frac{\bar{p}}{\bar{\rho}} \tag{8.5}$$

各组分焓：

$$\bar{h}_i = h_i^0 + \int_{T_{ref}}^{T} c_{pi}\,\mathrm{d}T \tag{8.6}$$

各组分的定压比热采用多项式拟合公式：

$$c_{pi} = a_{1,i} + a_{2,i}T + a_{3,i}T^2 + a_{4,i}T^3 + a_{5,i}T^4 \tag{8.7}$$

具体各组分的系数见文献［2，3］。

另外，假设多组分气相混合物遵守理想气体状态方程，并满足局部热力学平衡假设，即

$$\bar{p} = R\widetilde{T}\sum_{i=1}^{N_s}\frac{\bar{\rho}_i}{M_i} \tag{8.8}$$

8.1.2 液相颗粒轨道模型

液体推进剂大都经过喷注器雾化成细小液滴后蒸发燃烧，液体火箭发动机喷雾燃烧过程是典型的两相流动过程。目前已有的两相流动模型主要包括单流体模型、颗粒轨道模型以及拟流体模型。其中颗粒轨道模型在液体火箭发动机燃烧过程数值计算中应用最广。基于颗粒轨道模型假设，把气体作为连续介质而把液滴群作为离散系统，将液雾分成有代表性的几组离散液滴，并用拉格朗日方法跟踪这些离散液滴在全流场中的运动和输运，通过液滴动力学方程求解液滴轨道，耦合求解液滴与气相之间的质量、动量、能量交换来得到液滴的温度、半径等参数的变化规律与气相场。

颗粒轨道模型是通过积分拉格朗日坐标系下的颗粒作用力微分方程来求解离散相颗粒（液滴）的轨道。颗粒平衡方程为

$$\frac{\mathrm{d}\boldsymbol{x}}{\mathrm{d}t}=\boldsymbol{V}_p \tag{8.9}$$

$$\frac{\mathrm{d}\boldsymbol{V}_p}{\mathrm{d}t}=F_D(\boldsymbol{V}-\boldsymbol{V}_p)+\frac{\boldsymbol{g}(\rho_p-\rho)}{\rho_p}+\boldsymbol{F} \tag{8.10}$$

$$F_D=\frac{18\mu}{\rho_p d_p^2}\frac{C_D Re}{24} \tag{8.11}$$

式中：$\boldsymbol{V}$ 为气相速度；$\boldsymbol{V}_p$ 为颗粒速度；μ 为流体动力黏度；ρ 为流体密度；ρ_p 为颗粒密度；d_p 为颗粒直径；$\boldsymbol{g}$ 为重力加速度；$\boldsymbol{F}$ 代表所有其他外力，包括 stefan 流、压力梯度作用及其他体积力；F_D（$\boldsymbol{V}-\boldsymbol{V}_p$）为颗粒单位质量的阻力；$C_D$ 为阻力系数。假设液滴为圆球形，C_D 可采用如下的表达式：

$$C_D=\frac{24}{Re}(1+b_1 Re^{b_2})+\frac{b_3 Re}{b_4+Re} \tag{8.12}$$

其中

$$\begin{cases} b_1=\exp(2.3288-6.4581+2.4486\phi^2) \\ b_2=0.0964+0.5565\phi \\ b_3=\exp(4.905-13.8944\phi+18.4222\phi^2-10.2599\phi^3) \\ b_4=\exp(1.4681+12.2584\phi-20.7322\phi^2+15.8855\phi^3) \end{cases} \tag{8.13}$$

式中，形状系数 ϕ 的定义如下：

$$\phi=\frac{s}{S} \tag{8.14}$$

式中：s 为与实际颗粒具有相同体积的球形颗粒的表面积；S 为实际颗粒的表面积。

已知气相流场和液滴半径、密度、温度变化规律，可以直接求解常微分方程得到液滴的运动规律和运动轨迹。

液滴与气相之间的质量、动量与能量交换不但直接决定了燃料液滴的温度、速度、滴径的变化规律及燃料的蒸发速率，而且直接影响气相控制方程，必须建立气相 N-S 方程中的 $S_{d,m}$、$S_{d,u}$、$S_{d,v}$、$S_{d,w}$、$S_{d,h}$ 源项描述，以封闭气相方程。

对于流场中任一网格单元，经过其间的第 i 个液滴对气相的作用源项计算如下：

质量

$$S_{d,m}=\frac{\Delta m_d}{m_{d,0}}\dot{m}_{d,0} \tag{8.15}$$

动量

$$\boldsymbol{S}_{d,v}=\left(\frac{18\mu C_D Re}{\rho_d d_d^2 24}(\boldsymbol{V}-\boldsymbol{V}_d)+F\right)\dot{m}_d\Delta t \tag{8.16}$$

能量

$$S_{d,h}=\left[\frac{\overline{m}_d}{m_{d,0}}c_{drop}\Delta T_d+\frac{\Delta m_d}{m_{d,0}}\left(-h_{fg}+h_{pyrol}+\int_{T_{ref}}^{T_d}C_{p,l}\mathrm{d}T\right)\right]\dot{m}_{d,0} \quad (8.17)$$

式中：Δm_d 为液滴流过控制体单元质量的变化量；$m_{d,0}$ 为液滴初始质量；$\dot{m}_{d,0}$ 为液滴初始质量流量；$\dot{m}_d$ 为液滴质量流量；Δt 为计算时间步长；$\overline{m}_d$ 为计算网格单元内液滴平均质量；ΔT_d 为计算网格单元内液滴温度的变化量；h_{fg} 为燃料液滴的汽化潜热；h_{pyrol} 为燃料液滴挥发组分的高温裂解热；$C_{p,l}$ 为燃料液滴挥发物的定压比热。

8.1.3 湍流模型

基于 Boussinesq 假设，在气相控制方程中，黏性系数 μ 可分解为层流黏性系数 μ_l 和湍流黏性系数 μ_t：$\mu=\mu_l+\mu_t$。

其中，层流黏性系数 μ_l 由 Sutherland 公式给出：

$$\mu_l=\mu_{ref}\left(\frac{T}{T_{ref}}\right)^{\frac{3}{2}}\frac{(T_{ref}+S_T)}{(T+S_T)} \quad (8.18)$$

式中：T_{ref} 是参考温度；S_T 是等效温度；μ_{ref} 是对应 T_{ref} 时的参考黏性系数。

在 RANS 求解中，湍流黏性系数 μ_t 由可压缩性修正的 k-ω 湍流模型给出[4]：

$$\frac{\partial}{\partial t}(\bar{\rho}k)+\frac{\partial}{\partial x_i}(\bar{\rho}k\tilde{u}_i)=\frac{\partial}{\partial x_j}\left(\Gamma_k\frac{\partial k}{\partial x_j}\right)+2\mu_t\bar{S}_{ij}\bar{S}_{ij}-\bar{\rho}\beta^* f_{\beta^*}\omega \quad (8.19)$$

$$\frac{\partial}{\partial t}(\bar{\rho}\omega)+\frac{\partial}{\partial x_i}(\bar{\rho}\omega\tilde{u}_i)=\frac{\partial}{\partial x_j}\left(\Gamma_\omega\frac{\partial \omega}{\partial x_j}\right)+2\frac{\omega}{k}\mu_t\bar{S}_{ij}\bar{S}_{ij}-\bar{\rho}\beta f_\beta\omega^2 \quad (8.20)$$

其中

$$\Gamma_k=\mu_l+\frac{\mu_t}{\sigma_k},\ \Gamma_\omega=\mu_l+\frac{\mu_t}{\sigma_\omega},\ \mu_t=\frac{\bar{\rho}k}{\omega}$$

$$f_{\beta^*}=\begin{cases}1 & \chi_k\leqslant 0\\ \dfrac{1+680\chi_k^2}{1+400\chi_k^2} & \chi_k>0\end{cases},\ \chi_k\equiv\frac{1}{\omega^3}\frac{\partial k}{\partial x_j}\frac{\partial \omega}{\partial x_j}$$

$$\beta^*=\beta_i^*\left[1+\zeta^* F(M_t)\right]$$

$$f_\beta=\frac{1+70\chi_\omega}{1+80\chi_\omega},\ \chi_\omega=\left|\frac{\Omega_{ij}\Omega_{jk}S_{ki}}{(\beta_i^*\omega)^3}\right|,\ \Omega_{ij}=\frac{1}{2}\left(\frac{\partial\tilde{u}_i}{\partial x_j}-\frac{\partial\tilde{u}_j}{\partial x_i}\right)$$

$$\beta=\beta_i\left[1-\frac{\beta_i^*}{\beta_i}\zeta^* F(M_t)\right]$$

$$F(M_t)=\begin{cases}0 & M_t\leqslant M_{t0}\\ M_t^2-M_{t0}^2 & M_t>M_{t0}\end{cases},\ M_t^2\equiv\frac{2k}{\gamma RT}$$

$$\sigma_k=\sigma_\omega=2.0,\ \zeta^*=1.5,\ \beta_i^*=0.09,\ \beta_i=0.072,\ M_{t0}^2=0.25$$

在 LES 求解中，可采用 Smagorinsky-Lilly Model 进行亚格子湍流黏性计算：

$$\mu_t = \rho L_s^2 |\bar{S}| \tag{8.21}$$

式中：$|\bar{S}| = \sqrt{2S_{ij}S_{ij}}$；$\bar{S}_{ij} = \frac{1}{2}\left(\frac{\partial \tilde{u}_i}{\partial x_j} + \frac{\partial \tilde{u}_j}{\partial x_i}\right)$；$L_s$ 为亚格子尺度的混合长度。

$$L_s = \min(\kappa d, C_s V^{1/3}) \tag{8.22}$$

式中：κ 为冯卡门常数；d 为距离壁面的最近的距离；C_s 为 Smagorinsky 常数；V 为计算单元的体积。

8.1.4　液滴雾化模型

在液体火箭发动机燃烧过程数值计算中，喷雾模型作为喷雾燃烧计算的初、边界条件对计算结果有很重要的影响。喷雾模型包括喷雾尺寸分布模型、流强分布模型和混合比分布模型，分别获得喷雾液滴平均直径分布、液滴初始位置分布、液滴初始速度分布。因雾化过程较为复杂，通常不考虑液相的详细雾化过程，而是根据试验中采用的喷嘴，由试验结果结合经验公式直接给定液滴的出口参数分布，包括液滴的尺寸分布、速度分布、温度等参数来直接模拟液相的雾化结果。下面简要介绍几种常用喷嘴的雾化模型[5]。

1. 离心式喷嘴

在工程上广泛应用 Rosin-Rammler 分布来描述离心式喷嘴的液滴雾化尺寸分布，即

$$\frac{\mathrm{d}R_i}{\mathrm{d}d_i} = B_n d_i^{n-1} \exp(-B d_i^n) \tag{8.23}$$

式中：R_i 为液雾中液滴直径小于 d_i 的所有液滴的累积质量占液滴总质量的百分数；B、n 分别为对于一定的喷嘴及工况条件下的常数。

2. 直流自击式喷嘴

对于直流自击式喷嘴，采用 Nukiyama-Tanasawa 分布

$$\frac{\mathrm{d}R_i}{\mathrm{d}d_i} = A d_i^5 \exp(-B d_i) \tag{8.24}$$

式中：A 为经验系数，与特定的喷嘴及其工作条件有关，可通过试验确定。对于二股自击式喷嘴，其液雾尺寸分布为

$$\frac{\mathrm{d}R_i}{\mathrm{d}d_i} = \left(\frac{3.915}{d_{30}}\right)^6 \frac{d_i^5}{120} \exp(-3.915 d_i / d_{30}) \tag{8.25}$$

式中：d_{30} 为液滴体积平均直径，定义为 $d_{30}^3 = \sum N_i d_i^3 / \sum N_i$，据 N-T 分布可得 $d_{30}^3 = B^{-3}\Gamma(6)/\Gamma(3)$。

3. 直流互击式喷嘴

二股直流互击式喷嘴主要用于自燃推进剂。这种喷嘴的雾化细度试验很少，需要对液滴尺寸分布大小作出预测。Rocketdyne 采用熔融石蜡和水作为模拟推进剂，给出如下公式

$$d_{m,ox} = \frac{2.37 \times 10^5}{d_{ox}^{0.38} V_{ox}^{0.86} V_f^{1.19}} \tag{8.26}$$

$$d_{m,f} = 2.1 \times 10^4 \frac{d_f^{0.27} d_{ox}^{0.023}}{V_{ox}^{0.33} V_f^{0.74}} \tag{8.27}$$

式中：喷嘴直径的单位为 cm；喷射速度的单位为 m/s；d_m 的单位为 μm；下标 ox 表示氧化剂，f 表示燃料。

4. 同轴直流喷嘴

同轴直流喷嘴常用于氢氧、液氧/甲烷等低温推进剂火箭发动机。同轴直流喷嘴雾化模型为

$$D_m = k\left(\frac{O}{F}\right)\sqrt{\frac{\mu_g A_g}{R\rho_l T_g} p_c} \tag{8.28}$$

式中：D_m 为液滴质量中间直径；O/F 为氧化剂与燃料的混合比；T_g 为氢喷射温度；p_c 为室压；μ_g 为氢分子质量；R 为气体常数；ρ_l 为液氧密度，k 为常数。根据相应的工况条件，得出液滴质量中间直径后，利用 Rosin-Rammler 分布可获得更精确的雾化尺寸分布。

8.1.5 液滴蒸发模型

对液滴内部的流动及传热过程通常有两种极限情况，分别被称为表面模型和均匀温度模型。

表面模型假设燃料液滴的导温系数 $\alpha \to 0$，认为液滴表面与液滴内部始终有较大温差。假设液滴内部的温度等于液滴初始温度，只有液滴表面的温度达到热力学平衡温度，液滴才会通过该表面与外界气流发生传热传质。表面模型多用于处理静止气流中液滴的蒸发问题。

均匀温度模型也称为无限热导率模型，它假设液滴的导温系数 $\alpha \to \infty$，认为液滴内部环流等因素使液滴内部温度始终保持均匀并与表面温度相同。该模型适用于小液滴、强对流、液滴内部有较好的环流时的液滴蒸发。

在处理液滴预热问题时，表面模型通常忽略液滴升温期的蒸发，按球体不稳定导热计算液滴内部升温；当液滴表面温度达到平衡温度后，才建立传热传质相平衡的蒸发过程。均匀温度模型在液滴预热期认为液滴的蒸发只取决于扩散，是一个不平衡蒸发过程，传给液滴的热量除使液滴升温外，还提供液滴蒸发相变所需的热量；达到平衡温度后，则为扩散与传热相平衡的稳定蒸发。液滴稳定蒸发的平衡温度与来流条件密切相关，通常随来流温度的升高而升高，当来流温度极高时，平衡温度接近液滴沸点温度。不同于静止气流液滴蒸发模型，对流条件下的液滴受环境气流作用存在形变，蒸发模型不能采用一维球对称的处理方法，这使得建模的难度大大增加。因此对流条件下液滴的蒸发必须应用较多的工程近似方法，如“折算薄膜”理论。

液滴在达到蒸发温度之前，加热规律可由下式描述：

$$m_p c_p \frac{\mathrm{d}T_p}{\mathrm{d}t} = hA_p(T_\infty - T_p) \tag{8.29}$$

式中：m_p、c_p、T_p 为液滴质量、比热容和温度；A_p 为液滴表面积；T_∞ 为当地气体温度；h 为对流传热系数。

液滴温度达到蒸发温度后（沸点温度以前），假定液滴在对流中蒸发，液滴内部物理状态均匀，蒸发速率受液滴表面蒸气与气相之间的浓度梯度控制：

$$N_i = k_c(C_{i,s} - C_{i,\infty}) \tag{8.30}$$

式中：N_i 为蒸气的摩尔质量流量；$C_{i,s}$为液滴表面的蒸气浓度。并假设液滴表面的蒸气压力等于液滴温度 T_p 的饱和蒸气压 p_{sat}，因此有 $C_{i,s}=\frac{p_{sat}\ (T_p)}{RT_p}$；$C_{i,\infty}$为气相的浓度，由该气体组分的输运方程给出，$k_c$ 为质量传导系数，由 Nusselt 关系式得到，即 $Nu = \frac{k_c d_p}{D_{i,m}} = 2.0+0.6Re_d^{0.5}Sc^{0.33}$，$D_{i,m}$为蒸气的扩散系数，$Sc$ 为 Schmidt 数 $\mu/\rho D_{i,m}$，d_p 为液滴直径。

则下一时刻的液滴质量为

$$m_p(t+\Delta t) = m_p(t) - N_i A_p M_{w,i}\Delta t \tag{8.31}$$

另外，液滴温度变化规律由液滴与气相之间的热力平衡方程来描述：

$$m_p c_p \cdot \mathrm{d}T_p/\mathrm{d}t = hA_p(T_\infty - T_p) + \mathrm{d}m_p/\mathrm{d}t \cdot h_{fg} \tag{8.32}$$

式中：$\mathrm{d}m_p/\mathrm{d}t$ 为蒸发速率；h_{fg}为液滴蒸发的潜伏热。

8.1.6　化学反应动力学模型

对于一个由 N_R 个反应组成的化学反应系统，组分 i 的生成率：

$$\omega_i = M_{w,i}\sum_{r=1}^{N_R}\hat{\omega}_{i,r} \tag{8.33}$$

式中：$\hat{\omega}_{i,r}$为第 r 个反应中组分 i 的 Arrhenius 摩尔生成率，$M_{w,i}$为组分 i 的分子量。

第 r 个反应方程的一般形式如下：

$$\sum_{i=1}^{N} v'_{i,r}M_i \underset{k_{b,r}}{\overset{k_{f,r}}{\Longleftrightarrow}} \sum_{i=1}^{N} v'_{i,r}M_i \tag{8.34}$$

式中：N 为反应总组分数；$v'_{i,r}$、$v'_{i,r}$分别代表正、逆向反应中化学组分 i 的化学当量系数；M_i 为化学组分 i 的分子量；$k_{f,r}$、$k_{b,r}$表示正、逆向反应速率常数。

此时有

$$\hat{\omega}_{i,r} = \Gamma(v'_{i,r} - v'_{i,r})\left(k_{f,r}\prod_{j=1}^{N}[C_{j,r}]^{\eta'_{j,r}} - k_{b,r}\prod_{j=1}^{N}[C_{j,r}]^{\eta'_{j,r}}\right) \tag{8.35}$$

式中：$C_{j,r}$表示组分 j 的摩尔浓度；$\eta'_{i,r}$、$\eta'_{i,r}$分别代表正、逆向反应中化学组分 j 的反应指数；Γ 代表第三体效应。

正向反应速率常数 $k_{f,r}$由 Arrhenius 公式给出：

$$k_{f,r} = A_r T^{\beta_r} e^{\frac{-E_r}{RT}} \tag{8.36}$$

在准平衡假设下，逆向反应速率常数可由化学平衡常数得到：

$$k_{b,r} = \frac{k_{f,r}}{K_r} \tag{8.37}$$

化学平衡常数 K_r 可表示为

$$K_r = \exp\left(\frac{\Delta S_r^0}{R} - \frac{\Delta H_r^0}{RT}\right)\left(\frac{P_{atm}}{RT}\right)^{\sum\limits_{r=1}^{N_R}(v'_{j,r} - v'_{j,r})} \tag{8.38}$$

其中

$$\frac{\Delta S_r^0}{R} = \sum_{i=1}^{N} (v'_{i,r} - v'_{i,r}) \frac{S_i^0}{R} \tag{8.39}$$

$$\frac{\Delta H_r^0}{RT} = \sum_{i=1}^{N} (v'_{i,r} - v'_{i,r}) \cdot \left(\frac{H_i^0}{RT}\right) \tag{8.40}$$

式中：S_i^0 和 H_i^0 分别为标准状态下组分 i 的熵和焓；P_{atm} 为一个标准大气压。

模拟化学反应的化学反应动力学模型一般分成四类：详细反应机理、基元反应机理、简化反应机理和总包反应机理。在实际计算中，受计算机速度和内存的限制，往往采用简化反应机理或总包反应机理。

气相控制方程、液相控制方程以及湍流模型、液滴喷雾和蒸发模型、两相流模型、化学动力学模型与组分方程一起构成了完整的两相多组分燃烧流动控制方程组，可以联立求解。

8.2 数值计算方法

描述液体火箭发动机喷雾燃烧流动过程的控制方程组，不但数目多而且相互强烈耦合，求解只能依靠数值方法。要想得到符合实际情况的数值解，必须有准确的物理模型、合适的计算网格和稳定可靠的数值方法。本节针对在燃烧、传热和流动过程中应用极为广泛的 SIMPLE 算法和 PISO 算法进行分析介绍。

8.2.1 概述

SIMPLE 算法是英国帝国理工学院的 D. B. Spalding 和 S. V. Partankar 在 20 世纪 70 年代初期提出的[6]。该方法实质上是一种有限差分法，只是在构造离散方程时采用控制容积积分法，与通常的有限差分法稍微不同。算法的主要特点是以压力作为连续方程的独立变量，而不是以通常的密度作为独立变量，应用压力修正方程逐步校正速度场使其满足连续方程。这样在计算低速流动（或不可压流动）时，由于密度变化很小而难以计算压力场的问题就迎刃而解了。另一个特点是采用了交错网格技术以克服计算过程中容易出现的数值振荡，以保证计算稳定性。

PISO 算法是 R. I. Issa 于 1986 年在 SIMPLER 算法的基础上进一步发展起来的改进算法，其基本思想是应用一步隐式预测、两步显式校正完成每一时间步的计算。PISO 算法与 SIMPLER 算法一样采用压力作为独立变量，但由离散的连续方程和动量方程导出准确完整的压力方程，而不是一个压力修正方程。该算法适用于各种流动速度的定常/非定常、可压/不可压及两相燃烧流动问题，尤其在计算非定常流动时不需要在每一时间层迭代，因而可用于火箭发动机燃烧过程的数值分析。

8.2.2　常用的离散格式

通过对质量守恒方程、动量守恒方程、能量守恒方程、组分质量守恒方程的比较，可以看出，这四个方程尽管因变量各不相同，但它们反映了单位时间单位体积内物理量的守恒性质。如果用 ϕ 表示通用变量，可以将上述各控制方程的通用形式表达如下：

$$\frac{\partial(\rho\phi)}{\partial t}+\mathrm{div}(\rho u\phi)=\mathrm{div}(\Gamma\mathrm{grad}\phi)+S \tag{8.41}$$

式中：ϕ 为通用变量，可以代表 u、v、w、T 等求解变量；Γ 为广义扩散系数；S 为广义源项。式（8.41）中各项依次为瞬态项、对流项、扩散项和源项。

所有控制方程都可经过适当的数学处理，将方程中的因变量、时变项、对流项和扩散项写成标准形式，然后将方程右端的其余各项集中在一起定义为源项，从而化为通用微分方程，只需考虑通用微分方程（8.41）的数值解，就足以求解不同类型的流动及传热问题。对于不同的 ϕ，只要重复调用程序，并给定 Γ 和 S 的适当表达式以及适当的初始条件和边界条件，便可求解。

为了便于说明各种离散格式的特性，选取一维、稳态、无源项的对流一扩散问题为讨论对象（图 8.1），假定速度场为 u，现主要考察广义节点 P、相邻节点 E 和 W、控制体积的界面 e 和 w。在控制体积 P 上积分输运方程（8.41），有

$$(\rho u\phi A)_e-(\rho u\phi A)_w=\left(\Gamma A\frac{\mathrm{d}\phi}{\mathrm{d}x}\right)_e-\left(\Gamma A\frac{\mathrm{d}\phi}{\mathrm{d}x}\right)_w \tag{8.42}$$

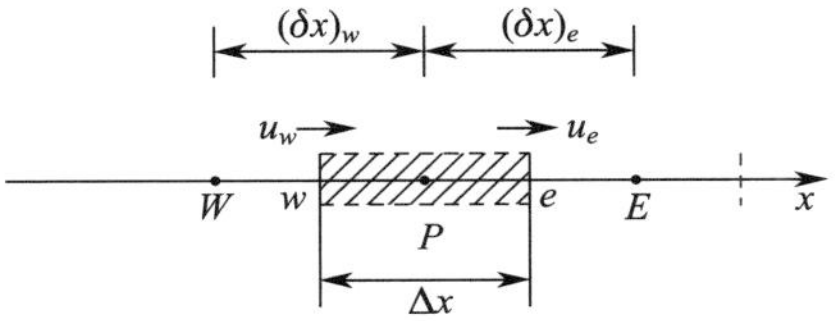

图 8.1　控制体积 P 及界面上的流速

积分连续方程有

$$(\rho uA)_e-(\rho uA)_w=0 \tag{8.43}$$

为了获得对流一扩散问题的离散方程，必须对式（8.42）的界面上的物理量

作某种近似处理。为后续讨论方便，定义两个新的物理量 F 和 D，其中 F 表示通过界面上单位面积的对流质量通量，简称对流质量流量，D 表示界面的扩散传导性。有：

$$F \equiv \rho u \tag{8.44}$$

$$D \equiv \frac{\Gamma}{\delta x} \tag{8.45}$$

这样，F 和 D 在控制体积界面上的值分别为

$$F_w = (\rho u)_w,\ F_e = (\rho u)_e \tag{8.46}$$

$$D_w = \frac{\Gamma_w}{(\delta x)_w},\ D_e = \frac{\Gamma_e}{(\delta x)_e} \tag{8.47}$$

在此基础上，定义一维单元的 *Peclet* 数 Pe 如下：

$$\mathrm{Pe} = \frac{F}{D} = \frac{\rho u}{\Gamma/\delta x} \tag{8.48}$$

Pe 表示对流与扩散的强度之比。当 Pe=0 时，对流一扩散问题演变为纯扩散问题，即流场中没有流动，只有扩散；当 Pe>0 时，流体沿正 x 方向流动，当 Pe 数很大时，对流一扩散问题演变为纯对流问题，扩散的作用可以忽略；当 Pe<0 时，情况正好相反。

此外，再引入两条假定：

（1）在控制体积的界面 e 和 w 处的界面面积存在如下关系：

$$A_w = A_e = A$$

（2）方程右端的扩散项，总是用中心差分格式来表示。

这样，方程（8.42）可写为

$$F_e\phi_e - F_w\phi_w = D_e(\phi_E - \phi_P) - D_w(\phi_P - \phi_W) \tag{8.49}$$

同时，连续方程（8.43）的积分结果为

$$F_e - F_w = 0 \tag{8.50}$$

为了简化问题的讨论，假定速度场已通过某种方式变为已知，这样，F_w 和 F_e 便为已知。为了求解方程（8.49），需要计算广义未知量 ϕ 在界面 e 和 w 处的值。为了完成这一任务，必须决定界面物理量如何通过节点物理量来插值表示，这就是下面将讨论的离散格式。

1. 中心差分格式

中心差分格式是界面上的物理量采用线性插值公式来计算。对于一给定的均匀网格，可写出控制体积的界面上物理量 ϕ 的值：

$$\begin{cases} \phi_e = \dfrac{\phi_P + \phi_E}{2} \\ \phi_w = \dfrac{\phi_P + \phi_W}{2} \end{cases} \tag{8.51}$$

将上式代入（8.49）中的对流项，有

$$F_e \frac{\phi_P + \phi_E}{2} - F_w \frac{\phi_P + \phi_W}{2} = D_e(\phi_E - \phi_P) - D_w(\phi_P - \phi_W) \tag{8.52}$$

改写上式后，有

$$\left[\left(D_w - \frac{F_w}{2}\right) + \left(D_e + \frac{F_e}{2}\right)\right]\phi_P = \left(D_w + \frac{F_w}{2}\right)\phi_W + \left(D_e - \frac{F_e}{2}\right)\phi_E \tag{8.53}$$

引入连续方程的离散形式（8.50），上式变成

$$\left[\left(D_w - \frac{F_w}{2}\right) + \left(D_e + \frac{F_e}{2}\right) + (F_e - F_w)\right]\phi_P = \left(D_w + \frac{F_w}{2}\right)\phi_W + \left(D_e - \frac{F_e}{2}\right)\phi_E \tag{8.54}$$

将上式中 ϕ_P、ϕ_W 和 ϕ_E 前的系数分别用 a_P、a_E 和 a_W 表示，得到中心差分格式的对流—扩散方程的离散方程：

$$a_P\phi_P = a_W\phi_W + a_E\phi_E \tag{8.55}$$

其中

$$\begin{cases} a_W = D_w + \dfrac{F_w}{2} \\ a_E = D_e - \dfrac{F_e}{2} \\ a_P = a_E + a_W + (F_e - F_w) \end{cases} \tag{8.56}$$

可写出所有节点（控制体积的中心）上的具有式（8.55）形式的离散方程，从而组成一个线性代数方程组，方程组的未知量 ϕ 就是各节点上的值，如式（8.55）中的 ϕ_P、ϕ_W 和 ϕ_E。求解这个方程，可得未知量 ϕ 在空间的分布。

式（8.55）是对扩散项和对流项均采用中心差分格式离散后得到的结果。系数 a_E、a_W 包括了扩散与对流作用的影响。其中，系数中的 D_e 与 D_w 是由扩散项的中心差分所形成的，代表了扩散过程的影响。系数中与流量 F_e 和 F_w 有关的部分是界面上的分段线性插值方式在均匀网格下的表现，体现了对流的作用。

可以证明，当 $P_e<2$ 时，中心差分的计算结果与精确解基本吻合。但当 $P_e>2$ 时，中心差分格式所得的解就完全失去了物理意义。从离散方程的系数来说，这是由于当 $P_e>2$ 时，$a_E<0$ 所造成的。由于系数 a_E 和 a_W 代表了邻点 E 和 W 处的物理量通过对流及扩散作用对 P 点产生影响大小，当离散方程写成式（8.55）的形式时，a_E、a_W 及 a_P 都必须大于零，负的系数会导致物理上不真实的解。正系数的要求出自于方程组迭代求解的考虑。方程组（8.56）一般采用迭代法求解，而迭代求解收敛的充分条件是在所有节点上有 $(\sum |a_{nb}|)/|a'_p| \leqslant 1$，且至少在一个节点上有 $(\sum |a_{nb}|)/|a'_p| < 1$。这里的 a'_p 是扣除源项后的方程组主系数（$a'_p = a_p - S_P$），记号 nb 代表节点 P 周围的所有相邻节点。

需要注意，通过式（8.48）所定义的控制体积上的 Pe 数是如下参数的组合：流体特性（ρ 与 Γ）、流动特性（u）及计算网格特性（δx）。这样，对于给定的 ρ 与 Γ，要满足 $Pe<2$，只能是速度 u 很小（对应于由对流支配的低 $Reynolds$ 数流动）或者网格间距很小。基于此限制，中心差分格式不能作为对于一般流动问题的离散格式，必须创建其他更合适的离散格式。

2. 二阶迎风格式

与一阶迎风格式的相同点在于，二者都通过上游单元节点的物理量来确定所示控制体积界面的物理量。但二阶迎风格式不仅要用到上游最近一个节点的值，还要用到另一个上游节点的值。

二阶迎风格式规定，当流动沿着正方向，即 $u_w>0$，$u_e>0$（$F_w>0$，$F_e>0$）时，存在

$$\phi_w = 1.5\phi_W - 0.5\phi_{WW},\ \phi_e = 1.5\phi_P - 0.5\phi_W \tag{8.57}$$

此时，离散方程（8.49）变为（注意，这里对扩散项仍采用中心差分格式进行离散）

$$\begin{aligned} &F_e(1.5\phi_P - 0.5\phi_W) - F_w(1.5\phi_W - 0.5\phi_{WW}) \\ &= D_e(\phi_E - \phi_P) - D_w(\phi_P - \phi_W) \end{aligned} \tag{8.58}$$

整理后得

$$\left(\frac{3}{2}F_e + D_e + D_w\right)\phi_P = \left(\frac{3}{2}F_w + \frac{1}{2}F_e + D_w\right)\phi_W + D_e\phi_E - \frac{1}{2}F_w\phi_{WW} \tag{8.59}$$

当流动沿着负方向，即 $u_w<0$，$u_e<0$（$F_w<0$，$F_e<0$）时，二阶迎风格式规定

$$\phi_w = 1.5\phi_P - 0.5\phi_E,\ \phi_e = 1.5\phi_E - 0.5\phi_{EE} \tag{8.60}$$

此时，离散方程（8.49）变为

$$\begin{aligned} &F_e(1.5\phi_E - 0.5\phi_{EE}) - F_w(1.5\phi_P - 0.5\phi_E) \\ &= D_e(\phi_E - \phi_P) - D_w(\phi_P - \phi_W) \end{aligned} \tag{8.61}$$

整理后得

$$\left(D_e - \frac{3}{2}F_w + D_w\right)\phi_P = D_w\phi_W + \left(D_e - \frac{3}{2}F_e - \frac{1}{2}F_w\right)\phi_E + \frac{1}{2}F_e\phi_{EE} \tag{8.62}$$

综合方程（8.59）和方程（8.62），将式中 ϕ_P、ϕ_W、ϕ_{WW}、ϕ_E、ϕ_{EE} 前的系数分别用 a_P、a_W、a_{WW}、a_E、a_{EE} 表示，得到二阶迎风格式的对流—扩散方程的离散方程是

$$a_P\phi_P = a_W\phi_W + a_{WW}\phi_{WW} + a_E\phi_E + a_{EE}\phi_{EE} \tag{8.63}$$

其中

$$\begin{cases} a_P = a_E + a_W + a_{EE} + a_{WW} + (F_e - F_w) \\ a_W = \left(D_e + \dfrac{3}{2}\alpha F_w + \dfrac{1}{2}\alpha F_e\right) \\ a_E = \left(D_e - \dfrac{3}{2}(1-\alpha)F_e - \dfrac{1}{2}(1-\alpha)F_w\right) \\ a_{WW} = -\dfrac{1}{2}\alpha F_w \\ a_{EE} = \dfrac{1}{2}(1-\alpha)F_e \end{cases} \tag{8.64}$$

其中，当流动沿着正方向，即 $F_w>0$ 及 $F_e>0$ 时，$\alpha=1$；当流动沿着负方向，即 $F_w<0$ 及 $F_e<0$ 时，$\alpha=0$。

二阶迎风格式可以看作是在一阶迎风格式的基础上，考虑了物理量在节点间分布曲线的曲率影响。在二阶迎风格式中，实际上只是对流项采用了二阶迎风格式，而扩散项仍采用中心差分格式。容易证明，二阶迎风格式的离散方程具有二阶精度的截差。此外，二阶迎风格式的一个显著特点是单个方程不仅包含有相邻节点的未知量，还包括相邻节点旁边的其他节点的物理量，从而使离散方程组不再是原来的三对角方程组。

8.2.3　离散方程

使用图 8.2 所示的计算网格来划分整个计算域，网格中实线的交点是计算节点，由虚线所围成的小方格是控制体积。将控制体积的界面放置在两个节点中间的位置，这样，每个节点由一个控制体积所包围。

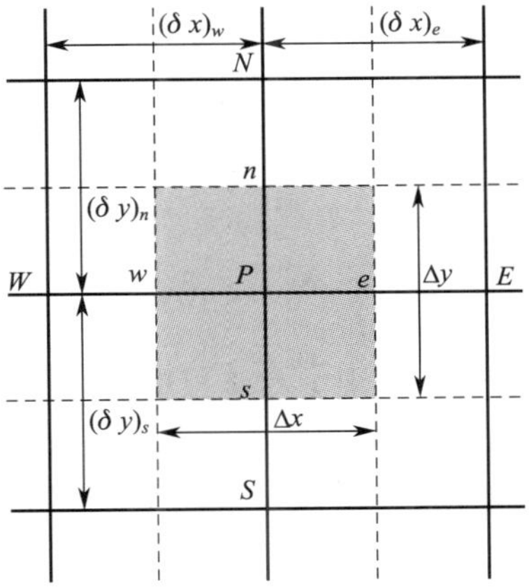

图 8.2　二维问题的计算网格及控制体积

用 p 来标识一个广义的节点，其东西两侧的相邻节点分别用 E 和 W 标识，南北两侧的相邻节点分别用 S 和 N 标识，与各节点对应的控制体积也用相应字符标识。图中节点 P 处的四个方块为控制体积 P。控制体积的东西南北四个界面分别用 e、w、s 和 n 标识。控制体积在 x 与 y 方向的宽度分别用 Δx 和 Δy 表示，控制体积的体积值 $\Delta V=\Delta x\times\Delta y$。节点 P 到 E、W、S 和 N 的距离分别用 $(\delta x)_e$、$(\delta x)_w$、$(\delta x)_s$、$(\delta x)_n$ 表示。

针对图 8.2 所示的计算网格，在控制体积 P 及时间段 Δt（时间从 t 到 $t+\Delta t$）上积分控制方程（8.41），有

$$\int_{t}^{t+\Delta t}\int_{\Delta V}\frac{\partial(\rho\phi)}{\partial t}\mathrm{d}V\mathrm{d}t+\int_{t}^{t+\Delta t}\int_{\Delta V}\mathrm{div}(\rho u\phi)\mathrm{d}V\mathrm{d}t]$$

$$=\int_{t}^{t+\Delta t}\int_{\Delta V}\mathrm{div}(\Gamma\mathrm{gard}\phi)\mathrm{d}V\mathrm{d}t+\int_{t}^{t+\Delta t}\int_{\Delta V}S\mathrm{d}V\mathrm{d}t \tag{8.65}$$

上式中的瞬态项和源项的积分计算方法，与一维问题相同。对于对流项和扩散项的积分，需要作特殊考虑。

为了得出上式中对流项及扩散项的体积分，现引入高斯散度定理：

$$\int_{\Delta V}\mathrm{div}(\boldsymbol{a})\mathrm{d}V=\int_{\Delta S}\boldsymbol{v}\cdot\boldsymbol{a}\mathrm{d}S=\int_{\Delta S}v_i a_i\mathrm{d}S \tag{8.66}$$

式中：ΔV 是三维积分域；ΔS 是与 ΔV 对应的闭合边界面；$\boldsymbol{a}$ 是任意矢量；$\boldsymbol{v}$ 是积分体的面元 $\mathrm{d}S$ 的表面外法线单位矢量；a_i 和 v_i 是矢量 $\boldsymbol{a}$ 和 $\boldsymbol{v}$ 的分量。上式服从张量的指标求和约定。

上式写成常规形式有

$$\int_{\Delta s}\left(\frac{\partial a_x}{\partial x}+\frac{\partial a_y}{\partial y}+\frac{\partial a_z}{\partial z}\right)\mathrm{d}V=\int_{\Delta S}(a_x v_x+a_y v_y+a_z v_z)\mathrm{d}S \tag{8.67}$$

现针对式（8.65）中的各项说明如何进行积分计算。

1. 瞬态项

在处理瞬态项时，假定物理量 ϕ 在整个控制体积 P 上均有节点处的值 ϕ_P。同时假定密度 ρ 在时间段 Δt 上的变化量极小，瞬时项变为

$$\int_{t}^{t+\Delta t}\int_{\Delta V}\frac{\partial(\rho\phi)}{\partial t}\mathrm{d}V\mathrm{d}t=\int_{\Delta V}\left[\int_{t}^{t+\Delta t}\frac{\partial(\rho\phi)}{\partial t}\mathrm{d}t\right]\mathrm{d}V=\rho_P^0(\phi_P-\phi_P^0)\Delta V \tag{8.68}$$

上标 0 表示物理量在时刻 t 的值，而在 $t+\Delta t$ 时刻的物理量没有用上标来标记，下标 P 表示物理量在控制体积 P 的节点 P 处取值。

2. 源项

$$\int_{t}^{t+\Delta t}\int_{\Delta V}S\mathrm{d}V\mathrm{d}t=\int_{t}^{t+\Delta t}S\Delta V\mathrm{d}t=\int_{t}^{t+\Delta t}(S_C+S_P\phi_P\Delta V)\mathrm{d}t \tag{8.69}$$

注意：在上式中引入了对源项进行线性化处理的结果。

3. 对流项

根据高斯散度定理，将体积转变为面积积分后，有

$$\begin{aligned}&\int_{t}^{t+\Delta t}\int_{\Delta V}\mathrm{div}(\rho u\phi)\mathrm{d}V\mathrm{d}t\\&=\int_{t}^{t+\Delta t}[(\rho u\phi A)_e-(\rho u\phi A)_w+(\rho v\phi A)_n-(\rho v\phi A)_s]\mathrm{d}t\\&=\int_{t}^{t+\Delta t}[(\rho u)_e\phi_e A_e-(\rho u)_w\phi_w A_w+(\rho v)_n\phi_n A_n-(\rho v)_s\phi_s A_s]\mathrm{d}t\end{aligned} \tag{8.70}$$

式中：A 为控制体积界面的面积。

4. 扩散项

同样根据高斯散度定理，将体积分转为面积积分后，有

$$\int_t^{t+\Delta t}\int_{\Delta V}\mathrm{div}(\Gamma \mathrm{gard}\phi)\mathrm{d}V\mathrm{d}t$$
$$=\int_t^{t+\Delta t}\left[\left(\Gamma\frac{\partial\phi}{\partial x}A\right)_e-\left(\Gamma\frac{\partial\phi}{\partial x}A\right)_w+\left(\Gamma\frac{\partial\phi}{\partial x}A\right)_n-\left(\Gamma\frac{\partial\phi}{\partial x}A\right)_s\right]\mathrm{d}t$$
$$=\int_t^{t+\Delta t}\left[\Gamma_eA_e\frac{\phi_E-\phi_P}{(\delta x)_e}-\Gamma_wA_w\frac{\phi_P-\phi_W}{(\delta x)_w}+\Gamma_nA_n\frac{\phi_N-\phi_P}{(\delta y)_n}-\Gamma_sA_s\frac{\phi_P-\phi_S}{(\delta y)_s}\right] \tag{8.71}$$

注意：在上式中使用了中心差分格式来离散界面上的 ϕ 值。这是有限体积法中一贯的作法。在前面推导一维问题的离散方程时，无论对流项采用何种离散格式，扩散项总是用中心差分格式离散。

在得到了方程各项的单独表达式后，再做如下两方面的工作：

（1）在对流项中需要引入特定的离散格式将界面物理量 ϕ_e、ϕ_w、ϕ_n 和 ϕ_s 用节点物理量来表示，例如，可使用一阶迎风格式。

（2）在对流项、扩散项和源项中引入全隐式的时间积分方案，例如 $\int_t^{t+\Delta t}\phi_P\mathrm{d}t=\phi_P\Delta t$。

这样，方程变为

$$a_P\phi_P=a_W\phi_W+a_E\phi_E+a_S\phi_S+a_N\phi_N+b \tag{8.72}$$

这就是在全隐式时间积分方案下得到的二维瞬态对流－扩散问题的离散方程。式中系数 a_W、a_E、a_S 和 a_N 取决于在对流项中引入的特定离散格式。若使用一阶迎风格式，有

$$\begin{cases}a_W=D_w+\max(0,F_w)\\ a_E=D_e+\max(0,-F_e)\\ a_S=D_s+\max(0,F_s)\\ a_N=D_n+\max(0,-F_n)\\ a_P=a_W+a_E+a_S+a_N+b+(F_e-F_w)+(F_n-F_s)+a_P^0-S_P\Delta V\\ b=S_C\Delta V+a_P^0\phi_P^0\\ a_P^0=\dfrac{\rho_P^0\Delta V}{\Delta t}\end{cases} \tag{8.73}$$

若采用其他离散格式，系数 a_W、a_E、a_S 和 a_N 的计算公式也可以按照相同的办法推导出来。

从二维向三维的推广时，增设第三个坐标 z。相应地，控制体积由上图所示的矩形变为立方体，增加了上下方向的界面，分别用 t(top)和 b(bottom)表示，相应的两个邻点记为 T 和 B。全隐式时间积分方案下的三维瞬时对流－扩散问题的离散方程为

$$a_P\phi_P=a_W\phi_W+a_E\phi_E+a_S\phi_S+a_N\phi_N+a_B\phi_B+a_T\phi_T+b \tag{8.74}$$

8.2.4 基于交错网格的动量方程的离散

交错网格是指将速度分量与压力在不同的网格系统上离散。使用交错网格的目的，是为了解决在普通网格上离散控制方程时给计算带来的锯齿形压力分布不能消除的问题。交错网格也是 SIMPLE 算法实现的基础。

为使说明更直接，先只讨论稳态问题的动量方程。实线表示原始的计算网格线，实心小圆点表示计算节点（主控制体积的中心），虚线表示主控制体积的界面。这里，实线所表示的网格线用大写字母标识，如在 x 方向上各条实竖线的号码分别是…，$I-1$，I，$I+1$，…，在 y 方向上各条实横线的号码分别是…，$J-1$，J，$J+1$，…；用于限定和标量控制体积界面的虚线用小写字母标识，如在 x 方向上各条虚竖线的号码是…，$i-1$，i，$i+1$，…，在 y 方向上各条虚横线的号码分别是…，$j-1$，j，$j+1$，…，如图 8.3 所示。

图 8.3 所示的编码系统可以准确地表示任何一个网格节点和控制体积界面的位置。用于存储标量的节点，在本书中称为标量节点，它是两条网格线（实线）交点，用两个大写字母表示，P 点通过（I，J）表示。在标量节点（I，J）上定义并存储压力值 $P_{I,J}$ 等，包围标量节点（I，J）的矩形区域是标量控制体积。u 速度存储在标量控制体积的 e 界面和 w 界面上，这些位置是标量控制体积界面线与网格线的交点，称该位置为 u 速度节点，简称速度节点，由一小写字母和一大写字母的组合来表示，例如，w 界面由（i，J）来定义。包围速度节点（i，J）的矩形区域是 u 控制体积。同样，v 速度存储位置称为 v 速度节点，由一大写字母和一个小写字母的组合来表示，例如，s 界面由（I，j）来定义。包围速度节点（I，j）的矩形区域是 v 控制体积。

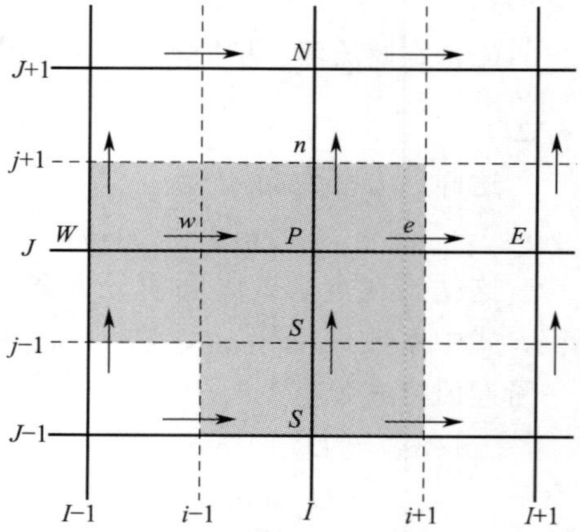

图 8.3 交错网格及其他编码系统

可以使用向前错位，也可使用向后错位的速度网格。这里所说的均匀网格是向后错位的，因为 u 速度 $u_{i,J}$ 的 i 位置到标量节点（I，J）的距离是 $-1/2\delta x_u$；同样，v 速度 $v_{I,j}$ 的 j 位置到标量节点（I，J）的距离是 $-1/2\delta y_v$。

在使用了上述交错网格后，生成离散方程的方法与过程，与基于普通网格的方法和过程完全一样，只是需要注意所使用的控制体积有所变化。在交错网格中，由于所有标量（如压力、温度、密度等）仍然在主控制体积上存储，因此，以这些标量为因变量的输运方程的离散过程及离散结果仍与前面说的完全一样。在交错网格中生成 u 和 v 的离散方程时，主要的变化是积分用的控制体积不再是原来的主控制体积，而是 u 和 v 各自的控制体积，同时压力梯度项从源项中分离出来。例如对 u 控制体积，该项积分为 $\int_{y_j}^{y_{j+1}}\int_{x_{I-1}}^{x_I}\left(-\frac{\partial p}{\partial x}\right)\mathrm{d}x\mathrm{d}y \approx (p_{I-1,J} - p_{I,J})A_{i,J}$ 。从而，按照前面建立离散方程的方法和过程（对于稳态问题，忽略对时间的积分），并考虑到 u 方向的动量方程使用 u 控制体积，可写出在位置（i，J）处的关于速度 $u_{i,J}$ 的动量方程的离散形式：

$$a_{i,J}u_{i,J} = \sum a_{nb}u_{nb} + (p_{I-1,J} - p_{I,J})A_{i,J} + b_{i,J} \tag{8.75}$$

式中：$A_{i,J}$ 为 u 控制体积的东界面或西界面的面积，在二维问题中实际是 Δy，即

$$A_{i,J} = \Delta y = y_{j+1} - y_j \tag{8.76}$$

b 为 u 动量方程的源项部分（不包括压力在内）。对于稳态问题，有

$$b_{i,J} = S_{uC}\Delta V_n \tag{8.77}$$

式中：S_{uC} 为将源项 S_u 线性化分解为 $S_u = S_{uC} + S_{uP}u_P$ 时的常数部分，S_u 若不随速度 u 而变化，则有 $S_{uP}=0$；ΔV_u 为 u 控制体积的体积。压力梯度项已经按线性插值的方式进行了离散，线性插值时使用了 u 控制体积边界上的两个节点间的压力差。

在求和记号 $\sum a_{nb}u_{nb}$ 中所包含的 E、W、N 和 S 四个邻点是（$i-1$，J），（$i+1$，J），（i，$J+1$）和（i，$J-1$）。

按上述同样的方式，可写出新的编号系统中，对于在位置（I，j）处的关于速度 $v_{I,j}$ 的离散动量方程：

$$a_{I,j}v_{I,j} = \sum a_{nb}v_{nb} + (p_{I,J-1} - p_{I,J})A_{I,j} + b_{I,j} \tag{8.78}$$

8.2.5　流场计算的 SIMPLE 算法

SIMPLE 是英文 Semi-Implicit Method for Pressure－Linked Equations 的缩写，意为“求解压力耦合方程的半隐式方法”。该方法由 Patanker 与 Spalding 于 1972 年提出，是一种主要用于求解不可压流场的数值方法（也可用于求解可压流动）。它的核心是采用“猜测一修正”的过程，在交错网格的基础上来计算压力场，从而达到求解动量方程的目的。

SIMPLE 算法的基本思想可描述如下：对于给定的压力场（它可以是假定的值，或是上一次迭代计算所得到的结果），求解离散形式的动量方程，得出速度场。因为压力场是假定的或不准确的，这样，由此得到的速度场一般不满足连续方程，因此，必须对给定的压力场加以修正。修正的原则是：与修正后的压力场相对应的速度场满足这一迭代层次上的连续方程。据此原则，把由动量方程的离散形式所规定的压力与速度的关系代入连续方程的离散形式，从而得到压力修正方程，由压力修正方程得出压力修正值。接着，根据修正后的压力场，求得新的速度场。然后检查速度场是否收敛。若不收敛，用修正后的压力值为给定的压力

场，开始下一层次的计算。如此反复，直到获得收敛的解。

在上述求解过程中，如何获得压力修正值（即如何构造压力修正方程），以及如何根据压力修正值确定“正确”的速度（如何构造速度修正方程），是 SIMPLE 算法的两个关键问题。为此，下面先解决这两个问题，然后给出 SIMPLE 算法的求解步骤。

1. 速度修正方程

现考察一直角坐标系下的二维层流稳态问题。设有初始的猜测压力场 p^*，动量方程的离散方程可借助压力场得以求解，从而求出相应的速度分量 u^* 和 v^*。

根据动量方程的离散方程，有

$$a_{i,J}u_{i,J}^* = \sum a_{nb}u_{nb}^* + (p_{I-1,J}^* - p_{I,J}^*)A_{i,J} + b_{i,J} \tag{8.79}$$

$$a_{I,j}v_{I,j}^* = \sum a_{nb}v_{nb}^* + (p_{I,J-1}^* - p_{I,J}^*)A_{I,j} + b_{I,j} \tag{8.80}$$

定义压力修正值 p' 为正确的压力场 p 与猜测的压力场 p^* 之差，有

$$p = p^* + p' \tag{8.81}$$

同样地，定义速度修正值 u' 和 v'，以联系正确的速度场（u，v）与猜想的速度场（u^*，v^*）。将正确的压力场 p 代入动量离散方程，得到正确的速度场（u，v）。假定源项 b 不变，再引入压力修正值与速度修正值的关系，可得

$$a_{i,J}u'_{i,J} = \sum a_{nb}u'_{nb} + (p'_{I-1,J} - p'_{I,J})A_{i,J} \tag{8.82}$$

$$a_{I,j}v'_{I,j} = \sum a_{nb}v'_{nb} + (p'_{I-1,J} - p'_{I,J})A_{I,j} \tag{8.83}$$

可以看出，由压力值 p' 可求出速度修正值（u'，v'）。上式还表明，任一点上速度的修正值由两部分组成：一部分是与该速度在同一方向上的相邻两节点间压力修正值之差，这是产生速度修正值的直接的动力；另一部分是由邻点速度的修正值所引起的，这又可以视为四周压力的修正值对所讨论位置上速度改进的间接影响。

为了简化求解过程，引入如下近似处理：略去方程中与速度修正值相关的 $\sum a_{nb}u'_{nb}$ 和 $\sum a_{nb}v'_{nb}$。该近似是 SIMPLE 算法的重要特征。于是有

$$u'_{i,J} = d_{i,J}(p'_{I-1,J} - p'_{I,J}) \tag{8.84}$$

$$v'_{I,j} = d_{I,j}(p'_{I-1,J} - p'_{I,J}) \tag{8.85}$$

其中

$$d_{i,J} = \frac{A_{i,J}}{a_{i,J}}, \quad d_{I,j} = \frac{A_{I,j}}{a_{I,j}}$$

将上式代入到速度修正中，可以得到

$$u_{i,J} = u_{i,J}^* + d_{i,J}(p'_{I-1,J} - p'_{I,J}) \tag{8.86}$$

$$v_{I,j} = v_{I,j}^* + d_{I,j}(p'_{I-1,J} - p'_{I,J}) \tag{8.87}$$

从以上各式可以看出，如果已知压力修正值 p'，便可对猜测的速度场（u^*，

v^*）作出相应的速度修正，得到正确的速度场（u，v）。

对于 $u_{i+1,J}$ 和 $v_{I,j+1}$，存在类似的表达式：

$$u_{i+1,J} = u^*_{i+1,J} + d_{i+1,J}(p'_{I,J} - p'_{I+1,J}) \tag{8.88}$$

$$v_{I,j+1} = v^*_{I,j+1} + d_{I,j+1}(p'_{I,J} - p'_{I,J+1}) \tag{8.89}$$

其中

$$d_{i+1,J} = \frac{A_{i+1,J}}{a_{i+1,J}}, \quad d_{I,j+1} = \frac{A_{I,j+1}}{a_{I,j+1}}$$

2. 压力修正方程

在上 8.2.4 中，只考虑了动量方程，其实，如前所述，速度场还受连续方程的约束。对于二维稳态问题，连续方程可写成

$$\frac{\partial(\rho u)}{\partial x} + \frac{\partial(\rho v)}{\partial y} = 0 \tag{8.90}$$

在标量控制体积离散后，可得

$$[(\rho uA)_{i+1,J} - (\rho u\rho uA)_{i,J}] + [(\rho uA)_{I,j+1} - (\rho uA)_{I,j}] = 0 \tag{8.91}$$

将正确的速度值，即

$$\begin{cases} \{\rho_{i+1,J}A_{i+1,J}[u^*_{i+1,J} + d_{i+1,J}(p'_{I,J} - p'_{I+1,J})] \\ -\rho_{i,J}A_{i,J}[u^*_{i,J} + d_{i,J}(p'_{I-1,J} - p'_{I,J})]\} \\ +\{\rho_{I,j+1}A_{I,j+1}[v^*_{I,j+1} + d_{I,j+1}(p'_{I,J} - p'_{I,J+1})] \\ -\rho_{I,j}A_{I,j}[v^*_{I,j} + d_{I,j}(p'_{I-1,J} - p'_{I,J})]\} = 0 \end{cases} \tag{8.92}$$

整理后，得

$$\begin{aligned} &[(\rho dA)_{i+1,J} + (\rho dA)_{i,J} + (\rho dA)_{I,j} + (\rho dA)_{I,j}]p'_{I,J} \\ =\ &(\rho dA)_{i+1,J}p'_{I+1,J} + (\rho dA)_{i,J}p'_{I-1,J} + (\rho dA)_{I,j+1}p'_{I,J+1} + (\rho dA)_{I,j}p'_{I,J-1} + \\ &[(\rho u^*A)_{i,J} - (\rho u^*A)_{i+1,J} + (\rho v^*A)_{I,j} - (\rho v^*A)_{I,j+1}] \end{aligned} \tag{8.93}$$

该式可简记为

$$a_{I,J}p'_{I,J} = a_{I+1,J}p'_{I+1,J} + a_{I-1,J}p'_{I-1,J} + a_{I,J+1}p'_{I,J+1} + a_{I,J-1}p'_{I,J-1} + b'_{I,J} \tag{8.94}$$

其中

$$\begin{cases} a_{I+1,J} = (\rho dA)_{i+1,J} \\ a_{I-1,J} = (\rho dA)_{i,J} \\ a_{I,J+1} = (\rho dA)_{I,j} \\ a_{I,J-1} = (\rho dA)_{I,j} \\ a_{I,J} = a_{I+1,J} + a_{I-1,J} + a_{I,J+1} + a_{I,J-1} \\ b'_{I,J} = (\rho u^*A)_{i,J} - (\rho u^*A)_{i+1,J} + (\rho v^*A)_{I,j} - (\rho v^*A)_{I,j+1} \end{cases} \tag{8.95}$$

方程中源项 b' 是由于不正确的速度场（u^*，v^*）所导致的“连续性”不平衡量。通过求解方程，可得到空间所有位置的压力修正值 p'。

ρ 是标量控制体积界面上的密度值，同样需要通过插值得到，这是因为密度 ρ 是在标量控制体积中的节点（控制体积的中心）定义和存储的，在标量控制体

积界面上不存在直接引用的值。无论采用何种插值方法，对于交界面所属的两个控制体积，必须采用同样的 ρ 值。

至此，根据 SIMPLE 算法的基本思想，给出 SIMPLE 算法的计算流程如图 8.4所示。

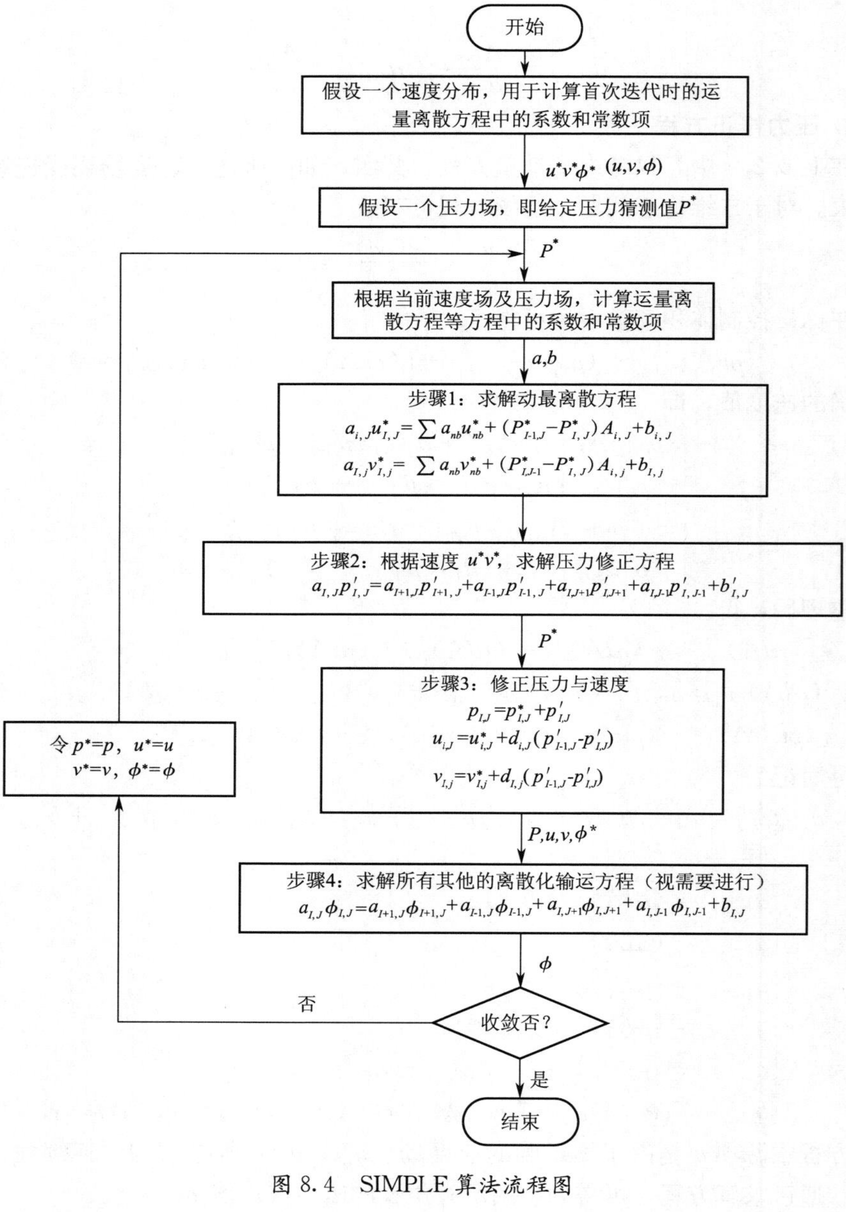
开始
假设一个速度分布，用于计算首次迭代时的运量离散方程中的系数和常数项
$u^* v^* \phi^*$ (u,v,ϕ)
假设一个压力场，即给定压力猜测值P^*
P^*
根据当前速度场及压力场，计算运量离散方程等方程中的系数和常数项
a,b
步骤1：求解动最离散方程
$a_{i,J}u^*_{I,J}=\sum a_{nb}u^*_{nb}+(P^*_{I-1,J}-P^*_{I,J})A_{i,J}+b_{i,J}$
$a_{I,j}v^*_{I,j}=\sum a_{nb}v^*_{nb}+(P^*_{I,J-1}-P^*_{I,J})A_{i,j}+b_{I,j}$
步骤2：根据速度 u^*v^*，求解压力修正方程
$a_{I,J}p'_{I,J}=a_{I+1,J}p'_{I+1,J}+a_{I-1,J}p'_{I-1,J}+a_{I,J+1}p'_{I,J+1}+a_{I,J-1}p'_{I,J-1}+b'_{I,J}$
P^*
步骤3：修正压力与速度
$p_{I,J}=p^*_{I,J}+p'_{I,J}$
$u_{i,J}=u^*_{i,J}+d_{i,J}(p'_{I-1,J}-p'_{I,J})$
$v_{I,j}=v^*_{I,j}+d_{I,j}(p'_{I-1,J}-p'_{I,J})$
P,u,v,ϕ^*
步骤4：求解所有其他的离散化输运方程（视需要进行）
$a_{I,J}\phi_{I,J}=a_{I+1,J}\phi_{I+1,J}+a_{I-1,J}\phi_{I-1,J}+a_{I,J+1}\phi_{I,J+1}+a_{I,J-1}\phi_{I,J-1}+b_{I,J}$
ϕ
收敛否？
否
是
结束
令 $p^*=p$，$u^*=u$
$v^*=v$，$\phi^*=\phi$

图 8.4　SIMPLE 算法流程图

8.2.6　PISO 算法

PISO 是英文 Pressure Implicit with Splitting of Operators 的缩写，意为压力的隐式算子分割算法。PISO 算法是 Issa 于 1986 年提出的，起初是针对非稳态可压流动的无迭代计算所建立的一种压力速度计算程序，后来在稳态问题的迭代计算中也较广泛地使用了该算法。

PISO 算法与 SIMPLE 算法的不同之处在于[7,8]：SIMPLE 算法是两步算法，即一步预测和一步修正；而 PISO 算法增加了一个修正步，包含一个预测步和两个修正步，在完成了第一步修正后寻求二次改进值，目的是使它们更好地同时满足动量方程和连续方程。PISO 算法由于使用了预测－修正－再修正三步，从而可加快单个迭代中的收敛速度。

1. 预测步

使用与 SIMPLE 算法相同的办法，利用猜测的压力场 p^*，求解动量离散方程，得到速度分量 u^* 和 v^*。

2. 第一修正步

所得到的速度场（u^*，v^*）一般不满足连续方程，除非压力场 p^* 是准确的。现引入对 SIMPLE 的第一个修正步，该修正步给出一个速度场（u^{**}，v^{**}），使其满足连续方程。此处修正公式与 SIMPLE 算法完全一致，只不过考虑到在 PISO 算法还有第二个修正步，因此，使用不同的记法：

$$p^{**}=p^*+p',u^{**}=u^*+u',v^{**}=v^*+v' \tag{8.96}$$

这组公式用于定义修正后的速度 u^{**} 和 v^{**}：

$$u_{i,J}^{**}=u_{i,J}^*+d_{i,J}(p'_{I-1,J}-p'_{I,J}) \tag{8.97}$$

$$v_{I,j}^{**}=v_{I,j}^*+d_{I,j}(p'_{I-1,J}-p'_{I,J}) \tag{8.98}$$

3. 第二步修正

为了强化 SIMPLE 算法的计算，PISO 算法要进行第二步的修正。u^{**} 和 v^{**} 动量离散方程是

$$a_{i,J}u_{i,J}^{**}=\sum a_{nb}u_{nb}^*+(p_{I-1,J}^{**}-p_{I,J}^{**})A_{i,J}+b_{i,J} \tag{8.99}$$

$$a_{I,j}v_{I,j}^{**}=\sum a_{nb}v_{nb}^*+(p_{I,J-1}^{**}-p_{I,J}^{**})A_{I,j}+b_{I,j} \tag{8.100}$$

再次求解动量方程，可以得到两次修正的速度场（u^{***}，v^{***}）：

$$a_{i,J}u_{i,J}^{***}=\sum a_{nb}u_{nb}^{**}+(p_{I-1,J}^{***}-p_{I,J}^{***})A_{i,J}+b_{i,J} \tag{8.101}$$

$$a_{I,j}v_{I,j}^{***}=\sum a_{nb}v_{nb}^{**}+(p_{I,J-1}^{***}-p_{I,J}^{***})A_{I,j}+b_{I,j} \tag{8.102}$$

注意：修正步中的求和项是用速度分量 u^{**} 和 v^{**} 来计算的。

现在，从式（8.68）中减去式（8.66），从式（8.69）中减去式（8.67），有

$$u_{i,J}^{***}=u_{i,J}^{**}+\frac{\sum a_{nb}(u_{nb}^{**}-u_{nb}^*)}{a_{i,J}}+d_{i,J}(p'_{I-1,J}-p'_{I,J}) \tag{8.103}$$

$$v_{I,j}^{***} = v_{I,j}^{**} + \frac{\sum a_{nb}(v_{nb}^{**} - v_{nb}^{*})}{a_{I,j}} + d_{I,j}(p'_{I-1,J} - p'_{I,J}) \tag{8.104}$$

其中，记号 p''是压力的二次修正值。有了该记号，p^{***} 可表示为

$$p^{***} = p^{**} + p'' \tag{8.105}$$

将 u^{***} 和 v^{***} 的表达式代入连续方程，得到二次压力修正方程：

$$a_{I,J}p'_{I,J} = a_{I+1,J}p'_{I+1,J} + a_{I-1,J}p'_{I-1,J} + a_{I,J+1}p'_{I,J+1} + a_{I,J-1}p'_{I,J-1} + b'_{I,J} \tag{8.106}$$

写出各系数如下：

$$\begin{cases} a_{I,J} = a_{I+1,J} + a_{I-1,J} + a_{I,J+1} + a_{I,J-1} \\ a_{I+1,J} = (\rho dA)_{i+1,J} \\ a_{I-1,J} = (\rho dA)_{i,J} \\ a_{I,J+1} = (\rho dA)_{I,j} \\ a_{I,J-1} = (\rho dA)_{I,j} \\ b'_{I,J} = \left(\frac{\rho A}{a}\right)_{i,J}\sum a_{nb}(u_{nb}^{**} - u_{nb}^{*}) - \left(\frac{\rho A}{a}\right)_{i+1,J}\sum a_{nb}(u_{nb}^{**} - u_{nb}^{*}) + \\ \qquad \left(\frac{\rho A}{a}\right)_{I,j}\sum a_{nb}(v_{nb}^{**} - v_{nb}^{*}) - \left(\frac{\rho A}{a}\right)_{I,j+1}\sum a_{nb}(v_{nb}^{**} - v_{nb}^{*}) \end{cases} \tag{8.107}$$

本来 $b'_{I,J}$的表达式中，也应当存在与式（8.62）类似的表达式 $[(\rho u^{**}A)_{i,J} - (\rho u^{**}A)_{i+1,J} + (\rho v^{**}A)_{I,j} - (\rho v^{**}A)_{I,j+1}]$。但是，由于 u^{**} 和 v^{**} 满足连续方程，因此，$[(\rho u^{**}A)_{i,J} - (\rho u^{**}A)_{i+1,J} + (\rho v^{**}A)_{I,j} - (\rho v^{**}A)_{I,j+1}]$ 为 0。

现在，求解方程（8.73），就可以得到二次压力修正值 p''。这样，通过 $p^{***} = p'' + p^{**} = p' + p'' + p^{*}$ 就可以得到二次修正压力场。

最后，求解式（8.70）和式（8.71），得到二次修正的速度场。在瞬态问题的非迭代计算中，压力场 p^{***} 与速度场（u^{***}，v^{***}）被认为是准确的。

PISO 算法要两次求解压力修正方程，因此，它需要额外的存储空间来计算二次压力修正方程中的源项。尽管该方法涉及较多的计算，但对比发现，它的计算速度很快，总体效率比较高。

PISO 算法的实施过程如图 8.5 所示。

4. 瞬态问题的 PISO 算法

PISO 算法原本就是为瞬态问题所建立的，是一种无迭代的瞬态计算程序。它的精度依赖于所选取的时间步长。与前面稳态问题使用 PISO 算法相比，在瞬态问题使用 PISO 算法，其离散后的动量方程及两个压力修正方程有如下的变化：

（1）在离散后的 u 动量方程和 v 动量方程中，系数 a_P（$a_{i,J}$ 和 $a_{I,j}$）都增加了 $a_P^0 = \rho_P^0 \Delta V/\Delta t$。源项 b（即 $b_{i,J}$ 和 $b_{I,j}$）都增加了 $a_P^0 u_P^0$ 和 $a_P^0 v_P^0$。

$$\boxed{\text{开始}}$$

假设一个速度分布，用于计算首次迭代时的运量离散
方程中的系数和常数项

$u^*,\ v^*,\ \phi^*\ (u,v,\phi)$

假设一个压力场，即给定压力猜测值 P^*

P^*

做SIMPLE算法中前三步：
1.求解离散动量方程
2.求解压力修正方程
3.修正压力与速度

$p^*,u^*,v^*,\ p',u,v$

令 $u^{**}=u,\ v^{**}=v$

$u^{**},\ v^{**}$

步骤4：求解二次压力修正方程
$$a_{I,J}p''_{I,J}=a_{I+1,J}p''_{I+1,J}+a_{I-1,J}p''_{I-1,J}+a_{I,J+1}p''_{I,J+1}+a_{I,J-1}p''_{I,J-1}+b''_{I,J}$$

p'

步骤5：修正压力与速度
$$p^{***}=p^*+p'+p''$$

$$u^{***}_{i,J}=u^*_{i,J}+d_{i,J}(p'_{I-1,J}-p'_{I,J})+\frac{\sum a_{nb}(u^{**}_{nb}-u^{**}_{nb})}{a_{i,J}}+d_{i,J}(p''_{I-1,J}-p''_{I,J})$$

$$v^{***}_{I,j}=v^*_{I,j}+d_{I,J}(p'_{I-1,J}-p'_{I,J})+\frac{\sum a_{nb}(v^{**}_{nb}-v^{**}_{nb})}{a_{I,J}}+d_{I,J}(p''_{I-1,J}-p''_{I,J})$$

p^{***},u^{***},v^{***}

令 $p^*=p,u^*=u$
$v^*=v,\phi^*=\phi$

令 $p=p^{***},u=u^{***},v=v^{***}$

$p,u,v,\ \phi^*$

步骤4：求解所有其他的离散化输运方程（视需要进行）
$$a_{I,J}\phi_{I,J}=a_{I+1,J}\phi_{I+1,J}+a_{I-1,J}\phi_{I-1,J}+a_{I,J+1}\phi_{I,J+1}+a_{I,J-1}\phi_{I,J-1}+b_{I,J}$$

ϕ

否

收敛否？

是

$$\boxed{\text{结束}}$$

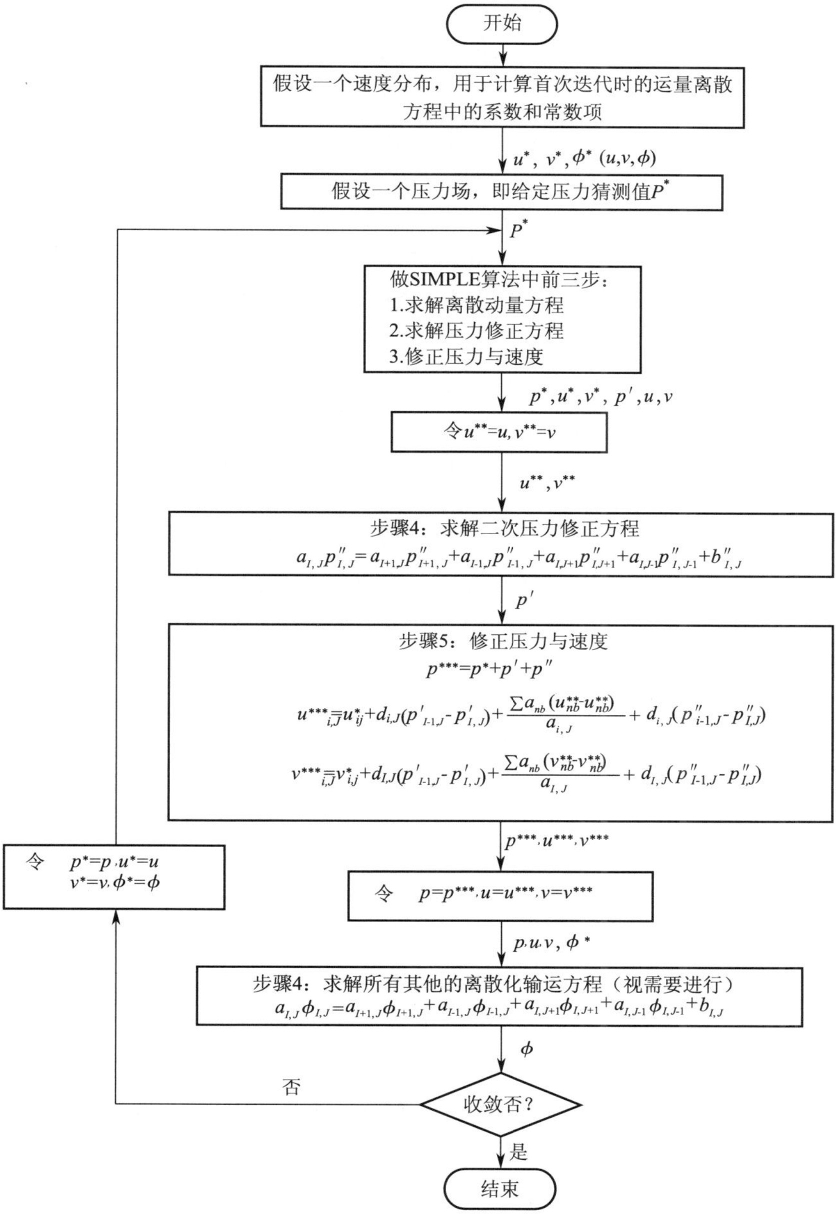

图 8.5　PISO 算法的流程图

（2）在离散后的一次和二次压力修正方程中，源项都增加了 $(\rho_P^0-\rho_P)\Delta V/\Delta t$。

考虑到上面两条变化，可在每个时间步内调用 PISO 算法计算出速度场与压力场。与稳态问题的计算相区别，在瞬态计算的每个时间步内，利用 PISO 算法计算时不需要迭代。PISO 算法的精度取决于时间步长，在预测修正过程中，压

力修正与动量计算所达到的精度分别是 3（Δt^3） 和 4（Δt^4） 的量级。可以看出，使用越小的时间步长，可取得越高的计算精度。

8.3 网格生成技术

计算网格的合理设计和高质量生成是 CFD 计算的前提条件，网格品质的好坏直接影响到数值解的计算精度，同时，网格生成占整个计算任务全部人力时间的 60％～80％，因此网格生成技术的发展对 CFD 技术的发展起着重要的促进作用。

计算网格按网格点之间的邻接关系可分为结构网格、非结构网格和混合网格三类。结构网格的网格点之间的邻接是有序而规则的，数据按照顺序存储，而且可以根据数组的下标方便地索引和查找，方便对某一方向网格进行加密，使流场的计算精度大大提高。非结构网格点之间的邻接是无序的、不规则的，其每个单元都是一个相对独立的个体，需要人工生成相应的数据结构以便对网格数据进行索引和查找，但由于非结构网格单元的各向同性，很难对单一方向进行加密，为了提高计算精度往往需要更多网格单元。对于黏流计算而言，采用完全非结构网格将导致边界层附近的流动分辨率不高。

液体火箭发动机的预燃室、推力室形状一般比较简单（通常是旋转体），其边界是连续光滑曲线，网格生成并不很困难。因此，在本节中将主要讨论经典的网格生成方法。

8.3.1 结构网格生成技术

传统的结构网格生成方法主要有代数方法、椭圆型微分方程生成法和双曲型微分方程生成法等。

代数方法是综合运用代数、三角和解析几何等知识生成网格的方法，通过一些代数关系式，将物理上的不规则区域转换成计算区域内的规则区域。代数方法生成网格速度快，由于无需迭代过程，计算量很小，因此已被广泛使用。但代数生成方法的缺点是网格质量难以控制，生成的网格一般是不正交的，物面附近、拐角等处网格往往不能达到计算精度要求。

代数网格生成方法很多，如直接拉线、坐标变换、双边界法等。目前成熟有效的代数方法是利用已知的边界点坐标对未知的网格点进行无限插值的网格计算方法，即无限插值法，具体应用的插值算法有拉格朗日插值、Hermite 插值等。无限插值方法是一种基于多向或称为多变量的插值理论，插值函数在边界面上的函数值都能和给定值相拟合，因此从此意义上称插值是“无限”的。

通过求解椭圆型微分方程来实现网格生成的方法称为椭圆型微分方程生成法。椭圆型方程具有固有的光顺特性，是网格生成常用的微分方程生成方法。这种方法的最早代表为著名的 TTM 方法，就是通过求解一个二维的拉普拉斯方程来得到计算域的均匀网格。若在拉普拉斯方程中添加右端项（也称为源项），便得到泊松方程，这样就可以通过调整源项值来控制网格的疏密及正交性，其缺点是：①较难确定源项；②计算时间过长。通常希望物面附近的网格线与物面正交并能控制物面处第一条网格线与物面之间的距离。

目前所有的源项控制方法都可以归纳成如下的计算步骤：

（1）在边界处假定源项的初值，最简单的是令源项为 0；

（2）改变边界处源项值，即“源项控制”，使生成的网格尽量接近所期望的网格；

（3）将物面与外边界处的源项值内插至流场内部网格点处；

（4）迭代求解出添加该源项值时的泊松方程；

（5）重复步骤（2）～（4）直到获得所期望的网格。

步骤（4）称为“内迭代”，而步骤（2）～（4）称为“外迭代”。一般只在外迭代时改变源项值，而内迭代时源项值保持不变。

目前按源项控制方法的不同，可以将其分为两类：一类是根据正交性和网格间距的要求直接导出源项表达式；另一类则在迭代过程中根据源项的变化情况，采用“人工”控制源项值，来得到所期望的网格。由于前一种方法所求源项计算量大，收敛速度慢，不能同时直接控制正交性和第一层网格间距，所以现在常用后一种方法。下面就介绍椭圆网格生成的具体方法。

对于二维问题，保角变换提供了满足正交性和光滑性要求的一种网格生成方法。把物理平面和计算平面的网格点坐标表示为复数的形式，即

$$Z = x + \mathrm{i}y \tag{8.108}$$

$$\zeta = \xi + \mathrm{i}\eta \tag{8.109}$$

如果 $\zeta=\zeta(Z)$ 是解析函数，则 (x, y) 到 (ξ, η) 的变换称为保角变换。保角变换的优良性质体现在 ξ、η 网格线之间的夹角等于 x、y 网格线之间的夹角（如果 (ξ, η) 平面网格正交，则 (x, y) 平面网格也是正交的），而且变换是充分光滑的。$\zeta=\zeta(Z)$ 是解析函数的条件，即 Cauchy-Riemann（柯西一黎曼）条件：

$$\frac{\partial\xi}{\partial x} = \frac{\partial\eta}{\partial y}, \quad \frac{\partial\xi}{\partial y} = \frac{\partial\eta}{\partial x} \tag{8.110}$$

保角变换方法的缺点是对于一般形状的区域，构造保角变换非常复杂，而且只适用于二维问题。为了解决这些问题，注意到，由式（8.110）可得

$$\begin{cases} \dfrac{\partial^2\xi}{\partial x^2} + \dfrac{\partial^2\xi}{\partial y^2} = 0 \\ \dfrac{\partial^2\eta}{\partial x^2} + \dfrac{\partial^2\eta}{\partial y^2} = 0 \end{cases} \tag{8.111}$$

因此，可以用拉普拉斯方程式（8.111）作为网格生成的出发方程。显然，

在一般情况下，式（8.111）和式（8.110）不等价，所以生成的网格不一定是正交的。但由于式（8.111）是椭圆型方程，(x, y) 和 (ξ, η) 之间的变换是光滑的和一一对应的。

然而，直接求解式（8.111）是困难的，方程的自变量是 (x, y)，在非矩形区域上求解该方程时也需生成网格。解决这个问题的方法是利用式（8.110）将式（8.111）进行变换，得到

$$\begin{cases}\alpha x_{\xi\xi} - 2\beta x_{\xi\eta} + \gamma x_{\eta\eta} = 0 \\ \alpha y_{\xi\xi} - 2\beta y_{\xi\eta} + \gamma y_{\eta\eta} = 0\end{cases} \tag{8.112}$$

其中

$$\begin{cases}\alpha = (x_\eta)^2 + (y_\eta)^2 \\ \beta = x_\xi x_\eta + y_\xi y_\eta \\ \gamma = (x_\xi)^2 + (y_\xi)^2\end{cases} \tag{8.113}$$

由于 (ξ, η) 平面的求解域是矩形区域，可以用矩形网格下的有限差分方法求解式（8.112），从而得到与 ξ_i、η_j 对应的 $x_{i,j}$、$y_{i,j}$。

在流场参数变化剧烈的地方，总希望网格能分布集中一些，这样更能准确反映流场的真实情况。但是应用前述的拉普拉斯方程变换法得到的物理平面上的网格并不能在所希望的地方加密，网格分布基本上是均匀的。于是 Thompson 等人在 1977 年又提出了用带源项的泊松方程作变换函数的方法，通过方程中的源项 $P(\xi, \eta)$，$Q(\xi, \eta)$ 来控制网格线的疏密分布，这时变换方程为

$$\frac{\partial^2 \xi}{\partial x^2} + \frac{\partial^2 \xi}{\partial y^2} = P(\xi, \eta) \tag{8.114}$$

$$\frac{\partial^2 \eta}{\partial x^2} + \frac{\partial^2 \eta}{\partial y^2} = Q(\xi, \eta) \tag{8.115}$$

经过逆变换后为

$$\alpha x_{\xi\xi} - 2\beta x_{\xi\eta} + \gamma x_{\eta\eta} = -J^2\left[x_\xi P(\xi, \eta) + x_\eta Q(\xi, \eta)\right] \tag{8.116}$$

$$\alpha y x_{\xi\xi} - 2\beta y_{\xi\eta} + \gamma y_{\eta\eta} = -J^2\left[y_\xi P(\xi, \eta) + y_\eta Q(\xi, \eta)\right] \tag{8.117}$$

式中，雅可比行列式 $J = x_\xi y_\eta - x_\eta y_\xi$。若希望 ξ 线在 $\xi = \xi_i$ 附近集中，则可取

$$P(\xi, \eta) = -a\,\mathrm{sign}(\xi - \xi_i)\exp\left[-c(\xi - \xi_i)\right] \tag{8.118}$$

若希望 ξ 线在某点 (ξ_i, η_i) 集中，则可取

$$Q(\xi, \eta) = -b\,\mathrm{sign}(\xi - \xi_i)\exp\left[-d\sqrt{(\xi - \xi_i)^2 + (\eta - \eta_i)^2}\right] \tag{8.119}$$

其中

$$\mathrm{sign}(x) = \begin{cases}1 & x > 0 \\ 0 & x = 0 \\ -1 & x < 0\end{cases} \tag{8.120}$$

这样源项 $P(\xi, \eta)$，$Q(\xi, \eta)$ 的一般形式为

$$P(\xi, \eta) = -\sum_{i=1}^{n} a_i \mathrm{sign}(\xi - \xi_i)\exp\left[-c_i(\xi - \xi_i)\right] -$$

$$\sum_{i=1}^{m} b_j \operatorname{sign}(\xi-\xi_j)\exp\left[-d_j\sqrt{(\xi-\xi_j)^2+(\eta-\eta_j)^2}\right] \tag{8.121}$$

$$Q(\xi,\eta)=-\sum_{i=1}^{n} a_i \operatorname{sign}(\eta-\eta_i)\exp[-c_i(\eta-\eta_i)]-$$

$$\sum_{i=1}^{m} b_j \operatorname{sign}(\eta-\eta_j)\exp\left[-d_j\sqrt{(\eta-\eta_j)^2+(\xi-\xi_j)^2}\right] \tag{8.122}$$

式中，sign 为符号函数；a_i、b_i 是振幅，它影响调整量的大小；c_i、d_i 是衰减因子，反映了网格线的靠拢度，两式中的这些系数可以不同，具体值需要进行数值计算确定。

注意：式（8.121）和式（8.122）中右边第一项表示网格线向不同的 ξ_i＝常数或 η_i＝常数的网线靠拢，第二项表示各网格点向(ξ_i，η_i)点靠拢。

通过调整边界网格节点的分布也可以控制流场网格的分布，但是固定边界上网格节点不变且不构造源项，迭代收敛时，在边界处网格线很难保证正交性。此外，方程中没有源项，在内部区域网格分布是很难控制的。

求解偏微分方程法生成的网格质量较高，并且求解方程统一，容易构造通用程序，但计算量大，生成网格时间长。目前，应用最多的结构网格生成方法是代数方法与椭圆数值网格生成方法相结合，即椭圆数值网格生成方法是对满足一定条件网格分布的光顺过程，它需要已知一些边界面上的网格分布及有一个初始的网格点分布，这些网格点的分布一般由代数方法生成。

8.3.2　非结构网格生成技术

非结构网格生成技术主要形成了三种基本方法：阵面推进方法、Delauney 方法和四/八叉树法等。近 20 年来，为了适应工程上越来越多的复杂流场计算，在传统方法的基础上又发展起来许多新的网格技术，如动边界网格、自适应网格、多重网格等。目前数值网格技术是计算流体力学一个很活跃的研究领域，许多新的方法不断涌现，但也还有不少问题有待解决。

由于结构网格在拓扑结构上相当于矩形域内的均匀网格，其节点定义在每一层的网格线上，且每一层上节点数都是相等的，这样使复杂外形的贴体网格生成比较困难。非结构网格没有规则的拓扑结构，也没有“层”这一概念，其网格节点分布是随意的，因此具有灵活性。20 世纪 90 年代初以来，非结构网格获得迅速发展。

非结构网格采用三角形或四面体单元可方便地填充整个计算区域，不需要考虑网格连接的结构性和正交性，节点和单元的分布可控性好，对几何外形具有很强的适应性，对于复杂外形的网格生成相对容易、省时。非结构网格数据随机存储，有利于网格疏密控制、实现自适应，可以提高计算精度。由于网格节点可以快速增加和删减，处理边界问题比较容易，非结构网格在自由表面流动、多介质流动、多体相对运动等问题研究中具有结构网格无法比拟的优势。

但非结构网格也有一些缺陷，它相对于结构网格需要多得多的物理内存来存储数据，计算时耗费的寻址时间也要较多。在处理高雷诺数黏性问题时，高度拉伸的三角形/四面体网格单元无法准确对流动参数梯度项进行模拟，如果各方向均布置很密的网格，计算量将是十分巨大的。

本节以二维（三角元）阵面推进法为例简要介绍网格生成的过程。其主要步骤是：生成背景网格；对内外边界进行剖分形成初始阵面；引入新节点推进阵面，生成网格；对生成的网格进行光滑与优化。

（1）背景网格。指的是一组覆盖整个计算域的疏网格，其节点处存储着网格生成所需的控制参数，主要是单元的基本长度，网格的伸展比和伸展方向，为简单起见，这里只用其基本长度。背景网格不是最终网格的组成部分，不需与边界保持一致，但此时计算域内任一点的控制参数都可用其所在的背景网格三个顶点的参数线性插值得到，保证了网格单元分布的连续性。最基本的背景网格是人工输入数据形成，现在新的改进的措施是用 Delaunay 法自动生成。

（2）初始阵面的形成。对二维 n 格来说，阵面是由边（矢量）组成，初始阵面可用背景网格提供的控制参数，对物面边界和远场边界分别进行剖分得到。控制体外边界的边（矢量）按逆时针方向组织；内边界也是一个个有向闭环，但每一个内边界的边按逆时针方向排列，这些边最终在三角形化结构中成为三角形的边。二角化的最初阵面一般来说是所有内边界的总和。

（3）阵面推进，生成网格。初始阵面形成后，可以由背景网格提供的控制参数引入内部节点，生成网格。这个过程包括连接新节点或已存在的阵面节点形成三角单元并对阵面进行重新定义。

（4）对网格进行优化。为进一步提高网格的质量，还需对上面生成的网格进行优化，其最常用的方法是用拉普拉斯迭代法。

非结构网格相比于结构网格存在着内存要求大、CPU 时间长、不能使用结构网格中有效地加快收敛的措施和黏性流计算中非结构网格的生成尚需进一步研究等问题，于是提出了结构网格与非结构网格混合网格的问题。

矩形网格是结构网格中最简单的一种，不必进行雅可比矩阵计算，具有比贴体网格计算更简便快捷的优点，但不易处理复杂边界。因此，最简单的混合网格是由近物面的非结构网格及远物面的矩形网格的混合，这类混合网格在无黏流计算时是很有效的。

从 20 世纪 90 年代开始，结合了结构网格和非结构网格各自优点的混合网格开始发展起来。它的思路是在壁面等流动梯度大的地方使用结构网格，然后利用非结构网格将结构网格之间区域填充起来。这样就可以充分发挥结构网格黏性计算精度高、非结构网格生成的人工工作量小的特点，能够适应复杂外形的黏性问题计算。相对于结构网格，混合网格生成比较容易，同时又比非结构网格更适合于黏性流动的模拟，而且计算量更小一些。近年来，混合网格成为 CFD 新的前沿热点之一。

结构网格和非结构网格都采用了有限体积法，流动变量都存储在单元中心上，因此数据交换也在单元中心上进行。在交界面上，三角形和四边形单元都向外虚拟一层，虚拟三角形中心流动变量取值于四边形单元中心，虚拟四边形中心流动变量取值于三角形单元中心。这样就可以实现在结构网格和非结构网格之间数据交换，数值计算时每迭代一步，就更新结构网格和非结构网格交界面上的流动变量。混合网格上的计算过程首先根据给定的初始条件和边界条件，在结构网格和非结构网格上分别求解，然后在交接面上交换解的信息，如果不满足收敛条件则继续分别求解然后交换数据，重复上一步骤直至收敛，输出计算结果。

8.4　液体火箭发动机燃烧过程计算算例及结果分析

8.4.1　双工况氢氧发动机燃烧与传热数值分析

双工况氢氧发动机采用改变混合比的方法实现单级入轨，可降低运载器发射费用，提高可靠性。该发动机在低空采用高富氧工况，具有很高的密度比冲。当达到一定的高度后转成接近于当量比的富燃工况，以发挥其高性能比冲的特点。但是双工况氢氧发动机在转工况过程中由于关闭了部分推进剂流量，必然会导致推力室内的燃烧流场发生剧烈变化，同时影响到燃烧室壁面的温度和热流分布。

本算例应用三维计算模型对发动机转工况前后的燃烧流场进行数值模拟，在给定燃烧室外壁面温度下，对燃气与燃烧室壁之间的传热进行耦合计算；并且比较采用同轴离心式喷嘴和同轴直流式喷嘴两种情况下的燃烧流场与效率。

1. 物理模型

假定氢在喷入燃烧室前已经气化。气相控制方程采用三维雷诺平均 Navier-Stokes 方程，湍流模型采用标准的 κ-ε 双方程模型，化学反应模型采用氢氧单步总包化学反应模型；考虑燃气对壁面的强迫对流以及壁面的导热作用；采用在拉格朗日坐标系下的离散相随机颗粒轨道模型描述液氧液滴运动，按 Rosin-Rammler 分布函数对液滴进行分组，推进剂雾化模型为

$$q_i = 1 - \exp[-0.639(\frac{d_i}{D})^N] \tag{8.123}$$

式中：q_i 表示喷雾中液滴直径小于 d_i 的所有液滴的质量占喷雾总质量的比率；D 是中间质量液滴的直径，N 是尺寸分布参数，D、N 由试验测得。

液氧蒸发速率采用液滴常压蒸发模型计算。

采用有限速率的化学模型来模拟单步氢氧反应，反应速率按 Arrhenius 公式

给出：

$$R = C_A \overline{\gamma}_{fu} \overline{\gamma}_{ox} \exp\left(-\frac{E}{RT}\right) \tag{8.124}$$

式中：$\overline{\gamma}_{fu}$、$\overline{\gamma}_{ox}$ 分别为燃烧剂和氧化剂的浓度，对氢氧反应 $C_A = 2.4 \times 10^9$，$E/R=800$。

燃烧室内壁面的温度与热流分布都未知，需要通过燃气对壁面的强迫对流以及壁面的导热耦合求解得到。

燃气强迫对流传热表达式：

$$q_k = \alpha_{aw}(T_{aw} - T_{wg}) \tag{8.125}$$

燃气对流传热系数采用下式：

$$\alpha_{kg} \approx 74.3 \times C_{pg} \times \eta_g^{0.18} \times G_g^{0.82}/D^{1.82} \times (T_g/T_{wg})^{0.35} \tag{8.126}$$

式中：C_{pg}、η_g、G_g 分别为近壁层燃气的比热、平均动力黏度与总的质量流量；D 为计算截面处的燃烧室内径；T_g、T_{wg} 分别为燃气和与燃气相接触的壁温。

燃烧室壁面的热传导方程

$$q'_k = -\lambda \left.\frac{\mathrm{d}T}{\mathrm{d}L}\right|_w \tag{8.127}$$

式中：λ 为固壁的导热系数。

耦合交界面满足以下条件：

（1）温度连续

$$T_{wg}\Big|_g = T'_{wg}\Big|_w \tag{8.128}$$

（2）热流密度连续

$$q_k\Big|_g = q'_k\Big|_w \tag{8.129}$$

式中：下标 g、w 分别表示气固交界面上靠近燃气与固壁的物理量。

2. 数值计算方法

采用时间相关法求解氢氧燃烧反应流场，用控制体积法离散方程，在空间上采用二阶迎风格式对动量方程、连续方程、能量方程和组分方程进行耦合求解，在时间上采用显式的 Runge-Kutta 方法进行迭代求解。

在用 SIMPLE 算法求解反应流场的同时进行燃气与壁面的耦合传热求解：根据耦合边界上的初场温度分布，对燃气区域进行求解，得出耦合边界上的局部热流密度和温度梯度；进而求解壁面固体区域，得出耦合边界上新的温度分布；再以此分布作为燃气区域的输入，重复直到收敛。

3. 计算网格

模型发动机的型面是由双圆弧组成的轴对称结构，同时考虑到喷嘴分布情况为外圈 12 个，内圈 6 个均匀分布，所以计算区域沿对称面取 1/12，表面网格分布如图 8.6 所示。

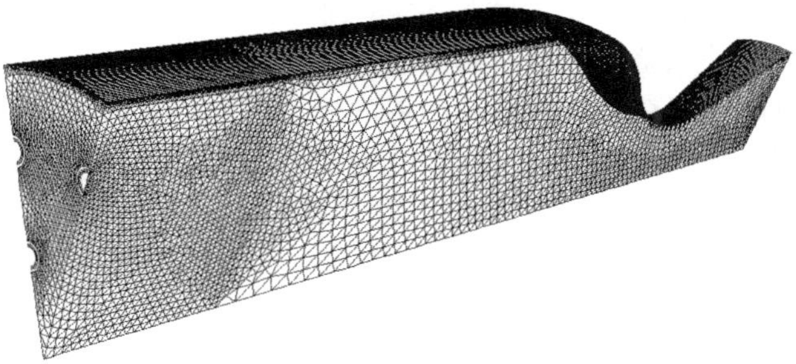

图 8.6　双工况氢氧发动机燃烧与传热分析计算网格

4. 边界条件

入口边界条件由流量、温度、入口速度给出，参数分布按离心式喷嘴的雾化模型得到。出口条件按线性外推给出。对称面变量的梯度在 x、y 方向上等于零 。内壁面速度满足固壁无滑移条件，传热边界条件满足耦合交界面条件。外壁面以等温壁处理。

5. 计算条件

计算两种工况：（1） 富氧工况：氢流量 0.08307kg/s，入口温度 150K；氧流量 1.0799kg/s，入口温度 93K；余氧系数为 1.5；（2） 富燃工况：氢流量 0.08307kg/s，入口温度 150K；氧流量 0.4984kg/s，入口温度 93K；余氧系数为 0.75。燃烧室固壁外壁面设为等温壁，$T=500$K。

对富氧与富燃两种工况，都将有某一种组分反应完全，以该种推进剂在不同位置已燃烧量占总流量的比值作为燃烧效率，比较不同类型喷嘴的雾化混合燃烧效果。

推力室的壁面材料为锆铜，导热系数由试验测得。气氢、气氧、液氧、水蒸气的物性参数参见参考文献 [2，9]。

6. 计算结果分析

1） 流场分析

图 8.7、图 8.8 分别是采用离心式喷嘴富氧、富燃工况下一个对称面上的温度分布。可以看出火焰最高温度达到 4000K 以上，与实际氢氧反应火焰绝热温度相比稍微偏高，这主要是由于为了简化计算，采用了单步氢氧化学反应，没有考虑离解反应；而真实的物理过程是当氢氧燃烧温度达到一定值时，将发生大量

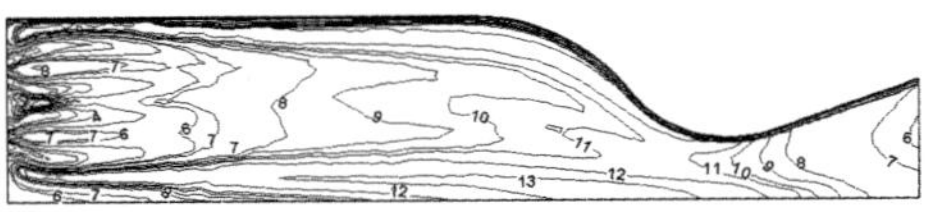

图 8.7　离心式喷嘴富氧工况下氢氧发动机内温度分布

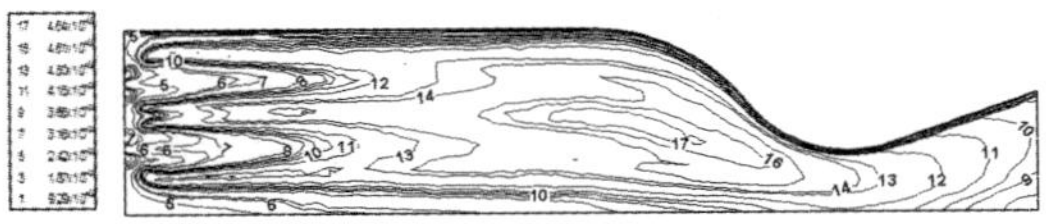

图 8.8　离心式喷嘴富燃工况下氢氧发动机内温度分布

复杂的离解反应，离解需吸收大量的热量，从而火焰温度较数值计算得到的局部火焰温度偏低。但是从整体上看，温度场分布还是合理的。

在喷注入口面也存在着局部较高的温度分布区，结合离心式喷嘴燃烧产物分布图（图 8.9、图 8.10）可以看出，在这些区域的水蒸气含量较高。这主要是由于采用离心式喷嘴，液氧从喷嘴喷出将以一定的角度偏离轴向喷射，气化后燃烧产生高速燃气，导致在喷嘴出口附近形成复杂的回流区，这些回流区一方面增加了混合效果，另一方面把大量的高温燃烧产物水蒸气带回到入口面，使得在入口面出现了局部的高温区。

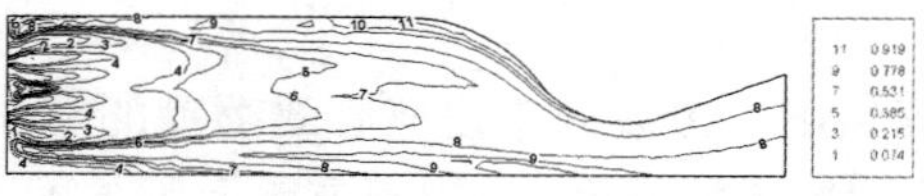

图 8.9 离心式喷嘴富氧工况下氢氧发动机内 H_2O 摩尔分数分布

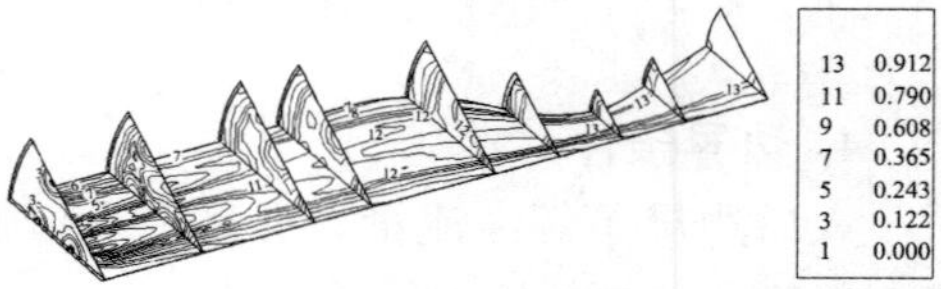

图 8.10 离心式喷嘴富燃工况下氢氧发动机内 H_2O 摩尔分数分布

比较直流式喷嘴燃烧产物的分布图（图 8.11、图 8.12）可以看出，入口面水蒸气含量要比采用离心式喷嘴时低。这是因为对直流式喷嘴，一方面入口液滴的雾化角很小，几乎是平行于轴向进入燃烧室；另一方面直流式喷嘴的雾化混合效果不如离心式，在入口段燃烧产物较少，回流区带回的主要还是低温的氢组分。这就造成了入口面的温度分布离心式喷嘴要比直流式喷嘴高。所以在工程应用中，如果采用离心式喷嘴需要更加注重喷注面的冷却。

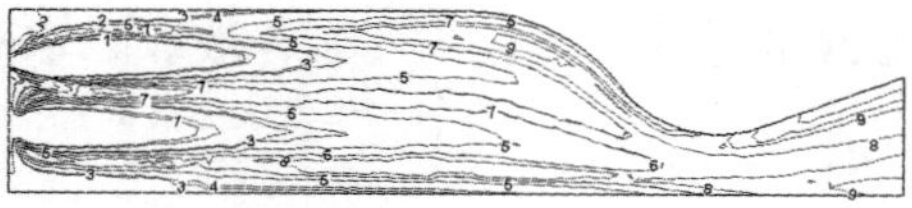

图 8.11 直流式喷嘴富氧工况下氢氧发动机内 H_2O 摩尔分数分布

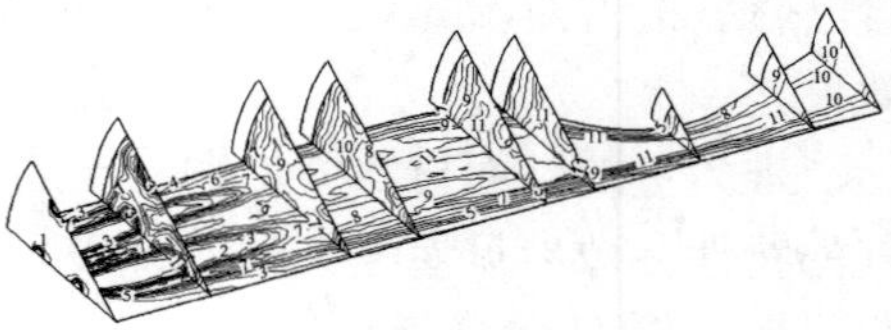

图 8.12 直流式喷嘴富燃工况下氢氧发动机内 H_2O 摩尔分数分布

另外对离心式喷嘴还可以看出在喷射区中心也存在着较高的温度分布区，并且在这些区域内也有较高的水蒸气分布。这是由于离心式喷嘴的喷射区中心存在一段空心区域，有一部分气氢将穿过液氧进入该区域进行反应。而对于直流式喷嘴这部分区域内水蒸气的含量则很低。

通过比 较图 8.7 与图 8.8 还可以得出，在富氧工况下温度场分布总体上比富燃下低，这主要是由于在富氧工况下，有大量的低温氧过剩。

两种喷嘴下的流场都存在着明显的分层现象，表现出扩散火焰燃烧特征。另外采用直流式喷嘴时，这种分层现象比离心式喷嘴要更加严重。这说明直流式喷嘴的雾化混合效果比离心式喷嘴要差。图 8.11 和图 8.12 是富燃工况两种喷嘴产物水蒸气沿着轴向截面上的摩尔浓度分布图。比较两幅图可以清楚地看出采用直流式喷嘴时，入口面以及靠近壁面的燃烧产物的浓度较低，燃烧分层现象更加明显。

2）传热分析

图 8.13 与图 8.14 分别是在离心式喷嘴下富氧与富燃工况燃烧室壁面上沿轴向的热流与温度分布比较图。从图中可以得出，富氧工况壁面的温度与热流均比富燃工况要大，这一点可以从温度分布图 8.7 与图 8.8 分析，富氧工况高温区域比富燃工况更加靠近壁面。这主要是由于在富燃工况有部分氢过剩，由于氢在离心式喷嘴的外圈，所以很大一部分过剩的氢沿着壁面流动，把高温的燃烧产物从壁面隔离开。另外还可以得出温度与热流的最高值均出现在喉部附近（$x=-0.05$），最大热流量高达 $10^7\ \mathrm{W/m^2}$ 数量级 。所以在设计中要特别注意富氧工况下的热防护问题。

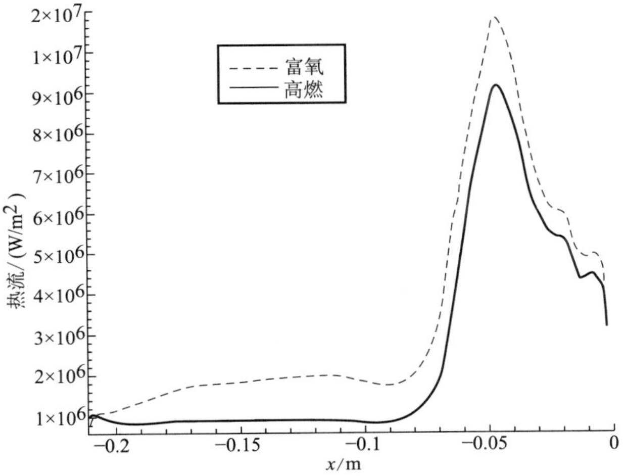

图 8.13　离心式喷嘴富氧和富燃工况下壁面热流比较

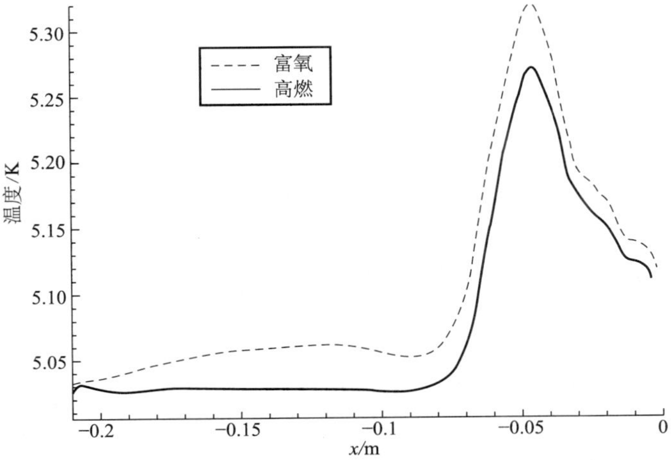

图 8.14　离心式喷嘴富燃和富氧工况下壁面温度比较

3）燃烧效率比较

图 8.15 与图 8.16 分别是富氧与富燃工况下，两种喷嘴的燃烧效率的比较。通过分析可以得到以下几个结论：①对富氧工况采用离心式喷嘴的燃烧效率明显比直流式喷嘴要高。②对富燃工况，在燃烧室段离心式喷嘴的燃烧效率比直流式喷嘴明显的要高，但是到喉部以后两者的燃烧效率基本相同。③无论是离心式喷嘴还是直流式喷嘴，到出口处基本上都已经反应完全。

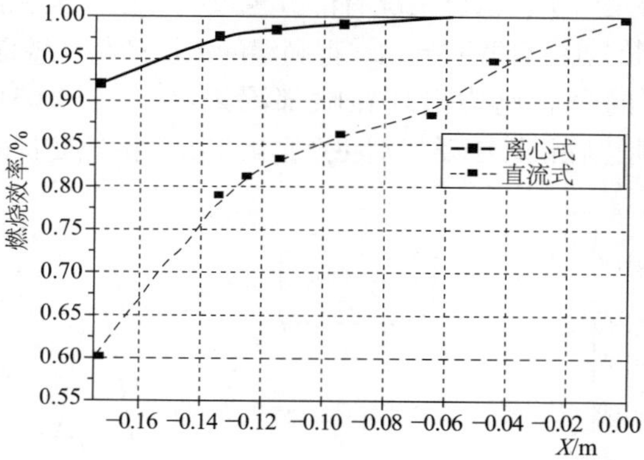

图 8.15　富氧工况下两种喷嘴的发动机燃烧效率比较

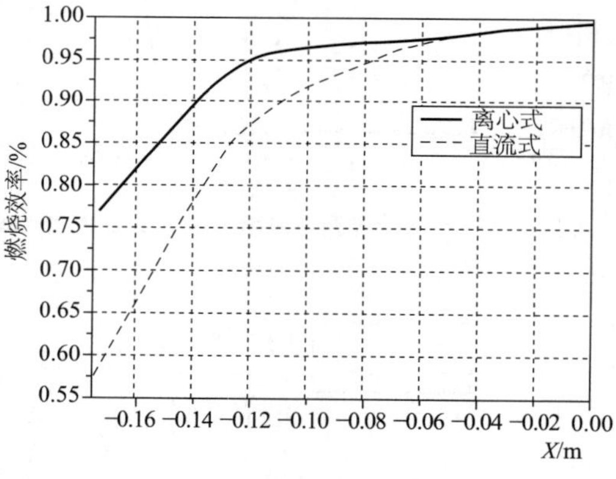

图 8.16　富燃工况下两种喷嘴的发动机燃烧效率比较

8.4.2　三组元发动机推力室内部传热数值仿真[10]

三组元发动机推力室内部的传热过程相当复杂，主要包括推进剂液滴的相变传热、燃气间的传热、燃气对推力室壁面的对流及辐射传热、冷却槽肋片的热传导、冷却液与冷却槽的对流传热等。当然，这些过程的划分并不是绝对的，它们之间相互耦合相互影响，这更增加了仿真计算的复杂性。

1. 物理模型

算例研究对象为某三组元模型发动机。在该模型发动机的推力室喷注面板上均匀布置了 1 圈共 5 个喷嘴，喷嘴结构可为离心外混式喷嘴或直流外混式喷嘴。这两种外混式喷嘴均由一个中心孔和两个同心环缝组成：液氧从内喷孔喷出，煤油由中间环缝喷出，气氢由外环缝喷出。利用气液之间速度差带来的剪切力及液体之间的冲刷碰撞对液体推进剂进行雾化。液体雾化后的液滴分布采用 Rosin-Rammler 分布函数，分布指数 2.1，煤油与液氧的直径分布见表 8.1。

表 8.1　燃烧室仿真计算液滴离散相直径分布

	液氧	煤油
最大直径/m	7×10^{-5}	8×10^{-5}
最小直径/m	1×10^{-5}	1×10^{-5}
平均直径/m	3×10^{-5}	5×10^{-5}

液滴雾化蒸发后采用 Arrhenius 燃烧模型计算化学反应，采用煤油与氧及煤油与氢的单步总包反应模型。

三组元火箭发动机具有高室压高室温的特点，高压、高温、高速的燃气流将产生巨大的对流和辐射热流传向壁面。尤其在喷管喉部附近，最大热流密度可高达 $10\mathrm{MW/m^2}\sim160\mathrm{MW/m^2}$。在这样大的热流下，为保证推力室室壁有可靠的热防护，需采取强化冷却措施。模型发动机推力室采用头部进水、喷管出口流出的冷却方式，冷却剂采用液态常温水，冷却水贮箱压力 5.0MPa，冷却水流量为 8.9kg/s，冷却槽采用铣削加工。推力室采用锆铜材料，设计的燃烧室可变长度，在燃烧室连接件上打有孔以供冷却水流动。采用推力室壁面的热流量为边界条件，对冷却槽道内的湍流流动和对流传热进行一维计算评估，其结果表明壁面温度不会超过锆铜的温度极限，冷却方案可靠。

2. 网格与边界条件

采用结构网格与非结构网格相结合的混合网格，对结构复杂的推力室头部区域采用非结构网格，其余采用结构网格。由于发动机推力室及冷却通道均为旋转对称结构，为节省计算网格的数量，可根据喷注面的喷嘴分布结构及推力室身部的对称结构（图 8.17）把计算区域取为原推力室的 1/10，在计算中将切分面设为对称面。这样结合结构的对称性来简化计算不会对计算结果造成偏差，其具体结构如图 8.18 所示。燃烧室段网格划分成两个区域，区域连接处采用网格拼接方式相连：由于推力室头部区域要发生液滴的喷射、雾化、蒸发、气相的扩散、混合、燃烧等各种复杂的物理化学作用，其网格相应较密。并且由于喷嘴复杂的外形结构，只有非结构网格可以很好地适应该区域的结构特点；在燃烧室及冷却通道近壁面的附面层内，由于存在层流附面层效应需要对近壁面的网格进行相应的加密。在推力室壁的锆铜材料表面由于存在较大的温度梯度，在此处也要适当的进行网格加密来满足计算精度要求。

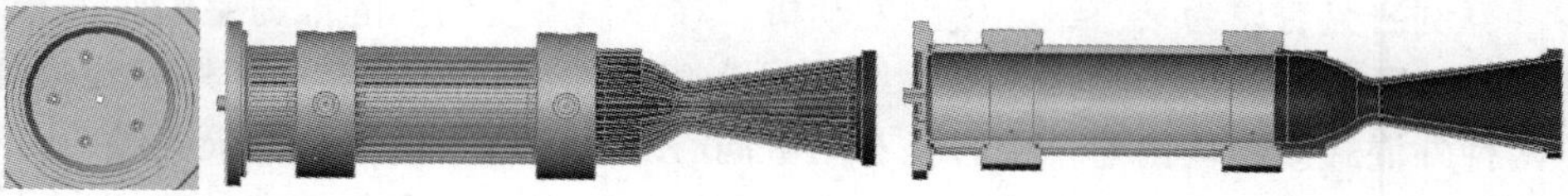

图 8.17 喷注面板、冷却道、推力室示意图

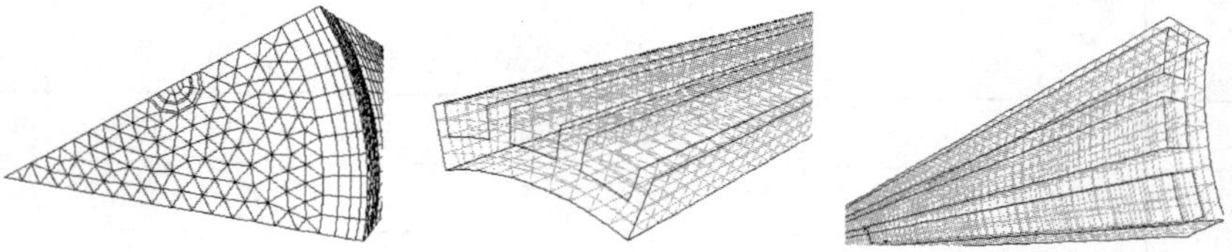

图 8.18 计算网格示意图

边界条件给定如下。

燃烧室入口：给定气氢的流量 1.601kg/s、温度 302.2K。

燃烧室出口：由于出口为超声速气流，流动没有回传不能给边界条件，补充的出口数值边界条件通过一阶外推得到；对亚声速区域，如附面层内，参数条件根据外界大气给定。

冷却道入口：给定冷却水的流量 9kg/s、温度 302.2K。

冷却道出口：给定出口压力。

壁面：无渗透、无滑移壁面，即 $u=v=w=0$，但考虑绝缘壁面。对于离散相，当液滴撞到壁面时，在边界条件给定一定的反射角。

对称面：所有变量的梯度在 x、y 方向上等于零。

3. 仿真结果分析

1）燃烧与流动分析

三组元发动机的推进剂一般是液氧、煤油和气氢，所以三组元喷嘴一般是气液同轴式喷嘴，本算例仿真的对象采用三组元直流外混式喷嘴和离心外混式喷嘴。直流式喷嘴结构简单易于加工；离心式喷嘴结构较复杂，流量一般较大，但由于液体在喷嘴内形成高速旋转运动，故液体离开喷嘴后，在离心力的作用下展成薄膜，这有利于推进剂的雾化。

从图 8.19～图 8.24 可以看出，在三组元缩尺模型发动机其他工况相同的情况下，采用不同的喷嘴对发动机的室压没有本质的影响，发动机的室压主要还是由推进剂流量和推力室结构决定的。计算表明直流式喷嘴燃烧室的压力稳定在 3.43MPa，估算其燃烧效率为 90.75%；离心式喷嘴燃烧室的压力稳定在 3.52MPa，略高于同条件下直流式喷嘴燃烧室的压力，估算其燃烧效率为 91.5%，可见采用离心式喷嘴在一定程度上有助于提高发动机的性能。

图 8.19　直流式喷嘴推力室静压图

图 8.20　离心式喷嘴推力室静压图

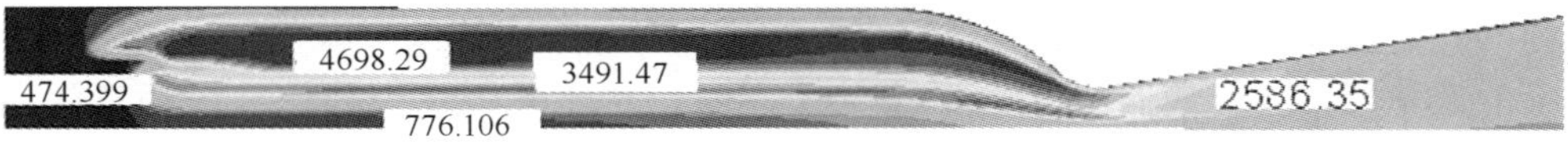

图 8.21　直流式喷嘴推力室静温图

图 8.22　离心式喷嘴推力室静温图

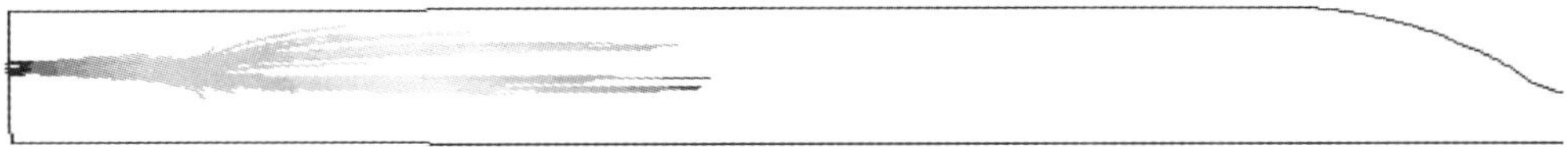

图 8.23　直流式喷嘴煤油液滴轨迹图

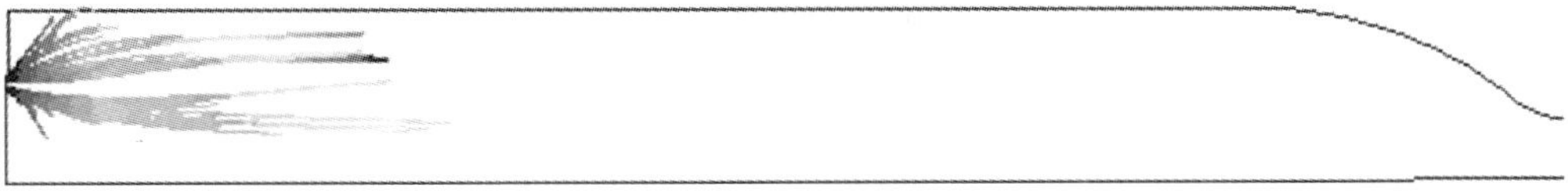

图 8.24　离心式喷嘴煤油液滴轨迹图

直流式喷嘴燃烧室热试车的稳定段压力为 3.3MPa，估算其燃烧效率为 87.5%；而离心式喷嘴燃烧室热试车的稳定段压力为 3.38MPa，估算其燃烧效率为 89.5%。在对比了燃烧室压力的仿真结果与试验结果后发现，试验结果要略低于仿真结果，两者之间比较吻合，这说明本算例所采用的仿真模型对所研究的对象是适用的，仿真结果是可靠的。两结果有差异主要是因为热试车试验受许多因素的影响，如推进剂流量计、压力传感器等试验设备对相应物理量的测定可能存在误差，而这些误差在仿真计算中无法考虑；同时数值仿真对推力室热试过程采用了大量的假设条件及简化模型，这不可避免的会给仿真结果带来误差。

由于缩尺模型发动机的热试车试验燃烧效率不太高，分析原因可能是排放式冷却水带走了发动机内部分热量，使发动机总温下降，导致燃烧效率低。因此针对壁面绝热的情况对发动机内燃烧过程进行了仿真，结果表明对于直流式喷嘴推力室的压力稳定在 3.75MPa，估算其燃烧效率为 93.75%，比带冷却的燃烧室燃烧效率要略高；对于离心式喷嘴燃烧室的压力稳定在 3.77MPa，略高于直流式喷嘴燃烧室的压力，估算其燃烧效率为 94.25%。可见排放式冷却确实使燃烧室总温有一定的损失，导致燃烧效率下降，室压降低。同时综合分析离心式与直流式喷嘴的对应压力数据可以看出：离心式喷嘴有助于液体推进剂的雾化，从而有利于燃烧的进行，在一定程度上有利于燃烧效率的提高。

2）离散相模型分析

从图 8.21、图 8.22 燃烧室内静温图可以看出，虽然采用不同喷嘴对发动机内的最高温度没有太大的影响，但直流式喷嘴发动机内的低温区明显比离心式喷嘴的低温区要长，最低温度也要低 50K 左右。对比燃烧室头部这一段距离的温度图可以看出，液体推进剂由离心式喷嘴喷出后立即发生强烈的化学反应，使这一区域温度明显上升；而直流式喷嘴喷出的推进剂要经过一段距离才开始剧烈的混合燃烧，这使得推力室头部有一小段低温区。从推力室温度分析可以看出离心式喷嘴有利于液体推进剂的雾化、蒸发、混合燃烧。

分析图 8.23、图 8.24 可以看出，由离心式喷嘴喷出的液滴蒸发较直流式的要迅速得多：对于喷出的液氧，采用离心式喷嘴液氧在距喷注面 48mm（模型发动机圆筒段长度为 244.7mm）处就完全蒸发掉，而采用直流式喷嘴液氧到距喷注面 81mm 处才能完全蒸发；对于喷出的煤油，采用离心式喷嘴煤油液滴在距喷注面 96mm 处就可蒸发完全，而采用直流式喷嘴煤油液滴到距喷注面 148mm 处才能完全蒸发。这一方面是由于离心式喷嘴液滴出口速度在发动机轴向的分量较直流式的小；但更主要的是因为离心式喷嘴优良的雾化性能使发动机头部的低温区很短，高温的燃气加速了液滴的蒸发。另外从图中可以看到，对于离心式喷嘴从内孔喷出的液氧的雾化角比中间环缝喷出的煤油液滴的雾化角要大约 15°，这使得液膜之间相互冲刷，加剧了燃料与氧化剂液滴之间的混合碰撞，有利于雾化、蒸发、混合的进行；而直流式喷嘴就没有这个特点，内孔液氧的雾化角，与中心环缝煤油液滴的雾化角基本相同，没有这种冲刷混合作用。可见离心式喷嘴对雾化蒸发作用的增强是明显的。也正是因为离心式喷嘴的雾化角大，低温气氢冲刷到燃烧室内壁面上，在很长的一段距离内沿壁面运动，这在燃烧室壁处形成了一段低温气氢保护膜，对燃烧室壁起到了很好的热防护作用。而直流式喷嘴的这一性能相对要差一些。

对于采用离心式喷嘴的推力室，由于其推进剂雾化得好，混合得好，所以推力室内的燃烧迅速，头部低温段短。这也是离心式喷嘴推力室压力和燃烧效率略高于直流式喷嘴燃烧室对应物理量的直接原因。

3）传热分析

计算结果表明：推力室壁面热流密度大，沿燃气流动方向热流密度变化大，特别是在喷管段热流密度变化剧烈。沿推力室圆周方向热流密度分布不均匀，越靠近喷注面越不均匀，这主要是由近壁面推进剂混合比不均匀造成的，随着燃烧的进行在燃烧室中后部沿周向热流分布逐渐均匀，这在直流式喷嘴推力室的壁面尤为明显。推力室壁面热负荷最大的地方位于喷管喉部，最大热流接近 $2\times10^7\mathrm{W/m^2}$。

对缩尺模型发动机的冷却采用外通水的排放式冷却，水从推力室头部注入冷却道，从发动机喷管末端排出，入口处水处于常温。一维计算的结果表明由于水的流量大，且其比热容较大，使得出口处水的温度不到 350K，试验也证明出口处水温在其沸点以下。所以在排放式冷却道的仿真中，对流动采用单相流控制方程。

从图 8.25、图 8.26 可以看到采用不同类型的喷嘴对推力室壁面的整体温度并没有太大的影响，只在推力室头部两种类型喷嘴的壁温有一定差别，这主要是因为直流式喷嘴雾化性能不如离心式喷嘴，所以在推力室头部存在一小段低温区，这里燃气对室壁的热流很小，同时常温的冷却水由推力室头部冷却通道流入，所以直流式喷嘴推力室的头部壁面也有一段温度相对较低，这段低温区域大概有 50mm 长，在此之后两种类型喷嘴的推力室肋片温度基本没有区别，如图 8.27和图 8.28 所示。

图 8.25　直流式喷嘴推力室燃气壁面温度图

图 8.26　离心式直流式喷嘴推力室燃气壁面温度图

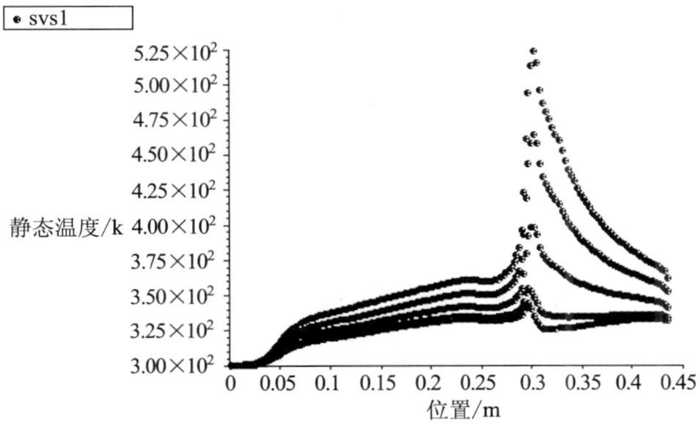

图 8.27　直流式喷嘴推力室壁面肋片温度图

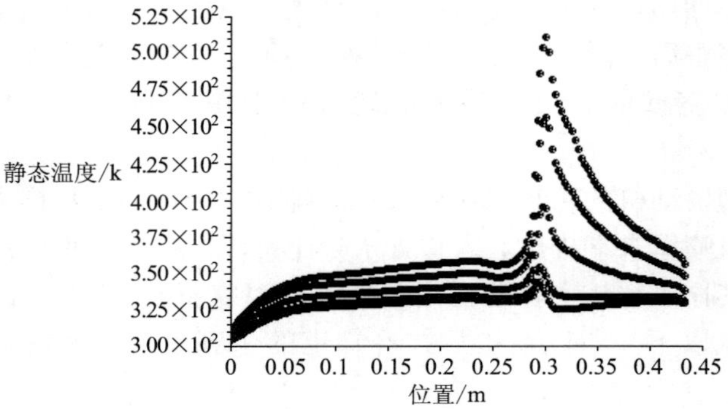

图 8.28　离心式喷嘴推力室壁面肋片温度图

从推力室壁面温度可以看出，采用离心式喷嘴的推力室壁面温度值较直流式喷嘴的推力室要均匀得多，这进一步说明了推进剂混合的均匀导致燃烧及传热的均匀。从图中可以看到室壁温度最高点位于喉部，靠近燃气侧的室壁喉部温度不到 520K，比锆铜材料的热疲劳温度低 350K，这表明该冷却方案是可靠的，推力室壁是安全的。壁面温度在燃烧室内的变化比较平缓，但在喷管收敛段和喉部壁面温度陡增。

计算表明冷却水的出口温度比入口温度上升了 10.2K，这个值与热试车试验时冷却水的温度升高值相当接近。经过简单的计算可知，每秒由冷却水带走的热量为 420kJ，（占总的热量的 7.8%）这样大的热量损失会使发动机总温下降，很显然这是导致该模型发动机燃烧效率低的一个因素。

8.4.3　液体发动机燃烧稳定性数值仿真[11,12]

在试验中发现，液体火箭发动机通常比气相推进剂发动机更容易导致不稳定，产生更大振幅的不稳定压力振荡，说明液体推进剂燃烧和气体推进剂燃烧具有很大区别。本节对气氧/煤油、液氧/气氢和气氧/气氢/煤油三组元火箭发动机燃烧稳定性进行数值模拟，研究推进剂组合、喷注器设计对燃烧稳定性的影响规律，着重探讨燃烧振荡的激励机制。

选用三组元发动机作为数值研究对象是因为：氧/煤油/氢三组元火箭发动机是未来可重复使用运载器的候选推进装置，它的发展是液体推进技术的重大进步。对于氧/煤油/氢三组元发动机而言，当氢在燃料中的比例占 0%时，它变成烃/氧火箭发动机；当氢在燃料中的比例占 100%时，它又变成氢/氧发动机，因此三组元发动机燃烧不稳定的数值研究模型可以同时被用于研究烃/氧和氢/氧两组元发动机的燃烧稳定性。三组元火箭发动机燃烧稳定性的一个人所共知的特点是：液氧/煤油推进剂经常导致严重的不稳定性，在液氧/煤油推进剂燃烧时，加入少量的第三种组元氢可以增加燃烧效率和稳定性。但是对于为什么加氢可以增加稳定性，目前还存在很大争议。

1. 控制方程

气相控制方程是带有源项的 Favre 时间平均 Navier-Stokes 方程组，源项包括燃烧源项以及气相与液相之间的相互作用源项。在仅研究气相燃烧时，气相与液相之间的相互作用源项全部被设为零。湍流模型采用高雷诺数 k-ε 方程。

将液相分成若干液滴组，每组液滴具有相同的位置、直径、速度、温度和组分等属性。当液滴在燃烧室中穿行的时候，它们保持在各自最初的液滴组中，且组与组之间不存在质量和动量传递。每个液滴组用非定常拉格朗日粒子示踪方法描述。

三组元反应的完全化学动力学体系是非常复杂的，而燃烧不稳定的数值研究非常耗费时间，所以在此用最简化的反应体系。简化反应体系可能与真实的振荡过程有出入，但是从定性的机理研究的角度讲是容许的。假设化学反应由三步反应完成，煤油首先氧化分解成（CO，H_2）两种产物，接着 CO 和 H_2 分别被氧化：

$$C_{12}H_{24}+6O_2\rightarrow 12CO+12H_2 \tag{8.130}$$

$$CO+0.5O_2\rightarrow CO_2 \tag{8.131}$$

$$H_2+0.5O_2\rightarrow H_2O \tag{8.132}$$

上述三个反应的反应速度用 Arrhenius 定律的形式表达，

$$\omega_i=-A_iT^{\beta_i}\prod_m\left(\frac{\rho m_m}{M_m}\right)^{v_m}e^{\left(-\frac{E_i}{RT}\right)}\quad(i=1,2,3) \tag{8.133}$$

对反应物 v_m 设为 1，对产物 v_m 设为 0。3 个反应的 β 均被设为 1/2。氢气氧化反应的活化能 E_3 比前两个反应低得多。

2. 数值方法及边界条件

用隐式 PISO 方法求解控制方程组。为了节省 CPU 时间，只考虑二维问题。燃烧室喷注面到喉部的距离是 125cm，半径为 25cm，因为燃烧室长度远大于其半径，所以燃烧室的纵向振型可能是最不稳定的振型。使用嵌入式网格，燃烧室的圆柱段被剖分成 100×100 个贴体网格，燃烧室收敛段和喷管共被分成 67×50 个贴体网格。

氢、氧和煤油通过喷注面中央的一个同轴式喷嘴喷入燃烧室。喷嘴入口给定推进剂的流量、温度及组分，压力向上游反传。在喷管出口，所有的变量从上游外推。与其他一些数值研究不同，没有采用特殊的数值方法激发燃烧不稳定性。数值研究的初场从燃烧室常压开始，时间步长固定为 10^{-7}s。每 10 个时间步向燃烧室中喷入一组液滴。所有的液滴组具有相同的初始滴径（50μm）和相同的初始温度，但它们的初始位置和初始速度矢量是在一定范围内随机分布的。

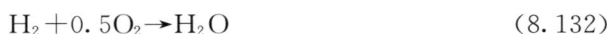

首先仿真三组元气相燃烧过程。然后研究了 5 种不同工况下的两相燃烧过程（表 8.2），第 1 种工况是液氧/煤油推进剂，第 2～ 4 种工况是气氧/煤油/气氢推

进剂，气氢占燃料的质量百分比分别是10%、20%、30%，最后一种工况是液氧/气氢推进剂。前面4个工况中燃烧室的设计压力均为4MPa，最后一个工况的燃烧室设计压力是2.6MPa。最后，在三组元工况下，对增加气氧的速度，改变反应活化能的情况进行了研究。

表8.2　5种工况的推进剂流量

编号	工况1	工况2	工况3	工况4	工况5
推进剂	LO_2/kerosene/GH_2	GO_2/kerosene/GH_2	GO_2/kerosene/GH_2	GO_2/kerosene/GH_2	LO_2/GH_2
m_{H_2} (g/s)	0.00	12.52	22.08	29.63	39.10
$m_{kersene}$ (g/s)	149.80	112.72	88.30	69.14	0.00
m_{O_2} (g/s)	410.00	388.08	381.9	377.40	234.6

3. 数值仿真结果

1）气相燃烧仿真结果分析

分别研究了三组元气相扩散火焰和预混火焰。对于扩散火焰，煤油蒸气和氢气的燃料混合物从同轴式喷嘴的内喷嘴喷入，气氧则从同轴式喷嘴的外喷嘴喷入。燃烧室气相火焰的整个流场可以被分成三个区域：燃料区、氧化剂区和产物区。产物区夹在燃料区和氧化剂区之间（图8.29）。温度场的拓扑结构与组分场类似，产物区的温度很高，燃料区和氧化剂区的温度较低。显然扩散过程是气相扩散火焰的控制过程。在各种研究参数条件下都没有观察到燃烧振荡现象。

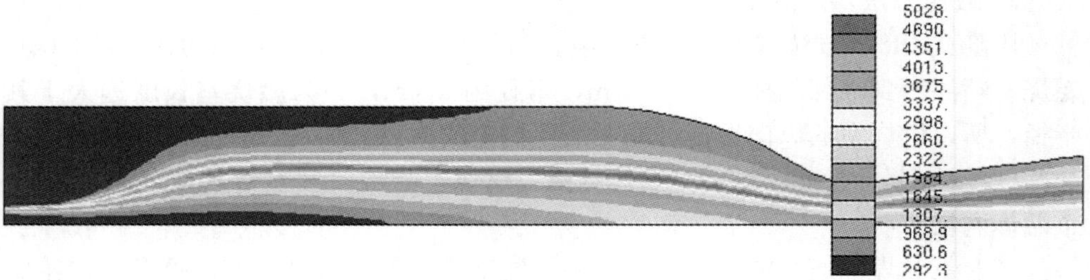

图8.29　燃烧室中的气相扩散火焰的温度分布

对于预混火焰，煤油蒸气、氢气和氧气的均匀混合物从同轴式喷嘴的外喷嘴喷入燃烧室。与扩散火焰不同的是，预混火焰的整个流场只能被分成两个区域：燃烧区和产物区。由化学动力学决定的反应速度如此之快以至于推进剂一进入燃烧室就全部烧完。

但是，当以稳态场为初场且人为地增大第三个反应的活化能 E_3 的时候，预混火焰出现了振荡现象。而且未燃烧区比原来增大了许多（图 8.30）。压力振荡的频率大约是 5000Hz，与燃烧室的一阶纵向振型相当（图 8.31 和图 8.32）。这种振荡表明预混火焰比扩散火焰不稳定，高的活化能比低活化能的化学反应容易导致燃烧不稳定。

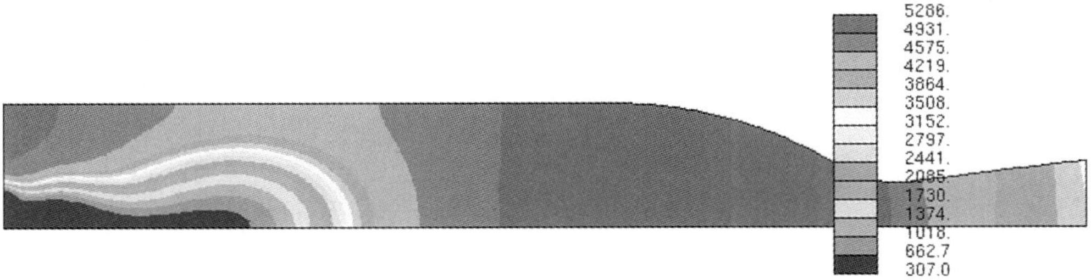

图 8.30　燃烧室中的气相预混火焰的温度分布

从图 8.31 可以看出，虽然最初燃烧室压力振荡幅值很大，但随着时间的增长，未着火的区域会逐渐增大，最后熄火。因为燃烧室的气相反应基本是绝热的，气相推进剂燃烧区只有两个状态：着火和熄火。燃烧室中很难产生持续的大振幅压力振荡。在后面的两相燃烧稳定性数值研究中将看到两相燃烧和气相燃烧在稳定性方面的区别。

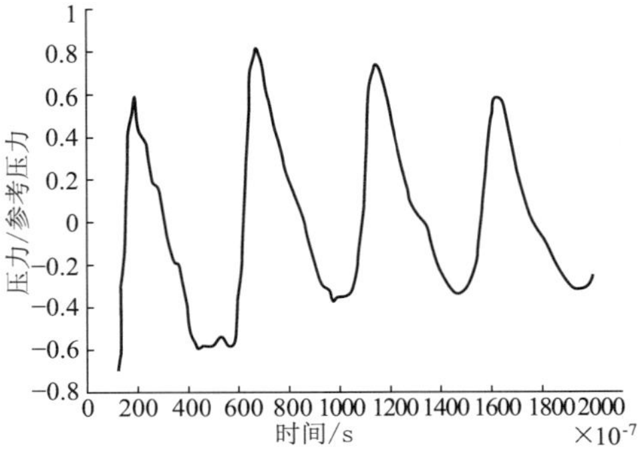

图 8.31　燃烧室压力振荡

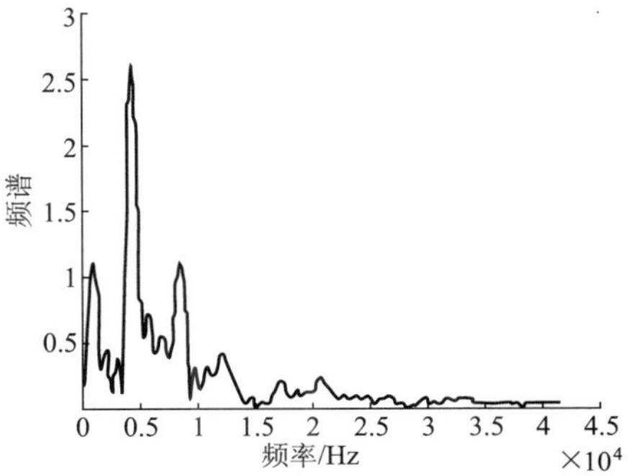

图 8.32　图 8.31 中燃烧室压力振荡的频谱

2）两相燃烧仿真结果分析

两相喷雾火焰的火焰结构要比气相火焰复杂得多。图 8.33 展示了液氧/气氢的火焰结构（工况 5）。在喷嘴附近温度较低，在喷注器下游的一定距离存在一个火焰峰，经过火焰峰的时候，液氧迅速蒸发并完全燃烧，火焰像预混火焰。图 8.34显示了三组元的火焰结构（工况 2，10％氢气），靠近轴向的低温区是气氢组分区，靠近壁面的低温区是氧气组分区。气氧和气氢之间是扩散反应区，反应区内的组分主要是反应产物。三组元液雾火焰具有气相扩散火焰和预混火焰的共同特点。

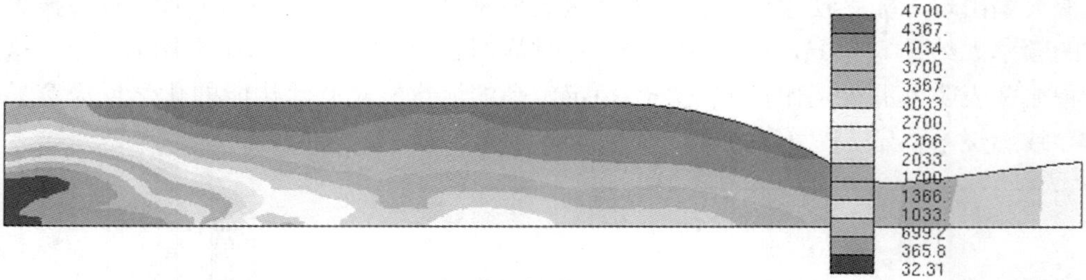

图 8.33　气氢/液氧燃烧温度分布

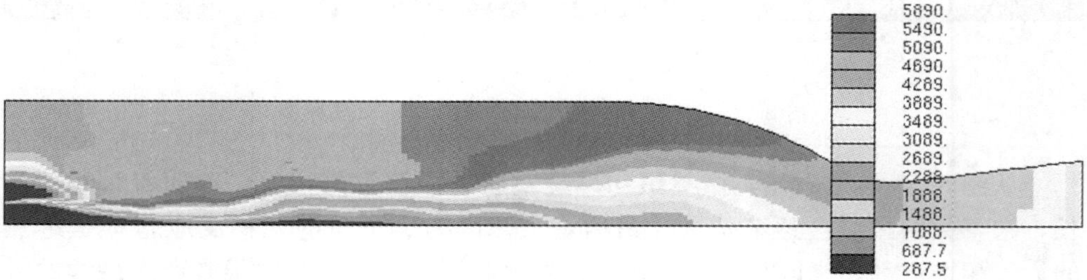

图 8.34　三组元燃烧温度分布（10%氢）

图 8.35 展示了工况 2 煤油粒子的分布。粒子的颜色、尺寸和矢量分别代表了粒子的温度、直径和速度。煤油在喷嘴附近反应区的加热下，迅速蒸发燃烧；图 8.36 是工况 3 液滴的分布，因为氢气的比例增加了，喷嘴附近燃烧区的温度提高了，煤油的质量比例相对减少，所以煤油液滴在更短的时间里被加热蒸发；图 8.37 是工况 3 氧气的入口速度增加后的液滴分布。因为气氧速度增加，所以在燃烧室头部不能形成较高的温度区，煤油粒子头部只有极少量蒸发，而是径直穿过气氧组分区，进入靠近壁面的大的回流区，这里温度较高，煤油液滴蒸发完后，再与气氧进行扩散反应。

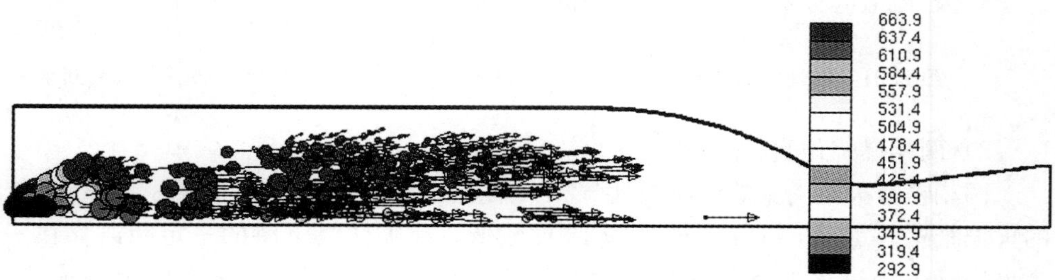

图 8.35　三组元煤油粒子分布（10%氢）

图 8.38 是工况 3 燃烧室头部的速度矢量图。氢气和氧气中间存在一个回流区，回流区的温度较高，使经过这里的煤油能较快蒸发。图 8.39 是增加气氧的

喷射速度后工况 3 燃烧室头部的速度矢量，显然，回流区变小了，头部附近的温度降低了。

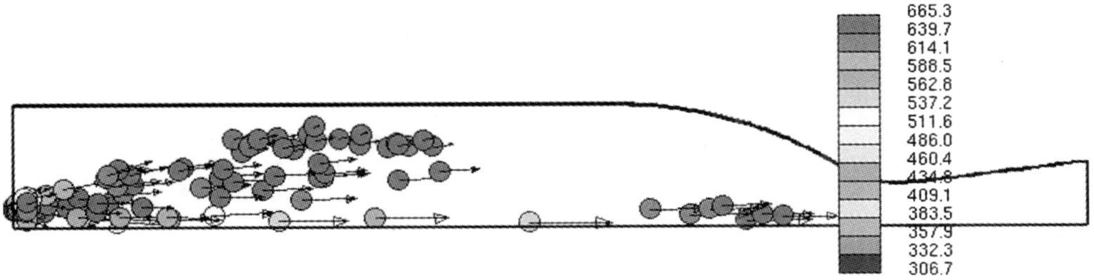

图 8.36　三组元煤油粒子分布（20%氢）

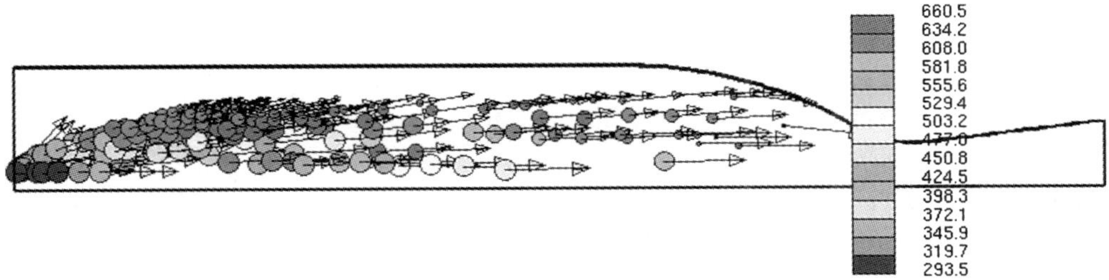

图 8.37　三组元煤油粒子分布（20%氢），氧气的进口速度增加一倍为 140m/s

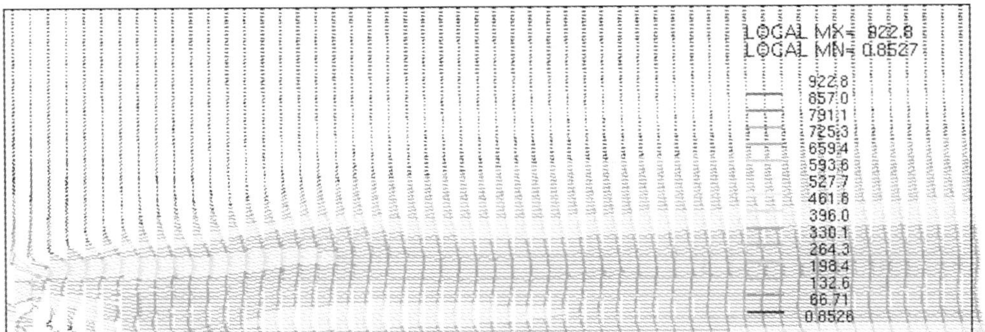

图 8.38　三组元头部的速度矢量（20%氢）

除了液氧/气氢的情况外，在其他所有工况中均产生了较大幅度的自激振荡，振荡是持续的，达到一定的幅值后形成稳定的极限环。图 8.40 给出了三组元（10%氢气）燃烧室中靠近喷注面和外壁面处一个网格中的压力随时间的变化。图中的压力和时间都是相对值，参考压力是燃烧室当地平均压力，参考时间是

$1\mu s$。图 8.40 的频谱分析如图 8.41 所示。该工况下的不稳定振型是一阶纵向（1L）和一阶横向（1R）。图 8.42 展示了工况 4（30%氢气）情况下燃烧室头部的压力振荡，图 8.43 展示了其频谱变换，该工况下的不稳定振型分别是一阶、二阶和三阶纵向振型。图 8.44 显示了与图 8.42 相对应的情况下的温度振荡随时间的变化曲线。温度振荡的相对振幅比压力振荡的相对振幅要小得多。图 8.45 展示了在这 5 种工况中随着氢气含量的增加，压力振荡振幅的变化。显然，氢气的加入对烃/氧燃烧的抑制作用是明显的。

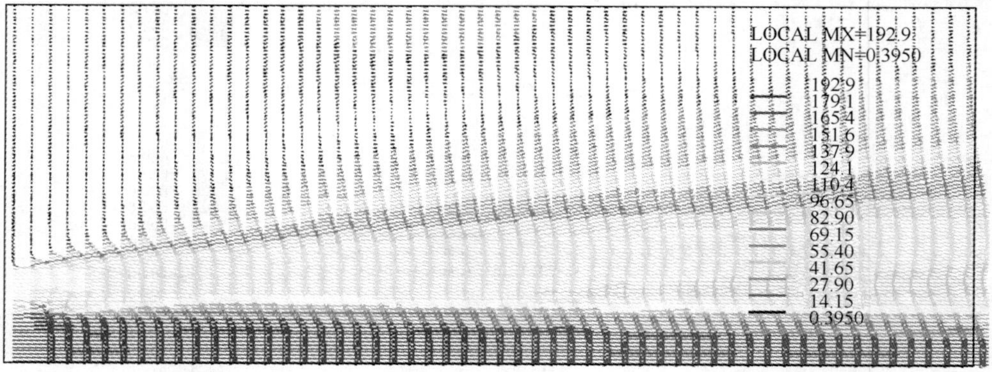

图 8.39　三组元头部的速度矢量（20%氢），氧气的进口速度增加一倍为 140m/s

人为降低煤油蒸气氧化分解和 CO 氧化反应的反应活化能，数值研究结果如图 8.46 所示，图 8.47 是图 8.46 的傅里叶变换。计算结果表明降低活化能后燃烧振荡的幅度减小了。

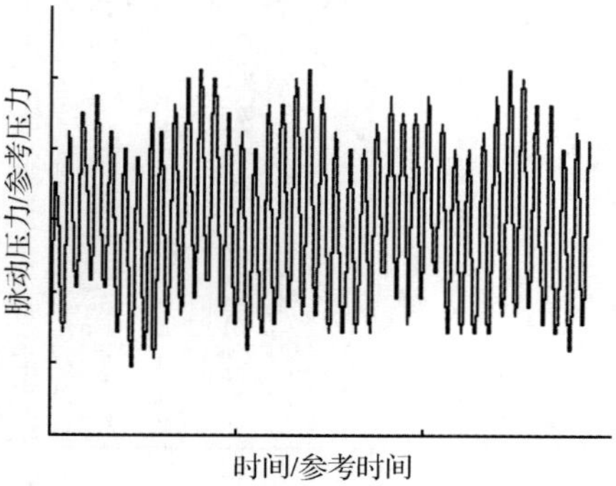

图 8.40　三组元燃烧压力振荡（10%氢）

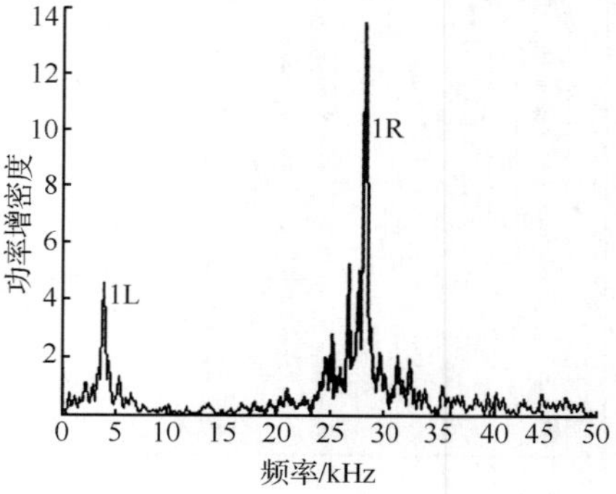

图 8.41　图 8.40 的频谱分析

将氧气的喷射速度提高一倍，燃烧振荡逐渐减弱，趋向于零（图 8.48）。说明提高氧气的喷射速度有利于提高燃烧稳定性，但是同时燃烧室的平均压力降低至 3.7MPa，说明提高氧气的喷射速度后对燃烧性能也有影响。在氢/氧双组元工况下，改变氢气的入口温度，对燃烧稳定性没有产生明显的影响。

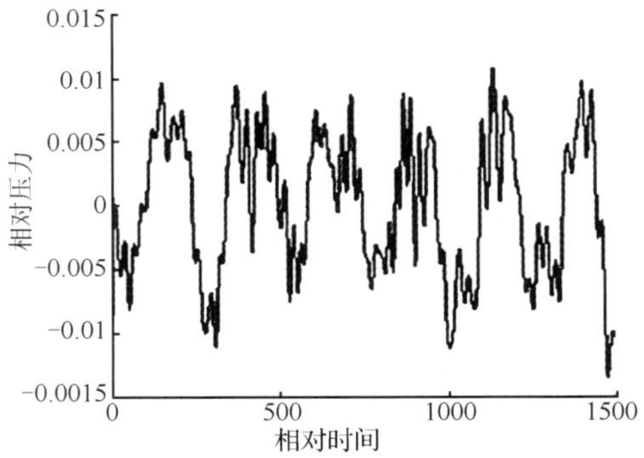

图 8.42　三组元燃烧压力振荡（30%氢）

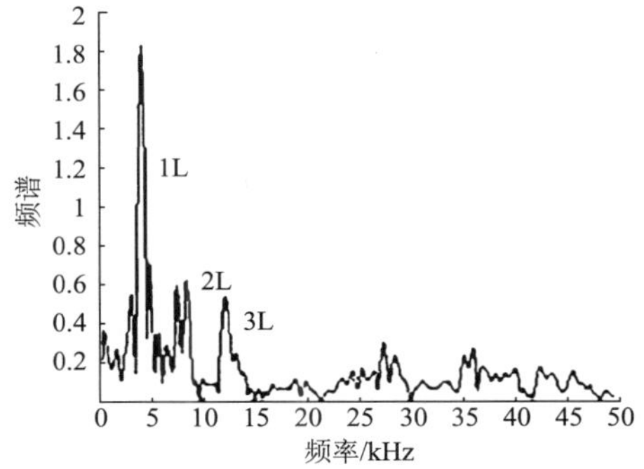

图 8.43　图 8.37 的频谱分析

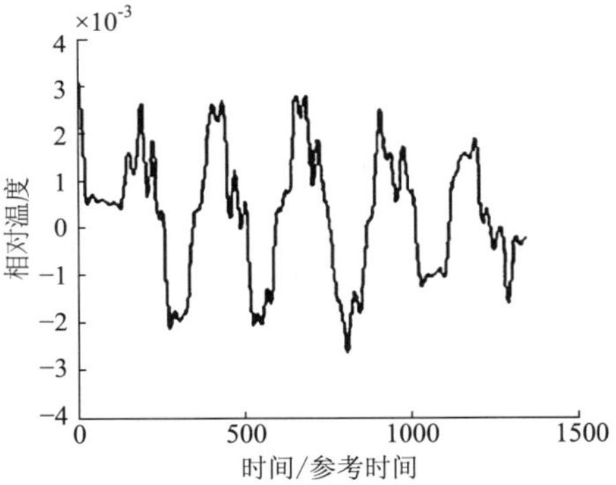

图 8.44　三组元状态燃烧室头部靠近外壁面燃烧温度振荡（30%氢）

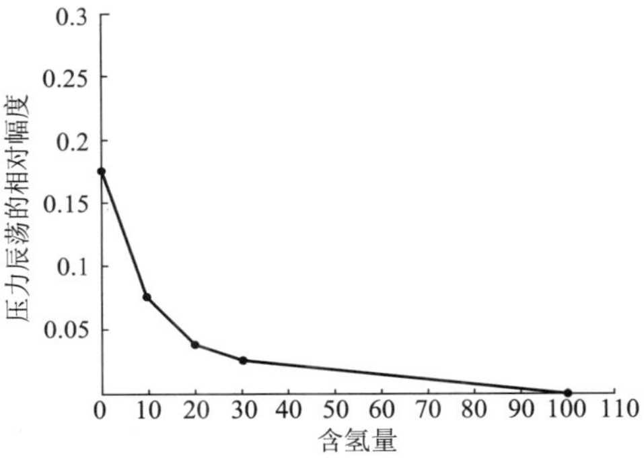

图 8.45　氢含量对燃烧稳定性的影响

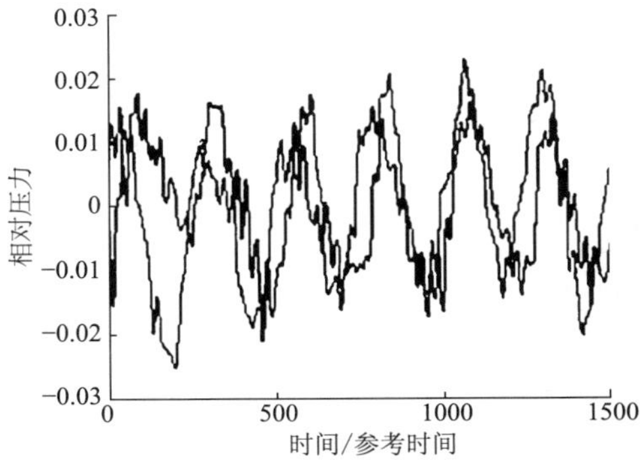

图 8.46　工况 4 下活化能对燃烧稳定性的影响

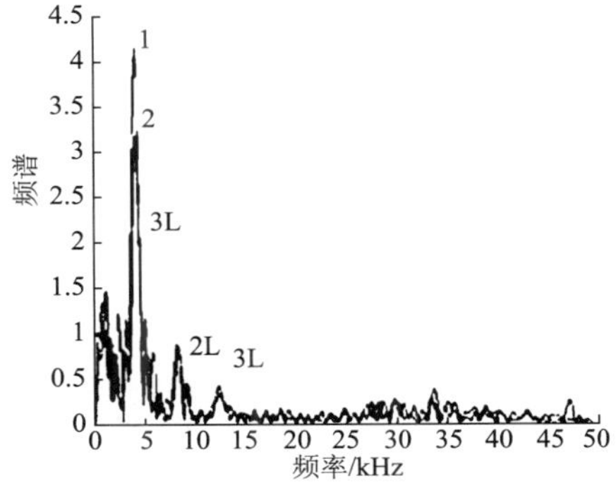

图 8.47　图 8.46 的傅里叶变换

如果将不同时间段内的燃烧室参量空间分布连缀形成动画，则可以生动地展示出燃烧室内的空间振荡特性（图 8.49 和图 8.50）：喷注器附近的压力随时间的

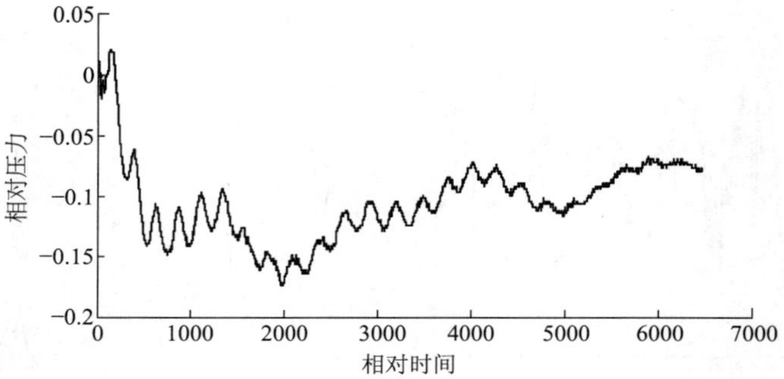

图 8.48 以工况 3 的计算为初始状态，减少氧气的入口面积，同时增大氧气的喷射速度，燃烧室的平均压力降低，并且室压的脉动逐渐减少至零

脉动不是标准的正弦，也不是很光滑，而是存在一些压力尖峰；压力在横向和纵向的空间分布也不是标准的正余弦形式；压力振动幅值在燃烧室的头部喷嘴附近最大，而在喷管入口部分则要小得多；温度脉动的空间分布比压力脉动则更加复杂，因为温度不仅表现波特征而且表现流特征，所以喷嘴附近的温度振荡不仅以波动形式向外传播，而且以流动形式向外传播。

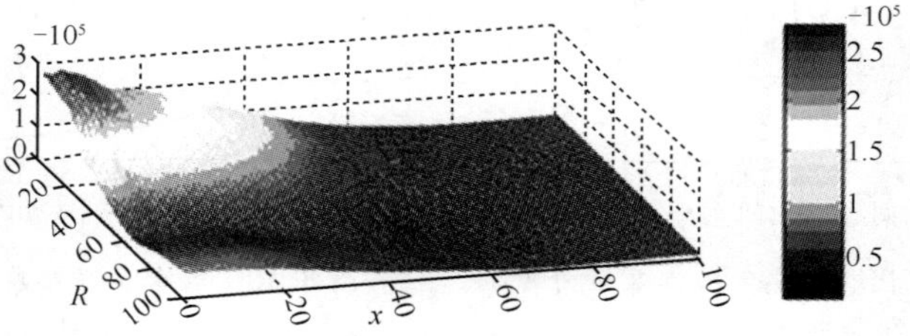

图 8.49 工况 2 情况下圆柱段压力脉动振幅的二维空间分布

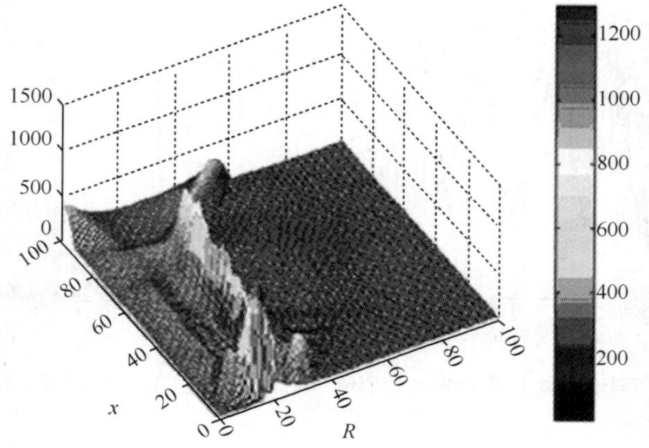

图 8.50 工况 2 情况下圆柱段温度脉动振幅的二维空间分布

4. 燃烧振荡机理分析

以上的数值研究结果证实所建立的数值研究模型中包含了某种燃烧振荡机理，但是到底是哪一种物理机制导致燃烧产生振荡，仍需要进一步分析。

燃烧室中不稳定敏感区域对确定燃烧不稳定激励机理至关重要，可以用 Rayleigh 准则来确定。定义系数：

$$G=\int_T\int_{\mathrm{d}V}p(\boldsymbol{x},t)Q(\boldsymbol{x},t)\,\mathrm{d}V\mathrm{d}t$$

式中：p 是燃烧室的脉动压力；Q 是脉动放热；T 是脉动周期；V 是控制体积。如果 G 是正数，表明当地对压力振荡的贡献是正的，反之则表示当地对压力振荡起耗散作用。G 越大，表明当地对压力扰动越敏感。问题是燃烧室的局部放热 Q 如何测量。

在对以上数值研究结果进行处理时发现，化学成分脉动的相位与放热的相位并不一致，有时甚至是反相的。并非任意选一种化学组分的相位就能代表放热，除非假定化学反应速率无限快，纯粹由蒸发控制燃烧过程。因此，此处使用另外的方法求得 Q。由温度形式的气相能量守恒方程：

$$\frac{DT}{Dt}=\frac{1}{\rho c_p}\left[\frac{\partial}{\partial x_j}\left(\lambda\frac{\partial T}{\partial x_j}\right)+\frac{Dp}{Dt}-\dot{w}_s\boldsymbol{Q}_s\right]\tag{8.134}$$

上式两边同时与脉动压力 p 相乘，并对时间进行积分。忽略上式右边的扩散项。又因为$\frac{Dp}{Dt}$与 p 相位差为 90°，所以

$$\int\frac{Dp}{Dt}p\,\mathrm{d}t\approx 0\tag{8.135}$$

这样，有

$$\int\frac{DT}{Dt}p\,\mathrm{d}t\propto\int Qp\,\mathrm{d}t\tag{8.136}$$

图 8.51 是工况 2（10%氢气）G 的空间分布。燃烧室头部（x 为 0）径向 1 个～14 个网格是气氢喷嘴，18 个～31 个网格是气氧喷嘴，煤油液滴集中在径向第 15 和纵向第 2 个网格喷射。可以看出只在喷嘴附近 G 为正数，其他大部分区域 G 接近于零，对压力振荡的贡献是接近中性的，实际上应当是微弱耗散的。而在煤油液滴集中喷射的网格附近存在一个较小的负 G 区，这个区对燃烧室压力扰动是负敏感的。

图 8.52 是燃烧室的温度空间分布，可见扰动正敏感区位于喷嘴附近的气氢和气氧低温区内。图 8.57 是煤油组分空间分布，图 8.54 是氧气组分的空间分布。图 8.59 是煤油组分和氧气组分的乘积的空间分布，可见由于液滴可以穿过气相，在某些低温区域煤油组分和氧气组分的确可以共存。结合脉动压力的幅值分布（图 8.49），可知对扰动敏感区是分别满足下述条件的集合的交集：温度适中，不是太高也不是太低；燃料和氧化剂组分共存；简正声学振型的压力波幅。

在这样的区域化学反应的绝对速度不是特别快，所以有一定量的燃料和氧化剂组分共存，而化学反应又不是特别慢，以至于对任何扰动都不敏感。

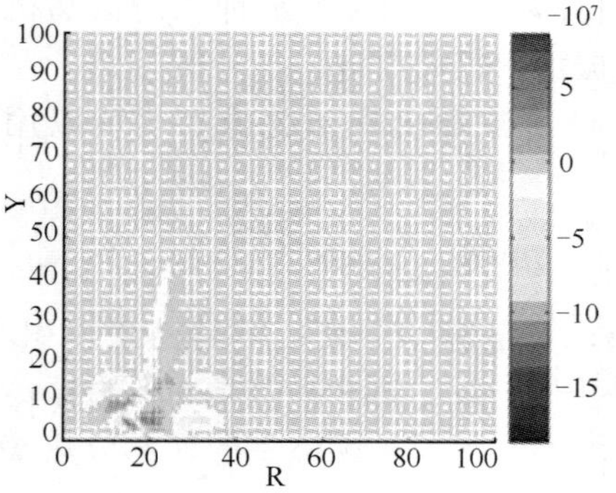

图 8.51　工况 2 燃烧室对声学扰动敏感性的二维分布

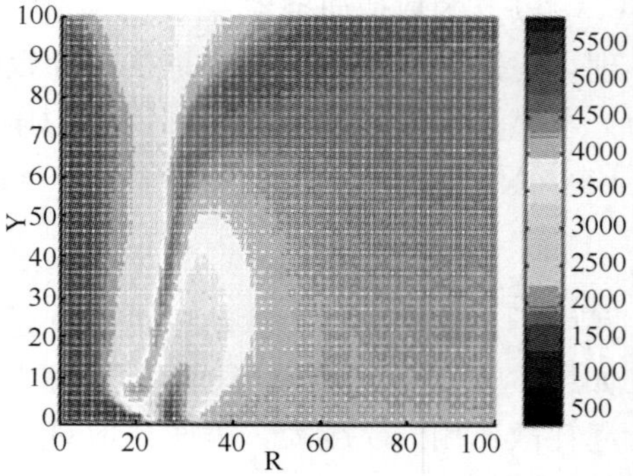

图 8.52　工况 2 温度二维分布

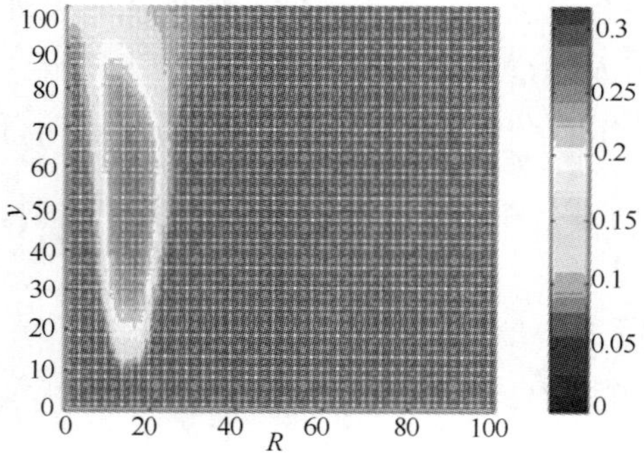

图 8.53　工况 2 燃烧室煤油组分的二维分布

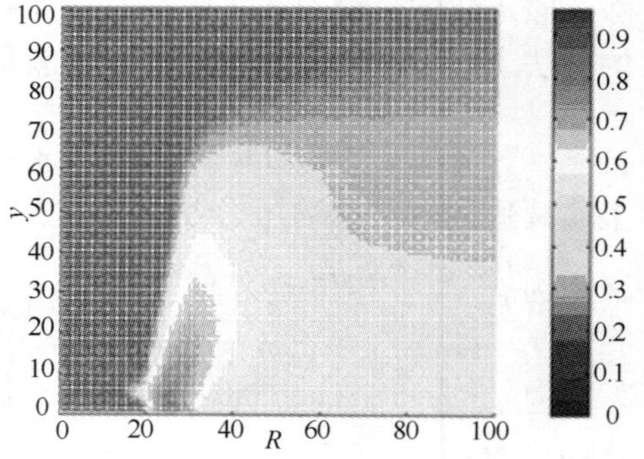

图 8.54　工况 2 燃烧室氧气组分的二维分布

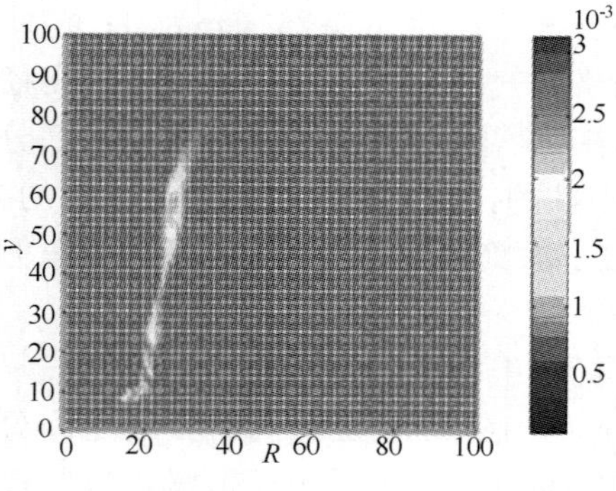

图 8.55　工况 2 燃烧室煤油组分和氧气组分乘积的二维分布

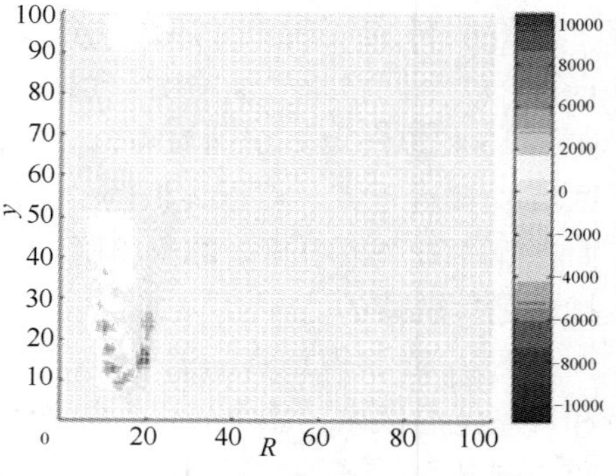

图 8.56　工况 2 煤油蒸气与压力脉动乘积对时间的积分

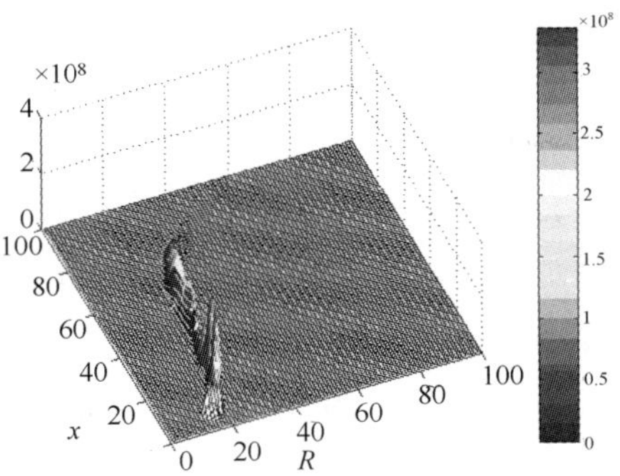

图 8.57　工况 2（10%氢气）燃烧室煤油蒸气氧化分解反应速率的空间分布

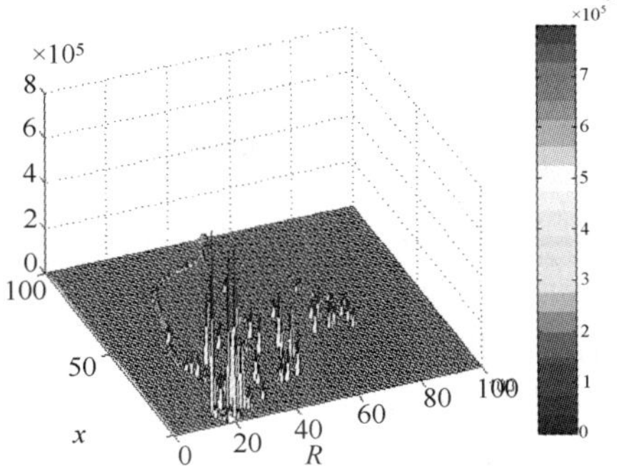

图 8.58　工况 3（20%氢气）燃烧室煤油蒸气氧化分解反应速率的空间分布

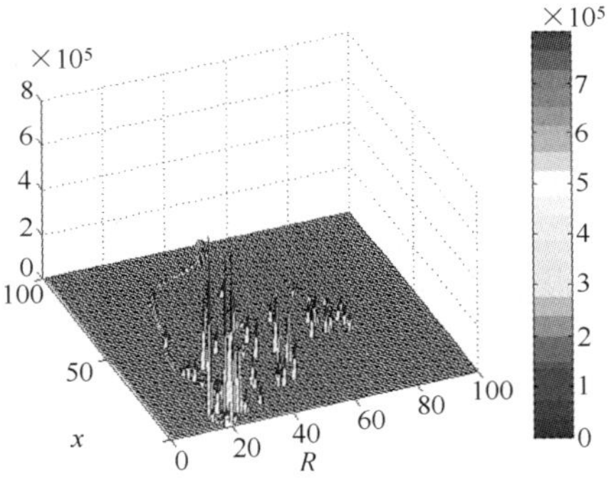

图 8.59　工况 4（30%氢气）燃烧室煤油蒸气氧化分解反应速率的空间分布

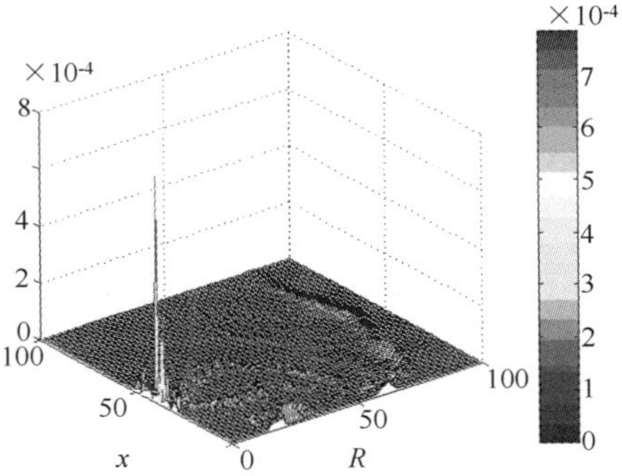

图 8.60　氢/氧化学反应速度的空间分布

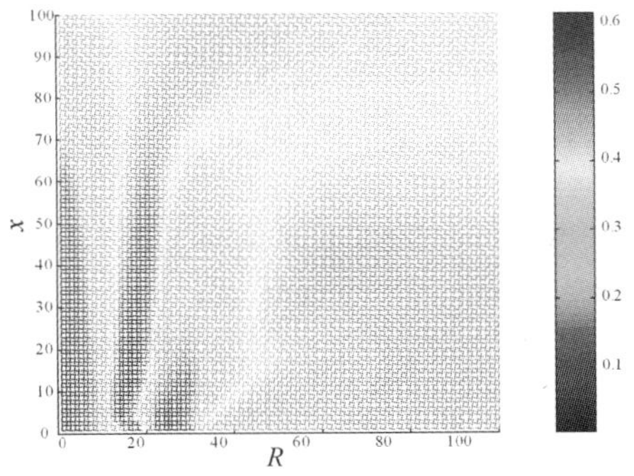

图 8.61　工况 3（20%氢气）温度的空间分布

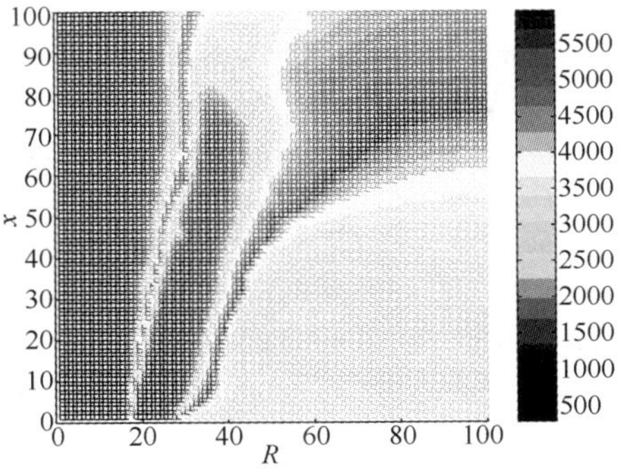

图 8.62　工况 3（20%氢气）增加氧气的喷射速度后，温度场的二维分布

蒸发过程对声学扰动的影响可以用煤油组分乘以脉动压力，并用时间积分来表达，图 8.56 是其空间分布。煤油蒸气对压力脉动的敏感区在喷注器附近呈 V 字形：在 V 字右半边煤油蒸气与压力的脉动反相，这里对应着氢气和氧气的扩

散火焰峰的位置，温度很高；在V字的左半边，煤油蒸气与压力的脉动同相，这里对应着氢气区，温度很低。而在燃烧室的其他区域，特别是推进剂低温共存区内，蒸发对压力振荡的贡献几乎为零。与图8.51相比，可见煤油蒸气对压力脉动的敏感区和燃烧放热对压力脉动的敏感区的空间分布正好反相，表明仿真得到的燃烧振荡现象不是由煤油蒸发过程驱动的。

化学反应速率的空间分布也可以很好地说明问题。按照传统观点，在液体火箭发动机的高温高压环境下，化学反应速度非常快，因而在燃烧室中不会存在有限区域的化学反应分布。然而仿真结果显示了相反的结果。图8.57～图8.60是几种工况下的化学反应速率空间分布。随着氢气含量的增加，燃烧室头部的化学反应分布变得越微弱，对于氢氧工况，则几乎不存在化学反应分布。

图8.61和图8.62是工况3（20%氢气）情况下的燃烧室温度分布。由图可以看出，增加三组元工况氧气的喷射速度后，氧气区更加向前延伸，大量的液滴进入靠近壁面的高温回流区后，蒸发，结果在氧气外侧形成扩散火焰。在氧气区的内侧，氧气和氢气形成很薄的扩散反应线。这说明氧气喷射速度的增加使火焰更接近扩散火焰，从而提高了燃烧稳定性。

综合上述分析，燃烧稳定性与燃烧室的化学反应空间分布密切相关，化学反应分布越广，燃烧稳定性越差。燃烧振荡现象是化学反应与声学过程相互作用的结果。

参考文献

[1] 杨涛，方丁酉，唐乾刚. 火箭发动机燃烧原理［M］. 长沙：国防科技大学出版社，2008.

[2] Bommie J M. Thermodynamic properties 6000K for 210 substances involving the first 18 elements［R］. NASA SP-3001.

[3] Tomoaki K，Atsushi M，Koichi M. Ignition and flame－holding characteristics of methane and hydrogen by plasma torch［R］. AIAA Paper 2002-5210.

[4] 潘余. 超燃冲压发动机多凹腔燃烧室燃烧与流动过程研究［D］. 长沙：国防科技大学研究生院，2007.

[5] 聂万胜，丰松江. 液体火箭发动机燃烧动力学模型与数值计算［M］. 北京：国防工业出版社，2011.

[6] 阎超. 计算流体力学方法及应用. 北京：北京航空航天大学出版社，2006.

[7] 王承尧，王正华，杨晓辉. 计算流体力学及其并行算法. 北京：国防科技大学出版社，2000.

[8] 刘卫东，王振国，周进. 采用二阶迎风格式的PISO算法研究. 航空动力学报，1998，13（1）：81-86.

[9] 马庆芳. 实用热物理性质手册［M］. 北京：中国农业机械出版社，1986.

[10] 吴海燕. 三组元液体火箭发动机推力室燃烧与再生冷却仿真研究［D］. 长沙：国防科技大学研究生院，2004.

[11] Huang Y H，Wang Z G，Zhou J. Numerical Simulation of Combustion Stability of Liquid Rocket Engine Based on Chemistry Dynamics［J］. Science in China（Series B），2002，45（5）551-560.

[12] 黄玉辉. 液体火箭发动机燃烧稳定性理论、数值模拟和实验研究［D］. 长沙：国防科技大学研究生院，2001.